Michael Urban

Form, System und Psyche

Michael Urban

Form, System und Psyche

Zur Funktion von psychischem System und struktureller Kopplung in der Systemtheorie

VS VERLAG FÜR SOZIALWISSENSCHAFTEN

Bibliografische Information der Deutschen Nationalbibliothek
Die Deutsche Nationalbibliothek verzeichnet diese Publikation in der
Deutschen Nationalbibliografie; detaillierte bibliografische Daten sind im Internet über
<http://dnb.d-nb.de> abrufbar.

1. Auflage 2009

Alle Rechte vorbehalten
© VS Verlag für Sozialwissenschaften | GWV Fachverlage GmbH, Wiesbaden 2009

Lektorat: Katrin Emmerich / Sabine Schöller

VS Verlag für Sozialwissenschaften ist Teil der Fachverlagsgruppe
Springer Science+Business Media.
www.vs-verlag.de

Das Werk einschließlich aller seiner Teile ist urheberrechtlich geschützt.
Jede Verwertung außerhalb der engen Grenzen des Urheberrechtsgesetzes
ist ohne Zustimmung des Verlags unzulässig und strafbar. Das gilt insbesondere für Vervielfältigungen, Übersetzungen, Mikroverfilmungen und die Einspeicherung und Verarbeitung in elektronischen Systemen.

Die Wiedergabe von Gebrauchsnamen, Handelsnamen, Warenbezeichnungen usw. in diesem Werk berechtigt auch ohne besondere Kennzeichnung nicht zu der Annahme, dass solche Namen im Sinne der Warenzeichen- und Markenschutz-Gesetzgebung als frei zu betrachten wären und daher von jedermann benutzt werden dürften.

Umschlaggestaltung: KünkelLopka Medienentwicklung, Heidelberg
Druck und buchbinderische Verarbeitung: Rosch-Buch, Scheßlitz
Gedruckt auf säurefreiem und chlorfrei gebleichtem Papier
Printed in Germany

ISBN 978-3-531-16713-8

Inhalt

Danksagung 9

1 Einleitung 11

2 Formtheoretische Begründungen der Systemtheorie
  Niklas Luhmanns 23
  2.1 Entwicklung der Relevanz des Formkonzeptes für die
      Systemtheorie Luhmanns 24
      2.1.1 Zur Unterscheidung von drei theoretischen Dimensionen
            der Laws of Form 24
      2.1.2 Zum Stellenwert der Rezeption der Laws of
            Form bei Luhmann 32
  2.2 Die Rezeption der *Laws of Form* bei Luhmann 36
      2.2.1 Paradoxien der Form 49
      2.2.2 Kontingenz der Theorie 54
  2.3 Form-basierte Systemtheorie 60
      2.3.1 Paradoxale Verschränkung von Operation und
            Beobachtung: Autopoiesis als Differenzierung
            zwischen System und Umwelt 62
      2.3.2 Autopoiesis und strukturelle Kopplung 67
      2.3.3 Motive einer formtheoretischen Integration des Konzeptes
            der Supplementarität 71
      2.3.4 Das Konzept der strukturellen Kopplung als Supplement
            in der Systemtheorie 76
      2.3.5 Der Dekonstruktionsvorbehalt in der
            luhmannschen Systemtheorie 85

3 Ansätze einer systemtheoretischen Konzeptionalisierung der
  Psyche als System 95
  3.1 Konzeptualisierungen des Psychischen bei Luhmann 98

3.1.1 Sprache 104
3.2 Konzeptualisierungen des Psychischen im engeren Kontext der luhmannschen Systemtheorie 108
    3.2.1 Die Beschreibung psychischer Systeme bei Fuchs 108
        3.2.1.1 Zur Konstellierung der Begriffe Wahrnehmung und Bewusstsein 108
        3.2.1.2 Wahrnehmungen 111
        3.2.1.3 Systeme des Anfangs – Systeme der Betreuung 116
        3.2.1.4 Bewusstsein und Unbewusstes im theoretischen Modell von Fuchs 120
    3.2.2 Psychoanalytisch orientierte systemtheoretische Beschreibungen der Psyche 127

4 Konstruktionserfordernisse für eine systemtheoretische Beschreibung der Psyche 133

5 Das Beobachtungssetting der Psychoanalyse 143

5.1 Psychoanalytische Selbstbeschreibungen der Übertragung/ Gegenübertragung im psychoanalytischen Prozess ... 145
    5.1.1 Klassische Konzeptionalisierungen 145
    5.1.2 Neuere Objektbeziehungstheorie 151
    5.1.3 Relationale Psychoanalyse 154
    5.1.4 Boston Change Process Study Group und neuere systemtheoretische Psychoanalyse 157
5.2 Systemtheoretische Rekonstruktion des psychoanalytischen Settings 168
    5.2.1 Das soziale System im psychoanalytischen Setting 169
    5.2.2 Das psychische System des Analytikers im psychoanalytischen Setting 174
    5.2.3 Das psychische System des Analysanden im psychoanalytischen Setting 176
    5.2.4 Das Matrixsystem im psychoanalytischen Setting 178

6 Psyche als Erfahrungssystem 185

6.1 Formtheoretische Konzeption psychischer Erfahrung 185
6.2 Provisorische Überlegungen zum medialen Substrat psychischer Formbildungen 191

6.3 Psychogenese als operative Produktion von Strukturen im
    psychischen System 193
    6.3.1 Primäre vorsprachliche Strukturbildungen im
          psychischen System 193
    6.3.2 Die Relevanz sprachlicher Prozesse im psychischen
          System 203
    6.3.2.1 Psychogenetische Bedeutung des Modells des
            Spracherwerbs nach Lorenzer 203
    6.3.2.2 Zur Bedeutung der Semiosis in Kristevas Modell des
            Prozesses der Sinngebung 208
    6.3.2.3 Systemtheoretische Rekonstruktion der Positionen
            Lorenzers und Kristevas zur Bedeutung sprachlicher
            Prozesse in der Psyche 215
    6.3.3 Die vier Dimensionen der Strukturbildung in der
          Ausdifferenzierung des psychischen Systems 220

7 **Zur Relevanz der strukturellen Kopplung von psychischen und
  sozialen Systemen für das Verständnis des Erziehungssystems** 231

  7.1 Ansätze der Beschreibung des Erziehungssystems bei Luhmann ... 234

  7.2 Theoretische Komplikationen in der Beschreibung der Relation
      des Erziehungssystems zu psychischen Systemen 241
      7.2.1 Reentry: Der Mensch 242
      7.2.2 Codierung von Erziehung? 243
      7.2.3 Die Unterscheidung Vermitteln/Aneignen als Form der
            Konzeption der Relation von sozialen und psychischen
            Operationen 250

  7.3 Das Erziehungssystem unter der Perspektive der strukturellen
      Kopplung 256
      7.3.1 Strukturelle Kopplung und Interpenetration 259
      7.3.2 Supplementäre Perspektiven in der systemtheoretischen
            Konzeption didaktischer Prozesse 260
      7.3.3 Beratungs- und Unterstützungssysteme der schulischen
            Erziehungshilfe als supplementäre Strukturbildungen
            im Erziehungssystem 265

8 **Literaturverzeichnis** 271

Danksagung

Eine Studie wie die vorliegende wird immer durch die Einbindung in soziale Systeme getragen, die eine solche Arbeit erst ermöglichen. Danken möchte ich vor allem einer Reihe von Personen. Helmut Reiser und Rolf Werning haben die Arbeit über Jahre begleitet. Ihnen danke ich insbesondere für die Bereitschaft, die Arbeit an diesem theoretischen Thema mitzutragen und mir dadurch die Möglichkeit zu geben, meinen wissenschaftlichen Fragen zu folgen. Detlef Horster danke ich dafür, dass er sich an der Begleitung dieser Arbeit beteiligt und seine sozialphilosophische und systemtheoretische Expertise zur Verfügung gestellt hat. Peter Fuchs sei für die Möglichkeit gedankt, einige Aspekte dieser Studie in seiner „Mittwochsgesellschaft" zur Diskussion zu stellen. Ein Dank geht weiter zurück in die Vergangenheit: Alfred Krovoza hat mich mit den Konzeptionen einer „Kritischen Theorie des Subjektes" und ihrer Lesart der Psychoanalyse vertraut gemacht. Friederike Fabers, Cora Kettemann, Thorben Lahtz, Anna-Lina Lübke und Marcel Ulmer danke ich für ihre Unterstützung bei der Erstellung des Druckmanuskripts. Mein größter Dank geht an meine Familie. Meiner Frau Carola Bauschke-Urban danke ich für ihre Liebe und den inspirierenden intellektuellen Austausch und ganz alltagspraktisch für die Zeiten, in denen sie mir das Schreiben ermöglichte. Unsere Töchter Jara Antonia und Matilda haben in den letzten Jahren mit zwei Eltern gelebt, die zur gleichen Zeit ihre Dissertationen geschrieben haben. Ich danke ihnen, dass auch sie mir die Zeit ließen, mich auf meine Arbeit zu konzentrieren – wenn auch die Zeiten, in denen sie das nicht taten, mindestens ebenso wichtig und schön waren.

1 Einleitung

Die Frage nach dem Verhältnis zwischen den Einzelnen und dem Sozialen ist spätestens seit der Erfindung der Soziologie im 19. Jahrhundert Thema einer Vielzahl theoretischer Klärungs- und Beschreibungsansätze. In immer wieder neuen Varianten wurde versucht, dieses Verhältnis zu begreifen als die Relation von Teil und Ganzem, von Individuum und Gesellschaft, von psychischen und sozialen oder von subjektiven und objektiven Strukturen – um nur die wichtigsten der zumeist binär strukturierten Begrifflichkeiten anzusprechen, die zur Theoretisierung dieses Zusammenhangs genutzt wurden. Der Diskurszusammenhang der soziologischen Systemtheorie in der von Luhmann (insbesondere 1987, 1997) begründeten und von einer Reihe anderer Autoren[1] weiterentwickelten Form hat zur Bestimmung dieses Verhältnisses einen spezifischen und von den bisherigen Konzepten stark abweichenden Vorschlag hervorgebracht: In Anschluss an die Arbeiten Luhmanns (vgl. etwa 1987: 32, 192) wird das Feld des Sozialen über den Ausschluss des Psychischen konstituiert. Soziale Systeme bilden sich nach dieser theoretischen Konstruktion nicht über das gemeinsame Handeln oder Interagieren von Menschen, Individuen oder Subjekten, sondern werden als operativ geschlossene, ihrer eigenen Autopoiesis folgende Systeme konzipiert, die sich über die Selbstkontinuierung der Vernetzung eines spezifischen Typus von Operationen bilden. Dieser systemkonstituierende Operationstypus wird für soziale Systeme in der Kommunikation gefunden (Luhmann 1987: 193, 1997: 81). Dabei handelt es sich um eine theoretische Konstruktion, die in diesem systemtheoretischen Diskurszusammenhang Kommunikation explizit als etwas Nicht-Psychisches bestimmt: „Der basale Prozeß sozialer Systeme, der die Elemente produziert, aus denen diese Systeme bestehen, kann (...) nur Kommunikation sein. Wir schließen hiermit also (...) eine psychologische Bestimmung der Einheit der Elemente sozialer Systeme aus." (Luhmann 1987: 192) Damit transformiert sich in diesem Verständnis die Relation von Sozialem und Psychischem in die Theoriefigur der strukturellen Kopplung von sozialen und psychischen Systemen, i.e. von Kommunikation und Bewusstsein

---

1 Vgl. u.a. Baecker (1993, 2005), Esposito (2002, 2004), Fuchs (1992, 1993, 1999), Göbel (2000), Kieserling (1999), Kneer (1996), Nassehi (1993, 2003), Stichweh (2000), Weinbach (2004), Willke (1999, 2005).

(vgl. Luhmann 1997: 103ff) – ein sehr spezifisches Verhältnis, das Luhmann (1987: 286ff) auch mit dem Begriff der Interpenetration bestimmt hat. Dieses axiomatische Konstruktionsmoment dient bislang primär dazu, den Bereich der Beschreibung des Sozialen mittels der Theoreme der Autopoiesis und der strukturellen Kopplung von einer Reflexion auf die Relevanz des Psychischen zu lösen[2]: es wird dadurch ein theoretischer Raum eröffnet, in dem das Soziale als das Soziale für das Soziale beschrieben werden kann.

Eine solche Form der theoretischen Konstruktion erzeugt ganz neuartige Potenziale zur Beschreibung der Eigendynamiken und spezifischen Rationalitäten sozialer Prozesse in einer funktional differenzierten Gesellschaft. Die luhmannsche Systemtheorie stellt mit ihrer enormen strukturellen Komplexität ein *métarécit* dar, das nicht nur als eines der avanciertesten theoretischen Paradigmen der Soziologie betrachtet werden kann, sondern das darin zugleich eine bei weitem noch nicht ausgeschöpfte Reflexionsform für ein breites interdisziplinäres Feld bereitstellt, das neben den Sozialwissenschaften im engeren Sinne die Erziehungswissenschaften, die Psychologie und die Philosophie umfasst[3].

Die für diese Variante der Systemtheorie charakteristische Umstellung zentraler theoretischer Grundlagen auf die Differenz von Sozialem und Psychischem zeigt dabei je nach Theoriefeld und disziplinärem Kontext ein unterschiedlich starkes Anregungs- und Irritationspotenzial. Perturbierende Effekte sind vor allem in solchen Theoriekontexten zu entdecken, in denen entweder mit einem empathischen Begriff von Subjektivität oder Intersubjektivität gearbeitet wird oder in denen die Dimension des Psychischen traditionell den zentralen Bezugspunkt der theoretischen Modellbildung darstellt. Beispiele für solche Bereiche sind sozialpsychologische Problematiken und die theoretische Reflexion von schulischen Lehr-/Lernprozessen und allgemein von Erziehungsprozessen sowie von psychotherapeutischen Prozessen. Folgt man der theoretischen Auffassung, nach der Liebe als ein Kommunikationssystem begriffen wird (Luhmann 1994), so ist für diesen Bereich, ähnlich wie für familiäre Beziehungen, die neuartige Frage aufgeworfen, ob und wie emotionale Prozesse auf die differente Konstitution sozialer Systeme bezogen werden können. Und ähnlich steht auch die systemtheoretische Beschreibung eines Funktionssystems der Kunst (Luhmann 1997a) vor dem Problem, ästhetische Erfahrung zur Heteronomie der kommunikativen Prozesse sozialer Systeme relationieren zu müssen.

Für all diese Bereiche sind systemtheoretische Lösungen erarbeitet worden, die die entsprechenden Felder über die Fokussierung sozialer Systeme beschreiben und sich auf die spezifischen Eigendynamiken der jeweiligen kommunikati-

---

[2] Es gibt Ausnahmen – vergleiche etwa die Arbeiten von Fuchs (1998, 1999, 2001, 2003, 2004 und insbesondere 2005).
[3] Zur Rezeptionsgeschichte in den verschiedenen Disziplinen vergleiche Berg und Schmidt (2000).

ven Prozesse konzentrieren. Eine solche Form der Differenzierung von sozialen und psychischen Systemen eröffnet auch in diesen Bereichen, die normalerweise unter Rückgriff auf das Psychische konzeptionalisiert wurden, durch oftmals kontraintuitive, überraschende Beschreibungen besondere Reflexionschancen[4]. Ungeachtet der Vorteile einer solchen Konzentration auf das Soziale, zeigt sich in diesen Feldern allerdings auch, dass die der luhmannschen Systemtheorie spezifische Form der Unterscheidung von sozialen und psychischen Systemen ein labiles, hochsensibles Moment der theoretischen Konstruktion darstellt. Betrachtet man beispielsweise den Bereich der Schule und Erziehung, so bleiben Zweifel, ob eine Fokussierung des Erziehungssystems als ein soziales System bedeuten muss, dass in der systemtheoretischen Beobachtung nur noch peripher auf die Relation der kommunikativen Prozesse zu psychischen Lern- und Entwicklungsprozessen reflektiert wird. Ähnliches gilt für den Bereich psychotherapeutischer Prozesse – wie sinnvoll ist es, in der theoretischen Reflexion ein therapeutisches Kommunikationssystem ganz ohne Rekurs auf psychische Prozesse zu beschreiben?

Gerade mit Blick auf diese Problematiken kann die Frage aufgeworfen werden, ob die Weiterentwicklung des systemtheoretischen Paradigmas in diesen Theoriefeldern nicht am ehesten durch die Dekonstruktion einer zu starren Konzentration auf das dem Psychischen entgegengesetzte Soziale gelingen kann. Chancen für eine weitere Entfaltung der Theorie sind hier vor allem in zwei Dimensionen zu sehen: Erstens kann sich die theoretische Reflexion darauf beziehen, wie im sozialen System selbst die Differenz zum Psychischen beobachtet und zur Grundlage der Ausdifferenzierung interner Strukturen genutzt wird. Und zweitens kann aus einer externen, etwa wissenschaftlichen Beobachtungsposition eine doppelte Perspektivierung gewählt werden, die die wechselseitige Bezogenheit psychischer und sozialer Systeme, insbesondere deren Interpenetrationsverhältnisse zum Zentrum der theoretischen Analyse und der Beschreibung der darauf bezogenen jeweiligen systemeigenen Strukturbildungsprozesse nimmt.

Nun bedeutet allerdings die zentrale theoriekonstitutive Differenzierung zwischen sozialen und psychischen Systemen und die damit ermöglichte Marginalisierung des Psychischen in einer Theorie sozialer Systeme nicht, dass im Kontext der luhmannschen Systemtheorie keine Arbeiten zum psychischen System und dessen Relation zum Sozialen vorliegen würden. Die spezifischen Einschnitte und Ausschlüsse, über die eine Theorie konstruiert wird, evozieren immer auch ergänzende Arbeiten, die solchen Fragen nachgehen und die ur-

---

4 Für den Bereich des Erziehungssystems stellt dazu die spezifische Entfaltung des Theorems des Technologiedefizites (Luhmann & Schorr 1979: 118ff) ein gutes Beispiel dar.

sprüngliche theoretische Konzeption entweder erweitern oder umschreiben wollen[5]. Dass solche auf den Bereich des Psychischen zielenden Fragen auftauchen müssen, sieht auch Luhmann und er begründet damit die Aufnahme eines Kapitels über die Individualität psychischer Systeme in seinen Grundriss einer Theorie sozialer Systeme.

> „Wir fügen deshalb in die Darstellung der Theorie sozialer Systeme ein für diese Theorie eher marginales Kapitel über Individualität ein. Denn die Auffassung, daß soziale Systeme nicht aus Individuen bestehen und auch nicht durch körperliche oder psychische Prozesse erzeugt werden können, besagt natürlich nicht, dass es in der Welt sozialer Systeme keine Individuen gäbe. Im Gegenteil: eine Theorie selbstreferentieller autopoietischer Sozialsysteme provoziert geradezu die Frage nach der selbstreferentiellen Autopoiesis psychischer Systeme und mit ihr die Frage, wie psychische Systeme ihre Selbstproduktion von Moment zu Moment, den ‚Strom' ihres ‚Bewußtseinslebens', so einrichten können, daß ihre Geschlossenheit mit einer Umwelt sozialer Systeme kompatibel ist." (Luhmann 1987: 347f, Hervorh. i. O.)

Neben einer Reihe von anderen Autoren (insbesondere Giegel 1987, Khurana 2002, Konopka 1996, Ort 1998, Wasser 1995 und 2004) sind es vor allem die Arbeiten von Fuchs (u.a. 1998, 1999, 2001, 2003, 2004 und 2005), in denen der systemtheoretische Diskurs weitergeführt wird, der auf eine genauere Beschreibung des Psychischen und seiner Relation zum Sozialen zielt. Mit diesen Arbeiten von Fuchs liegt inzwischen ein Korpus von vernetzten Texten vor, der dieses Feld der Theorie über verschiedene Zugänge und Fokussierungen in einer vielschichtigen Form elaboriert.

Man kann den für diesen Bereich grundlegenden Arbeiten von Fuchs in vielerlei Hinsicht sehr gut folgen; allerdings zeichnen sie sich durch eine ganz spezifische Intention und Ausrichtung aus, die sich mit einem Titel von Fuchs (vgl. 1995) als das Projekt einer „Umschrift" kennzeichnen lässt. Um dies hier zunächst nur pointiert zu beschreiben: Es geht in den Arbeiten von Fuchs in immer wieder neuen Varianten darum, das Psychische auf das Soziale ‚umzuschreiben'. Dies bedeutet, Prozesse, die traditionell dem Bereich des Psychischen zugeordnet wurden, als soziale Prozesse zu rekonstruieren und auch das, was als psychisches System verbleibt, theoretisch so zu konzipieren, dass es als ein durch das Wirken des Sozialen Konstituiertes erscheint. Durch diese Theorieanlage entsteht ein Bias in der theoretischen Konstruktion psychischer Systeme, das den psychischen Operationen, die sich auf der Basis sprachlicher Zeichen vollziehen, eine wesentlich größere Relevanz zumisst als vorsprachli-

---

5 Zu den neuralgischen Punkten der Konstruktion dieser Theorie gehört neben der Relationierung von Sozialem und Psychischem auch die theoretische Nachordnung der Handlung gegenüber der Kommunikation (vgl. Luhmann 1987: 191ff), die eine ganze Reihe von Vorschlägen hervorgerufen hat, die soziologische Relevanz des Handelns wieder bedeutsamer zu konzeptionieren (vgl. exemplarisch Konopka 1999, Schimank 1996, Schwinn 2001).

chen oder nichtsprachlichen psychischen Operationen. Der Umstand, dass ein vor- oder nichtsprachliches psychisches Erleben in sozialen Systemen nur zum Thema des Diskurses werden kann, indem in der Kommunikation auf sprachliche Zeichen zurückgegriffen wird, provoziert bislang auch in der theoretischen Beschreibung psychischer Systeme eine relative Vernachlässigung der nichtsprachlichen Operativität.

Vor dem Hintergrund dieser Überlegungen ergeben sich Fragestellung und Zielsetzung der vorliegenden Studie. Um das Erklärungspotenzial der luhmannschen Systemtheorie in den Erziehungswissenschaften – wie auch in den Bereichen sozialpsychologischer Fragestellungen und psychotherapeutischer Problematiken – ausschöpfen zu können, sind weitere theorieimmanente Klärungen und Ausdifferenzierungen erforderlich. Es lassen sich hier drei wichtige Schritte oder Aspekte der theoretischen Konstruktion unterscheiden, die in einem wechselseitigen Ergänzungsverhältnis, man könnte auch sagen, in einer zirkulären Relation zueinander stehen. Es muss erstens genauer geklärt werden, welche theorieimmanenten und theoriekonstitutiven Funktionen den Theoriefiguren des ‚psychischen Systems' und der ‚strukturellen Kopplung' zukommen und was dies in Hinblick auf solche sozialen Systeme (Erziehung, Psychotherapie u.a.) bedeutet, für deren Verständnis die interne Bearbeitung der Relation zum Psychischen zentral sein muss. Zweitens gilt es, eine theoretische Beschreibung psychischer Systeme zu entwickeln, die die Bedeutung vor- und nichtsprachlicher psychischer Operativität konzeptuell mitberücksichtigt. Und drittens kann dann auf einer solchen theoretischen Grundlage eine doppelperspektivische Sicht auf die Beschreibung der Relation von psychischen und sozialen Systemen eröffnet werden, die erst verständlich werden lassen kann, wie sich Interpenetrationsrelationen zwischen psychischen und sozialen Systemen aufbauen und wie sich darauf bezogen Strukturen in den psychischen und in den sozialen Systemen jeweils entwickeln und transformieren.

Im Rahmen dieser Studie sollen die beiden ersten Schritte dieser theoretischen Wegstrecke gegangen werden. Es soll in Hinblick auf die allgemeine Struktur der luhmannschen Systemtheorie die Funktion der Theorieelemente ‚strukturelle Kopplung' und ‚psychisches System' geklärt werden. Und es soll eine theoretische Beschreibung des psychischen Systems entworfen werden, die sich konsistent in den Kontext der luhmannschen Systemtheorie einschreiben kann und dabei zugleich in der Lage ist, einen erweiterten, nichtsprachliche psychische Operationen umfassenden Begriff des Psychischen zu entfalten.

Neben diesen beiden zentralen Argumentationsschritten wird in einem letzten Kapitel dieser Studie ergänzend darauf eingegangen, welche Perspektiven sich aus den vorgeschlagenen theoretischen Erweiterungen für das Verständnis eines solchen sozialen Systems ergeben, das wie das Erziehungssystem seinen internen Strukturaufbau auch an der Beobachtung der strukturellen Kopplung mit psychischen Systemen orientieren muss. Dabei geht es darum, solche Perspektiven für eine weitere Ausarbeitung zu eröffnen, nicht aber darum, schon mit solchen Ausblicken die Fruchtbarkeit der theoretischen Argumentation zu beweisen. Die theoretische Arbeit der vorliegenden Studie steht zunächst einmal für sich selbst und bearbeitet eine theorieimmanente Problematik aus dem Kontext des Paradigmas der luhmannschen Systemtheorie – eine Problematik, die allerdings gerade für eine erziehungswissenschaftliche Rezeption von großer Bedeutung ist.

Der argumentative Aufbau dieser Studie folgt dabei im Einzelnen den folgenden Schritten. Im folgenden Kapitel wird die Funktion der Theorieelemente „strukturelle Kopplung" und „psychisches System" im Gesamtzusammenhang des Theorieaufbaus der luhmannschen Systemtheorie untersucht. Dabei folgt die Arbeit einer formtheoretischen Lesart der Systemtheorie – einer Lesart, die davon ausgeht, dass die Rezeption des Formkalküls von Spencer Brown (1997) als die wichtigste Transformation der Systemtheorie im Spätwerk Luhmanns betrachtet werden muss. Diese Rezeption der erkenntnistheoretischen Dimension des spencer-brownschen Formkalküls führt zu einer formtheoretischen Fundierung der Systemtheorie, die sich in den späten Texten Luhmanns sehr deutlich zeigt und von Baecker (1993, 1993a, 1993b, 1993c, 2005), Esposito (1993, 1993a), Fuchs (2001, 2004), Nassehi (1995, 2003) und anderen fortgeführt wurde. Die besondere Relevanz des Form-Konzeptes resultiert aus der Korrespondenz seiner Implementierung in die Systemtheorie zur Lektüre der Dekonstruktion[6]. Mit ihrer formtheoretischen Überarbeitung nimmt die Systemtheorie die Irritationen und das Reflexionspotenzial der Dekonstruktion auf und versucht sich dadurch zugleich gegenüber einer Dekonstruktion zu immunisieren – zumindest dürfte dies die dem Konzept der Form theorieimmanent zugedachte Funktion sein. Eine solche Bezugnahme auf die theoretische Arbeit der Dekonstruktion kann nicht nur als eine Abwehr betrachtet werden, sondern ist eher als eine Reaktion zu begreifen, die die der Systemtheorie immer schon eigene Konstruktivität deutlicher werden lässt – eine Flexibilität und eine tentative experimentelle Form der Konstruktion, die darauf abzielt, möglichst komplexe Muster der Theorie zu entwickeln. Vor dem Hintergrund einer solchen Lesart werden dann das Theoriemoment der strukturellen Kopplung und die theoretische Ausarbeitung der Konzeption psychischer Systeme innerhalb der Systemtheorie als Supplemente im Sinne der Dekonstruktion (vgl. Derrida 1992) begriffen.

---

6 Zur Relation der Theoriestrukturen der Dekonstruktion und der Systemtheorie siehe die Studien von Binczek (2000), Stäheli (2000), Fuchs (2001) und den Aufsatz von Teubner (1999).

Ein formtheoretisches Verständnis der Autopoiesis von Systemen, nach dem sich das System in der formbasierten operativen Konkatenation[7] der Erzeugung der System/Umwelt-Differenz mitsamt der co-produzierten Umwelt aus einem *unmarked state* ausgrenzt, setzt die systemtheoretische Konstruktion kontingent. Da sich Theorie nur über Reduktion und die Kombination spezifischer – und darin eben kontingenter – Differenzschemata konstruieren lässt, kann sie es nicht vermeiden, in der Konstruktion zugleich eine Unvollständigkeit, spezifische Lücken und ungeschriebene Alternativen mit hervorzubringen. Eben diese Effekte solcher unvermeidlichen, theorieimmanenten Restriktionen können auch in der Systemtheorie mit dem der Dekonstruktion entnommenen Konzept des Supplements berücksichtigt werden. Vor einer solchen Folie lässt sich dann das systemtheoretische Theorem der strukturellen Kopplung als ein Platzhalter oder Marker solcher supplementärer Theoriebedarfe begreifen. Dies ermöglicht die Ausführung und Implementierung einer Theorie psychischer Systeme in die soziologische Systemtheorie.

Relevant werden diese supplementären Theorieteile dort, wo soziale Systeme ihre autopoietischen Operationen auf die Beobachtung psychischer Systeme und ihre strukturelle Kopplung mit psychischen Systemen fokussieren. Unter den eingangs genannten Feldern sind es insbesondere Systeme wie das Erziehungssystem[8] und die diesem korrespondierenden schulischen Organisationssysteme wie auch die Interaktionssysteme des Unterrichts, in denen die Beachtung der strukturellen Kopplung mit psychischen Systemen und deren theoretische Konzeptionalisierung virulent werden. Ein anderes, theoretisch sehr interessantes Beispiel sind therapeutische Systeme, unter denen der Psychoanalyse aufgrund ihres besonders ausdifferenzierten Settings zur Kopplung psychischer und kommunikativer Prozesse eine herausragende Relevanz zukommt.

Soll das Postulat einer strukturellen Kopplung mehr sein als ein theoretisches Konstruktionsmoment, das nur dazu dient, die Sphäre des Sozialen vom Psychischen zu bereinigen, soll mit anderen Worten das Feld einer theoretischen Analyse der konkreten Ausformung von Prozessen der strukturellen Kopplung und Interpenetration von psychischen und sozialen Systemen eröffnet werden – Voraussetzung beispielsweise, um mit dieser Art von Systemtheorie Lehr-/Lern- und Bildungsprozesse oder auch sozialpsychologische Fragestellungen bearbeiten zu können – so bedarf es einer innerhalb dieses systemtheoretischen Rah-

---

7 Zu dem hier zugrundegelegten Begriff der Konkatenation vergleiche Fuchs (2005: 64, 2004: 49f), Kristeva (1989a: 40ff) und in dieser Studie Kap. 2.3.1.
8 Vergleiche dazu Luhmann & Schorr (1979) und Luhmann (2002). Gerade die theoretische Entwicklung zwischen diesen beiden Schriften zeigt, wie sehr das Thema der strukturellen Kopplung mit dem Psychischen in den theoretischen Vordergrund drängt (siehe etwa Luhmann 2002: 22ff).

mens konsistenten theoretischen Konzeption psychischer Systeme. Die vorliegende Studie hat es sich zur Aufgabe gemacht, hierzu einen Beitrag zu leisten. Den zentralen Kapiteln drei bis sechs dieser Studie kommt die Aufgabe zu, eine solche formtheoretische begründete Konzeption psychischer Systeme in einer Form zu entwerfen, die der Bedeutung auch vor- und nichtsprachlicher Operativität des psychischen Systems wesentlich mehr Bedeutung zumisst, als das in den bisher vorliegenden Beschreibungen innerhalb des Paradigmas der luhmannschen Systemtheorie der Fall ist. Dabei besteht ein besonderes Interesse daran, eine Beschreibung des psychischen Systems auf einer formtheoretischen Basis so zu konzipieren, dass sie dazu in der Lage ist, den theoretischen Konzepten der Psychoanalyse auf eine neue Art und Weise diskursive Anschlüsse im systemtheoretischen Diskurs zu öffnen. Diese theoretische Vernetzung findet ihre Begründung darin, dass die Psychoanalyse als eine Form der psychologischen Forschung betrachtet werden kann, die die Relevanz vorsprachlicher und unbewusster Dimensionen des Psychischen ins Zentrum ihrer Theoriebildung stellt. Um dieses Potenzial der Psychoanalyse systemtheoretisch zu erschließen, wird in der Argumentation ein besonderer Weg gewählt, der stärker bei einer systemtheoretischen Reflexion des psychoanalytischen Beobachtungssettings ansetzt, als bei ihren Selbstbeschreibungen und theoretischen Konstruktionen der Psyche.

Im dritten Kapitel werden bisherige Modellierungen des Psychischen im Kontext der luhmannschen Systemtheorie untersucht. Neben Ansätzen von Luhmann und von Fuchs interessieren hier insbesondere die Arbeiten von Khurana (2002) und Wasser (2004), die beide auf unterschiedliche Arten eine Integration systemtheoretischer und psychoanalytischer Theoriefiguren zu erreichen versuchen. Nach einer kurzen Zwischenreflexion über die Konstruktionserfordernisse einer systemtheoretischen Beschreibung der Psyche im vierten Kapitel, nähert sich dann das fünfte Kapitel der Psychoanalyse über eine systemtheoretische Rekonstruktion ihres Settings und ihrer Methode der Beobachtung. Dabei wird eine polysystemische Perspektive eingenommen, die insbesondere der Frage nachgeht, wie es im psychoanalytischen Setting gelingen kann, psychische Prozesse zu beobachten.

Im Zentrum dieser Rekonstruktion steht eine Interpretation der in der Psychoanalyse als Übertragung/Gegenübertragung beschriebenen Phänomene. Ein solcher Zugang zur Integration der psychoanalytischen Reflexionspotenziale in die Systemtheorie resultiert einerseits aus der Bedeutung, die der Theoriefigur der Beobachtung in der formtheoretisch gefassten Systemtheorie zugesprochen wird, und andererseits aus dem Stellenwert, der den Phänomenen der Übertragung/Gegenübertragung in den psychoanalytischen Selbstbeschreibungen beigemessen wird. Seit Langem haben Übertragung und Gegenübertragung in weiten Teilen der psychoanalytischen Theoriebildung den Traum in seiner Funktion als Königsweg zum Verständnis des Unbewussten abgelöst. Diese Phänomene der Übertragung/Gegenübertragung erzeugen allerdings nicht unerhebliche theoretische Komplikationen für ein systemtheoretisches Verständnis dieser Prozesse. Die Sichtung der psychoanalytischen Forschungsstände und der psychoanalytischen Theoriebildung zu diesen Übertragungs-/ Gegenübertragungsprozessen führt dazu, eine weitere Ergänzung der luhmannschen Systemtheorie vorzuschlagen, in der diese Phänomene als protokommunikative Prozesse verstanden werden, die sich in einem Matrixsystem vollziehen. Das Matrixsystem wird dabei konzipiert als eine allgemein relevante Variante oder Vorform von Interaktionssystemen, die sich über archaisch-rudimentäre Formen einer Protokommunikation konstituiert, für die die Übertragungs-/ Gegenübertragungsprozesse der Psychoanalyse nur ein, allerdings ein sehr gut beschriebenes Beispiel darstellen[9].

Der Gewinn eines solchen Vorgehens besteht darin, einen systemtheoretischen Erklärungszusammenhang vorzulegen, der nicht nur dazu beitragen kann, der Systemtheorie das Potenzial der Psychoanalyse zu erschließen und die Frage der Relevanz vor- und nichtsprachlicher Prozesse im psychischen System zu klären, sondern der darüber hinaus auch die systemtheoretische Rekonstruktion einer ganzen Reihe von sozialpsychologisch interessierenden Phänomenen vorbereitet.

Auf der Basis dieser Vorarbeiten wird dann im sechsten Kapitel eine formtheoretische Begründung der Konzeption psychischer Systeme vorgeschlagen, die den Operationsmodus dieses Systemtyps als psychische Erfahrung beschreibt. Nach dieser Konzeption vollzieht sich die Autopoiesis des psychischen Systems als ein operatives Aneinanderanschließen situativen psychischen Erlebens, das sich sowohl vorsprachlich als auch sprachbasiert realisieren kann. Über einen solchen autopoietischen Prozess differenziert sich eine Vernetzung des psychischen Erlebens aus, die das einzelne situative Erleben in Erfahrung transformiert: Psychische Prozesse sind nach dieser Konzeption immer nur als Erfahrung möglich, in der sich die Aktualität des Erlebens über Differenz- und Ähnlichkeitsrelationen zu bisherigem Erleben konstituiert.

---

9 Allgemeiner handelt es sich dabei um Phänomene, die auch unter dem Titel der Affektabstimmung und der emotionalen Ansteckung diskutiert werden, und deren Auswirkungen im Sozialen von Ciompi (2004), wenn auch in einer soziologisch wenig anschlussfähigen Form, als Effekte der Affektlogik diskutiert werden. Ein weiterer wichtiger Bezugspunkt findet sich in den Prozessen, die in der Säuglingsforschung als Proto-Konversation und als intersubjektive Regulierungsprozesse beschrieben werden (vgl. Trevarthen 1979, 1980, Trevarthen & Aitken 2001, Beebe & Lachmann 2006, Stern 2007).

Die Argumentation dieser Studie zielt darauf, einen theoretischen Rahmen zur Beschreibung psychischer Systeme vorzuschlagen, der die Autopoiesis des psychischen Systems formtheoretisch erschließt. Indem eine Konzeption dieser Systeme als autopoietische Konkatenation psychischer Formoperationen begründet wird, soll zugleich ein Anschluss an den Diskurs der luhmannschen Systemtheorie – und insbesondere auch an die Arbeiten von Fuchs – ermöglicht und ein theoretisches Raster konstituiert werden, in das sich prinzipiell heterogene, auf jeweils kontingenten Reduktionen basierende, psychologische Theorien integrieren lassen. Diese letztere Möglichkeit wird exemplarisch anhand einzelner psychoanalytischer Konzepte illustriert. Dabei soll gezeigt werden, dass diese psychoanalytischen Konzepte hilfreich für eine systemtheoretische Konzeptionalisierung von nichtsprachlichen Erfahrungen sind. In einem ersten Schritt wird erprobt, wie sich die Theorie der Interaktionsformen (Lorenzer 1972, 1976, 1986) als eine Metatheorie der Psychoanalyse und neonatologische Forschungsergebnisse in eine Formtheorie des psychischen Systems integrieren lassen.

Der theoretische Vorschlag, solchen frühen vor- und nichtsprachlichen Formen psychischer Erfahrung eine fortdauernde allgemeine Relevanz für psychische Prozesse zuzusprechen, gerät insofern potenziell in Konflikt mit anderen Modellen des psychischen Systems aus dem diskursiven Kontext der luhmannschen Systemtheorie, als in den gängigen Modellen bewusstes Erleben an den Gebrauch sprachlicher Zeichen gebunden wird (vgl. Fuchs 1998, 2003, 2005, Khurana 2002). Auf der Suche nach einer Möglichkeit, mit dieser Problematik in der theoretischen Konstruktion so umzugehen, dass nicht all das, über das sich nicht reden lässt, aus dem Konstrukt des psychischen Systems herausfallen muss, werden hier zwei psychoanalytische Modelle zur Relation nicht-/vorsprachlicher Prozesse und zeichenbasierter psychischer Erfahrung (Kristeva 1978, Lorenzer 1972, 1976) für ein formtheoretisches Verständnis psychischer Prozesse erschlossen.

Die formtheoretische Begründung einer Konzeption des psychischen Systems ermöglicht es auch, eine psychogenetische Perspektive einzunehmen. Hier soll, ebenfalls im Sinne der Eröffnung eines grundlegenden theoretischen Rahmens, ein psychogenetisches Modell vorgeschlagen werden, das die Ausdifferenzierung des psychischen Systems als einen autopoietischen Prozess versteht, in dessen integraler Konkatenation psychischer Formoperationen sich vier Dimensionen unterscheiden lassen. Drei dieser vier Dimensionen des psychischen Prozesses differenzieren sich an der systeminternen Bearbeitung der strukturellen Kopplung mit Umweltsystemen aus, oder anders formuliert an der psychischen Beobachtung der Prozesse im somatischen System, in den Matrixsystemen und in den sozialen Systemen. Die vierte Dimension resultiert aus den psychischen Formoperationen, in denen die Konkatenation der psychischen Beobachtung reflexiv wird und eine Selbst-Vorstellung des Psychischen emergieren lässt – eine reflexive Dimension der Erfahrung, die zugleich als eine archaische Basis für spätere Ausdifferenzierungen des psychischen Systems wie Identitätskonstrukte, metakognitive Strukturbildungen oder die psychischen Instanzen des Ichs oder des Selbst betrachtet werden kann.

Stellen diese Vorschläge zu einer formtheoretisch basierten Beschreibung psychischer Systeme den Kern der vorliegenden Studie dar, so entwickelt das siebte Kapitel einen Ausblick darauf, wie die theoretische Berücksichtigung psychischer Systeme im Bereich der Beschreibung des Erziehungssystems genutzt werden kann. In diesem Kontext erhalten die theoretischen Figuren der strukturellen Kopplung und der Interpenetration eine besondere Relevanz. Am Beispiel einer Rekonstruktion des systemtheoretischen Diskurses zu der Frage, ob und wie das Funktionssystem der Erziehung binär codiert werden kann, wird die Virulenz der Problematik aufgezeigt, dass das Erziehungssystem auch als soziales System konzeptionell nur zu fassen ist, wenn die supplementäre Bezogenheit auf psychische Systeme in der theoretischen Konstruktion reflektiert wird. Weitere exemplarisch zu eröffnende Problemfelder sind eine systemtheoretische Modellierung von Lehr-/Lernprozessen und das daraus resultierende systemtheoretische Verständnis didaktischer Prozesse sowie eine systemtheoretische Reflexion der spezifischen Funktion von Beratungs- und Unterstützungssystemen der schulischen Erziehungshilfe, die als supplementäre Strukturbildungen im Erziehungssystem auf Krisen und Störungen in der Interpenetration von sozialen und psychischen Systemen reagieren. Mit diesem letzten Kapitel kann an dieser Stelle im Anschluss an die vorangehende Beschreibung psychischer Systeme nicht mehr als ein Ausblick auf weitere Forschungsfelder gegeben werden, die auf Basis der vorliegenden Studie zum Verhältnis von psychischen und sozialen Systemen künftig weiterzuentwickeln sein werden.

2 Formtheoretische Begründungen der Systemtheorie Niklas Luhmanns

Die Rezeption der *Laws of Form*, des Formkalküls von Spencer Brown (1997), spielt in der Ausarbeitung der Systemtheorie Luhmanns (vgl. hierzu grundlegend 1987, 1990, 1997) eine zunehmend wichtige Rolle. In der Einschätzung von Clam nimmt die dort exponierte Protologik sogar „nach und nach eine fast beherrschende Position im späteren Werk Luhmanns ein" (2004: 252). Dabei verwendet Luhmann nur einige wenige zentrale Motive des Formkalküls (vgl. Lau 2005: 10), diese integriert er dann allerdings in einer für die gesamte theoretische Konstruktion seiner Systemtheorie sehr bedeutsamen Weise. Es sind insbesondere die miteinander verschränkten Begriffe der Form und des Beobachters, über die die Grundlagen der Systemtheorie in einer Art und Weise transformiert werden, die als eine Rekonzeptualisierung bewertet werden kann. Im Rückblick formuliert Luhmann dazu:

> „Hätte ich mit der Operation des Beobachtens angefangen, wäre von vornherein klar gewesen, dass die Unterscheidung von System und Umwelt nur eine der Formen ist, mit denen Beobachtungen instrumentiert werden können; und dies auch dann, wenn der Beobachter in der Sequenz seines Operierens zum System wird, eine Umwelt ausgrenzt und folglich intern zwischen Selbstreferenz und Fremdreferenz unterscheiden muss. Mein Grund, diese Varianten nicht zu wählen, lag vor allem darin, dass die Systemtheorie besser eingeführt ist. Ein strikt operativer bzw. ein mit Beobachtung und Form beginnender Ausgangspunkt hätte vermutlich stärker befremdet – jedenfalls war das meine Befürchtung." (Luhmann 1992a: 377f)

Dieser Kommentar zur Anlage seiner Theorie wirft die Frage auf, ob das Konzept der Form für die luhmannsche Systemtheorie eine noch fundamentalere Bedeutung besitzt als der Systembegriff selbst. Aus der Annahme, dass die theoretische Relevanz des Form-Konzeptes kaum zu überschätzen ist, leitet sich die Organisation dieses zweiten Kapitels ab.

Nach einer kurzen Vorstellung der *Laws of Form* wird die Zentralität der Rezeption des Formkalküls für die Entwicklung der luhmannschen Systemtheorie dargelegt. Danach soll herausgearbeitet werden, welche Motive aus dem Formkalkül von Luhmann aufgegriffen werden und welche Funktion in der Konstruktion der Theorie ihnen schon vor dem Bezug auf die System/Umwelt-Unterscheidung zukommen kann. In einem weiteren Schritt wird der Frage nachgegangen, wie sich der Systembegriff dadurch weiterentwickelt, dass er mit dem Konzept der Form in Berührung kommt. Grundthese ist hier, dass das Konzept der Form das Moment der Kontingenz in der Konstruktion der Systemtheorie radikalisiert. Dies hat auch Auswirkungen auf das Verständnis der Relation des Konzeptes der Autopoiesis sozialer Systeme zum Konzept der strukturellen Kopplung von sozialen und psychischen Systemen. Hier wird vorgeschlagen, diese Relation mit einem aus dem Kontext der Dekonstruktion stammenden Begriff als eine supplementäre aufzufassen[10]. Beiden theoretischen Konzepten (Autopoiesis und strukturelle Kopplung) kam bei Luhmann ursprünglich die Funktion zu, das Soziale vom Psychischen zu trennen und der soziologischen Systemtheorie eine Konzentration auf das Soziale zu ermöglichen. Sie provozieren aus der hier eingenommenen Perspektive zunächst für einige soziale Felder, bei genauerer Analyse der formtheoretisch erkennbaren Implikationen des Systembegriffs bei Luhmann letztlich für die gesamte theoretische Konstruktion, eine stärkere Betrachtung der strukturellen Kopplung mit dem Psychischen und dies legt eine Ergänzung der Theorie sozialer Systeme mit einer Theorie psychischer Systeme nahe.

2.1 Entwicklung der Relevanz des Formkonzeptes für die Systemtheorie Luhmanns

2.1.1 Zur Unterscheidung von drei theoretischen Dimensionen der Laws of Form

Bei Spencer Browns *Laws of Form* handelt es sich um einen interdisziplinär kontextualisierten und in verschiedenen Fachwissenschaften rezipierten mathematischen Text (vgl. Hölscher 2004, Hölscher & Wille 2004, Schönwälder 2004, Wille 2004, Wille & Hölscher 2004, Lau 2005: 21f)[11]. Das besondere Potenzial für eine interdisziplinäre Rezeption dieses Textes resultiert aus seiner Mehrschichtigkeit, die neben mathematischen auch allgemeinere Lesarten ermöglicht. So unterscheidet etwa Lau (vgl. 2005: 14, 16ff) drei Dimensionen der *Laws of Form*: a) den Formkalkül (calculus of indication) im engeren Sinne als

---

10 Vgl. dazu Derrida (1992).
11 Baecker weist in diesem Zusammenhang daraufhin, dass es sich bei den verschiedenen Beispielen fachlich different verorteter Rezeptionen eher um Außenseiterpositionen handelt, um „Ausnahmen, die überdies weit davon entfernt sind, ausgerechnet für den Aspekt ihrer Arbeit mit dem Formenkalkül wissenschaftliche Anerkennung gefunden zu haben" (2005: 11f). Es scheint insbesondere die an Luhmann anschließende Systemtheorie zu sein, in der sich der Formkalkül am nachhaltigsten etablieren und gerade in den letzten Jahren verstärkt theoretische Relevanz entfalten konnte (vergleiche Baecker 1993, 1993a, 1993b, 2005, Fuchs 2001, 2004 und weniger offensichtlich, aber dennoch mit zentraler Bedeutung des Formbegriffs für die theoretische Konstruktion, Willke 2005).

ein mathematisches formales System, b) den Bezug der *Laws of Form* zur sogenannten Grundlagenkrise der Mathematik – eine Dimension, über die es ermöglicht werden soll, durch eine Vereinfachung von Begründungsfiguren die Integration selbstbezüglicher und paradoxaler Strukturen in die Mathematik zu ermöglichen – sowie c) eine allgemeinere philosophische Dimension, in der die Bearbeitung der mathematischen Fragestellungen zugleich als Exemplifizierung und Kommentierung des Problems betrachtet wird, wie es möglich sein kann, mit Unterscheidungen zu operieren und Beobachtungen zu vollziehen. Es handelt sich hierbei um eine sehr grundlegende Reflexion der Möglichkeit, Welt in der Form von Differenzierungen zu beobachten bzw. über Beobachtungen Differenzen in der Welt zu erzeugen. Diese dritte Dimension kontextualisiert sich theoriegeschichtlich mit dem Bereich der Erkenntnistheorie und wird von einer Reihe von Autoren zugleich in eine enge Beziehung zu grundlegenden Theoriefiguren der buddhistischen Philosophie gestellt[12]. Die Rezeption der *Laws of Form* durch Luhmann basiert auf einer solchen nicht-mathematischen Lektüre der spencer-brownschen Konstruktion und konvergiert mit Luhmanns Interesse an den erkenntnistheoretischen Potenzialen der theologischen Philosophie von Nikolaus von Kues[13]. Detlef Horster[14] sieht in dem Bezug auf Nikolaus von Kues einen Schlüssel für das Verständnis der luhmannschen Spencer-Brown-Rezeption wie auch für die *Laws of Form* selbst: Kues hat, das alte griechische Verständnis von *mathema* als eines Ins-Verhältnis-Setzens aufgreifend, die Mathematik genutzt, um an ihren Operationen die grundlegenden erkenntnistheoretischen Fragen nach der Möglichkeit darzustellen, das Sein der Welt (bzw. Gottes) zu beobachten[15]. Genau dies wird, mit ganz ähnlichen Figuren, von Spencer Brown in den *Laws of Form* durchgeführt, und darin findet sich der Grund, warum sich Luhmann auf beide bezieht. Luhmann knüpft also nicht an den mathematischen Inhalten des Formkalküls, sondern an der Art und Weise an, in der im Formkalkül (mathematische) Operationen vollzogen werden, um darüber die Kontingenz von Beobachtungen – auch der theoretischen Beobachtung – zu markieren.[16]

Betrachtet man zunächst den Text von Spencer Brown unabhängig von seiner Rezeption durch Luhmann, so lassen sich die *Laws of Form* als eine theoretische Konstruktion verstehen, die darauf zielt, mathematische Operationen in

---

12 Dies kann sich auf eine Reihe von Hinweisen durch Spencer Brown selbst stützen. Vergleiche neben Lau (2005: 173ff), auch Wille & Hölscher (2004: 35ff) und insbesondere Egidy (2004).
13 Vgl. exemplarisch Luhmann (1992: 88, 1990b: 18).
14 Persönliche Mitteilung, Januar 2008.
15 Vgl. dazu auch Volkmann-Schluck (1984: 26ff) und Kues (1982: 229ff).
16 Für eine intensivere Auseinandersetzung auch mit den mathematischen Dimensionen der *Laws of Form* vergleiche die exegetischen Zugänge in Schönwälder, Wille und Hölscher (2004).

ihrer Operationalität formtheoretisch darzustellen und sie dadurch zugleich unterscheidungstheoretisch zu begründen. Der Modus dieser Begründung findet sich in einer Demonstration, mit der aufgewiesen wird, dass eine primäre Arithmetik, eine primäre Algebra und Gleichungen höherer Ordnung über einen Kalkül der Form (re-) konstruiert werden können.

Der Kalkül der Form wird auf Basis einer Minimierung der Voraussetzungen mathematischen Operierens entwickelt. Er setzt mit nichts anderem ein als der ersten Form. Dabei ist im Begriff der Form der Zusammenhang von Bezeichnung und Unterscheidung konzipiert. In der operativen Konstitution der Form wird mit einer Bezeichnung zugleich eine Unterscheidung erzeugt. Es handelt sich bei der Form immer um eine einseitig markierte Abgrenzung zwischen zwei Seiten, bei der die Bezeichnung die eine Seite der Form als das ‚dies' vom ‚nicht-dies' der unmarkierten Seite der Form differenziert. Aus einer ersten Form wird der gesamte weitere Kalkül entfaltet. Dies betrifft auch die zwei sich aus dieser theoretischen Figur der Form ableitenden – und von Spencer Brown als Axiome[17] bezeichneten – operativen Anweisungen, die festlegen, wie Formen zueinander in Beziehung gesetzt werden können. An die bereits gesetzte Form kann nur angeschlossen werden, indem sie entweder dadurch wiederholt und bestätigt wird, dass mit derselben Bezeichnung erneut die Unterscheidung zu dem getroffen wird, was nicht dies ist, oder indem die vorangehende Form dadurch verändert wird, dass auf die andere Seite der Unterscheidung gewechselt wird. In diesem Fall wird die Bezeichnung aufgehoben und nun die Möglichkeit eröffnet, etwas zu bezeichnen, was nicht das ‚dies' der ersten Unterscheidung war (und darin erneut von allem anderen zu unterscheiden, das nicht dieses aktuell Bezeichnete ist)[18]. Spencer Brown benötigt nur diese zwei Modalitäten des Operierens – Kondensation und Konfirmierung –, um in seinem Kalkül den Bereich einer primären Arithmetik und den Bereich einer primären Algebra zu (re-) konstruieren. Schon dies könnte als eine sehr originelle Konstruktion betrachtet werden.

Eine größere theoretische Relevanz dieses mathematischen Unterfangens Spencer Browns resultiert allerdings daraus, dass der Formkalkül sehr stark auf die Boolesche Algebra und die in dieser formulierten logischen Grundlagen der Mathematik bezogen ist (vgl. Wille & Hölscher 2004: 26). In Hinblick auf diese Dimension des Formkalküls sind die *Laws of Form* von verschiedenen Autoren

---

17 Vergleiche dazu Wille und Hölscher (2004: 28f), die darauf hinweisen, dass sich Spencer Brown mit dieser Konstruktion, in der auch die Axiome als aus der Form abgeleitete Prinzipien betrachtet werden, in eine Differenz zur üblichen Auffassung der Funktion von Axiomen begibt.
18 Vergleiche dazu die Axiome des Gesetzes des Nennens und des Gesetzes des Kreuzens (Spencer Brown 1997: 2) und ihre Notation als Form der Kondensation und als Form der Aufhebung (Spencer Brown 1997: 4f).

als ein protomathematischer (Schützeichel 2003: 28) oder als ein protologischer (Varga von Kibéd & Matzka 1993: 58, Schiltz 2007: 11) Text charakterisiert worden[19]. Nach der Interpretation von Varga von Kibéd und Matzke besteht Spencer Browns Vorhaben darin, „... ein System iterierter Unterscheidungen und Bezugnahmen zu entwickeln, das der Formbildung jeden beliebigen formalen Systems zugrunde liegt" (1993: 58). Dass eine solche theoretische Konzeption nicht nur auf die Grundlegung der Mathematik zielt, sondern ebenso als Voraussetzung von Logik konzipiert werden kann, ist sehr deutlich auch von Clam herausgestellt worden:

> „Der logische Kalkül Spencer Browns lässt sich somit ganz zu Recht und mit größter Genauigkeit als Protologik bezeichnen. (...) Die Gesetze der Delineation von etwas überhaupt vor dem Hintergrund von all dem, was es nicht ist, sind die Gesetze der Form als Formereignis oder Formankunft aus der reinen Unterscheidung von Etwas und Nicht-Etwas. Solche Gesetze müssen auf einer Ebene verortet werden, die derjenigen der durch die klassische Logik erfassten enunziativen Formen vorausgelagert ist. Protologik bezeichnet somit, in unserer Deutung, die Logik, welche im allgemeinsten Akt der Erscheinung und Setzung von Etwas impliziert ist." (Clam 2004: 252f)

Auch Lau (2005) und Wille und Hölscher (2004) betonen die grundlagentheoretische Dimension des Formkalküls, bestimmen dabei allerdings die Relation von Logik und Mathematik etwas anders. Der über die Boolesche Algebra hinausgehende Schritt der *Laws of Form* besteht nach Wille und Hölscher (2004: 24 und 26f) zunächst in der radikalen Vereinfachung. Die in der Booleschen Algebra zum Ausdruck gebrachten logisch-axiomatischen Figuren (wie zum Beispiel das Distributivgesetz oder das Kommutativgesetz u.a.) sind auf einer bereits relativ komplexen Ebene formuliert[20] und können aus diesem Grund als eine externe, heterogene Begründungsstruktur für die Mathematik betrachtet werden: ein logischer Kalkül, der selbst nicht Teil des mathematischen Operierens ist, sondern diesem als Ermöglichungsbedingung vorausgesetzt wird[21].

---

19 Wille und Hölscher sprechen auch von einer „'protobooleschen' Forschungsperspektive" (2004: 26).
20 „Die höhere Komplexität der Aussagen- und Prädikatenlogik zeigt sich an ihrer aus Spencer Browns Sicht viel zu komplizierten Syntax, wodurch verschiedene theoretische Möglichkeiten eher verbaut als ermöglicht werden. Die Sprache der Aussagen- und Prädikatenlogik enthält Symbole verschiedenen Typs, solche für Sätze (p, q) oder Dinge (x, y), Symbole für Eigenschaften (G, F), solche für Beziehungen wie Symbole für Relationen (R) und solche für Operatoren wie Symbole für Zusammenfassungen ($\forall$, $\exists$) und Symbole für Verknüpfungsoperationen ($\neg$, $\wedge$, $\vee$, $\rightarrow$, $\leftrightarrow$). In der mathematischen Sprache des Indikationenkalküls dagegen sind all diese Unterscheidungen zwischen Formeln, Relationszeichen, Termen und Operatoren in dem Zeichen $\neg$ kondensiert." (Wille & Hölscher 2004: 34).
21 Eine Auffassung der booleschen Algebra, die kaum dem Selbstverständnis Booles entsprochen haben dürfte. Dieser sah seine Arbeit gerade durch die Annahme begründet, die Natur des Mathema-

Gegenüber einer derart wahrgenommenen Relation von Logik und Mathematik strebt Spencer Brown an, die Grundlagen des mathematischen Operierens in der Mathematik selbst in einer möglichst einfachen, voraussetzungslosen und basalen Art und Weise zu begründen. Eine solche Grundlegung wird über das Konzept der sich in der ersten Unterscheidung konstituierenden Form konstruiert. Für Spencer Brown ergibt sich daraus, dass „... die Beziehung der Logik zur Mathematik eine Beziehung einer angewandten Wissenschaft zu ihrem reinen Ursprung [ist]" (1997: 88). Im Verständnis von Lau (2005: 119) bedeutet dies, die Logik kann eher als eine Interpretation der Grundlagen der Mathematik betrachtet werden, denn als diese Grundlagen selbst. Der von Lau in Anlehnung an die Terminologie des Originals (calculus of indication) als Indikationenkalkül bezeichnete Formkalkül zeigt auf, wie es gelingen kann, diese Dimension der Grundlegung der Mathematik in der Mathematik selbst zu erzeugen und zum Ausdruck zu bringen. „Mit dem Indikationenkalkül von George Spencer Brown lässt sich zeigen, dass Logik aus der Mathematik ableitbar ist, wenn man mit Mathematik ursprünglich beginnt, das heißt, wenn man das Einfachste formalisiert." (Lau 2005: 119) [22]

Die besondere Pointe der *Laws of Form* für den mathematischen Diskurs zeigt sich allerdings erst durch eine weitere Leistung des Formkalküls. Im letzten Abschnitt der *Laws of Form* wendet sich Spencer Brown (1997: 47ff) Gleichungen zu, die sich selber als Teil noch einmal enthalten. Ein Teil dieser Art von Gleichungen[23] führt in paradoxale Problematiken der Mathematik, die Lau (2005: 114ff) mit der Grundlagenkrise der Mathematik in den ersten Jahrzehnten des 20. Jahrhunderts in Verbindung bringt. Spencer Brown analysiert solche Gleichungen zweiten Grades als selbstreferentielle Beziehungen, in denen eine Unterscheidung ein weiteres Mal in sich selbst eingeführt wird. Dieses theoretische Phänomen ist unter dem Titel eines Reentry (der Form in die Form) bekannt geworden und kann als eine allgemein Paradoxien zugrundeliegende Struktur betrachtet werden[24].

---

tischen sei nicht dadurch bestimmt, dass sie von Zahl und Quantität handelt (Boole 1854, zit. n. Wille & Hölscher 2004: 27, Fn15).
22 Vgl. auch Wille & Hölscher (2004: 33).
23 Als prominentes Beispiel sei die Gleichung $x^2 + 1 = 0$ genannt, die wegen der Unlösbarkeit der Wurzel aus einer negativen Zahl in der Menge der reellen Zahlen, die Invention der komplexen Zahlen provozierte. Vergleiche dazu Spencer Brown (1997: xxii).
24 Die spencer-brownsche Konstruktion ist unter anderem auf die theoretischen Probleme bezogen, die Russel in Bezug auf die Menge **R** beschrieben hat – die normale Menge, definiert als die Menge aller Mengen, die sich nicht selbst als Element enthalten. Für diese Menge **R** zeigt sich, dass sie sich selbst als Element enthält, wenn sie sich nicht als Element enthält und dass sie sich selbst nicht als Element enthält, wenn sie sich als Element enthält. Diese paradoxale Struktur hat Russel zusammen mit Whitehead in der *Principia Mathematica* über die Einführung einer Typenhierarchisierung zu umgehen versucht. Auch die diese Typenhierarchisierung erodierenden Unvollständigkeitssätze

Spencer Brown schlägt vor, die Lösung dieser Art von Gleichungen zeitbezogen zu interpretieren – die Paradoxie wird von ihm in der Art aufgehoben, dass die zwei in solchen Fällen bestehenden differenten Lösungen als ungleichzeitig konzipiert werden. Die Einführung von Zeit soll es ihm ermöglichen, ein zeitgebundenes Oszillieren anzunehmen, in dem die beiden Lösungen permanent alternieren[25]. Nach Lau (2005: 141) gelingt es Spencer Brown hiermit, den Umgang mit selbstreferentiellen Figuren in der Mathematik so zu konzipieren, dass damit die Probleme gelöst werden können, deren Entdeckung zur Grundlagenkrise der Mathematik geführt hatten.

Es braucht hier allerdings nicht entschieden zu werden, ob diese Bewertung zutrifft und ob es sich bei den *Laws of Form* um eine mathematisch überzeugende und befriedigende Konstruktion handelt[26]. Dies ist im vorliegenden Kontext deshalb irrelevant, weil sich die hier interessierende Rezeption durch Luhmann nicht auf die mathematische Argumentation des Formkalküls und deren Qualität bezieht, sondern auf die oben genannte dritte Dimension der *Laws of Form*: auf die erkenntnistheoretische und theoriekonstitutive Frage, wie überhaupt Unterscheidungen und Beobachtungen möglich sind. Das für die Rezeption bei Luhmann entscheidende Moment des Formkalküls liegt nicht darin, Alternativen zur herkömmlichen Auffassung der Arithmetik und Algebra zu entwickeln, sondern vielmehr darin, zu untersuchen, was überhaupt geschieht, wenn man Mathematik betreibt, wie es möglich ist, mathematisch zu operieren – oder allgemeiner formuliert: was es bedeutet, Unterscheidungen zu prozessieren, zu bezeichnen, Formen zu verwenden. Und damit bewegt sich die Spencer-Brown-Rezeption bei Luhmann auf der Ebene einer basalen philosophischen Reflexion der Bedingungen der Möglichkeit des Unterscheidens, die für ihn ins-

---

Gödels, nach denen jedes komplexere mathematische System, das in der Lage ist, Zahlen darzustellen, entweder unvollständig oder widersprüchlich ist, sind ein unmittelbarer mathematischer Kontext für diese Dimension der *Laws of Form*. Vergleiche dazu ausführlich Lau (2005: 112ff, 132f) und die von Spencer Brown (1997: xxix – xxxi) selbst gesetzte Kontextualisierung der *Laws of Form* in der Geschichte der mathematischen Theorie.
25 Vergleiche dazu die mathematische Darlegung in Spencer Brown (1997: 51f) und exemplarisch für die systemtheoretische Rezeption Fuchs (2003: 79ff).
26 Vergleiche dazu die positiven Rezeptionen der *Laws of Form* in der Mathematik, Logik und Kybernetik, u.a. bei Kauffman (1998, 1998a, 1998b), Varga von Kibéd (1989, 1990), Varga von Kibéd und Matzka (1993) und Foerster (1993). Von besonderem Interesse ist auch die Rezeption durch Varela (1979), der sich in der Biologie auf die mathematische Dimension der *Laws of Form* bezogen hat, um eine formale Begründung des Konzeptes der Autopoiesis lebender Systeme daraus zu entwickeln. Hölscher und Wille (2004: 219, Fn) verweisen darüber hinaus auch auf neuere Entwicklungen in der Mathematik und der Physik, die einen direkten oder indirekten Bezug zu Spencer Brown aufweisen. Vergleiche zu einem aktuell anhaltenden Interesse an den *Laws of Form* im Kontext der Theoriebildung der Kybernetik auch die Angaben bei Schiltz (2007: 9). Als eine kritische Position vergleiche Cull und Frank (1979).

besondere relevant ist als eine erkenntnistheoretische Reflexion der Bedingungen der Möglichkeit der Konstitution von Theorie.

Spencer Brown lässt eine solche Dimension in den *Laws of Form* anklingen, wenn er die eigene operative Absicht kurz vor Abschluss seines Formkalküls reflektiert:

> „Bevor wir so weit gegangen sind, es zu vergessen, wollen wir an dieser Stelle zurückkehren, um abzuwägen, was es ist, das wir herausarbeiten.
> Wir arbeiten heraus (und haben die ganze Zeit herausgearbeitet) die Form einer einzigen Konstruktion (...), nämlich die erste Unterscheidung. Die ganze Abfolge unserer Betrachtung ist ein Bericht, wie diese im Licht von verschiedenen geistigen Zuständen erscheinen kann, die wir uns selbst auferlegen." (Spencer Brown 1997: 59)

Diese reflexive Beschreibung des Formkalküls lässt sich so interpretieren, dass die ersten elf Kapitel der *Laws of Form* eine Variation und Kommentierung einer ersten Unterscheidung darstellen und in diesem Sinne die Bedingungen der Möglichkeit des Unterscheidens in der Entfaltung des Konzepts der Form vorführen. Man kann hierin eine Verallgemeinerung der Problematik des Unterscheidens sehen, die diese aus einer Begrenzung auf den Bereich von (Proto-)Mathematik und (Proto-)Logik löst und zur Grundlage einer allgemeinen Theorie der Beobachtung macht. Die Konstitution der Unterscheidung als Form, über deren operativen Vollzug es möglich wird, Differenzen (oder auch Trennungen, Teilungen) in die Welt zu zeichnen und in der Welt zu beobachten, betrifft jede Unterscheidung, oder abstrakter formuliert, schon die erste Unterscheidung.

Deutlicher noch wird die Relevanz einer solchen dritten, das Feld der Mathematik transzendierenden Dimension der *Laws of Form* in der dem Haupttext unmittelbar vorangestellten „Anmerkung zum mathematischen Zugang" (Spencer Brown 1997: xxxv), in der Spencer Brown zugleich auch den Titel seiner Schrift erläutert.

> „Das Thema dieses Buches ist, daß ein Universum zum Dasein gelangt, wenn ein Raum getrennt oder geteilt wird. Die Haut eines lebenden Organismus trennt seine Außenseite von einer Innenseite. Das gleiche tut der Umfang eines Kreises in einer Ebene. Indem wir unserer Darstellungsweise einer solchen Trennung nachspüren, können wir damit beginnen, die Formen, die der Sprachwissenschaft wie der mathematischen, physikalischen und biologischen Wissenschaft zugrunde liegen, mit einer Genauigkeit und in einem Umfang, die fast unheimlich wirken, zu rekonstruieren, ..." (Spencer Brown 1997: xxxv)

Spencer Brown formuliert hier selbst eine allgemeine und transdisziplinäre theoretische Bedeutung seines Textes, die sich nicht auf die Mathematik begrenzen lässt. Offen bleibt dabei zunächst, ob und wie die Trennung – etwa der

Außen- von der Innenseite eines lebenden Organismus – von einem Prozess der Beobachtung abhängt[27].
Das Zitat setzt sich fort:

> „(...) und können anfangen zu erkennen, wie die vertrauten Gesetze unserer eigenen Erfahrung unweigerlich aus dem ursprünglichen Akt der Trennung folgen. Der Akt selbst bleibt, wenn auch unbewusst, im Gedächtnis als unser erster Versuch, verschiedene Dinge in einer Welt zu unterscheiden, in der anfänglich die Grenzen gezogen werden können, wo immer es uns beliebt. Auf dieser Stufe kann das Universum nicht unterschieden werden von der Art, wie wir es behandeln, und die Welt mag erscheinen wie zerrinnender Sand unter unseren Füssen."
> (Spencer Brown 1997: xxxv)

Man kann davon ausgehen, dass Spencer Brown in diesem zweiten Teil des Zitats auch an die je individuelle lebensgeschichtlich erste Unterscheidung denkt – und u.a. daraus leitet sich die später in dieser Studie zu entfaltende Konzeption psychischer Systeme als eines mit einer ersten Unterscheidung anhebenden, Formen differenzierenden psychischen Operierens ab[28]. Sicherlich greift hier aber ein ausschließliches Verständnis der „ersten Unterscheidung" in einem solchen Sinne primärer lebensgeschichtlicher Erfahrung theoretisch zu kurz. Die erkenntnistheoretische Brisanz des Konzeptes der Form resultiert gerade aus seiner Universalität: es bezieht sich nicht nur auf psychische Prozesse oder auf an spezifische soziale Systeme gebundene spezialisierte Diskurse, sondern auf jegliche Unterscheidung – nicht nur in Psyche und Kommunikation. Jede Unterscheidung verweist auf eine erste Unterscheidung, die eine Sphäre eröffnet, in der es möglich wird, innerhalb des Kontinuums der unbeobachteten Welt Einzelnes – ‚Dinge' – über die Erzeugung der Differenz abzugrenzen, und das bedeutet zugleich, innerhalb der unbeobachteten Welt eine Sphäre der Beobachtungen zu konstituieren – ein ‚Universum' in der Terminologie Spencer Browns (1997: xxxv).

Spencer Brown macht sehr deutlich, dass es ihm in den *Laws of Form* nicht nur um die Mathematik geht. Gerade die Erläuterung zum Titel zeigt Spencer Browns Interesse an der Allgemeinheit der Gesetze der Form. Es geht ihm also nicht um die je spezifischen Verkettungen von Unterscheidungen, die bestimmte Felder des Wissens bilden, sondern um die allen diesen Universen gleicherma-

---

27 Dies sei deshalb hervorgehoben, weil man hier einen Bezug zu Luhmanns Versuch herstellen kann, das Formkonzept auf die Autopoiesis einfacher molekularer Systeme zu beziehen. Luhmann diskutiert in diesem Zusammenhang die Möglichkeit, schon die Selbstorganisationsprozesse komplexerer organischer Molekülstrukturen als die Aufrechterhaltung und Fortsetzung der Unterscheidung dieser Art von Systemen von ihrer Umwelt nicht an die Unterscheidungen eines externen Beobachters zu binden, sondern an die autopoietischen Operationen des Systems, das sich in seiner Selbstkontinuierung von seiner Umwelt im Sinne einer Unterscheidung trennt. Vergleiche Kap. 2.3.1.
28 Vgl. Kap. 6.1.

ßen zugrundeliegenden Gesetze der Form. „Obwohl alle Formen und somit alle Universen möglich sind, und jede besondere Form veränderlich ist, wird es offensichtlich, daß die Gesetze, die solche Formen in Beziehung bringen, die selben für jedes Universum sind" (Spencer Brown 1997: xxxv.) Die Mathematik ist hier nur eine Art der Reflexion auf diese Gesetze, die Spencer Brown allerdings deshalb hervorhebt, weil sie über ihre Tendenz zur Abstraktion und Formalisierung besonders geeignet ist, den Blick auf die Gesetze der Form zu lenken. „Anders als oberflächlichere Formen der Expertise ist die Mathematik ein Weg, immer weniger über immer mehr zu sagen. Ein mathematischer Text ist somit nicht Selbstzweck, sondern ein Schlüssel zu einer Welt jenseits des Umfangs gewöhnlicher Beschreibung." (Spencer Brown 1997: xxxv)

2.1.2 Zum Stellenwert der Rezeption der Laws of Form bei Luhmann

Die wichtigsten theoretisch-konzeptionellen Transformationen in der Ausarbeitung der Systemtheorie Luhmanns – die es ermöglichten, 1984 mit *Soziale Systeme* (Luhmann 1987) eine neu begründete Form der Systemtheorie zu präsentieren – basieren auf der Rezeption der theoretischen Konzepte der Autopoiesis Maturanas und Varelas, der mehrwertigen Logik und der Polykontexturalität Günthers, des Beobachters (von Foerster, von Glasersfeld) und der Unterscheidungstheorie Spencer Browns[29]. Dabei bleibt die Bezugnahme auf Spencer Browns *Laws of Form* als die möglicherweise bedeutsamste Akzentverschiebung oder auch Weiterentwicklung der Theorie nach 1984 allerdings zunächst weitgehend implizit.

Erst im Spätwerk wird dieser Bezug offensichtlicher. Diese Entwicklung betrifft vor allem eine zunehmende Betonung der Formtheorie in Relation zum Konzept der Autopoiesis. So weist etwa Baecker (2002: 8) im Vorwort zu der von ihm herausgegebenen Vorlesung zur „Einführung in die Systemtheorie" (Luhmann 2002a) darauf hin, dass in dieser Vorlesung aus den Jahren 1991/92 das Konzept des Beobachters wesentlich stärker herausgestellt werde, als in Luhmanns erstem Hauptwerk *Soziale Systeme* (1987). „Das hat im Theorieaufbau Auswirkungen, die auf eine allmähliche Verschiebung des Akzents vom Autopoiesisbegriff Humberto R. Maturanas auf George Spencer-Browns Unterscheidungskalkül hinweisen" (Baecker 2002: 8). Sehr stark betont wird Luhmanns Rezeption Spencer Browns durch Ort (1998: 29), die formuliert: „Die Begegnung mit den LAWS OF FORM von George Spencer-Brown hat die

---

[29] Als einen kurzen, sehr informativen Text zur Verwurzelung der luhmannschen Systemtheorie in verschiedenen Kontexten „postmetaphysischer" Theorien vergleiche Luhmann (1993b, insbesondere 767f und 771f).

Systemtheorie dazu veranlaßt, auf eine Differenztheorie umzustellen"[30]. Schützeichel gewichtet diese Verschiebung in den theoretischen Schwerpunkten ebenfalls als gravierend und sieht in der spezifischen Beziehung, die Luhmann zwischen den theoretischen Konzepten der ‚Form' und der ‚Beobachtung' konstruiert, die bedeutendste Transformation in der gesamten Theorieentwicklung bei Luhmann:

> „Mit der Formenlogik, die umfassend erst Ende der 1980er Jahre in die Theorie eingebaut wird, ist die wohl folgenreichste Veränderung in Luhmanns Theorie verbunden. Sie ist bedeutsamer als etwa der vorausgegangene ‚Paradigmenwechsel' in der Systemtheorie (...), der mit der Umlagerung auf eine Konzeption autopoietischer Systeme verbunden ist. Sie entfaltet ihre Wirksamkeit jedoch dadurch, daß sie mit einem anderen Theorieelement verbunden wird, nämlich der Kybernetik der Beobachtung bzw. der Beobachtung zweiter Ordnung. Luhmann fügt beide in der Weise zusammen, daß er Beobachtungen als Realisierung von Formen konzipiert." (Schützeichel 2003: 29, Hervorh. i. O.)

Ähnlich spricht auch Fuchs von einer „beobachtungs- und differenztheoretischen Wende" (2003a: 25) in der Systemtheorie. Insbesondere die Art, in der Fuchs (vgl. v. a. Fuchs 2001) und ganz ähnlich auch Baecker (2005) an Luhmann anknüpfen, fokussiert auf die besondere Relevanz des Formkonzeptes für die spätere Elaboration der Systemtheorie. Die vorliegende Interpretation der Systemtheorie betont ebenfalls den Zusammenhang von Form und Beobachtung, ohne diesen jedoch in einen Gegensatz zum Konzept der Autopoiesis zu stellen. Das besondere theoretische Potenzial des Konzeptes der Form für die luhmannsche Systemtheorie wird gerade darin gesehen, dass dieses Konzept es ermöglicht, den Autopoicsisbegriff theoretisch zu radikalisieren, indem die Operationen der Autopoiesis als Formoperationen interpretiert werden: als die kontinuierliche operative Erzeugung der Differenz von System und Umwelt[31].

---

30 Hier allerdings ohne Hinweis auf die Zeitverzögerung in der Rezeption. So muss einerseits auch schon die Argumentationsstruktur in *Soziale Systeme* als eine differenztheoretische betrachtet werden – der Differenz-Begriff wird dort ganz basal eingesetzt (vgl. etwa Luhmann 1987: 35ff). Andererseits wird Spencer Brown in dem dortigen Zusammenhang nur selten erwähnt. Allerdings deutet sich auch schon in einer dort zu findenden Fußnote das theoretische Potenzial an, das der Formtheorie für die Systemtheorie zukommen könnte: "Die Differenz von System und Umwelt läßt sich abstrakter begründen, wenn man auf die allgemeine, primäre Disjunktion einer Theorie der Form zurückgeht, die *nur* mit Hilfe eines Differenzbegriffs definiert: Form und anderes. Vergleiche dazu Ph. G. Herbst, Alternatives to Hierarchies, Leiden 1976, S. 84ff., und grundlegend: George Spencer Brown, Laws of Form, 2. Aufl., New York 1972." (Luhmann 1987: 35, Fn. 5, Hervorh. i. O.). Das Potenzial dieses Formkalküls für eine Transformation der luhmannschen Systemtheorie ist, so die hier vertretene Interpretation, noch nicht ausgeschöpft. Der weitere Umbau der Systemtheorie in eine formtheoretisch begründete Differenztheorie wird dann v.a. in den Texten der neunziger Jahre sichtbar.
31 Vgl. dazu genauer Kap. 2.3.1.

Die Texte Luhmanns lassen solche Interpretationen durchaus zu; er selbst ist in seinen Äußerungen aber eher zurückhaltend[32] – vielleicht, weil im Rahmen seiner Arbeiten noch unklar bleibt, wie radikal sich auch die eigene Theorie durch eine solche differenztheoretische Transformation verändert. „Die Konsequenzen einer Umstellung auf differenztheoretische Analysen zeichnen sich gegenwärtig erst in groben Umrissen ab, aber man kann vermuten, daß sie den Begriff der Welt betreffen und ihn radikal ändern" (Luhmann 1997a: 48). Dieser Entwicklung im Spätwerk Luhmanns korrespondiert eine intensivere Auseinandersetzung mit den ebenfalls auf eine „De-Ontologisierung" (Clam 2002) der theoretischen Auffassung von Welt zielenden Diskursen der Postmoderne und des Poststrukturalismus und hier insbesondere mit den Arbeiten Derridas und dessen Konzept der *différance*[33]. Sie führt unter anderem zu einem „Dekonstruktionsvorbehalt" (Luhmann 1997a: 161f) für die luhmannsche Theorie, von dem in der Folge noch die Rede sein wird.

Aus der intensivierten Berücksichtigung des Konzeptes der Form und differenztheoretischer Motive resultiert ein zweiter in der späten Theorieentwicklung bei Luhmann erkennbarer Trend[34]. Die stärkere Betonung der differenztheoretischen Fundierung der Systemtheorie lenkt den Blick zugleich auf die für die soziologische Systemtheorie grundlegende Unterscheidung von sozialen und psychischen Systemen und führt zu einer verstärkten Beschäftigung mit den Konzepten der strukturellen Kopplung und der Interpenetration[35]. So wird die Relation von psychischen und sozialen Systemen in den meisten späteren Einzeldarstellungen zu spezifischen gesellschaftlichen Funktionssystemen wie auch in Hinblick auf Organisationssysteme genauer diskutiert[36]. Im Anschluss an Luhmann sind es eine Reihe von weiteren Autoren, die die Arbeit an dieser theorieimmanent aufgeworfenen Problemstellung fortsetzen und nach

---

32 So entnimmt Balke (1999: 144) etwa auch einer, allerdings leicht dekontextualisierend zitierten Fußnote Luhmanns aus *Die Kunst der Gesellschaft* (vgl. Luhmann 1997a: 66f), dass der Rekurs auf die spencer-brownsche Protologik eigentlich unnötig sei.
33 Vergleiche zum Zusammenhang der formtheoretischen Entwicklung im Spätwerk Luhmanns mit seiner Bezugnahme auf poststrukturalistische Theorien, insbesondere auf die Dekonstruktion, die Studien von Binczek (2000), Fuchs (2001), Stäheli (2000) sowie den Sammelband von Berg und Prangel (1995). Auf die komplexere Anlage der Theorie und das daraus resultierende höhere Reflexionsniveau der luhmannschen Systemtheorie im Vergleich zu den Theorieformationen des Poststrukturalismus und der Postmoderne wurde verschiedentlich hingewiesen (vgl. Clam 2000: 300, Habermas 1988: 410f).
34 Vgl. Kapitel 2.2.
35 Fuchs (2003a: 25) spricht von einem theorieimmanenten Zwang zur Überschreitung der Beschränkung auf soziale Systeme, der seit der beobachtungs- und differenztheoretischen Wende zu einer unverzichtbaren Einbeziehung psychischer bzw. bewusster Systeme geführt habe.
36 Vergleiche insbesondere Luhmann (1992, 1997a, 2000a) und für Organisationssysteme Luhmann (2000).

Konzeptionen zur Beschreibung psychischer Systeme und vor allem des Verhältnisses von psychischen und sozialen Systemen suchen (z.b. Fuchs 1998, 2003, 2005, 2005a, Barthelmess 2001, 2002, Konopka 1996, Sutter 1999, 2004, 2004a, Wasser 1995, 1995a, 2004).

Will man sich über die Konstruktionsprinzipien der Theoriebildung und die Gründe für die spezifische Konstellierung der verschiedenen Theorieteile bei Luhmann informieren, so ist die Vorlesung zur "Einführung in die Systemtheorie" (Luhmann 2002a) eine sehr informative Quelle. Der Grund dafür liegt darin, dass es in dieser Vorlesung Luhmanns explizite Intention war, die innere Architektur seiner Theorie transparent zu machen (2002a: 341f). Luhmann führt dort aus, dass sich ein Verständnis des Formbegriffs als eines notwendig zweiseitigen Zusammenhangs von Bezeichnung und Unterscheidung, in dem mit einer Bezeichnung immer auch die Differenzrelation zum Nicht-Bezeichneten erzeugt wird, eignen könnte, um eine auch die Systemtheorie transzendierende Theorie zu entwickeln.

„Ich vermute, dass mit diesem sehr allgemeinen Formbegriff, den wir auch von der spezifischen mathematischen Verwendung bei Spencer Brown abkoppeln können, eine sehr allgemeine Theorie entwickelt werden könnte, die auch über die Systemtheorie noch einmal hinausgeht. Wir hätten es mit einer Theorie nur einseitig verwendbarer Zweiseitenformen zu tun. (...) und sich zu überlegen, ob man (...) diese dann auf den Zahlenbegriff, auf die Mathematik, die Semiotik, die Systemtheorie, auf die Medien-Form-Differenz zwischen loser Kopplung und strikter Kopplung und anderes beziehen könnte."(Luhmann 2002a, 76)

Diese in den Konjunktiv gesetzte Überlegung markiert den Entwicklungsstand im späten Werk Luhmanns, der sich an vielen Stellen andeutet, in den Arbeiten zu den Funktionssystemen Wissenschaft und Kunst auch manifestiert, der aber nicht mehr in einer umfassenden, das Werk grundlegend transformierenden Form vollzogen wurde. Ist Luhmann zunächst angetreten, anknüpfend an Parsons[37] die funktionale Differenzierung der Gesellschaft und die Eigendynamik der gesellschaftlichen Subsysteme zu beschreiben, so führt ihn dieser theoretische Entwicklungsprozess zu einer Theorie der beobachterkonstituierten Differenz, mit der eine Vielzahl kontingenter Systeme in die Dichte der Welt eingeschrieben wird.

---

37 Zur Relationierung der Systemtheorie Luhmanns zu Parsons vergleiche Kneer (1996: 302f).

2.2 Die Rezeption der *Laws of Form* bei Luhmann

Eine differenztheoretische Fundierung und Transformation der Systemtheorie bei Luhmann lässt sich am besten über eine detailliertere Rekonstruktion seiner Rezeption der spencer-brownschen *Laws of Form* beobachten. Wie bereits dargestellt, bezieht sich diese Rezeption auf die dritte, erkenntnistheoretische Dimension der *Laws of Form*: Luhmann sieht im Kalkül der Form die Grundlegung einer allgemeinen Theorie der Beobachtung und macht dies zur Basis der Transposition in die Systemtheorie. Es geht ihm um die Nutzung des Formkalküls zu einer neuartigen Fundierung der Systemtheorie. Luhmann benötigt für eine solche theoriekonstitutive Funktion den Kalkül der Form nicht in seiner Gänze, sondern lediglich eine Essenz, die er daraus, unter Ausblendung der im engeren Sinne mathematischen Argumentation der *Laws of Form*, destilliert.

In Hinblick auf die mathematische Dimension des Formkalküls und die primäre Intention Spencer Browns kommentiert Luhmann: „Der Beobachter wird, wenn er diese Formwahl trifft (...), zum Mathematiker" (1992: 74). Eine solche mathematische Anwendung dieses abstrakten Formbegriffs kann Luhmann jedoch „weitestgehend außer acht" (1992: 74) lassen[38]. Sein Interesse an dem theoretischen Konzept der Form liegt vielmehr bei der Konzeption des Beobachtens als Operation des Unterscheidens und Bezeichnens. Luhmann konzentriert sich insbesondere auf die Dreigliedrigkeit des Begriffs der Form, der die in sich selbst unterschiedene Einheit von Bezeichnung und Differenz mit der sie tragenden Operation der Beobachtung zusammenführt und prozessualisiert.

> „Unser Ausgangspunkt liegt bei einem extrem formalen Begriff des Beobachtens, definiert als Operation des Unterscheidens und Bezeichnens. Wie Spencer Brown gezeigt hat, lassen sich mit einem darauf aufgebauten Kalkül Arithmetik und Algebra der üblichen Form konstruieren. Aber schon Unterscheidungen wie die von Erkenntnis und Gegenstand, von signifiant und signifié, von Erkennen und Handeln, sind ja Unterscheidungen, also Operationen eines Beob-

---

38 Vergleiche dazu auch die Erläuterungen zu seiner Spencer-Brown-Rezeption in Luhmann 1996 (285ff und 290). Die dortigen Ausführungen sind zugleich Beispiel für die spezifische Nutzung theoretischer Figuren der *Laws of Form* durch Luhmann. Eine solche nicht-mathematische Rezeption ist in der Sekundärliteratur kontrovers diskutiert worden. Wie einen generellen Zweifel daran, dass Luhmanns Rezeption der *Laws of Form* noch etwas Nennenswertes mit dem Kalkül von Spencer Brown zu tun habe vergleiche Hennig (2000). Kritisch, bestenfalls als ein produktives Missverständnis, betrachtet auch Hölscher (2004) die sehr selektive Rezeption des Formkalküls durch Luhmann. Eine Einschätzung dieser Rezeption hängt primär davon ab, welche Relevanz der dritten, erkenntnistheoretischen Dimension der *Laws of Form* beigemessen wird. So betrachtet etwa auch Schiltz (2007) Luhmanns Rezeption in Hinblick auf die erkenntnistheoretische Dimension der Relevanz für ontologische und epistemologische Fragen als eine durchaus angemessene. Zur Rezeption des spencer-brownschen Formkalküls im Kontext der Logik vergleiche exemplarisch Kaehr (1993) und Varga von Kibéd und Matzke (1993).

achters. Die Theorie des operativen Aufbaus von Formen muß also *vor* allen diesen Unterscheidungen ansetzen. Die erste Unterscheidung ist die Beobachtung selbst, unterschieden durch eine andere Beobachtung, die wiederum selbst, für eine andere Beobachtung, die erste Unterscheidung ist." (Luhmann 1992: 73, Hervorh. i. O.)

Es ist oben gezeigt worden, dass sich Spencer Browns erkenntnistheoretisches Interesse an den Gesetzen der Form in der Figur der ersten Unterscheidung fokussieren lässt. Schon in dieser Figur ist das Theoriemoment der Beobachtung immer impliziert – auch wenn Spencer Brown dies in der Artikulation seiner theoretischen Figuration nicht so direkt ins Zentrum der Darstellung rückt wie dies Luhmann in seiner Rezeption tut.

Eine unmittelbare Integration der Konzepte der Form und der Beobachtung wird bei Spencer Brown allerdings über die Zirkularität der Konstruktion deutlich, in der sich Anfang und Ende des Haupttextes des Kalküls der Form berühren. Der Text beginnt: „Wir nehmen die Idee der Unterscheidung und die Idee der Bezeichnung als gegeben an, und daß wir keine Bezeichnung vornehmen können, ohne eine Unterscheidung zu treffen. Wir nehmen daher die Form der Unterscheidung für die Form" (Spencer Brown 1997: 1). Und der Text endet: „Nun sehen wir, daß die erste Unterscheidung, die Markierung und der Beobachter nicht nur austauschbar sind, sondern, in der Form, identisch." (Spencer Brown 1997: 66). Dies kann so verstanden werden, dass sich die schon zu Beginn des Formkalküls implizierte theoretische Figur des Beobachters zum Abschluss des Kalküls manifestiert[39]. Der Begriff der Form nimmt das Moment der Beobachtungsabhängigkeit der unterscheidenden Bezeichnung in sich auf[40]. Nach Luhmann muss der Kalkül mit einer ersten Unterscheidung beginnen und dann in der Entfaltung des Kalküls eine gewisse Komplexität entwickeln, um die Reflexion auf die eigene Beobachtungsabhängigkeit in sich integrieren und dann explizit werden lassen zu können.

„Sie [die operative Logik von Spencer Brown, M.U.] faßt (...) das Unterscheiden und Bezeichnen zu einer Operation zusammen, die ihr Paradox gleichsam vor sich herschiebt, bis der Kalkül komplex genug ist, daß er die Form eines 're-entry', eines Wiedereintritts der Unterscheidung in das durch sie Unterschiedene (oder: einer Form in die Form), annehmen kann." (Luhmann 1992: 94, Hervorh. i. O.)

---

39 Mit Bezug auf Spencer Browns Eingangsaufforderung in den *Laws of Form* formuliert Lehmann: „*Triff eine Unterscheidung!* (...) Das erscheint als etwas problemlos Einleuchtendes (...) Aber dieser erste Satz *ist* schon eine Unterscheidung und trifft eine Unterscheidung, mit der er zu *weiteren* Unterscheidungen auffordert (...) der Anfang war kein Anfang, sondern eine Ironie." (2003: 50, Hervorh. i. O.)
40 Auf diesen Zusammenhang rekurriert auch Fuchs, wenn er formuliert: „0.7.5. Die Form der Bezeichnung ist die Form der Beobachtung, da weder Unterscheidung noch Bezeichnung unabhängig voneinander in Bewegung gesetzt werden können." (2004: 19)

Bereits die erste Unterscheidung operiert mit dem untrennbaren Zusammenhang von Bezeichnen und Unterscheiden, in dem mit der Bezeichnung immer auch ihr Anderes erzeugt wird. Luhmann bezeichnet diesen Zusammenhang zur Verdeutlichung oft als „Zwei-Seiten-Form" (Luhmann 1997a: 109). Dass in der ersten Unterscheidung eine paradoxale Figur aktiviert wird – und welche – kann erst durch eine weitere Beobachtung, die Beobachtung dieser ersten Unterscheidung gesehen werden. Gleichwohl ist „schon mit dem Einsetzen einer Unterscheidung als Form eine Rückverweisung auf den Beobachter, also Selbstreferenz und Fremdreferenz der Form gegeben. Die selbstreferentielle Geschlossenheit der Form schließt die Frage nach dem Beobachter als dem ausgeschlossenen Dritten ein." (Luhmann 1997a: 92)

Was aber nun sind die entscheidenden Aspekte dieser theoretischen Figur der Form, die ihr die für Luhmann so besonders wertvolle erkenntnistheoretische Brisanz geben?

Im ersten Kapitel der *Laws of Form* wird das Konzept der Form zunächst über eine Definition vorgestellt: „Unterscheidung ist perfekte Be-Inhaltung" (Spencer Brown 1997: 1). Spencer Brown erläutert dazu:

> „Das heißt, eine Unterscheidung wird getroffen, indem eine Grenze mit getrennten Seiten so angeordnet wird, daß ein Punkt auf der einen Seite die andere Seite nicht erreichen kann, ohne die Grenze zu kreuzen. Zum Beispiel trifft ein Kreis in einem ebenen Raum eine Unterscheidung." (Spencer Brown 1997: 1)

Das Beispiel des Kreises legt, genauso wie der in Spencer Browns folgenden Ausführungen häufig verwendete Terminus eines (markierten oder unmarkierten) Raumes, hier einen geometrischen Interpretationskontext nahe[41]; jedoch wird von Spencer Brown (1997: 1) eine solche Einengung seiner *Laws of Form* dadurch vermieden, dass er im unmittelbaren Anschluss ausführt, dass die Unterscheidung es ermögliche, Räume, Zustände oder Inhalte, die durch die Unterscheidung von einander abgegrenzt wurden, zu bezeichnen. Es geht Spencer Brown nicht nur um das Konzept des Raums, sondern um das möglichst allgemein zu fassende Phänomen der Unterscheidung[42]. Der Rückgriff auf eine geo-

---

41 So betont etwa Schiltz, dass sich der Ausgangspunkt des Formkalküls in einem zweidimensionalen Raum findet (2007: 11); der Formkalkül beginnt mit der Notation einer topologischen Asymmetrie (vgl. Schiltz 2007: 13). Zu den theoretischen Problemen, die sich ergeben, wenn man in der Metapher des Raums verbleibt und dann Innen- und Außenzustände des Systems oder des Formbegriffs abgrenzen will, vergleiche Fuchs (2001: 28ff).
42 Auch dies wird von Schiltz gesehen. Er benennt drei zentrale Aspekte der in den *Laws of Form* enthaltenen: „... undeniably universalistic (and thus circular) aspirations: starting out from an original act of distinguishing, *LoF* intends to describe its consequences for: (1) the possibility of the world ('things' as form); (2) the possibility of developing a (cognitive) relationship with the world of things (knowledge or 'cognitive categories' as form); and (3) eventually, the possibility of describing the possibility of discovering these possibilities (the *Laws of Form* as the precondition of all

metrische Figur dient hier auch zur Veranschaulichung einer nicht darstellbaren Dimension, so wie dies auch bei Nikolaus von Kues zu finden ist[43]. Zugleich wird schon in Spencer Browns (1997: 1) Erläuterung dieser basalen Definition der konstitutive Zusammenhang von Unterscheidung und Bezeichnung durch das Postulat ausgedrückt, dass es keine Unterscheidung geben könne ohne eine Differenz der bezeichenbaren Inhalte der beiden Seiten der Unterscheidung. Dabei muss zunächst nur eine Seite der Unterscheidung bezeichnet werden.

Genau dies wird von Spencer Brown in einem spezifischen Zeichen – der Markierung – symbolisiert.

„Laß einen Zustand, der durch die Unterscheidung unterschieden wurde, markiert sein durch eine Markierung ⌐

der Unterscheidung.
Laß den Zustand durch die Markierung erkannt werden.
Nenne den Zustand den markierten Zustand." (Spencer Brown 1997: 3)

Diese Notation eines Zustandes, der durch eine Unterscheidung unterschieden wurde – eines marked state – wird von Luhmann in der Art interpretiert, dass schon in der Ausführung des Zeichens das abstrakte Konzept zum Ausdruck gebracht wird. „Im Prinzip enthält die Unterscheidung zwei Komponenten, nämlich die Unterscheidung selbst, den vertikalen Strich, und die Bezeichnung, den horizontalen Strich." (Luhmann 2002a: 74)

Von besonderem theoretischen Interesse ist es nun, dass Spencer Brown mit einer derartigen Konzeption der Unterscheidung eine Unterscheidung als eine inhaltlich entleerte Binarität konstruiert, die sich von Konkretisierungen, von Fragen eines Was der Unterscheidung, frei hält und das Prinzip des Unter-

---

form, (...)). The latter concerns the pure circularity of the calculus: the Form as an explanation of itself." (Schiltz 2007: 12).
43 So im Kontext seiner Rezeption philosophischer und theologischer Traditionen des Vergleichs abstrakter Begriffe wie Gott oder Wahrheit: „Aus dem Vorhergehenden steht als wahr fest, daß das schlechthin Größte nichts von dem sein kann, was von uns gewusst oder erfahren wird; da wir uns vornehmen, es durch Symbole zu erforschen, ist es notwendig, die einfache Ähnlichkeit zu überschreiten. Jedes Mathematische ist endlich und kann nicht anders vorgestellt werden; so müssen wir, wenn wir Endliches als Beispiel gebrauchen wollen, um zum schlechthin Größten emporzusteigen, zuerst die mathematischen Gebilde als endliche mit ihren Bezugsmöglichkeiten und Weseneigentümlichkeiten betrachten und die letzten in entsprechender Weise auf derartige unendliche Gebilde übertragen; danach müssen wir an dritter Stelle, tiefer als bisher, die Wesensbestimmungen der unendlichen Gebilde auf das schlechthin Unendliche, das von jedem Gebilde völlig losgelöst ist, anwenden. Dann wird unsere Unwissenheit auf unbegreifliche Weise darüber belehrt werden, wie wir, die wir uns mit jenem Rätsel mühen, über das Höchste denken sollen. Wenn wir so unter der Leitung der größten Wahrheit beginnend vorgehen, sagen wir, was heilige Männer und überragende Geister, die mathematische Figuren verwendeten, verschiedentlich aussprachen." (vgl. Kues 1982: 233)

scheidens in einer möglichst extremen Abstraktion zu formulieren sucht. Die Unterscheidung erzeugt in dieser Abstraktion zunächst nur eine Differenz, die nicht mehr besagt, als dass einer Seite der Unterscheidung – einem Raum, einem Zustand, einem Inhalt oder welche Metapher man hier zur Illustration hinzuziehen mag – ein Wert beigemessen wird, der sie trennt von dem, was sie nicht ist. Oder anders formuliert: Nur dadurch, dass einem Zustand ein Wert beigemessen wird, wird die Welt in Form einer Differenz disbalanciert und die Unterscheidung zu demjenigen konstituiert, dem dieser Wert nicht zukommt.[44]

Aus dieser Konstruktion entspringt die Annahme der Gleichursprünglichkeit von Unterscheidung und Bezeichnung. Die Bezeichnung ist nicht möglich ohne das Bezeichnete in der Operation der Bezeichnung von dem anderen mit dieser Bezeichnung nicht Bezeichneten zu unterscheiden[45]. Aber genauso ist auch eine Unterscheidung nicht möglich, ohne in der Markierung oder der Bezeichnung einen marked state zu produzieren, der sich gegenüber einem unmarked state konturiert[46]. Das Prinzip der Unterscheidung wird in dieser Abstraktion zurückgeführt auf die Differenzierung eines Etwas von einem Nichts – oder wie sich genauso sagen ließe: eines Etwas von einem Totum.

Indem in der Form ein unauflösbarer Zusammenhang von Bezeichnung und Unterscheidung konzipiert ist, ergeben sich eine Reihe von Bedingungen und Implikationen für das Bezeichnen. Wenn sich eine Bezeichnung operativ nur als Unterscheidung von dem in dieser Bezeichnung Nicht-Bezeichneten vollziehen kann, wird sie dadurch in ihrer Realisierung unumgänglich in verschiedene Beziehungen der Differenz gesetzt. Die Reflexion auf eine erste Unterscheidung ist dabei besonders wichtig, da in dieser theoretischen Figur ein Aspekt des Konzeptes der Form thematisiert wird, der in jeder Unterscheidung aktiviert ist, der allerdings in der Reflexion der Bedingungen der Möglichkeit

---

44 Eine solche Disbalance oder Asymmetrie, die die Form in die Welt setzt, kann zugleich als Ansatzpunkt für die operative Verkettung von Formen betrachtet werden, vergleiche dazu Luhmann: „Schließlich ist zu beachten, daß anschlußfähige Unterscheidungen eine (wie immer minimale, wie immer reversible) Asymmetrisierung erfordern. Die eine (und nicht die andere) Seite wird bezeichnet. Es liegt auf der Hand, daß die Unterscheidung zugleich Anfang und Ende des Operierens wäre, wenn sie keine Bezeichnung mit sich führte. Man hätte dann keinen Anhaltspunkt dafür, auf welcher Seite die Operation fortgesetzt werden könnte (und sei es als crossing)." (2003: 20)
45 Den in die beobachtung eingelassenen wechselseitigen Zusammenhang von Bezeichnen und Unterscheiden betont auch Fuchs wiederholt – z.B.: „Etwas beobachten, das heißt eine Operation durchführen, die das ETWAS des Beobachtens separieren, mithin unterscheiden können muß. Im Umkehrschluß: Was sich nicht unterscheiden läßt, kann nicht beobachtet werden. Beobachtung unterscheidet (to distinct), muß aber, um einen Unterschied zu unterscheiden, zugleich fixieren (markieren, to indicate), *was* sie unterscheidet. *Dies* ist nur *Dies* durch *Das*, wovon es unterschieden wird, aber *Das* wäre ohne die Markierung (indication) des *Dies*: nichts." (2003: 76, Hervorh. i. O.)
46 „Nenne den Zustand, der nicht mit der Markierung markiert wird, den unmarkierten Zustand." (Spencer Brown 1997: 5) Oder mit Fuchs: „Die Markierung evoziert den *unmarked space*" (2001: 76, Hervorh. i. O.).

der Setzung einer ersten Unterscheidung besonders deutlich wird. Die Differenz von marked und unmarked state verweist auf die Differenz von beobachteter und unbeobachteter Welt. Die erste Unterscheidung vollzieht sich vor dem Hintergrund einer unbeobachteten Welt, sie erzeugt sich als Differenz zu einem unterscheidungsfreien Zustand. Dabei ist allerdings diese Relation nicht direkt beobachtbar. Neben diesem Moment der primären Unterscheidung von einer unbeobachteten Welt, das in jeder Unterscheidung mitschwingt, sind in den konkreten Unterscheidungen immer auch spezifischere, inhaltlich gefüllte Beziehungen aktiviert, die das Bezeichnete in besondere Ähnlichkeits-, Differenz- oder Gegensatzrelationen stellen.

Man kann dies zusammenfassend auch so formulieren, dass mit der Konstitution der Form in der Differenzierung eines *marked* von einem *unmarked state* zwei Prozesse (oder strukturelle Relationen) operativ aktiviert werden. Zum einen bewirkt die operative Konstitution der Form ein Phänomen, das sich sprachlich nur sehr indirekt, metaphorisch, ausdrücken lässt. Man kann dieses Phänomen als ein Verschwinden der unbeobachteten Welt bezeichnen, oder wenn man an die im Konzept der Form implizierte theoretische Figur des Beobachters denkt, als ein Heraustreten des Beobachters aus der unbeobachteten Welt. Zum anderen aktiviert die operative Konstitution der Form die Relation zwischen Bezeichnetem und Unterschiedenem.[47] Dieser zweite Prozess lässt sich selbst wiederum in zwei Aspekte differenzieren. Jedes Bezeichnete resultiert aus der Differenzierung gegenüber einem *unmarked state* – und erinnert darin zugleich an das Phänomen des Verschwindens einer unbeobachteten Welt wie an die Kontingenz der eigenen Konstitution. Und jedes Bezeichnete konstituiert sich als Unterscheidung in einer Relation zu einem komplexen, vielfältig binnendifferenzierten Differenzzusammenhang des potenziell (in nächsten Bezeichnungen) Bezeichenbaren. Beide in der operativen Konstitution der Form aktivierten Prozesse sind im Folgenden noch näher zu diskutieren.

Mit dem erstgenannten Prozess, dem in der Form aktualisierten Phänomen eines Verschwindens einer unbeobachteten Welt, ist in der luhmannschen Systemtheorie das Problem der Unmöglichkeit berührt, mittels Beobachtungen

---

47 Man mag eine solche Art von Humor schätzen oder nicht – aber auch die Kontextveränderung, die dieses theoretische Problem an den vermeintlichen Banalitäten des Alltags illustriert, bietet Chancen zum Verständnis dessen, worum es Spencer Brown in der Essenz geht: "Wir bemerken eine Seite einer Ding-Grenze um den Preis, der anderen Seite weniger Aufmerksamkeit zu widmen. Wir bemerken, daß ein Geschirr in der Spüle abgewaschen ist, indem wir dem nicht-Geschirr Universum, welches unsere Definition von der Grenze des Geschirrs gleichermaßen definiert, nur spärliche Aufmerksamkeit schenken. Schenkten wir beiden Seiten die gleiche Aufmerksamkeit, müßten wir ihnen den gleichen Wert beimessen, und dann würde die Geschirr-Grenze verschwinden. Die Existenz des Geschirrs wäre beendigt, und es gäbe nichts mehr abzuwaschen." (Spencer Brown 1997: 191)

etwas über das Unbeobachtbare auszusagen. Die unumgängliche Selektivität und Reduktivität von Beobachtungen verhindert es, dass Welt als der gesamte Zusammenhang aller sich in ihr vollziehender ‚Prozesse' und ‚Strukturen' beschrieben werden könnte[48]. Allerdings ist auch schon eine solche Qualifizierung von Welt problematisch, da wir nicht wissen, ob Prozesse und Strukturen etwas sind, was in der Welt anders denn als kontingente Schemata der Beobachtung vorkommt.

Wir wissen nicht, was menschliche Beobachtungen mit der unbeobachteten Welt zu tun haben und ob die graduelle Steigerung der Differenziertheit und der Komplexität der menschlichen Beobachtung der Welt in Relation zu den Weltbeobachtungen einfacherer autopoietischer Systeme in Hinblick auf die Unhintergehbarkeit der Unbeobachtbarkeit der Welt als Ganzes ins Gewicht fällt oder überhaupt einen Unterschied macht.

Auch expandiert jede weitere neue Beobachtung Welt ohne dabei in der Lage zu sein, ihre Relation zum Ganzen der Welt mit zu beobachten. Jede neue Beobachtung vermehrt den Pool der unbeobachteten Welt, weil die Beobachtung zwar eine Beobachtung im Sinne einer unterscheidungsbasierten Bezeichnung in die Welt einführt, dies aber nur als einen operativen Prozess vollziehen kann, der selbst nicht beobachtet wird und in diesem Sinne selbst zum Kontinuum der unbeobachteten Welt gehört. Die einzelne Beobachtung kann zwar auch als Beobachtung beobachtet werden – dann aber nicht in ihrer Zugehörigkeit zur unbeobachteten Welt, sondern nur als deren Verletzung durch eine kontingent-reduktive Auswahl einer Unterscheidung in der Bezeichnungsoperation. Und auch diese Beobachtung der Beobachtung vollzieht sich immer nur in dieser doppelten Qualität, einerseits als ein der unbeobachteten Welt integraler Prozess, der eben in dieser Qualität unbeobachtbar ist, und anderseits als eine potentiell durch eine weitere unbeobachtete Beobachtung selbst beobachtbare Unterscheidungsoperation.

Jede Beobachtung ist selbst Teil der unbeobachteten Welt; jede neue Beobachtung expandiert die unbeobachtete Welt – auch für diese Formulierung gilt allerdings, dass wir nicht wissen, ob die Vorstellung einer Expansion etwas ist, für das es in der unbeobachteten Welt Entsprechungen gibt. Was wir reflektieren können ist, dass auch schon dieses theoretische Konzept, demzufolge es Entsprechungen zwischen Beobachtungen und unbeobachteter Welt geben

---

48 Die Welt kann sich nur selbst sehen, „... indem sie sich hinter der Unterscheidung zwischen Sehen und Gesehen-Werden verbirgt" (Luhmann 1993c: 350). Luhmann rekurriert in diesem Kontext unmittelbar auf Spencer Browns (1997: 91) Argument, nachdem eine solche Selbstbeobachtung der Welt nur zustande kommen kann unter der Bedingung der Teilung in einen Zustand, der sieht, und einen, der gesehen wird, und dass sich die Welt dadurch in der Selbstbeobachtung immer zum Teil selbst entzieht.

könnte, eines aus dem Kontext einer kontingenten, diskursiven Vernetzung von Beobachtungen ist. Es kann der unbeobachteten Welt nicht adäquat sein. Die in dieser Studie gewählte Umschreibung, nach der die Einsetzung einer Beobachtung das Verschwinden einer unbeobachteten Welt bewirkt (oder in einem mit der Unterscheidung co-produziert), rekurriert auf diese Problematik.[49]

All dies ist in Spencer Browns Form und ihrer Darstellung als theoretisch konzeptionalisiert. Deutlich wird dies in der Art, in der in den *Laws of Form* die theoretische Imagination eines unmarked state (Spencer Brown 1997: 5) konstruiert wird, der genauso auf ein Nichts wie auf eine unbeobachtete Welt verweist.

Der Formkalkül beginnt nicht mit einem solchen unmarkierten Zustand oder mit der Vorstellung einer unbeobachteten Welt. Der Kalkül selbst hebt nach der Definition und den bereits erwähnten beiden Axiomen des ersten Kapitels der *Laws of Form* mit der Anweisung an: „Triff eine Unterscheidung" (Spencer Brown 1997: 3). Ausgangspunkt der Konstruktion der *Laws of Form* ist also die Unterscheidung, nicht das Un-Unterschiedene. Der *unmarked state* wird im zweiten Kapitel „Formen, der Form entnommen" (Spencer Brown 1997: 3) erst nach der Form der Kondensation als Form der Aufhebung der Form der ersten Unterscheidung entnommen (Spencer Brown 1997: 4f). In dieser operativen Anordnung, die nicht mit dem Nichts beginnen, sondern nur aus der Verkettung der Unterscheidungen das Nichts imaginieren kann, zeigt sich die basale erkenntnistheoretische Problematik. Mittels dieser operativen Konstruktion wird das Paradox demonstriert, dass über eine ‚unbeobachtete Welt' etwas ausgesagt wird durch den Einsatz von Unterscheidungen, durch den Einsatz von Formen der Beobachtung. Erst die Beobachtung der Welt kann die Imagination einer unbeobachteten Welt erzeugen – und eine solche begriffliche Vorstellung einer unbeobachteten Welt kann nie unbeobachtete Welt sein, noch ihr entsprechen.

Auch Luhmann rekurriert in seiner Rezeption auf diese Dimension des Formkonzeptes. Er diskutiert sie unter anderem in Hinblick auf eine mögliche

---

49 Clam, der eine sehr große Sensibilität für diese Dimension der luhmannschen Systemtheorie zeigt, versucht sich einer solchen unbeobachteten Welt über die Figur derjenigen Umwelt anzunähern, die nicht mehr eine systembezogene Umwelt wäre. „Selbst wenn man bis auf den Boden des Mediums aller Medien hinabsteigt, trifft man auf Operationen, verkettet im Strom der Zeit und gleichzeitig und gleichlogisch gekoppelt über alle Verwerfungen hinweg. Die nicht-systemische, bare, chôra-artige Umwelt ist dasselbe wie die Umwelt aller Umwelten, das bare und blinde Umgebende aller Umgebungen; die sich bildend-zerbildenden Systeme am Grund aller Systeme. Die nicht systemische Umwelt oder die Umwelt aller Umwelten ist nichts als der Blick auf die oder der Anblick der Aktsubstanz der Welt als eines gleichzeitigen Flusses aller Operationen und Systeme. Neutralisiert man die Denkgewohnheiten und -zwänge der regionalontologischen Einordnungen, erscheint Welt in der Gleichzeitigkeit von Bildung und Umbildung, von Knotung und Lösung (all ihrer Gebilde) als umweltlose und grenzlose, ja von sich selbst umweltete Ausdehnung von Zeit und Differenz, alleinsam und richtungslos." (Clam 2001: 240)

Differenz der beiden von Spencer Brown changierend gebrauchten Begriffe des *unmarked state* und des *unmarked space*. In *Die Kunst der Gesellschaft* greift Luhmann eine von Mussil (1993) getroffene Differenzierung auf zwischen dem *unmarked state*, als der Welt vor jeder Unterscheidung, wofür bei Spencer Brown ein Begriff fehle, und dem *unmarked space* als dem Raum, der entstehe, wenn ein *marked space* abgetrennt werde (Luhmann 1997a: 51f)[50]. Eine solche Differenzierung dieser beiden Begriffe muss als problematisch betrachtet werden, da in dieser Interpretation des Begriffs des *unmarked state* abgedunkelt wird, dass er nicht minder von Unterscheidungen abhängt als der Begriff des *unmarked space*. Um einen solchen *unmarked state* zu beschreiben, muss Luhmann nicht nur den *unmarked state* vom *unmarked space* unterscheiden, er kommt auch nicht ohne die paradoxale Formulierung aus, der zufolge man „unterscheiden müsse zwischen der Welt vor jeder Unterscheidung" (Luhmann 1997a: 51, Fn.) und der anderen Seite der hier genutzten Unterscheidung: „dem Raum, der als 'unmarked space' entsteht, wenn ein 'marked space' abgetrennt wird" (Luhmann 1997a: 51, Fn., Hervorh. i. O.). Luhmann kann eine solche Welt vor jeder Unterscheidung nur erreichen, wenn er sie als Differenz zur Form der ersten Unterscheidung konstruiert, als Differenz zur Differenz von *marked* und *unmarked space*. Genau dieser Prozess findet sich bei Spencer Brown in der Form der Aufhebung symbolisiert – allerdings nicht als ein ursprünglicher Zustand der Welt, sondern als ein Ergebnis der Kombination von Unterscheidungen – in der Notation von Spencer Brown: „ ⌐⌐ = " (Spencer Brown 1997: 5).[51]

Es handelt sich hier um eine in die Beobachtung unumgänglich eingelassene paradoxale Figur, die gerade in der Frage besonders deutlich zutage tritt, ob das Unbeobachtete beobachtet werden kann. Andernorts umkreist Luhmann dieses Problem, um genau diesen Aspekt zu fokussieren, dass die Vorstellung eines Unbeobachteten nur von der Beobachtung ausgehend als Gegenfigur konstruiert werden kann:

---

50 Vergleiche auch Binczek (2000: 49). Auch Esposito (1993a: 88) unterscheidet zwischen *unmarked state* und *unmarked space* – wenngleich mit einer gegenläufigen Bedeutungszuweisung.
51 Als weiteren theoriegeschichtlichen Bezug vergleiche den Hinweis von Luhmann und Fuchs auf „das Parmenideische Verbot, das Ganz-und-Gar-Nichts zu denken, zu konzeptualisieren, zu beschreiben. Zielsicher reagiert dieses Verbot auf den Umstand, daß Differenzloses sich nicht denken läßt. Die Idee eines Zustandes der Abwesenheit aller Differenzen schließt Unbeobachtbarkeit ein." (Luhmann & Fuchs 1989: 49) Vergleiche in diesem Zusammenhang auch die Erläuterungen zur Relation, die Fuchs (2001a) zwischen Parmenides und Spencer Brown erstellt, sowie einen weiteren Text von Fuchs, in dem er diese tradierte Problematik auf die begriffliche Unterscheidung Immanenz/Transzendenz bezieht und dabei auf die (Beobachtungs-) Immanenz der Transzendenz hinweist: „Immanenz/Transzendenz ist deshalb eine immanente Unterscheidung. Die Einheit der Unterscheidung ist Immanenz." (Fuchs 2004: 13) Andernorts spricht Fuchs auch von der „perfekten Immanenz" (2000: 40) der Beobachtung.

„The operation of observing, therefore, includes the exclusion of the unobservable, including, moreover, the unobservable par excellence, observation itself, the observer-in-operation. The place of the observer is the unmarked state out of which it crosses a boundary to draw a distinction and in which it finds itself indistinguishable from anything else. As such, the observer as a system can be indicated, but only by way of a further distinction, another form, a frame, for example, that makes it possible to distinguish one observer from others or psychic observing systems from social observing systems. We arrive, then, at the autological conclusion that the observing of observers and even the operation of self-observation is itself simply observation in the usual sense – that is, making a distinction to indicate one side and not the others. And this again can only happen in the world and by severing the unmarked space, crossing the boundary that thereby comes into existence as a boundary separating a marked from what now can be marked as 'unmarked' space. We resist the temptation to call this creation." (Luhmann 1995d: 44f)

Luhmann selbst verortet diese theoretischen Komplikationen im Kontext der theologischen Tradition[52]. „Der Partner für den radikalen Konstruktivismus ist demnach nicht die Erkenntnistheorie der Tradition, sondern ihrer Theologie" (Luhmann 1988a: 28).[53] Hier kann erneut der Bezug auf Nikolaus von Kues aufgegriffen werden, auf den Luhmann in dieser Hinsicht primär rekurriert[54]. Bei diesem findet er den Versuch, diese Problematik auf den Gottesbegriff zu beziehen und Gott als das Jenseits aller Unterscheidungen zu konzipieren: „Gott steht jenseits aller Unterscheidungen, selbst jenseits der Unterscheidung von Unterscheidungen und der von Unterschiedenheit und Nichtunterschiedenheit. Er ist das non-aliud, das, was nicht anders ist als etwas anderes." (Luhmann 1988a: 27) Luhmann greift diese, Spencer Browns Konzepten der Form und des *unmarked state* korrespondierende Figur auf und bezieht sie in seiner Theorieanlage sowohl auf die Differenz von System und Umwelt als auch auf die Differenz von Erkenntnis und Gegenstand. In dieser Konstruktion markiert Welt für Luhmann das Jenseits der Unterscheidung von System und Umwelt, Realität das Jenseits der Unterscheidung von Erkenntnis und Gegenstand.

---

52 Verschiedene Autoren weisen in diesem Zusammenhang auch auf die Nähe zu fernöstlichen philosophischen Traditionen hin, vergleiche Egidy (2004) und Gripp-Hagelstange (1995: 139ff). Vergleiche auch Luhmann & Fuchs (1989: 46ff
53 Zu einem solchen Rückbezug auf eine mittelalterliche Theologie vergleiche auch Bühl (2000: 242f), der genau dies zum zentralen Ansatzpunkt seiner Kritik der erkenntnistheoretischen Basierung der späten Theorieentwicklung bei Luhmann in den paradoxalen Strukturen der Beobachtung macht. Vergleiche insgesamt zu diesem Zusammenhang auch Schulte (1993), der zur erkenntnistheoretischen Dimension der luhmannschen Systemtheorie konstatiert: „Luhmanns Kybernetik beobachtender Systeme ist eine verkappte Theologie." (1993: 120).
54 Siehe auch Luhmann (1992: 88). Vergleiche in diesem Kontext ebenfalls die von Luhmann (1987d: 244f) und Luhmann & Fuchs (1989: 70ff) erstellten Bezüge zur Mystik sowie die Kritik von Ort (1999), dass die für die Mystik spezifische Relationierung sprachlicher und außersprachlicher, körperbasierter Erfahrungsdimensionen nicht erkannt werde. Vergleiche auch Fuchs (2001: 35ff).

„Man sieht dann leicht, daß man das Unterscheiden der Unterscheidungen, mit denen die Beobachter arbeiten und die im Beobachten der Beobachter zu beobachten sind, noch zu unterscheiden hat von dem Nichtunterschiedenen, das damals Gott hieß und heute, wenn man System und Umwelt unterscheidet, Welt, oder wenn man Gegenstand und Erkenntnis unterscheidet, Realität." (Luhmann 1988a: 28f)[55]

Damit bleibt allerdings das soeben beschriebene Problem ungelöst, dass von der Seite der unterscheidungsbasierten Beobachtungsoperationen aus, auch das Jenseits der Unterscheidung von Unterscheidung und Nichtunterscheidung nur als Unterscheidung bezeichnet werden kann. Genau dies ist allerdings bei Nikolaus von Kues thematisch, wenn er Gott nicht nur als den Zusammenfall des Gegensätzlichen, sondern als das Jenseits der *coincidentia oppositorum* beschreibt.

„Wenn ich dich, o Gott, im Paradies sehe, das diese Mauer des Zusammenfalles der Gegensätze umgibt, sehe ich dich weder trennend, noch verbindend ausfalten oder einfalten. Trennung und Verbindung zugleich ist die Mauer des Zusammenfalles, und jenseits von ihr bist Du, losgelöst von allem, das gesagt oder gedacht werden kann." (Kues 1982a: 141)[56]

Wenn man die die Beobachtung der Welt ermöglichenden Differenzierungen mit dem theoretischen Modell der Form konzipiert, bedeutet dies, dass jede Bezeichnung mit einem Index der Kontingenz[57] versehen wird: Jede Bezeichnung basiert primär in einer in der Unterscheidung von einem *unmarked state* symbolisierten Differenzierung gegenüber der unbeobachteten Welt. Dies ist

---

55 Vergleiche auch Luhmann (1988a: 42), wo diese Paradoxie umgangen wird, in dem Luhmann diese jenseits der Unterscheidungen verorteten Begriffe in dem Sinne als differenzlos konzipiert, dass sie sich alle nicht von einem Gegenbegriff her definieren.
56 Vergleiche dazu auch die Interpretation von Bredow, die dabei ansetzt, dass Kues hier einerseits Gott jenseits des Zusammenfalls der Gegensätze verortet, andererseits, in unmittelbarer textueller Nähe, auch davon spricht, dass Gott im Zusammenfall wohne: „Die menschlich schauende Vernunft kann nur so weit gelangen, daß sie den Zusammenfall der Gegensätze sieht und erkennt, daß Gott noch darüber erhaben ist. Die Notwendigkeit des Übersteigens der Koinzidenz erscheint darum formal selbst als Koinzidenz: Gott ist als Unendlicher Ende ohne Ende; in der Einheit ist die Andersheit ohne Andersheit; Gott ist Gegensätzlichkeit zu den Gegensätzen, und zwar Gegensätzlichkeit ohne Gegensätzlichkeit; der Widerspruch ist in der Unendlichkeit ohne Widerspruch." (Bredow 1971: Sp. 1023) Die oben zitierte Notation von Spencer Brown (1997: 5) drückt die darin gelegene erkenntnistheoretische Problematik in einer sehr eleganten Form aus.
57 Baecker verwendet einen verwandten Begriff, wenn er betont, dass „jede Kommunikation mit einem Ungewissheitsindex ausgestattet" (2005: 48) sei. Ein solcher Ungewissheitsindex resultiert in seiner Argumentation allerdings als Effekt der theoretischen Differenzierung von Kommunikation und Bewusstsein. Die Figur eines Indexes der Kontingenz ist unmittelbarer Effekt des Konzeptes der Form und setzt in diesem Sinne wesentlich basaler an. Größere Ähnlichkeit besitzt hier die von Fuchs verwendete und an Derrida angelehnte Schreibweise von Begriffen in Form der Durchstreichung (vgl. insbesondere Fuchs 2001), die unter anderem die Funktion hat, auf eine De-Ontologisierung der Theorie und die Nicht-Existenz des durch ihre Begriffe Bezeichneten zu verweisen.

eine wesentlich radikalere und theoretisch fundamentalere Begründungsfigur – auch eine elegantere – für den Konstruktivismus der Theorie als sie in den umständlicheren Begründungsfigurationen des radikalen oder auch des sozialen Konstruktivismus gefunden werden kann.

Die prinzipielle Inadäquatheit der Beobachtung zu einer Erfassung der Welt ergibt sich aus der Unmöglichkeit nicht-reduktiv zu beobachten. Geht man von der theoretischen Analyse des Unterscheidens und der Form über zur Frage des Aneinanderreihens und Verknüpfens von Formen, so kann man erkennen, dass sich Beobachtungen operativ immer nur als Verkettungen von Differenzierungen vollziehen können, indem reduktive und kontingente Unterscheidungen selektive Vernetzungen und spezifische Relationen in die Welt einzeichnen.

Bezogen auf die abstrakteste Ebene des Formkonzeptes lässt sich zunächst die Möglichkeit beschreiben, ausgehend von einer bestimmten Form in der anschließenden Konstitution einer folgenden Form von der spezifischen Bezeichnung auf die andere Seite der Unterscheidung zu wechseln, in den *unmarked state*, und dort, diesen *unmarked state* in der Transformation verschiebend, eine neue Unterscheidung zu treffen, die die nun aktualisierte Bezeichnung wiederum vor dem Hintergrund eines *unmarked state* als einseitig markierte Zwei-Seiten-Form konturiert. Die jeweils aktualisierten Bezeichnungen stehen dabei immer nicht nur in der Unterscheidung zum *unmarked state*, sondern auch zum differentiellen Gesamtzusammenhang potentieller alternativer Bezeichnungen und Unterscheidungen. Die spezifische Bezeichnung gewinnt ihre Bedeutung über diese potenzialisierte Relationierung zum Zusammenhang der alternativ realisierbaren Formen. Eine solche theoretische Konzeption basiert auf der Verallgemeinerung eines Prinzips, das aus dem Diskurskontext des (Post-)Strukturalismus bekannt ist: der Theoriefigur der Arbitrarität des Zeichens, die Saussure (1967) zur Begründung seiner strukturalen Linguistik entwickelte. Diese theoretische Figur, mit der die Relation von *signifiant* und *signifié* als eine über den differentiellen Gesamtzusammenhang des strukturalen Netzes der Signifikanten (in der Terminologie der strukturalistischen Linguistik: des Signifikantensystems) vermittelte verstanden werden konnte[58], ist für die weitere strukturalistische und poststrukturalistische Theoriebildung zum Paradigma für eine Vielzahl von theoretischen Modellierungen geworden, die alle der Grundfigur folgen, dass die Bedeutungen einzelner Phänomene – Mythen, kulturelle

---

58 Aufgrund der Relevanz dieser Theoriefigur sieht etwa Elder-Vass in der luhmannschen Systemtheorie einen „post-Saussurian account" (2007: 426). In Hinblick auf eine solche Einschätzung ist aber zu bedenken, dass sich Luhmann selbst nur sehr eingeschränkt auf Saussure bezogen hat. Zur genaueren Relationierung der Systemtheorie zum linguistischen Strukturalismus siehe Luhmann (1993a), Esposito (1993a) und Stäheli (2000: 137ff). Als Versuch einer Rekonstruktion des Werks Saussures aus einer systemtheoretischen Perspektive vergleiche Giesecke (1987).

Objektivationen, Figurationen des Unbewussten etc. – nicht aus sich heraus verstanden werden können, sondern sich immer über einen spezifischen strukturalen Gesamtzusammenhang konstituieren, auf den sie jeweils differentiell (und man könnte systemtheoretisch ergänzen: in komplexen Vernetzungsrelationen) bezogen sind[59]. Diese Theoriefigur kann auch für die Formtheorie genutzt werden, um zu konzeptionalisieren, wie die in der operativen Konstitution einer Form aktualisierte Bezeichnung[60] ihre Bedeutung über ihre Relation zum differentiellen Gesamtzusammenhang der alternativen Formen, der nicht aktualisierten, aber potenziell aktualisierbaren Unterscheidungen gewinnt.

Diese theoretische Figur konvergiert in der luhmannschen Theorieentwicklung mit dem Bezug auf den Begriff des Verweisungszusammenhangs der phänomenologischen Tradition, der vor allem durch das auch schon für die älteren Schriften zentrale Konzept des Sinns transportiert wird (vgl. dazu Horster 1997:

---

59 Vergleiche als Auswahl differenter Entwicklungen dieser theoretischen Figur Levi-Strauss (1967, 1993), Barthes (1964, 1984, 1991), Lacan (1975, 1991) und Foucault (1974).
60 Ein weiterer theoretischer Link lässt sich hier zu Luhmanns, insbesondere auf seiner Rezeption von Heider (1926) basierenden, Unterscheidung von Medium und Form und den daran anknüpfenden systemtheoretischen Diskussionen setzen – vergleiche hierzu den Sammelband von Brauns (2002) und darin insbesondere Lehmann (2002), Fuchs (2002) und Binczek (2002). Es handelt sich hierbei in Relation zu dem spencer-brownschen Formbegriff um ein theoretisch nachrangiges Konzept (und aus dieser Perspektive erscheinen Versuche, wie der von Ort (1998a), die Medium/Form-Unterscheidung unmittelbar auf den Formbegriff der *Laws of Form* zu beziehen, eher problematisch). Dieses sekundäre Konzept ermöglicht es, das Verständnis operativer Aktualisierungen von Formen gleichsam zu materialisieren, d.h. auf das Problem zu beziehen, wie sich die Elemente beschreiben lassen, aus denen sich die Unterscheidungen und Bezeichnungen der Form in unterschiedlichen Systemkontexten aufbauen (vgl. Luhmann 1990a: 20). Luhmanns Grundgedanke in dieser Hinsicht besteht darin, Formbildung als einen Prozess zu konzeptionalisieren, der ein Medium benötigt. Ein solches Medium wird als ein Substrat lose gekoppelter Elemente begriffen, in dem sich die Formbildung dann als eine Verdichtung vollzieht – Luhmann spricht genauer von einer strikten Kopplung einzelner dieser als mediales Substrat nur lose gekoppelten Elemente (vgl. Luhmann 1992: 53ff, 1997: 195ff, 1997a 165ff). Auch eine solche Bindung der Formbildung an ein mediales Substrat ermöglicht es, eine konkrete Form in eine virtuelle Relation zu anderen, in dieser Formoperation nicht realisierten Formen der strikten Kopplung der medialen Elemente zu konzeptionieren. Es handelt sich dabei allerdings um eine rein formale, abstrakte Theoriefigur, die mit der luhmannschen Rezeption eines solchen Heider-Mediums zunächst an eine in sich nicht weiter strukturierte, mehr oder weniger homogene Masse einzelner, eben nur lose gekoppelter Elemente denken lässt. Demgegenüber transportieren die (post-)strukturalistischen Konzeptionierungen eines Zusammenhangs von Differenzen, der erst die einzelnen Bezeichnungsoperation ermöglicht, insbesondere aufgrund ihrer für das Verständnis sozialer und psychischer Systeme besonders fruchtbaren Verwurzelung in Theorien der Sprache, Vorstellungen einer heterogenen Strukturierung des eine operative Aktualisierung von Formen ermöglichenden Differenzzusammenhangs. Mit dieser Vorstellung lassen sich in der Virtualität eines *unmarked space* der Form für die Bedeutungskonstitution relevante Beziehungen der Nähe und Ferne, assoziative und konnotative, metaphorische und metonymische Prozesse konzeptionalisieren.

83f)⁶¹. Auch Clam (2000) verweist auf die Bedeutung der Adaption des ursprünglich phänomenologischen Sinnbegriffs, die es Luhmann nach seinem Verständnis erst ermögliche, sich von einer biologischen Systemtheorie zu unterscheiden und über den Entwurf von sprachlich konstituierten Systemen eine semantische Virtualisierung zu erreichen.

> „Sinn ist die Eröffnung eines Seinsbereichs, der mechanische Fixpunkte, an Programmierung gebundene Variabilität sowie rein algorithmisch-überkomplexe Formgenerierung übersteigt. Er ist das Medium, in dem die Unterscheidung zwischen Thema und Horizont, zwischen einem provisorisch Bejahten und der unerschöpflichen Menge seiner Negationsmöglichkeiten entsteht. *Sinn modalisiert alle Seinssetzung.*" (Clam 2000: 307, Hervorh. i. O.)

Demgegenüber wird in der vorliegenden Arbeit ein Verständnis des Wirkens des Formkonzeptes in der luhmannschen Theoriebildung betont, das solche Effekte der Virtualisierung der Form und der Bindung der Möglichkeit der operativen Aktualisierung einer Bezeichnung in der Unterscheidung an die damit als Potenzialität gesetzte Relationierung zum differenziellen Gesamtzusammenhang alternativer Bezeichnungsmöglichkeiten schon unabhängig von Sprache und Sinn als generelle Konstituentien der Form betrachtet⁶².

Dass ein solches Verständnis des Form-Konzeptes in der Systemtheorie längst angekommen ist, verdeutlicht sich insbesondere bei Fuchs. Mit Blick auf den systemtheoretischen Sinnbegriff weist dieser Autor vor diesem theoriegeschichtlichen Hintergrund und mit besonderem Bezug auf Derrida darauf hin,

> „... daß jede Markierung das, wofür sie gehalten wird, nur *ist* in der Differenz zu anderen Bezeichnungen. Die Markierung, die das Spiel einer unendlichen Sinn-Differentialität eröffnet, wird durch die Bezeichnung erzeugt und ist zugleich der Effekt der Differenz, oder, wie man seit etlichen Dekaden sagen kann: der Effekt der *différance*."
> (Fuchs 2005a: 49, Hervorh. i. O.)

2.2.1 Paradoxien der Form

Wenn die theoretische Grundfigur der Unbeobachtbarkeit der Welt auf Welt nicht sinnvoll bezogen werden kann, liegt es nahe, sie auf den Prozess der Beobachtung selbst zu beziehen – dies führt unmittelbar in die zentralen Paradoxien der Beobachtung.

> „When observers (we, at the moment) continue to look for an ultimate reality, a concluding formula, a final identity, they will find the paradox. Such a paradox is not simply a logical

---

61 Vergleiche in diesem Kontext mit Bezug auf sinnförmige Wahrnehmungen auch Fuchs (2005: 34).
62 Diese Dimension wird, allerdings ohne den Verweisungshorizont der theoretischen Bezüge aufzuspannen, auch betont von Farzin (2006: 92f); vergleiche ebenfalls Binczek (2000: 49).

> contradiction (A is non-A) but a foundational statement: The world is observable *because* it is unobservable. Nothing can be observed (not even the 'nothing') without drawing a distinction, but this operation remains indistinguishable. It can be distinguished, but only by another operation. It crosses the boundary between the unmarked and the marked space, a boundary that does not exist before and comes into being (if being is the right word) only by crossing it. Or to say it in Derrida's style, the condition of its possibility is its impossibility. (Luhmann 1995d: 46, Hervorh. i. O.)

In Zusammenhang mit seiner Spencer-Brown-Rezeption setzt sich Luhmann intensiv mit bestimmten theoretischen Figuren der Formtheorie auseinander, die zum Teil bereits oben erwähnt wurden und die Luhmann als paradoxe Theoriemomente analysiert und denen er besondere Relevanz für seine Konstruktion der Systemtheorie beimisst[63]. Luhmann kontextualisiert sich hier mit einem auf die Rhetorik zurückgehenden Verständnis der Paradoxien, das deren logische Unaufhebbarkeit nicht als Problem betrachtete, sondern darin vielmehr ihr theoretisches Potenzial, ihre Fruchtbarkeit sah (vgl. Luhmann 1987a: 315f).

Schon in den im Formbegriff konzipierten Zusammenhang von Unterscheidung und Bezeichnung finden sich mehrere solcher Paradoxien eingelassen, die von Luhmann besonders betont werden. In der Beobachtungsoperation sind Unterscheiden und Bezeichnen wechselseitig aufeinander angewiesen. In der Interpretation Luhmanns bedeutet dies: Die Operation des Beobachtens „aktualisiert eine Zweiheit als Einheit, in einem Zuge sozusagen" (Luhmann 1992: 95). Ebenso kann es als Paradoxie betrachtet werden, dass das Unterscheiden nicht nur das eine von dem anderen unterscheidet, sondern dabei in sich selbst noch einmal den Unterschied von Unterscheiden und Bezeichnen prozessieren muss.

> „Und darin liegt auch (...), daß die Form des Beobachtens schon ein re-entry der Form in die Form impliziert, weil die benutzte Unterscheidung die Unterscheidung von Unterscheidung und Bezeichnung voraussetzt. Die Unterscheidung ist immer schon in sich selbst hineinkopiert als Unterscheidung, die sich von der Bezeichnung unterscheidet, die sie ermöglicht." (Luhmann 1997a: 102)

Eine weitere Paradoxie lässt sich entdecken, wenn man das Theorem der Form unter der Perspektive eines Prozessierens der Beobachtungen unter Bedingungen der Zeit betrachtet. Zunächst bietet die Einführung des Konzeptes der Zeit allerdings eine Möglichkeit, Paradoxien zu lösen. Luhmann spricht auch von einer Entparadoxierung oder von einer Entfaltung der Paradoxie. Zeit ermöglicht die Fortsetzung der Beobachtung und eröffnet damit das Potenzial eines Übergangs von der markierten Seite der Unterscheidung auf die andere.

---

[63] Vergleiche zur Nutzung dieser paradoxalen Figurationen in der Konstruktion des Verständnisses der Autopoiesis des Systems genauer Kap. 2.3.1. Zu den implizierten Paradoxien des Beobachtungsbegriffs bei Luhmann siehe auch Kneer (1996: 344ff).

> „Die Unterscheidung selbst ist die Markierung einer Grenze mit der Folge, daß in der *einen* Form *zwei* Seiten entstehen mit der weiteren Folge, daß man nicht mehr von der einen Seite zur anderen gelangen kann, ohne die Grenze zu überschreiten." (Luhmann 1992: 79, Hervorh. i. O.)

Ein Kreuzen der Grenze in anschließenden operativen Aktualisierungen weiterer Formen kann nach Luhmann aber konditioniert werden. Der formtheoretische Hintergrund dafür liegt darin, dass bei der Operation mit einer solchen Form in der Bezeichnung die eine Seite einer Unterscheidung markiert wird und alles weitere daran anschließende Prozessieren von dieser markierten Seite ausgehen muss[64]. „Weiter ist bemerkenswert, daß diese ‚Zwei-Seiten-Form' nur verwendbar, nur anschlußfähig ist, wenn sie mit einer Bezeichnung gekoppelt ist, die festlegt, von welcher Seite man auszugehen hat, von welcher Seite her also auch das Überschreiten der Grenze ein Überschreiten ist" (Luhmann 1992: 80). Eine solche Operation ist nur im Anschluss an die erste Bezeichnung möglich und sie erfordert Zeit. Darin scheint aber ein Weg aus der Paradoxie zu liegen.

> „Unterscheidungen implizieren, daß man nicht auf beiden Seiten zugleich sein kann, nicht an beide Seiten zugleich anschließen kann. Dazu ist ein Überschreiten (Spencer-Brown: crossing) der Grenze erforderlich, und das kostet Zeit. Zeit ist so gewissermaßen ein Schema, mit dem die Unterscheidung (der Beobachter) ihre eigene Paradoxie entparadoxen kann: erst links, dann rechts." (Luhmann 1992: 80)

Die Paradoxie verschiebt sich dadurch allerdings nur: aus der ersten Unterscheidung in die zweite Unterscheidung, aus der zweiten in die folgenden. „Es versteht sich von selbst, daß die Unterscheidung von Paradox und Entfaltung ihrerseits paradox ist." (Luhmann 1993: 211).

Hilft die Zeit einerseits im Umgang mit der Paradoxie der Einheit von Bezeichnung und Unterscheidung, so ist sie andererseits selbst paradoxal in die Operationen der Form eingelassen. Die Operation der Bezeichnung arbeitet mit der Differenz, die zwischen der Gleichzeitigkeit der beiden Seiten des Unterschiedenen in der Unterscheidung einerseits und des Zeiterfordernisses (oder Aufschubs) in der implizierten Möglichkeit des Übergangs von der markierten Seite des Unterschiedenen auf die unmarkierte Seite in der Bezeichnung andererseits besteht. In der Formoperation ist zunächst nur das Bezeichnete beobachtet – der immer mitgeführte *unmarked state*, der die Bezeichnung erst ermöglicht, kann genauso wenig in der Aktualisierung der Operation mitbeobachtet werden wie die in ihn eingelassenen Potenzialitäten und Differenzrelationen, die

---

64 Auch in Hinblick auf dieses konstitutive Theoriemoment werden sich in der späteren Entwicklung der Argumentation, nach der Einführung der Differenz von System und Umwelt als spezifischer Form der Beobachtung, wichtige Anschlüsse ergeben. Es stellen sich dann Fragen zur Möglichkeit des Übergangs von der Beobachtung des Systems zur Beobachtung der Umwelt wie auch des Reentry der System-Umwelt-Differenz im System.

alle – unsichtbar – an der Bedeutungskonstitution mitwirken. Die die Bezeichnung konstituierende Unterscheidung wie auch die in ihr potenzialisierten besonderen Bedeutungsrelationen können erst durch ein Kreuzen der die Bezeichnung konstituierenden Grenze in einer weiteren Beobachtung gesehen werden. Luhmann verdichtet diese Überlegung in der Formulierung: „Sie [die Operation des crossing, M.U.] aktualisiert gleichzeitig Gleichzeitigkeit und Ungleichzeitigkeit" (Luhmann 1992: 81).

Spencer Brown hat, wie oben beschrieben, in den *Laws of Form* die Zeit zur Lösung des Problems von Gleichungen mit zwei Lösungen eingesetzt; oder, allgemeiner gesagt, zum Verständnis von imaginären Zuständen, die aus dem Wiedereintritt (Reentry) der Form in die Form resultieren – z.B. von Gleichungen, die sich selbst als Teil noch einmal enthalten. Die Differenz der zwei in solchen Fällen bestehenden Lösungen, die bei Spencer Brown als die Differenz zwischen realem und imaginärem Zustand aufgefasst werden kann, lässt sich dann als eine Oszillation in der Zeit verstehen (vgl. Spencer Brown 1997: 50ff). Dabei handelt es sich um eine Lösung des Problems der Paradoxie, die nicht auf eine Auflösung der Paradoxie zielt, sondern darauf, die Paradoxie handhabbar zu machen. Indem eine neue Dimension eröffnet wird, ist es möglich, an beide Seiten der Differenz anzuschließen. Die Form kann operativ genutzt werden[65]. Entscheidend ist für die hier vorgelegten Überlegungen, dass die operative Nutzung der Form durch die in sie eingelassenen Paradoxien nicht blockiert – eher motiviert oder vorangetrieben – wird.[66] Oder in der Formulierung Clams: „Paradoxe sind nicht impossibilisierend, sondern possibilisierend" (2004: 136).

Eine der für die Rezeption durch Luhmann wichtigeren Interpretationen des Formkalküls besteht darin, dass die operative Verwendung der Form in einer Beobachtung die impliziten Paradoxien in der Beobachtungsoperation selbst nicht beobachten kann. „Das Beobachten erster Ordnung ist das Bezeichnen – im unerläßlichen Unterschied von allem, was nicht bezeichnet wird. Dabei wird die Unterscheidung von Bezeichnung und Unterscheidung nicht zum Thema ge-

---

65 Zur technischen Anwendung vergleiche den Hinweis auf die seinerzeitige Nutzung einer der im Kapitel über Gleichungen zweiten Grades in den *Laws of Form* enthalten Modulatorgleichungen für Computerschaltkreise bei British Railways (Spencer Brown 1997: 86). Vergleiche auch die Vorschläge zur Interpretation von zeitbasierten Entparadoxierungen von Operationen in Programmiersprachen von Esposito (1993: 107ff). Für eine kritische Position siehe Schulte (1993: 139ff).
66 Die Zeit ist nicht die einzige Möglichkeit, einen operativen Umgang mit den Paradoxien der Beobachtung zu finden. Luhmann führt, in Analogie zu den drei Dimensionen seines Sinnbegriffs, drei Möglichkeiten an: „... sachlich durch eine Weisung, die befolgt oder nicht befolgt werden kann; zeitlich durch eine Sequenzierung von Operationen, die daran gebunden sind, daß immer eine andere Seite, also eine gleichzeitig wirksame Unterscheidung mitgeführt wird; und sozial dadurch, daß man verschiedene Beobachter unterscheidet, die jeweils andere Unterscheidungen zugrunde legen" (1993: 204).

macht. Der Blick bleibt an den Sachen hängen." (Luhmann 1997a: 102) Um die Paradoxie sehen zu können, ist eine zweite Beobachtung, in Anlehnung an die Terminologie der Kybernetik zweiter Ordnung ein Beobachter zweiter Ordnung, erforderlich. Luhmann sieht diesbezüglich die Möglichkeit des theoretischen Anschlusses an Spencer Brown in der Figur des Reentry eröffnet (Luhmann 1997a: 161, Fn), namentlich in der oben beschriebenen Paradoxie, dass die Unterscheidung in sich die Unterscheidung von Unterscheiden und Bezeichnen enthält, was aber im Unterscheiden des Beobachtens erster Ordnung, in der Operation selbst, nicht gesehen werden kann. Luhmann benutzt diese Figur in seiner theoretischen Konstruktion als Basis für eine serielle Staffelung von Beobachtungen.

> „Von Beobachtung zweiter Ordnung wird man nur sprechen können, wenn zwei Beobachtungen sich so aneinander koppeln, daß beide die Merkmale einer Beobachtung erster Ordnung voll realisieren, aber der Beobachter zweiter Ordnung sich bei der Bezeichnung seines Gegenstandes auf einen Beobachter erster Ordnung bezieht, also ein Beobachten als Beobachten unterscheidet und bezeichnet." (Luhmann 1997a: 101)

Dieses Beobachten zweiter Ordnung ist im Prozess der Beobachtung selbst blind für die eigenen Paradoxien, für die Konstruiertheit der eigenen Unterscheidung und die damit einhergehende Reduktion und Begrenztheit der Beobachtung. Aber es vermag genau diese Reduktionen und Paradoxien, die Schemata der Unterscheidung in den Beobachtungen erster Ordnung zu sehen. Spätestens ab einer Beobachtung dritter Ordnung wird es dann möglich, dieses Wissens um die blinden Flecken des Beobachtungsprozesses so zu generalisieren, dass es auch selbstreferentiell auf die Beobachtung dritter Ordnung, eben auf alle jeweils aktuell ablaufenden Beobachtungsoperationen bezogen werden kann[67]. Eine solche dritte Dimension des Beobachtens entspricht der Ausdifferenzierung eines Reflexionsniveaus, das die Selbstreferenz der Beobachtung der paradoxalen Implikationen der Form in eine strukturell elaborierte Vernetzung von Beobachtungen bringt, die für spezifische Formzusammenhänge und besondere Diskurstypen charakteristisch sind: moderne Kunst und postmoderne Theorie. Die Beobachtung kann sich nicht mehr von der Unbeobachtbarkeit der Welt lösen.

> „Das Beobachten zweiter und dritter Ordnung expliziert (...) die Unbeobachtbarkeit der Welt als bei allem Beobachten mitfungierender unmarked space. Transparenz wird mit Intranspa-

---

67 „Für das Beobachten zweiter Ordnung wird mithin die Unbeobachtbarkeit des Beobachtens erster Ordnung beobachtbar – aber nur unter der Bedingung, daß nun der Beobachter zweiter Ordnung als Beobachter erster Ordnung seinerseits sein Beobachten und sich als Beobachter nicht beobachten kann. Darauf kann ein Beobachter dritter Ordnung hinweisen, der dann den autologischen Schluß zieht, daß all dies auch für ihn selbst gilt." (Luhmann 1997a: 102f)

renz bezahlt; und genau darin liegt die Garantie für die (autopoietische) Fortsetzbarkeit der Operationen, für die Verschiebbarkeit, für die ‚différance' (Derrida) der Differenz von Beobachtetem und Nichtbeobachtetem." (Luhmann 1997a: 103, Hervorh. O.).

Dass Luhmann genau hierin einen Bezug zum Konzept der Autopoiesis setzt, vielleicht sogar eine Motivation von Autopoiesis andeutet, ist von zentraler theoretischer Bedeutung für das Verständnis seines Systembegriffs.

2.2.2 Kontingenz der Theorie

Die dekonstruktivistische Relevanz des Formkonzeptes für die luhmannsche Systemtheorie liegt darin, die Kontingenz der Theorie zu indizieren – auf allen Ebenen ihrer Konstruktion. Das Formkonzept thematisiert nicht nur eine Kontingenz der Beobachtung auf der Ebene einer abstrahierten Reflexion der Bedingungen der Möglichkeit des Unterscheidens – jenseits jeder konkreten Beobachtung, sondern kann auf jede konkrete Theorie und auf alle ihrer Struktureinheiten bezogen werden. Die Form versieht die einzelnen Begriffe genauso wie begrenztere Argumentationsfiguren und umfänglichere Theoriestrukturen mit einem Index der Kontingenz: wie schlüssig auch immer die interne Konstruktion der Theorie sein mag, alle diese Bausteine der Theorie und natürlich auch die jeweilige Theorie als Ganzes basieren auf kontingenten Wahlen und Vernetzungen von Unterscheidungen, die notwendig selektiv und reduktiv sind und nicht kontrollierbar an irgendeiner Welt. Wenn Fuchs (2001) das System als Metapher versteht, basiert das in einer solchen dekonstruktivistischen Virulenz des Konzeptes der Form.

Die Formtheorie deontologisiert die Beobachtung der Welt. Es gibt in einer solchen theoretischen Konzeptualisierung keine Welt mehr, auf die bezogen eine Beobachtung als richtig oder falsch bewertet werden könnte, es gibt keine Möglichkeit mehr, die Beobachtung mit der Welt abzugleichen (vgl. Luhmann 1992: 88f). Auch über eine zur Theorie entfaltete Beobachtung werden Differenzen in die Welt eingeschrieben, deren konstitutiver Reduktionismus und deren Kontingenz selbst über ein Aufaddieren aller dieser Beobachtungen, das in seiner Summe die Welt beschreiben wollte, nicht unterlaufen werden kann (vgl. Fuchs 2001: 75). Dies bedeutet zugleich, dass die Beobachtung der Welt sich in einem rekursiven Prozess immer wieder selbst irritieren muss, da ihr das Verkennen der Welt paradoxal eingelassen ist. Luhmann konzipiert hier die erkenntnistheoretische Funktion von Welt nicht als einen fixen Bezugspunkt für die Falsifikation oder Korrektur unzulänglicher Beobachtungen, sondern in einer wesentlich abstrakteren, indirekten Art als ein konstitutiv in die Beobachtung eingelassenes Moment der immer schon wirkenden Dekonstruktion dieses Beobachtens:

> „Es muß vorausgesetzt werden, daß die Welt (was immer das ist) das Unterscheiden toleriert und daß sie je nachdem, durch welche Unterscheidung sie verletzt wird, die dadurch angeleiteten Beobachtungen und Beschreibungen auf verschiedene Weise irritiert. Alle Störung des Beobachtens ist daher immer schon relativ auf das Unterscheiden, das dem Beobachten zugrunde gelegt wird. Die Welt erscheint so gleichsam als involvierte Unsichtbarkeit; oder auch als Hinweis auf eine nur rekursiv mögliche Erschließung. Die Welt ist – was immer sie als >>unmarked state<< vor aller Beobachtung sein mag – für den Beobachter (und wer sonst fragt danach?) ein temporalisiertes Paradox. Sie kann also nur mit einer stationären, nicht >>Gegenstände<< fixierenden Logik erfaßt werden. Und genau dies ist die epistemologische Aussage der operativen Logik von George Spencer Brown."
> (Luhmann 1992: 93, Hervorh. i. O.)

Dabei ist zu beachten, dass diese Beobachtungen zudem immer spezifisch positioniert sind. In der neueren Systemtheorie wird dieses Moment der Situiertheit der Beobachtung mit dem Modell einer mehrwertigen Logik von Günther (1979) und seinem Konzept der Polykontexturalität zusammengeführt. Im Kontext der Systemtheorie übernimmt das Konzept der Polykontexturalität insbesondere die Funktion, zu notieren, dass es eine extrem große Anzahl von Beobachtern – in der Systemtheorie: von heterogenen sinnbasierten Systemen[68] – gibt, die alle aus ihrer Perspektive und mit ihren operativen Möglichkeiten Ausschnitte der Welt beobachten und in eben diesen operativen Prozessen auch produzieren und dass es keine Beobachtungsperspektive gibt, die in der Lage wäre, diese Komplexität in einem Beobachtungsprozess zu integrieren[69].

Die Kontingenz der Theorie wird allerdings auch noch durch weitere Bedingungen der Möglichkeit der Konstruktion von Theorie generiert, die sich daraus ergeben, dass die Beschreibungen der Theorie nicht aus einem Nichts oder als erste Einschreibungen in einen *unmarked state* anheben, sondern immer nur auf der Grundlage bereits komplex entfalteter Beschreibungen der Welt ansetzen können. Die Kontingenz der dann möglichen Beschreibungen wird umso deutlicher, wenn man sich vergegenwärtigt, dass die hier vorgestellten systemtheoretischen Beobachtungen, wie auch jede andere Theorie, sich in einer spezifischen historischen Situation in einem wissenschaftlichen Kontext auf der Grundlage von besonderen Beobachtungsschemata – hier als Differenztheorie und wenn man diese Stufe der Selbstbeobachtung des Beobachtungsschemas mit einbezieht, müsste man ergänzen, als differenztheoretische Systemtheorie –

---

68 Für den soziologischen Kontext vergleiche zur Relation der Konzepte der funktionalen Differenzierung und der Polykontexturalität bei Luhmann die Darstellung von Schimank (1996: 185f, 2005: 50f).
69 Vergleiche grundlegend zum Konzept der Polykontexturalität in der Systemtheorie Fuchs (1992, 2001: 74f, Luhmann 1992: 665ff, 1997: 1132).

ausdifferenziert haben. Solche historisch evolvierten Formen der Beobachtungen, ob sie nun nur mit dem abstrakten Schema der Form, mit dem Schema systemischer Operationen oder mit einem Kausalschema oder ganz anderen basalen Unterscheidungen arbeiten, sind nicht nur in Hinblick auf eine unbeobachtete Welt kontingent gesetzt, sondern auch in Relation zu alternativen Beobachtungen, die mit anderen Unterscheidungen operieren, oder mit anderen Vernetzungen und Verkettungen von Unterscheidungen.

In der Folge wird es schwer zu behaupten, dass eine den systemtheoretischen Beobachtungsmodalitäten folgende Beschreibung richtiger ist als alternative theoretische Konzepte. Das Kriterium, das Luhmann hier zur Konstruktion einer Vergleichbarkeit einführt, ist das Kriterium des Strukturreichtums. Sein Plädoyer für systemtheoretische Beschreibungen begründet er damit, dass sich mit dieser Theorieform derzeit die strukturreichsten Theorien bilden lassen[70]. Das impliziert die Annahme, dass es sinnvoll ist, mit strukturreichen Theorien zu arbeiten; was nicht per se und in allen Kontexten Konsens erwarten lässt[71].

Doch auch ein solches auf strukturelle Kapazitäten einer Theorie zielendes sekundäres Argument kann nichts an den Konstitutionskontexten der Theoriebildung ändern, die ihre Geltungsansprüche schon durch die Situiertheit der Theorie und die Prozesse ihrer sozialen Genese erodieren. Es mag hier reichen, auf eine Reihe von etablierten wissenschaftstheoretischen Diskursen zu verweisen, die dies auf je spezifische, im Zusammenhang nicht mehr zu ignorierende Art demonstriert haben. Knorr-Cetina (1991, 2002) hat am Beispiel der Naturwissenschaften die disziplinären und organisationalen sozialen Prozesse analysiert, über die das konstituiert wird, was jeweils als Wissen gilt[72]. Schon die älteren Arbeiten von Fleck (1980), Kuhn (1973) und Feyerabend (1986) hatten dazu beigetragen, ein komplexeres Verständnis der Bedingungen der Möglichkeit wissenschaftlicher Rationalität zu entwickeln. Und insbesondere die an die französische Tradition der Epistemologie anschließenden und diese radikalisierenden Arbeiten Foucaults[73] haben in den Konzepten des Epistems (vgl. Foucault 1974) und des Diskurses (vgl. Foucault 1981) eine historische Relativität der Konfiguration der Beobachtungen zu Formen des (wissenschaft-

---

70 Vgl. Luhmann (1992: 111f).
71 Plumpe und Werber (1995: 101) verweisen darauf, dass es sich hier um eine zirkuläre Argumentation handelt, die auf einem rein immanenten Kriterium der Systemtheorie basiert, das von Außenbeobachtern nicht geteilt werden muss. Vergleiche ähnlich auch Hahn (1996: 302).
72 Speziell für die spezifische soziale Praxis der Peer-Review-Prozesse und zu bibliometrischen Verfahren vergleiche auch Weingart (2005: 102ff).
73 Zur französischen Epistemologie vergleiche exemplarisch Arbeiten von Canguilhem (1974, 2006), zur Relation der theoretischen Konzeptionen von Canguilhem und Foucault vergleiche Canguilhem (1988) und Foucault (1988).

lichen) Wissens und ihrer Verschränkung mit anderen sozialen Praktiken[74] exemplifiziert. Das Konzept der Form nun besitzt das Potenzial, diese heterogenen Arten der Dekonstruktion der Bedingungen wissenschaftlicher Kommunikation erkenntnistheoretisch auf einer fundamentalen Ebene zu integrieren.

All dies ist schon impliziert, bevor überhaupt die Theorie sich als Systemtheorie konkretisiert und die theoretische Form der System-Umwelt-Differenz ins Spiel kommt.

Die von Spencer Brown vorgelegte mathematische Spekulation ist für die luhmannsche Theoriebildung möglicherweise deshalb so interessant, weil es sich um ein relativ autonomes theoretisches Projekt handelt, das sich zum Ziel gesetzt hatte, auf einer ganz neuen, eben differenztheoretischen Basis Arithmetik und Algebra über die Reflexion der Möglichkeiten der Nutzung von Formen zu rekonzeptualisieren. D.h. in diesem basalen Bereich der Mathematik war es möglich, sich zunächst von den bestehenden Diskursen abzukoppeln und neu zu beginnen: "Triff eine Unterscheidung" (Spencer Brown 1997: 3). Es wurde oben gezeigt, dass der von Spencer Brown entfaltete Kalkül natürlich in Relation zu mathematischen und logischen Diskursen steht; aber genau die Intention, anders als im etablierten Diskurs zu verfahren, führt Spencer Brown dazu, einen neuen Kalkül, ein neues System zu entfalten, das seiner eigenen Logik folgt und in sich geschlossen operiert. Schwer vorzustellen – wenn man einmal von Hegels *Phänomenologie des Geistes* absieht –, dass man so in einem sozialwissenschaftlichen Gegenstandsbereich vorgehen könnte. Das zeigt nicht zuletzt der Vergleich mit Luhmann, der für den Bereich der Soziologie ein Projekt mit ähnlichen Intentionen unternimmt: die Umstellung der soziologischen Theoriebildung auf die Grundlage einer auf dem Konzept der Form begründeten, allgemeinen differenztheoretischen Systemtheorie. Allerdings kann die Theorie bei diesem Gegenstand nicht als ein in sich selbst kreisendes Kalkül konstruiert werden, sondern muss in der Konstruktion und Theorieentfaltung, trotz aller Brüche und Abgrenzungen, einen wesentlich engeren Kontakt zu den tradierten wissenschaftlichen Diskursen, wie auch zu den alltagsweltlichen, außertheoretischen Weltbeschreibungen aufrechterhalten. Die differenztheoretische, systemtheoretische Lösung muss sich, mit anderen Worten, alltagsweltlich und (sub-)systemspezifisch sättigen. Und doch eignet sich die schlichte Universalität des Formkonzeptes besonders gut dazu, die durchgängige Kontingenz der theoretischen Konstruktion zu verdeutlichen. Man kann auf dieser theoretischen Grundlage dann davon ausgehen, dass es Systeme gibt.

Es ist nicht auszuschließen, dass Luhmann in seiner frühen Phase tatsächlich die Vorstellung einer Existenz von Systemen favorisiert hat. Spätestens seit

---

74 Vgl. hier ergänzend auch Foucault (1977).

1984 setzt aber die Umstellung seiner Theorie auf eine Differenztheorie ein. Unabhängig davon, dass in *Soziale Systeme* der Bezug auf den Formkalkül von Spencer Brown auf einer expliziten Ebene noch nicht sehr stark betont wird, legen die späteren theorieimmanenten Entwicklungen doch nahe, den Auftakt dieser Schrift (und das bedeutet dann auch, die Konstruktion des gesamten Textes) in ihrem intertextuellen, dialogischen Bezug auf die *Laws of Form* zu sehen. Der erste Satz des ersten Kapitels: „Die folgenden Überlegungen gehen davon aus, daß es Systeme gibt" (Luhmann 1987: 30)[75], lässt sich dann problemlos als Aufnahme der ersten Konstruktionsanweisung aus den *Laws of Form* lesen: „Triff eine Unterscheidung" (Spencer Brown 1997: 3). Eine solche Lesart kann sich auch auf den Vortrag „Erkenntnis als Konstruktion" (Luhmann 1988a) stützen, in dem unter direkter Bezugnahme auf Spencer Brown ausgeführt wird:

> *„Wir gehen davon aus, daß alle erkennenden Systeme reale Systeme in einer realen Umwelt sind, mit anderen Worten: daß es sie gibt. Das ist naiv, so wird oft eingewandt. Aber wie anders als naiv soll man anfangen? Eine Reflexion des Anfangs kann nicht vor dem Anfang durchgeführt werden, sondern erst mit Hilfe einer Theorie, die bereits hinreichend Komplexität aufgebaut hat."* (Luhmann 1988a: 13)

Genau durch den Bezug auf das Form-Konzept Spencer Browns, durch die Implementierung der Form in die Konstruktionsfundamente der Systemtheorie, wird eine solche ‚Naivität' wieder in die gesamte Reflexionsbewegung der Theorie eingeholt und wird deutlich, dass eine Aussage wie die, es gäbe Systeme, nur einen primären Schnitt in die Dichte der Welt darstellt, der ein kontingentes Universum der Beobachtung der Welt eröffnet.

---

[75] Dieser exponierte Satz ist unvermeidlich zum Gegenstand vielfältiger Erörterungen geworden. Vergleiche etwa die Interpretation von Nassehi (1992), der diesen Satz noch in Hinblick auf ontologische Beobachtungsschemata diskutiert und ihn als Ausdruck eines Prinzips der Auto-Ontologisierung betrachtet, das daraus resultiert, dass jedes System auch auf der Ebene der Beobachtungen erster Ordnung operieren müsse (Nassehi 1992: 63f). Clam (2000: 308ff) interpretiert dieses Postulat einer Existenz von Systemen im Kontext eines Umdenkens von „... einer Welt des dinglichen, identischen Bestehens auf eine Zeitwelt mit nur einem Konstituens, der zirkulären, interntransitiven Operation ..." (Clam 2000: 309f), in der so etwas wie Existenz nur noch als ein sich in der Zeit aktualisierender operativer Vollzug gedacht werden kann. Ähnlich bindet auch Pfeiffer eine Realitätsunterstellung an die Operativität des beobachtenden Systems: „Es gibt Systeme, insofern Systeme Systeme beobachten" (1998: 68). Und Fuchs (2001: 245) schlägt vor, den in der luhmannschen Formulierung angelegten Bezug auf Descartes als Ironie zu lesen. In der hier vorliegenden Studie wird die erste Hälfte des zitierten Satzes („Die folgenden Überlegungen gehen davon aus", Luhmann 1987: 30) in ihrem Verweis auf den Formkalkül, sozusagen als Ausführung der ersten Anweisung „Triff eine Unterscheidung" (Spencer Brown 1997: 3), als erkenntnistheoretisch bedeutsamer betrachtet, als der Umstand, dass sich die Systemtheorie mit Systemen beschäftigt. Es handelt sich also gerade nicht um „das vorläufige Absehen von erkenntnistheoretischen Fragestellungen" (Kneer 1996: 349).

Die systemtheoretische Beobachtung der Welt operiert mit der Unterscheidung von System und Umwelt. Legt man das Form-Konzept zugrunde, erscheint diese Differenz *System/Umwelt* als eine bereits auf beiden Seiten markierte Zwei-Seiten-Form. Es ist dies das Resultat einer komplexen Vernetzung theoretischer Bezeichnungs- und Unterscheidungsoperationen, über die sich das Epistem der Systemtheorie ausdifferenziert hat. 'System' als Bezeichnung erläutert sich weder aus sich selbst heraus, noch durch die Differenz zu einem *unmarked state* oder zu einer Umwelt. Bezeichnung und operative Differenzierung ruhen einem komplexen theoretischen Prozess auf, der über die Vernetzung differenzbasierter Form-Operationen einen theoretischen Diskurs ermöglicht hat, der dann irgendwann als systemtheoretischer beschrieben werden konnte. Dass es sich dabei um sehr voraussetzungsvolle historisch-epistemologische Ausdifferenzierungsprozesse handelt, findet sich auch in die Argumentation der Systemtheorie selbst zurückgeholt. Luhmann formuliert dazu:

> „So können dann auch Systeme, wenn hinreichend komplex, die Unterscheidung von System und Umwelt auf sich selber anwenden; dies aber nur, wenn sie dafür eine eigene Operation durchführen, die dies tut. Sie können (...) sich selbst von ihrer Umwelt unterscheiden, aber dies nur als Operation im System selbst. Die Form, die sie gleichsam blind erzeugen, indem sie rekursiv operieren und sich damit ausdifferenzieren, steht ihnen wieder zur Verfügung, wenn sie sich selbst als ein System in einer Umwelt beobachten. Und nur so, nur unter genau dieser Bedingung, ist dann auch Systemtheorie Grundlage für eine bestimmte Praxis des Unterscheidens und Bezeichnens. Sie benutzt die Unterscheidung System und Umwelt als Form ihrer Beobachtungen und Beschreibungen; aber sie muß, um dies tun zu können, diese Unterscheidung von anderen Unterscheidungen, etwa denen der Handlungstheorie, unterscheiden können, und sie muß, um überhaupt auf diese Weise operieren zu können, ein System bilden, hier also: Wissenschaft sein." (Luhmann 1997: 63f)

Eine solche historische Ausdifferenzierung führt nicht zu einer axiomatisch fundierten Theoriekonstruktion, sondern zu einer selbstreferentiell vernetzten Theoriearchitektur, in der die Theorie über ein Netz wechselseitig aufeinander verweisender begrifflicher Unterscheidungen konstruiert wird. Für die Systemtheorie sind das in der Version Luhmanns neben der System/Umwelt-Differenz insbesondere die Konzepte der operativen Schließung und der Autopoiesis sowie der strukturellen Kopplung, die alle involviert sind, wenn mit der System/Umwelt-Unterscheidung gearbeitet wird. Für das Verständnis der theorieimmanenten Prinzipien der Konstruktion der Theorie ist es von besonderer Bedeutung, zu sehen, dass die kontingenzbasierten Wahlen von Unterscheidungen und von spezifischen Strukturen der Vernetzung dieser Unterscheidungen eine Art Virulenz des Ausgeschlossenen, eine Virulenz der nicht gewählten Schemata des Beobachtens co-produzieren. Dies ist der Ansatzpunkt für die Entwicklung supplementärer Theoriestrukturen.[76]

Die bisherige Rekonstruktion der Funktion des spencer-brownschen Formkonzeptes für die luhmannsche Systemtheorie verdeutlicht auch, dass die Differenz *System/Umwelt* eine weiterreichende Abstraktion impliziert. Der Differenz *System/Umwelt* liegt eine Form *System/(Umwelt)/unmarked state* zugrunde. Luhmann spricht auch von einer Superform: "Immer dann, wenn der Formbegriff die eine Seite einer Unterscheidung markiert unter der Voraussetzung, daß es noch eine dadurch bestimmte andere Seite gibt, gibt es auch eine Superform, nämlich die Form der Unterscheidung der Form von etwas anderem" (Luhmann 1997: 62). Dabei ist daran zu erinnern, dass der *unmarked state* in dieser Superform nicht als ein absolutes Nichts oder als die unbeobachtete Welt gedacht werden kann, sondern, dass er lediglich das durch die Bezeichnung *System/Umwelt* geschaffene Nichts auf der anderen Seite der Unterscheidung in der Form *System/(Umwelt)/unmarked state* repräsentiert. Die Form *System/Umwelt* produziert ihre eigene Potenzialisierung in der Superform *System/(Umwelt)/ unmarked state*, in deren Virtualität hinein sie sich über weitere Unterscheidungen zur Theorie entfalten kann – oder wegen der Zirkularität und Komplexität des systemtheoretischen Zusammenhangs besser formuliert: bereits entfaltet ist. Vor dem Hintergrund des Wissens um die Möglichkeit alternativer Theorie kann man auch feststellen, dass mit dieser Erzeugung eines *unmarked state* alles abgedunkelt wird, was an konkurrierenden Weltbeschreibungen zur Verfügung steht.

2.3 Form-basierte Systemtheorie

Die Rezeption des spencer-brownschen Form-Konzeptes tritt in *Soziale Systeme* noch nicht so manifest in Erscheinung wie in den späteren Schriften Luhmanns. Die mit dem ersten Hauptwerk von 1984 eröffnete Darstellung eines systemtheoretischen Paradigmenwechsels konzentriert sich, grob zusammengefasst, vor allem auf zwei Hauptintentionen.

Auf der Ebene einer allgemeinen Systemtheorie geht es in *Soziale Systeme* zunächst darum, Maturanas Konzept der Autopoiesis aufzugreifen[77] und im

---

76 Darauf ist in Kap. 2.3.4 zurückzukommen.
77 Zur Verwurzelung und Kontextualisierung dieses Konzeptes in der General Systems Theory und in der theoretischen Biologie vergleiche Müller (1996: 326ff). Für einen Vergleich der Ausformung des Konzeptes der Autopoiesis bei Maturana, Varela, Roth, Bråten und Luhmann siehe Teubner (1987: 99f). Für einen Vergleich der Relevanz neurophysiologischer Begründungsfiguren in der Konzeption des Autopoiesisbegriffs bei Maturana, Roth und Luhmann siehe Huckenbeck (2001:

Rahmen einer Differenztheorie[78] als das theoriekonstruktive Basisprinzip zur Beschreibung von Systemen über ihre besondere Form der Relation zu ihrer Umwelt, eben die der operativen Schließung, zu benutzen[79]. Dabei entwickelt Luhmann allerdings zugleich auch eine entscheidende Differenz zur Auffassung der Theorie der Autopoiesis bei Maturana und anderen, in dem er deren „Beschränkung auf lebende Systeme aufgibt" (Luhmann 1987: 653) und die basale Unterscheidung von biologischen, psychischen und sozialen Systemen mit jeweils eigenen Operationstypen und spezifischer Autopoiesis etabliert[80].

Auf der Ebene der sozialen Systeme (und das ist die zweite Hauptintention) ermöglicht dies die Beschreibung der Kommunikation als den besonderen Operationstypus sozialer Systeme, der über keine operative Kontinuität zu biologischen oder psychischen Prozessen verfügt, und den reinterpretativen Anschluss an Luhmanns eigene ältere zentrale theoretische Konzepte des Sinnbegriffs[81] und der funktionalen Differenzierung der Gesellschaft[82]. Vor diesem Hintergrund sollen in dieser Studie die Effekte fokussiert werden, die sich mit der Rezeption des spencer-brownschen Formkalküls und der Implementierung des Formkonzeptes als einer erkenntnistheoretischen und theoriekonstitutiven Basisannahme für den Systembegriff ergeben, sowie die Auswirkungen, die daraus erstens für die theoretische Konzeption psychischer Systeme und zweitens für

---

329ff). Zu Maturanas Autopoiesisbegriff im Kontext der Rezeption durch Roth vergleiche auch Kraus (2002: 48ff).
78 Und darin ist dann neben Bezügen auf Theorien der Beobachtung zweiter Ordnung auch schon der bis auf wenige explizite Nennungen latent bleibende Anschluss an Spencer Brown angelegt.
79 Vergleiche etwa die Darstellungen bei Kneer (1996: 312ff) und Vanderstraeten (2000: 7f, 2005: 472ff). Vergleiche auch Jantzen (2004: 52ff) als Beispiel für eine jüngere Rekonstruktion des Autopoiesisbegriffs und seiner Rezeption bei Luhmann, die noch auf dem Stand der Theoriebildung von *Soziale Systeme* verbleibt und die späteren formtheoretischen Transformationen bei Luhmann ausblendet.
80 Die Ausdifferenzierung des Konzeptes lebender Systeme in drei verschiedene Systemtypen, denen jeweils eigene operative Prozesse der Autopoiesis eignen, ist nicht überall auf Verständnis gestoßen – vergleiche zur Relation der Begriffe der Autopoiesis bei Maturana und Varela einerseits und Luhmann andererseits etwa Künzli (1995: 41f) und zur Kritik der Transformation des Begriffs der Autopoiesis bei Luhmann beispielsweise Bühl (1987), Mingers (1995: 149f und 2002), Kraus (2002: 106 ff), Elder-Vass (2007: 423f) oder auch Revermann (1994). Luhmanns Rückgriff auf das Konzept der Autopoiesis wurde aber auch wegen Zweifeln an der Haltbarkeit dieses Modells schon auf der Ebene biologischer Argumentation kritisiert (vgl. dazu Viskovatoff 1999: 487ff).
81 Zur zentralen Bedeutung von Sinn in Luhmanns Systemtheorie vergleiche grundlegend Schützeichel (2003).
82 Der operative Zusammenhang des Sozialen lässt sich dann ausdifferenzieren in die Unterscheidung von Funktionssystemen - hier insbesondere Wirtschaft (Luhmann 1988), Recht (Luhmann 1995), Politik (Luhmann 2000a), Wissenschaft (Luhmann 1992), Erziehung (Luhmann 2002), Kunst (Luhmann 1997a), Religion (Luhmann 2000b) – sowie von Organisationssystemen (Luhmann 2000) und Interaktionssystemen (Kieserling 1999).

das Verständnis von Kopplungen zwischen Erziehungssystem und psychischen Systemen resultieren.

2.3.1 Paradoxale Verschränkung von Operation und Beobachtung: Autopoiesis als Differenzierung zwischen System und Umwelt

In *Soziale Systeme* (Luhmann 1987: 26) wird Maturanas Konzept der Autopoiesis genutzt, um damit die für die Systemtheorie zentrale Relation von System und Umwelt im Rahmen einer Theorie selbstreferentieller Systeme anhand der Leitdifferenz von Identität und Differenz zu rekonstruieren.

> „Die Theorie selbstreferentieller Systeme behauptet, daß eine Ausdifferenzierung von Systemen nur durch Selbstreferenz zustande kommen kann, das heißt dadurch, daß die Systeme in der Konstitution ihrer Elemente und ihrer elementaren Operationen auf sich selbst (...) Bezug nehmen. Systeme müssen, um dies zu ermöglichen, eine Beschreibung ihres Selbst erzeugen und benutzen; sie müssen mindestens die Differenz von System und Umwelt systemintern als Orientierung und als Prinzip der Erzeugung von Informationen verwenden können."
> (Luhmann 1987: 25)

Die Selbstreferentialität entsteht über die Verkettung – oder auch Konkatenation[83] – von Operationen. In dem eine weitere Operation an die vorausgehenden anschließt, erhält sie das System aufrecht und damit in einem die Differenz zur Umwelt. Das System muss in diesen Operationen zwischen der eigenen Operativität und dem Anderen, dem, was nicht seine Operationen sind, differenzieren können und enthält in diesem Sinne ein Moment der Beobachtung. Dabei kann zunächst offen bleiben, ob diese Operationen selbst auch schon in einem weitergehenden Sinne Beobachtungen sind oder ob sie nur in ihrem Prozessualisieren

---

83 Dieser Begriff wurde im systemtheoretischen Kontext von Fuchs eingeführt (vgl. 2004: 49f, 2005: 64). Wenn Fuchs die Autopoiesis im Zusammenhang mit der Beschreibung von Bewusstseinssystemen als Konkatenation bezeichnet, so ist der Bezug zur Begriffsverwendung in den Bereichen der Semiotik und der Informatik eher lose. Weitergehende Bezüge zur Linguistik, etwa im Sinne der konkatenativen Konstruktsprachen (vergleiche dazu Werner 1997, 2003), sind nicht intendiert. Hier sei aber auf eine sehr anschlussfähige Nutzung des Begriffs im poststrukturalistischen Kontext durch Kristeva verwiesen. Sie konstruiert den Begriff der Konkatenation über die Integration semiotischer und psychoanalytischer Konzepte vergleiche z.B. das Kapitel „The Psychoanalytic Leap: To Concatenate and Transpose" in Kristeva 1989a (40ff). In Hinblick auf die systemtheoretische Diskussion ist es wichtig, zu beachten, dass der Begriff der Verkettung oder Konkatenation unmittelbar auf der Ebene der sich operativ konstituierenden Autopoiesis des Systems angesiedelt ist. Das unterscheidet dieses Verständnis von einer frühen Konzeption der Autopoiesis bei Teubner (1987: 101f), der ebenfalls schon das Moment der Verkettung betont, dies aber eher in Form einer zusätzlichen Bedingung, die zu den Elementen des Systems noch hinzukommen und ihre Relation prägen müsse – Teubner sprach hier in Anlehnung an einen Begriff von Eigen und Schuster auch von Hyperzyklus.

einer Differenz von System und Umwelt aus einer Beobachtungsperspektive zweiter Ordnung als ein Unterscheiden in einem solchen rein operativen Sinn rekonstruiert werden können. In *Soziale Systeme* beschreibt Luhmann den basalen Zusammenhang von Selbstreferentialität und Selbstbeobachtung.

> „Selbstbeobachtung ist (...) die Einführung der System/Umwelt-Differenz in das System, das sich mit ihrer Hilfe konstituiert; und sie ist zugleich operatives Moment der Autopoiesis, weil bei der Reproduktion der Elemente gesichert sein muß, daß sie als Elemente des Systems und nicht als irgendetwas anderes reproduziert werden." (Luhmann 1987: 63)

Eine solche Beschreibung, nach der sich das System in seinen Operationen autopoietisch fortsetzt und die System/Umwelt-Differenzierung aufrechterhält, lässt sich auch aus einer Beobachtungsperspektive erzeugen, die sich an der Form *System/Umwelt* orientiert. Indem das System mit seinen Operationen zwischen der eigenen Operativität und dem Anderen dieser Operationen differenziert, unterscheidet es zwischen System und Umwelt. Das entscheidende weiterführende Element der späten Theorieentwicklung bei Luhmann besteht nun darin, dass der zunehmend explizite Bezug auf den Formkalkül von Spencer Brown auf die Ebene der basalen Operationen des Systems bezogen wird. Schon die in die autopoietischen Systemoperationen eingelassenen Beobachtungen werden jetzt als (Selbst-) Bezeichnungen und Unterscheidungen im Sinne des operativen Gebrauchs von Formen konzipiert.

> „Systeme selbst können gar nicht operieren, ohne eben dadurch Grenzen zu ziehen. Aber sie reproduzieren sich selbst, organisieren sich selbst, erzeugen sich selbst, erzeugen mit ihren eigenen Operationen ihre eigenen Strukturen und ihre eigenen Grenzen. Ein Beobachter könnte also nicht unabhängig von dem System ausmachen, wo dessen Grenzen gezogen sind, aber daß sie gezogen werden, ist unvermeidlich, da andernfalls kein System zustande kommen würde. Systeme konstituieren sich, anders gesagt, selber als Form, als Grenze, als asymmetrische Differenz von System und Umwelt, und sie können, wenn sie über entsprechende Reflexionskapazität verfügen, diese Form, die sie selbst sind, benutzen, um sich selbst im Unterschied zur Umwelt zu bezeichnen, zu beobachten, zu beschreiben." (Luhmann 1993a: 61)

Es ist hier sehr bedeutsam die theoretische Erweiterung zu sehen, die darin besteht, dass Luhmann nicht mehr nur von der Autopoiesis des Systems oder von der Selbstreferentialität der Systemoperationen spricht, sondern dass er diese operative Selbstreferentialität der Autopoiesis des Systems theoretisch auch als Form konzipiert. Um diesen Aspekt aus dem vorstehenden Zitat noch einmal hervorzuheben: „Systeme konstituieren sich (...) selber als Form"– deutlich wird daran, wie fundamental das Form-Konzept in die theoretische Konstruktion eingelassen wird. Erst von hier aus zeigt sich die Berechtigung, die luhmannsche Systemtheorie auch als eine Formtheorie bzw. als eine formtheoretische Systemtheorie zu verstehen. Zugleich wird damit deutlich, dass es sich bei der luhmannschen Systemtheorie um einen Konstruktivismus handelt, der eine solche erkenntnistheoretische Prädikation nicht nur als einen Verweis mit sich trägt, der auf heteronome Begründungszusammenhänge deutet, sondern dessen theoretische Radikalität aus den Zentren der begrifflichen Konstruktion dieser Theorie resultiert. Indem sich die Systeme in der Verkettung ihrer eigenen Operationen als die Autopoiesis der Form der Differenz von System und Umwelt konstituieren[84], konstituiert sich die Systemtheorie als Formtheorie. Der Konstruktivismus dieser Theorie realisiert sich in der theoretischen Konstruktion der System-Umwelt-Differenz als Form: Die Autopoiesis des Systems vollzieht sich als operative Konkatenation von Formen. Basaler lässt sich die Reflexion auf die Konstruktivität der Theorie nicht in die Konstruktion der Theorie implementieren.

In *Die Wissenschaft der Gesellschaft* lässt Luhmann (1992: 82) es offen, ob eine solche Beschreibung einer basalen Beobachtung als eine in die Systemoperationen eingelassene Differenzierung von System und Umwelt, als Konstitution des Systems in der Form der Form, auch für nicht-sinnbasierte Systeme gilt, wie es z.B. labile Großmoleküle, Immunsysteme u.a. wären. Er eröffnet diese theoretische Möglichkeit allerdings dadurch, dass er das Beobachten, verstanden als Operation mit der Einheit von Unterscheiden und Bezeichnen, „als Anwendungsfall einer allgemeineren Form, die der Evolution komplexer selbstorganisierender Systeme zugrunde liegt" (Luhmann 1992: 81), beschreibt. „Schon dieser allgemeine Mechanismus von ‚Überschußproduktion-und-Selektion' führt zur Abschließung des Systems, das ihn praktiziert, da die auf dieser Grundlage möglichen eigenen Operationen nicht in die Umwelt hinein verlängert werden können" (Luhmann 1992: 81, Hervorh. i. O.).

Auch in dieser Beschreibung des Konzeptes der die Selbstorganisation von Systemen ermöglichenden operativen Schließung ist ein Unterscheidungsmoment im Sinne der Form zu erkennen, das auf der Ebene der rekursiven Vernetzung der Operationen wirksam wird, den Anschluss der je aktuellen Operationen an gleichartige ermöglicht und damit die Grenze zur Umwelt erzeugt. Der Formbegriff wird hier also schon auf der Ebene der Beschreibung der basalen Operationen des Systems angesetzt. Diese theoretische Integration der Konzepte der Operation und der Form wird im späteren Verlauf der Argumentation auch

---

84 Fuchs fasst ähnlich Autopoiesis als „eine *betriebene Differenz*" (2001b: 52, Hervorh. i. O.) auf. „Weder das System noch die Umwelt, weder strukturelle Kopplung noch Autopoiesis selbst sind – Gegenstände. Sie sind aber auch keine Artefakte (denn auch dann wären sie Objekte gleichsam zweiter Ordnung), sie sind, strictissime, arbeitende Unterschiede, beobachtet durch einen Unterscheider, der gleichfalls nur als arbeitender Unterschied, als betriebene Differenz konzipiert ist." (Fuchs 2001b: 52)

die Beschreibung der basalen vorsprachlichen Formoperationen ermöglichen, über die sich das psychische System konstituiert[85].

Es handelt sich bei der formtheoretischen Erweiterung der Systemtheorie nicht nur um eine begriffliche Verdoppelung, in der die Theoriestücke der operativen Schließung und der System/Umwelt-Differenz nur noch einmal in der Terminologie der Formtheorie reformuliert oder paraphrasiert würden. Indem die Implementierung des Form-Konzeptes in die theoretische Beschreibung systemischer Autopoiesis das Theorem der Autopoiesis mit den Paradoxien der Form anreichert, bringt die formtheoretische Rekonzeptualisierung der Systemtheorie theoretische Konstruktionsprobleme an die Oberfläche, die zuvor nicht ausreichend reflektiert werden konnten[86]. So lässt sich die theoretische Konstruktion, nach der die Differenz von System und Umwelt durch das System selbst operativ produziert wird, mit dem Form-Konzept als ein Reentry der Form in die Form verstehen. Das System erzeugt mit seinen Form-Operationen die Differenz zur Umwelt und erzeugt sich damit selbst, setzt sich fort, kontinuiert seine Autopoiesis. In der operativen Aktualisierung und Markierung der System-Seite der Form erzeugt sich das System zugleich mit der operativen Konstitution der Differenz zur Umwelt. Das in der Unterscheidung wirkende Beobachtungsmoment richtet sich dabei aber immer nur auf eine Seite der Form *System/Umwelt*, ohne im Prozessieren der Systemoperationen diese Differenz zur Umwelt und das ihr zugrundeliegende Differenzschema unmittelbar beobachten zu können. Schon auf der operativen Ebene der als Beobachtung erster Ordnung verstehbaren Autopoiesis des Systems ist also die Form in der Form enthalten – das System ist die Differenz von System und Umwelt. Um das Reentry der Form in die Form allerdings beobachten zu können, ist eine (systeminterne oder externe) Beobachtung zweiter Ordnung erforderlich[87].

---

85 Vgl. Kap. 6.
86 Dabei können diese paradoxalen Figuren auch in Hinblick auf das System als eine Art kreativer Impuls oder Motor der Autopoiesis betrachtet werden – „Self-referential paradox, meaning indeterminacy, must be construed as the price systems and the world pay for the possibility of operations, activity, and systemic evolution. For contemporary systems theory, paradox is not seen as an accident to be avoided, but rather as the creative presupposition of the whole construction." (Schiltz 2007: 20). Anders jedoch Ort (1999: 169), die keinen angemessenen Umgang der Systemtheorie mit dem Problem der Paradoxie erkennen kann.
87 In einer relativ frühen Formulierung: „Mit Hilfe der Logik von George Spencer Brown kann man diesen Sachverhalt auch als Wiedereintritt der Unterscheidung (von System und Umwelt) in das durch sie unterschiedene (in das System) beschreiben. Wenn wir in diesem Text diesen Wiedereintritt beschreiben, erscheint er uns als Paradoxie; denn er postuliert, daß die Ausgangsunterscheidung dieselbe und nicht dieselbe ist, wie die, die in sie wieder eintritt. Das beobachtende System dagegen behandelt die Unterscheidung von System und Umwelt als eine interne Kopplung von Selbstreferenz und Fremdreferenz, an der es alle eigenen Operationen orientiert, um sie als eigene beobachten und vollziehen zu können. Und es braucht nicht zu berücksichtigen (und kann es einem Beobachter

Das wichtigste Paradoxon liegt nun darin, dass das System sich selbst als die Differenz zum Anderen erzeugt. Das System ist es selbst und ist nicht es selbst – das System ist System im Unterschied zur Umwelt und es ist zugleich das, was die Differenz von System und Umwelt durch seine Beobachtung erzeugt. Es erzeugt sich selbst dadurch, das es etwas erzeugt, was mehr ist als es selbst, nämlich der Unterschied von selbst und anderem.

Sekundär sind hier auch die für das Konzept der Form beschriebenen paradoxalen zeitlichen Effekte zu erkennen. Das System kann im Moment der Operation selbst nicht sehen, dass es mit dieser Operation die Differenz *System/Umwelt* produziert. Es kann die in die eigenen Form-Operationen eingelassenen Unterscheidungen nicht zeitgleich beobachten. Nach dem Form-Konzept impliziert der Gebrauch einer Unterscheidung allerdings immer deren potenzielle nachträgliche Beobachtbarkeit. Die Unterscheidung kann nur zur Unterscheidung genutzt werden, weil sie etwas zu bezeichnen und damit nicht nur in Differenz zu einem *unmarked state*, sondern auch in Relation zu anderen potenziellen Bezeichnungszusammenhängen zu setzen ermöglicht. Das verweist grundsätzlich auf die Möglichkeit einer nachträglichen Beobachtung zweiter Ordnung dieses in der Unterscheidung genutzten Differenzschemas. Dieses Potenzial einer nachträglichen Beobachtung zweiter Ordnung ist allerdings als Ermöglichungsbedingung der ersten Formoperation immer schon in dieser präsent. Diese spezifische in die ereignisbasierte operative Autopoiesis eingelassene Zeitstruktur wird von Fuchs (2005: 36f) sogar als das zentrale Moment der Autopoiesis des Systems betrachtet. Dabei orientiert er sich allerdings stärker am Konzept der *différance* als am Begriff der Form und beschreibt Autopoiesis als eine operative Kopplung von selbsterzeugten Ereignissen, die eben eine solche komplexe zeitliche Struktur aufweisen:

„Auch das bedeutet, daß das System keine singulären Ereignisse >hat<, sondern sie der Zeit in gewisser Weise abtrotzt, indem es das Dazugehörige der Vergangenheit durch Differenz zum Gegenwärtigen als >identitär< konstruiert, diese Gegenwart aber selbst wiederum nur durch zukünftige Gegenwarten gewinnt: durch unentwegte Nachträge, deren Ausfall zugleich das Ende des Systems darstellen würde. Das ergibt den sonderbaren Fall, daß Systeme dieses Typs keine Vergangenheiten haben ohne Gegenwarten, die Vergangenheiten zukünftiger Gegenwarten gewesen sein werden. Ebendas könnte ausgedrückt sein mit dem (Un)Begriff der *différance*." (Fuchs 2005: 37, Hervorh. i. O.)

Die Paradoxien des Form-Konzeptes finden sich auch in der paradoxalen Verschränkung der Begriffe Operation und Beobachtung. Operationen können nicht beobachten, welches Differenzschema sie in der Operation aktualisieren, sie können sich auf der Ebene der Operativität, in der konkreten Operation, nicht

---

zweiter Ordnung überlassen festzustellen) daß eben dadurch, daß dies geschieht, die Differenz von System und Umwelt überhaupt erst erzeugt wird." (Luhmann 1992b: 131)

selbst als Beobachtung beobachten. Gleichwohl sind sie immer auch in dem gerade genannten basalen Sinne der Unterscheidung von System und Umwelt, also auf der operativen Ebene der Autopoiesis des Systems Beobachtungen. In den im Kontext der luhmannschen Systemtheorie interessierenden sinnbasierten Systemtypen, insbesondere im Bereich der kommunikativ operierenden sozialen Systeme, handelt es sich schon bei den Systemoperationen um Beobachtungen in einem engeren Sinne[88], doch auch dem liegt dann immer die operative Unterscheidung von System und Umwelt zugrunde. Generell lässt sich sagen, die Beobachtung bleibt immer operativ, sie kann sich selbst nicht als Beobachtung beobachten, aber der Vollzug der Beobachtungsoperation erzeugt die Differenz von systemeigener Operativität und Umwelt.

2.3.2 *Autopoiesis und strukturelle Kopplung*

Luhmanns Rückgriff auf das Konzept der Autopoiesis von Maturana verdeutlicht, dass das Konzept der operativen Schließung als eine Art der Konstitution des Systems durch eine spezifische Konstellierung zu einer Umwelt gedacht ist. Indem das System sich über eine Kontinuierung eines besonderen Typus von Operationen fortzeugt, setzt es sich in eine besondere Relation zur Umwelt, die mit dem Konzept einer sich in der unterscheidenden Operation oder in der Beobachtung zweiter Ordnung vollziehenden Differenzierung nicht ausreichend beschrieben werden kann. Dies ist in dem Theorem der strukturellen Kopplung (und auch dem der Interpenetration) konzipiert, welches dem Erfordernis Rechnung trägt, dass die Konzentration auf einen einzigen Typus der Operation (wie zum Beispiel der Kommunikation) eine extrem hohe Abhängigkeit von Umweltbedingungen erzeugt.

Bei Maturana ist die Relation von operativer Schließung und struktureller Kopplung als ein unmittelbarer Zusammenhang gedacht und auf die Relation von autopoietischen lebenden Systemen und ihrer Umwelt bezogen. Luhmann differenziert weitergehend noch zwischen sozialen, psychischen und lebenden Systemen: die operative Schließung kommunikativer Prozesse macht diese unmittelbar abhängig von Bewusstseinsprozessen, genauso wie Bewusstseins-

---

88 Sinnbasierte Systeme sind auch in ihren basalen Operationen bereits so komplex konstruiert, dass in ihren Operationen nicht nur auf die abstrakte Differenz innen/außen (oder System/Umwelt oder eigene Operation/anderes), sondern in mehreren Dimensionen beobachtet wird. „Komplexe soziale Systeme kommen ohne beobachtende Operationen nicht aus, ihre Autopoiesis ist darauf angewiesen. Schon Kommunikation ist eine sich selber beobachtende Operation, weil sie eine Unterscheidung (von Information und Mitteilung) prozessieren und den Mitteilenden als Adressaten und Anknüpfungspunkt für weitere Kommunikation ausfindig machen, also unterscheiden muß." (Luhmann 1992: 77)

prozesse in einer unmittelbaren Abhängigkeit von (aber eben nicht in einem operativen Kontinuum mit) Prozessen organismischen Lebens stehen. Für die theoretischen Konzeptionen bei Maturana und zunächst ähnlich bei Luhmann gilt, die Autopoiesis, also die Selbstkontinuierung der operativ geschlossenen Systeme, in der die Differenz von System und Umwelt und darin zugleich die systemspezifischen Umwelten produziert werden, erübrigt nicht die theoretische Annahme einer Realität. „Die Differenz von System und Umwelt, die ein System praktiziert, überlagert sich einer durchlaufenden Realität und setzt diese voraus." (Luhmann 1987: 245)

Was Luhmann schon in *Soziale Systeme* verabschiedet, ist die Annahme, dass sich eine solche Realität ohne weiteres beobachten ließe, oder dass sich in ihr die verschiedenen Systeme mit ihren Umwelten nebeneinander auffinden ließen[89]. An die Stelle eines beobachtbaren Realitätskontinuums tritt die Annahme einer Polysystemizität der Welt, die sich in ein Kaleidoskop sich kontinuierlich transformierender, polymorpher System-Umwelt-Relationen aufsplittert. Für eine Konzeptualisierung von 'Realität' und deren Erfahrbarkeit bedeutet das:

„Alles, was vorkommt, ist *immer zugleich* zugehörig zu einem *System* (oder zu mehreren Systemen) und zugehörig *zur Umwelt anderer Systeme.* Jede Bestimmtheit setzt Reduktionsvollzug voraus, und jedes Beobachten, Beschreiben, Begreifen von Bestimmtheit erfordert die Angabe einer Systemreferenz, in der etwas als Moment des Systems oder als Moment seiner Umwelt bestimmt ist. Jede Änderung eines Systems ist Änderung der Umwelt anderer Systeme; jeder Komplexitätszuwachs an einer Stelle vergrößert die Komplexität der Umwelt für andere Systeme." (Luhmann 1987: 243, Hervorh. i. O.)

Diese theoretische Fassung der Konzeption von Realität und der Auffassung der Relation von System und Umwelt und von Autopoiesis und struktureller Kopplung, die schon hier die Grenzen der systemtheoretischen Beschreibung zeigt, entwickelt sich in der späteren Theoriebildung bei Luhmann unter dem Einfluss einer intensiveren Rezeption Spencer Browns weiter. Die formtheoretische Konzeption der Autopoiesis des Systems erfasst auch das Verständnis des Theoriekonzeptes der strukturellen Kopplung.

In einem der wichtigsten späten Texte, *Die Gesellschaft der Gesellschaft*, weist Luhmann ausdrücklich auf „den geringen Erklärungswert des Begriffs der Autopoiesis" (1997: 66) hin, da dieser keine Aussagen über die konkreten

---

[89] „Eine zweite Vorbemerkung bezieht sich auf die Verortung der System/Umwelt-Differenz in der Realität. Die Differenz ist keine ontologische, und darin liegt die Schwierigkeit des Verständnisses. Sie zerschneidet nicht die Gesamtrealität in zwei Teile: hier System und dort Umwelt. Ihr Entweder/Oder ist kein absolutes, es gilt vielmehr nur systemrelativ, aber gleichwohl objektiv." (Luhmann 1987: 244)

Strukturen ermögliche, die sich historisch aufgrund der strukturellen Kopplungen zwischen Systemen und Umwelt entwickeln. Eine der dort zu findenden Definitionen zur systemtheoretischen Konzeptionierung des Begriffs der *Autopoiesis* lautet:

„Autopoietische Systeme sind Systeme, die nicht nur ihre Strukturen, sondern auch die Elemente, aus denen sie bestehen, im Netzwerk eben dieser Elemente selbst erzeugen. Die Elemente (und zeitlich gesehen sind das Operationen), aus denen autopoietische Systeme bestehen, haben keine unabhängige Existenz. Sie kommen nicht bloß zusammen. Sie werden nicht bloß verbunden. Sie werden vielmehr im System erzeugt, und zwar dadurch, daß sie (auf welcher Energie- und Materialbasis immer) *als Unterschied in Anspruch genommen werden*. Elemente sind Informationen, sind Unterschiede, die im System einen Unterschied machen. Und insofern sind es Einheiten der Verwendung zur Produktion weiterer Einheiten der Verwendung, für die es in der Umwelt des Systems keinerlei Entsprechung gibt." (Luhmann 1997: 65f, Hervorh. i. O.)

Diese Definition betont die Produktion der Differenz von System und Umwelt, die durch das operative Moment der Unterscheidung, und damit auch der (Selbst-) Beobachtung, im System ermöglicht wird. Man muss die Kontextualisierung mit den *Laws of Form* berücksichtigen, um hier die Akzentverschiebung zur oben zitierten basalen Definition aus *Soziale Systeme* erkennen zu können. War in *Soziale Systeme* noch davon die Rede, dass „die Differenz von System und Umwelt systemintern als Orientierung und als Prinzip der Erzeugung von Informationen" (Luhmann 1987: 25) verwendet werden können müsse, so enthält die zweite Definition über den Begriff des Unterschieds die Vernetzung mit dem spencer-brownschen Formkalkül, die es ermöglicht, die Differenz von System und Umwelt als Produkt der Unterscheidungsoperationen des Systems selbst zu interpretieren. Das System nutzt nicht intern die Differenz zwischen System und Umwelt, sondern erzeugt diese – wie im vorangehenden Kapitel gezeigt – in seinen autopoietischen Operationen. Es wird allerdings nicht gänzlich deutlich, welche Auswirkungen dies auf das Konzept der strukturellen Kopplung hat.

Das Verständnis der Autopoiesis als einer rekursiven Vernetzung des Operierens, mit der das System die „eigene(n) Operationen nur im Anschluß an eigene Operationen und im Vorgriff auf weitere Operationen desselben Systems konstituieren (kann)" (Luhmann 1997: 67), lässt sich auch als „Erzeugung einer *systeminternen Unbestimmtheit*" (Luhmann 1997: 67, Hervorh. i. O.) interpretieren. Luhmann produziert wiederum eine paradoxieträchtige Konstruktion, wenn er den Zusammenhang von Autopoiesis und struktureller Kopplung mit der Abkopplung des Systems von der Umwelt erläutert: „Durch Abkopplung des Systems von dem, was dann als Umwelt übrig bleibt, entstehen intern Freiheitsspielräume, da die Determination des Systems durch die Umwelt entfällt" (Luhmann 1997: 66f). Dies bedeutet zugleich: Das System kann seine Beziehungen zur Umwelt nur systemintern operativ bearbeiten, also nicht direkten Einfluss auf externe Prozesse nehmen, sondern das Außen nur systemintern beobachten und dann seine systeminternen Operationen auf solche Außenbeobachtungen abstimmen. „Es gibt weder Input noch Output von Elementen in das System oder aus dem System. Das System ist nicht nur auf struktureller, sondern auch auf operativer Ebene autonom." (Luhmann 1997: 67) Diese Konzeption eröffnet die Möglichkeit, die operativen Prozesse eines Systems in der theoretischen Perspektive ihrer operativen Schließung in Hinblick auf die Ausdifferenzierung systeminterner Strukturen zu beobachten. Sie eröffnet aber genauso die Möglichkeit, die Umweltbeziehungen des Systems auf der Ebene der strukturellen Kopplungen zu analysieren: „Man muß jetzt sehr viel genauer angeben (...), wie autopoietische Systeme, die alle Elemente, die sie für die Fortsetzung ihrer Autopoiesis benötigen, selbst produzieren, ihr Verhältnis zu Umwelt gestalten." (Luhmann 1997: 67) Luhmann expliziert die dann beobachtbare Relationierung von System und Umwelt auf Basis des Begriffs der operativen Schließung: Wenn man formuliere, dass alle Offenheit der Systeme auf ihrer Geschlossenheit beruhe, dann bedeute dies,

„(...) daß nur operativ geschlossene Systeme eine hohe Eigenkomplexität aufbauen können, die dann dazu dienen kann, die Hinsichten zu spezifizieren, in denen das System auf Bedingungen seiner Umwelt reagiert, während es sich in allen übrigen Hinsichten dank seiner Autopoiesis Indifferenz leisten kann." (Luhmann 1997: 68)

Damit ist noch nicht präzisiert, wie sich strukturelle Kopplungen konkret gestalten. Dazu sei eine je spezifische Analyse der autopoietischen Operationen erforderlich (Luhmann 1997: 67f). Doch verbergen sich hinter einer solchen Perspektive die durch die formtheoretische Weiterentwicklung produzierten begrifflichen Probleme für das Konzept der strukturellen Kopplung.

Das berührt eine der zentralen, durch die Formtheorie verdeutlichten Paradoxien des Systemkonzepts bei Luhmann. Wenn die Autopoiesis des Systems ein beobachtungskonstituierter Prozess ist, in dem sich das System qua Unterscheidung von der Umwelt herstellt und dabei zugleich die systemspezifische Umwelt co-produziert, so bedeutet dies: das System erzeugt selbst die Umwelt, an die es sich in seinen Operationen im Modus der strukturellen Kopplung anpassen muss. Diese Paradoxie wird sich nur lösen lassen, wenn man dieses Theoriemoment der strukturellen Kopplung als ein theoretisches Supplement begreift.

2.3.3 Motive einer formtheoretischen Integration des Konzeptes der Supplementarität

Die theoretische Relation der Begriffe der operativen Schließung des Systems, bzw. der Autopoiesis, und der strukturellen Kopplung erschien in *Soziale Systeme* (Luhmann 1987) noch relativ unproblematisch, da mit der Rezeption des Konzeptes der Selbstreferentialität, namentlich der Autopoiesis von Maturana, klar war, dass es auch strukturelle Kopplungen geben muss. Der Begriff der Autopoiesis wurde in der Absicht geschaffen, eine neue Relation von System und Umwelt zu beschreiben. Autopoiesis konnte hierzu als theoretisches Konzept nur konstruiert werden, indem die System-Umwelt-Beziehung in die theoretische Figur der strukturellen Kopplung zurückgedrängt wurde, um so das Konzept der operativen Schließung zu eröffnen.

Doch genau dieser theoretische Zusammenhang problematisiert sich mit einer stärkeren Integration des Formkalküls und den daraus resultierenden Theorietransformationen bei Luhmann.

Indem in einer formtheoretischen Begründung des Konzeptes der Autopoiesis die Systemkonstitution aus der operativen Differenzierung zwischen System und Umwelt in der Selbstkontinuierung der operativen Systemprozesse erwächst, ist eine theoretische Situation gegeben, in der die Beziehung des Systems zu seiner Umwelt primär durch die Andersartigkeit, durch die Differenz definiert ist. Die Umwelt ist Effekt der differenzierenden Operationen des Systems, in denen es sich als das Andere der Umwelt erzeugt. Mit der Autopoiesis des Systems wird zugleich die Umwelt als das operativ nicht mehr Erreichbare hergestellt. Darin liegt die bereits mehrfach beschriebene zentrale Paradoxie des luhmannschen Systembegriffs, nach der das System sich selbst konstruiert, indem es das co-produziert, was es nicht ist. Das System kann mit seinen Operationen nach dem Modell der operativen Schließung nur in sich selbst operieren, erreicht die Umwelt operativ nicht, aber erzeugt diese Umwelt in diesen autopoietischen Operationen zugleich doch auch als die Differenz zu den eigenen Operationen. Die Umwelt des Systems ist auf dieser Abstraktionsebene ein *unmarked state*, ein *unmarked space*[90], der mit der Bezeichnung des Systems bzw. der Operation des Systems erzeugt wird. Dabei geht es primär nicht um die

---

90 Im Folgenden sollen die beiden Begriffe des *unmarked state* und des *unmarked space* als minimal differente Verwendung eines einheitlichen theoretischen Konzeptes verwendet werden. *Unmarked state* pointiert in dieser Verwendungsweise stärker das erkenntnistheoretische Moment des Verweises auf die Kontingenz der theoretischen Beobachtung und das Problem der Unbeobachtbarkeit der Welt. *Unmarked space* betont im Folgenden stärker das Moment der Abhängigkeit der Existenz der jeweiligen operativen Aktualisierung der Bezeichnungsseite der Unterscheidung und der daraus entspringenden Beobachtungen von der Abgrenzung und Differenzierung gegenüber den Potenzialen der nicht gewählten Bezeichnungen.

Reflexion der Beobachtungen eines externen Beobachters, sondern um das Moment der Bezeichnung und Unterscheidung, das nach Luhmann basal in die Operativität des Systems eingelassen ist und die Autopoiesis des Systems in den System und Anderes differenzierenden Operationen konstituiert.

Gemäß der luhmannschen Aufnahme des Formkonzeptes Spencer Browns verbleiben die Operationen auf der als System markierten Seite des dreigliedrigen Formkonzeptes; sie können weder die Umwelt erreichen noch in dieser strukturelle Kopplungen aufbauen. In den Operationen des Systems ist es nicht möglich, weder auf der Ebene der in die basalen Operationen eingelassenen Differenzierungen noch auf der Ebene der systeminternen Beobachtungen zweiter Ordnung, ein Crossing auf die andere Seite der Unterscheidung *System/ Umwelt* vorzunehmen und in der Umwelt des Systems zu operieren.

Was das System in seinen Operationen allenfalls noch erreichen kann, ist ein Aufbau von systemeigener Komplexität, der es ermöglicht, systemintern Strukturen auszudifferenzieren, die eine detailreichere Beobachtung der Systemumwelt erlauben. Theoretisch wird dies im Rahmen des Konzeptes der Form über den ebenfalls auf Spencer Brown zurückgehenden Begriff des Reentry (Spencer Brown 1997) begründet. Die Differenz von System und Umwelt wird innerhalb des Systems noch einmal reproduziert, sie tritt wieder in das System ein, ermöglicht dem System interne Fremdreferenz (vgl. Luhmann 1992b: 131) und damit die Beobachtung des Anderen oder mit einer Formulierung von Fuchs: „Endogene Markierung von Alterität" (2001: 88). Das System ist auch in der Lage, Strukturen zu entwickeln, die die immer schon vorausgesetzte Passung der eigenen Operationen zu den Operationen anderer Systeme – also das, was durch das Theorem der strukturellen Kopplung beschrieben ist – systemintern optimieren und damit die eigene Operationsfähigkeit steigern. Aber auch die dann möglichen Operationen und Beobachtungen erreichen nicht die Umwelt, sondern verbleiben im Bann der operativen Schließung und prozessieren mit jeder neuen Operation auf einer ganz basalen Ebene die Differenzierung gegenüber der Umwelt. Die Paradoxie ist so nicht zu lösen.

Die luhmannsche Systemtheorie selbst weist in ihrer eigenen theoretischen Konstruktion eine selbstreferentielle zirkuläre Struktur auf. Deshalb ist es theorieimmanent möglich, an dieser Stelle der Entfaltung des theoretischen Zusammenhangs auf die Ebene der Reflexion des theoretischen Beobachtungsinstrumentariums zu wechseln und die Beobachtung der die System/Umwelt-Differenz prozessierenden Beobachtungsoperationen in der Autopoiesis des Systems mit der theoretischen Form *System/Umwelt* zu thematisieren. Das entspricht einer Beobachtung dritter Ordnung bezogen auf die in den Systemoperationen des beobachteten Systems prozessierten Unterscheidungen und einer

Beobachtung zweiter Ordnung bezogen auf die Beobachtungsoperationen des beobachtenden (Sub-) Systems.

Diese systemtheoretische Form der Beobachtung vollzieht sich unter den Bedingungen einer komplexen Ausdifferenzierung sozialer Systeme. Über die Dimension der oben genannten wissenschaftsinternen Ausdifferenzierung von Diskursen und von Kriterien der Bewertung, Absicherung und Kritik von Wissensformen hinaus, sind hier die spezifischen Mechanismen der Ausdifferenzierung des Wissenschaftssystems selbst und seine Relationierung zu anderen gesellschaftlichen Subsystemen relevant.

In diesem Zusammenhang ist es wichtig, an die bereits auf der allgemeinen Ebene des Form-Konzeptes thematisierte, durch die post-strukturalistische Theoriebewegung informierte Lesart des Form-Konzeptes anzuknüpfen und dies auf die Form der systemtheoretischen Beobachtung zu beziehen. In Hinblick auf sprachbasierte, insbesondere auf theoretische Formen der Beobachtung wird es besonders bedeutsam, dass mit der Einheit von Bezeichnung und Differenzierung, die im Zentrum des Konzeptes der Zwei-Seiten-Form steht, die operative Nutzung einer Form immer auch eine Relation zwischen dem Bezeichneten und seinem als das Nicht-Bezeichnete differenzierten Anderen mitproduziert. Auf der Ebene des operativen Gebrauchs der Sprache lässt sich das vor dem Hintergrund der strukturalistischen Linguistik und der poststrukturalistischen Texttheorie mit dem Theorem Saussures erläutern, nach dem die Relation von Signifikant und Signifikat keine unmittelbare, sondern eine über das gesamte Netz der Signifikanten vermittelte ist[91]. Bezieht man Saussures Annahmen zur Arbitrarität des Zeichens und das Formkonzept aufeinander, dann gilt für den Bereich der Sprache, dass die Bezeichnung (indication) nicht nur eine Differenz (distinction) zur nicht-markierten Seite der Unterscheidung bzw. der Zwei-Seiten-Form erzeugt, sondern dass diese Bezeichnung ein Netz der Signifikanten in Bewegung setzt, dass mit dem Prozess der Signifikation immer auch virtuelle Effekte im Bereich des *unmarked space* erzeugt werden. Insbesondere in Hinblick auf Sprache kann ein solcher *unmarked space* nicht mehr als ein Nichts konzipiert sein, sondern enthält immer auch den potenzialisierten Verweis auf die jeweils nicht gewählten Signifikanten, ihre Nähe und Ferne zu den in der Bezeichnung gewählten Zeichen, ihre Gegenteilsrelationen usw. Auch die Prozesse der Metonymie und Metapher werden durch die *indication* angestoßen. Aus der Differenz wird in der Sprache die *différance*[92].

---

91 Vergleiche die Erörterung in Luhmann 1993a und ergänzend Luhmann 2002a.
92 Vergleiche in diesem Kontext die Relation, die Luhmann zwischen Maturana, Derrida und Spencer-Brown erstellt: „A famous dictum of Humberto Maturana (within the context of his biological theory of cognition) says: Everything that is said (including this proposition) is said by an observer. The Derridean interpretation of Joseph Margolis leads to a very similar result: 'everything

In der luhmannschen Theorie ist dieses theoretische Phänomen mit der Möglichkeit beschrieben, in der nächsten Operation auf die andere Seite der Form zu wechseln und dort nähere Bestimmungen in Relation auf die zuerst unterschiedene Bezeichnung zu finden. Mit einem solchen Crossing verschiebt sich die Konstitution des *unmarked space* in der zweiten Unterscheidung. Die Exploration dessen, was gerade noch als *unmarked space* der Beobachtung entzogen war, erzeugt mit jeder weiteren Operation immer wieder aufs Neue einen *unmarked space* und damit zugleich die Möglichkeit, diesen in einem Crossing der Differenzgrenze dann selbst wieder mit Markierungen zu versehen.

„But if, crossing the boundary, you try to find something specific, the other side will again be a distinction severing the unmarked space, reproducing the world as an unobservable entity. You defer the problem, and that seems to be what Derrida means by *différance*." (Luhmann 1993b: 771, Hervorh. i. O.)

Am Beispiel des Begriffs der „Natur" führt Luhmann vor, dass sich im *unmarked state* dieses Begriffes ganz unterschiedliche Gegensätze auffinden lassen, die dann selbst wieder in einem fortlaufenden Prozess weiter spezifiziert werden können.

„If we start with the form of *nature* and cross the boundary with a specific intent, what do we find? Perhaps *grace*, which presupposes new distinctions, such as grace/work, grace/justice, grace/creation of order. The other side may be *civilization*; it may be *technology*, and we will feel the need for further distinctions such as civilization/culture, or tight coupling (technology) and loose coupling." (Luhmann 1993b: 771, Hervorh. i. O.)[93]

Wichtig an dieser Überlegung ist in dem hier vorliegenden Kontext, dass sich einerseits über solche Prozesse des Crossings und der Exploration des sich nun als Feld der Gegensätze näher spezifizierenden ehemaligen *unmarked space* Bedeutungen und Theorien entfalten lassen, dass andererseits solche Explorationen immer auch zurückwirken auf den ursprünglich bezeichneten Begriff oder Theoriezusammenhang[94]. Theoretisch von sehr großer Relevanz ist, dass der Prozess des Crossings und der Exploration der spezifischen Möglichkeiten der

---

we *say* (…) is and cannot but be deconstructive and deconstructible.' For language use itself is the choice of a system that leaves something unsaid. Or, as Spencer Brown would say, drawing a distinction severs an unmarked space to confront a form with a marked and unmarked side. It may be too far to say that language use *as such* is deconstructive. But observing an observer who uses language certainly is." (Luhmann 1993b: 769, Hervorh. i. O)
93 Vergleiche als eine parallele Diskussion der Basierung des Begriffs der Natur in differenten Unterscheidungen ergänzend Luhmann (1992: 236); vergleiche ähnlich auch Luhmann (1995d: 43f).
94 Diese in das Konzept der Form eingelassenen komplexen Relationierungen der Bedeutungskonstitution auf eine Beziehung zwischen begrifflichen Gegensatzpaaren (Frau/Mann, wahr/unwahr) zu reduzieren und die Dimension der Differenzierung der Bezeichnung von einem *unmarked state* dabei unberücksichtigt zu lassen – so Kneer (1996: 341) – greift allerdings zu kurz.

Bestimmung des *unmarked space* auch als pure Potenzialität wirkt und als Erosionsfaktor an der Bedeutungskonstitution mitwirkt. Die Begriffe konstituieren sich immer vor dem Hintergrund eines virtuell komplexen *unmarked space*, der erkundet und spezifiziert werden könnte. Alle Sprachverwendung und Theoriekonstruktion co-produziert permanent einen solchen Schweif der Potenzialität der Bedeutung. Das ist eine der zentralen Dimensionen der theoretischen Konzeption der *différance* in der Adaptation bei Luhmann.[95]

Die Operation mit sprachlichen Zeichen kann in der Bezeichnung als der Markierung einer differenzbasierten Zwei-Seiten-Form das Bezeichnete nicht scharf vom Anderen oder vom *unmarked space* differenzieren; die Bezeichnung transportiert immer ein Potenzial an Bedeutung, das weiter exploriert werden könnte. Die Markierung der Bedeutung in der operativen Auswahl des Zeichens kann die Differenz zum Nicht-Bezeichneten immer nur an minimalen Zeitstellen erzeugen und co-produziert dabei die Möglichkeit, in den folgenden Operationen die Vielschichtigkeit der Bedeutung zu erkunden. Die Bezeichnung eröffnet die Möglichkeit, im Crossing der Differenzgrenze zum *unmarked space* in der anschließenden Operation, den differenzierten Vernetzungen ihrer eigenen Bedeutung nachzugehen[96] – dabei operativ immer wieder und notwendig eine momentane Blindheit gegenüber den eigenen Bedeutungspotenzialen und Bedeutungsüberschüssen erzeugend. Die Bedeutung einer solchen zeichengebrauchenden *indication* konstituiert sich im Bezug auf diese in die Dimensionen der Zeit und der strukturalen Verweisungszusammenhänge der Signifikanten verlegte Potenzialität der Bedeutungsvernetzungen. Auch hier ist erneut eine spencer-brownsche Paradoxie zu entdecken. Die Bedeutung ist sie selbst und sie ist ihre zukünftige, potenzielle Explikation. Die Bedeutung ist sie selbst und sie ist ihre diffuse Vernetzung mit dem, was sie nicht ist.

Auf der Ebene der Theorie reproduziert sich dieses formtheoretische Konstruktionsprinzip auf höher aggregiertem Niveau. Die begriffliche Vernetzung in der Konstruktion von Theorien lässt sich als Aufbau komplexer Theorieformen verstehen, in denen über die Verknüpfung von unterscheidungsbasierten Bezeichnungen, über die operative Vernetzung von sprachlichen Formen ein Theoriezusammenhang konstruiert wird, der selbst wiederum als Form im Sinne der luhmannschen Rezeption der *Laws of Form* aufgefasst werden kann.

---

95 Fuchs schließt hier auch die Rezeption weiterer derridascher Konzepte wie das der Dissemination und der Pfropfung an (vgl. dazu exemplarisch Fuchs 2001: 235f).
96 Möglicherweise ließe sich hier auch zitieren: „The unmarked space has, for this purpose, the name 'unmarked space'." (Luhmann 1995d: 41, Hervorh. i. O.)

Auch für die Theorie gilt dann: sie ist eine kontingente und selektive, differenzbasierte Form der Beobachtung[97], die mit ihren reduktiven Beschreibungen, notwendig, die andere Seite der Form, den *unmarked state* der Theorie, produziert. Die Vernetzung der sprachlichen und begrifflichen Formen zur theoretischen Form produziert der theoretischen Form immanent eine Grenze, die es ermöglicht, die in der begrifflichen Konstruktion des theoretischen Zusammenhangs markierte Seite der theoretischen Zwei-Seiten-Form, die Theorie, von ihrem *unmarked space* zu differenzieren. Auch bei einer solchen entfalteten theoretischen Form resultiert daraus eine Relation und relative Abhängigkeit des *marked* vom *unmarked space* der theoretischen Form. Auch hier ist, wie allgemein in sprachlichen Formkonstruktionen, in die Differenz der zwei Seiten der Form ihre Relation eingewoben. Der markierte Konstruktionszusammenhang der theoretischen Form verweist auf alternative begriffliche und theoretische Konstruktionen, auf unbeschriebene Aussparungen in dieser Theorie und auf implizierte Ergänzungsbedürftigkeiten der theoretischen Konstruktion.

Dies ist der Ort für die theoretische Integration des Konzeptes der Supplementarität[98] in die Konstruktion einer formtheoretisch begründeten Systemtheorie.

2.3.4 Das Konzept der strukturellen Kopplung als Supplement in der Systemtheorie

Die Konsequenzen der Anwendung des spencer-brownschen Formkonzeptes auf das Verständnis theoretischer Konstruktion kann man anhand der aus der Dekonstruktion stammenden Theoriefiguration des Supplements erläutern, die sich dann selbst wiederum als Effekt der Form konzeptualisieren lässt.

Derrida (1992) entfaltet in seiner Lektüre Rousseaus in der *Grammatologie* das Konzept des Supplements ausgehend von der Relationierung der Schrift zum gesprochenen Wort, die Rousseau mit der Bezeichnung supplement fasst (Rousseau, zit. n. Derrida 1992: 249), und entwickelt daran eine Strategie der Dekonstruktion des von ihm so benannten Logozentrismus, die weit über die Bestimmung einer Relation zwischen gesprochenem und geschriebenem Wort

---

97 Unter Rückgriff auf das Konzept der Beobachtung zweiter Ordnung formuliert: „At the level of second-order observing, everything becomes contingent, including the second-order observing itself" (Luhmann 1993b: 769).
98 Zum Begriff des Supplements vergleiche grundlegend Derrida (1992: 244ff).

hinausgeht[99]. Eine der in der *Grammatologie* zu findenden derridaschen Bestimmungen des Supplements betont die Verschränkungen von zwei differenten, nicht voneinander ablösbaren Bedeutungen dieses Begriffs.

> „Das Supplement fügt sich hinzu, es ist ein Surplus; Fülle, die eine andere Fülle bereichert, die Überfülle der Präsenz. Es kumuliert und akkumuliert die Präsenz." (Derrida 1992: 250)

Und:

> „Aber das Supplement supplementiert. Es gesellt sich nur bei, um zu ersetzen. Es kommt hinzu oder setzt sich unmerklich *an-(die)-Stelle-von*; wenn es auffüllt, dann so, wie wenn man eine Leere füllt. ... Hinzufügend und stellvertretend ist das Supplement ein Adjunkt, eine untergeordnete, stellvertretende Instanz. Insofern es Substitut ist, fügt es sich nicht einfach der Positivität einer Präsenz an, bildet kein Relief, denn sein Ort in der Struktur ist durch eine Leerstelle gekennzeichnet." (Derrida 1992: 250, Hervorh. i. O.)

Es ist eine besondere Art der theoretischen Funktion oder der theoretischen Operativität, die vor allem interessiert, wenn das Konzept des Supplements, oder vielleicht besser formuliert, der Supplementarität zur Verwendung des spencer-brownschen Formkonzeptes bei Luhmann in Beziehung gesetzt werden soll. Die hier hinzugezogenen Textpassagen aus der *Grammatologie* demonstrieren ein Changieren der begrifflichen Bedeutung des Supplements zwischen der Funktion der Ergänzung und der Funktion der Ersetzung, die beide auf eine Unvollständigkeit, einen Mangel dessen – des Textes, der Theorie – reagieren, was das Supplement evozierte, und darin diesen Mangel erst sichtbar machen[100]. Dies macht den Kern des Konzeptes der Supplementarität aus. Diese theoretische Figuration wird im Kontext des Formkonzeptes zu einer spezifischen Figur der theoretischen Operativität in der Konstruktion der Theorie.

Auch das Konzept der nur einseitig bezeichenbaren Zwei-Seiten-Form impliziert das Potenzial supplementärer Erweiterungen der Form. Die theoreti-

---

99 Vergleiche hierzu exemplarisch Derrida (1992: 128f). Zur dekonstruktivistischen Funktion des Supplements, binär strukturierte Begriffshierachien zu unterlaufen und zu verwirren, vergleiche auch die Darstellung des Konzepts bei Dupuy (1990: 105f).
100 Culler illustriert dies anhand einer der Kernbedeutungen des Wortes „Supplement", nämlich der des Ergänzungsbandes zu einem Lexikon. Gerade wenn man dabei an eine große Enzyklopädie denkt, deren Erstellung einen langen Zeitraum in Anspruch nimmt, bietet sich eine augenfällige Metapher für die theoretische Figur. Obwohl die Enzyklopädie auf Vollständigkeit hin angelegt ist und gerade in dieser Vollständigkeit eine essentielle Bestimmung findet, kann sie diese nie erreichen. Lange vor ihrem Abschluss werden schon wieder Supplemente erforderlich, die die alte Darstellung des Wissens teils ergänzen, teils ersetzen. „Das Supplement eines Lexikons ist eine ergänzende zusätzliche Sektion; aber die Möglichkeit, ein Supplement anzufügen, zeigt an, dass das Lexikon selbst nicht vollständig ist.(...) Das Supplement ist ein unwesentlicher Zusatz, der zu etwas hinzugefügt wird, was schon in sich vollständig ist; aber das Supplement wird hinzugefügt, um zu vervollständigen, um in dem, was eigentlich als in sich vollständig galt, einen Mangel zu kompensieren." (Culler 1988: 114)

sche Konstruktion arbeitet als operativer Formgebrauch und in der Produktion der Theorie als Form reduktiv, selektiv und kontingent. Das oben eröffnete Verständnis theoretischer Konstruktion als eines operativen Aufbaus von komplexen Formen, die sich mit dem von Luhmann rezipierten Konzept der spencer-brownschen Form in ihrer Konstruktion und Operativität beschreiben lassen, kann die theoretische Figur der Supplementarität in der Weise integrieren, dass es das Supplement als eine der Arten der Relationierung von *marked* und *unmarked space* in der theoretischen Form auffasst. Die Markierungen, über die sich die theoretischen Formen aufbauen, implizieren nicht nur Verweise auf alternative theoretische Konzepte und auf Aussparungen oder Abspaltungen von Nebensächlichem, sondern auch Verweise auf noch nicht aktualisierte Supplemente im *unmarked space*, Potenziale der weiteren Entfaltung der Theorie oder abgedunkelte, verdrängte Konstruktionsfundamente der Theorie, von denen noch nicht ausgemacht ist, ob sie über ein Reentry in die expliziten Strukturen der Theorie eingeholt werden können und sollen.

Eine solche, mit dem Supplement Momente der Dekonstruktion aufnehmende Rekonzeptualisierung der Verwendung des spencer-brownschen Formkalküls in der theoretischen Konstruktion bei Luhmann ermöglicht es, die zentralen theoretischen Prinzipien der Unterscheidung von System und Umwelt und von Autopoiesis und struktureller Kopplung neu zu interpretieren.

Die bisher entfaltete Rezeption der theoretischen Konstruktion der Systemtheorie als einer Beobachtung der Beobachtung einer operativen Differenzierung zwischen System und Umwelt, in der sich das System autopoietisch konstituiert und kontinuiert, lässt sich zusammenfassend als eine theoretische Form verstehen, in der sich eine Reihe aufeinander verweisender Begriffe vernetzen. Es wurde aufgezeigt, dass die theoriekonstitutive Differenz in der Unterscheidung zwischen System und Umwelt zu finden ist. Diese Differenzierung wird von Luhmann als Prozess mit dem Begriffspaar Operation und Beobachtung konstruiert. In der operativen Schließung erzeugt das System seine Abgrenzung zur Umwelt und damit in einem sich selbst in seiner Autopoiesis. Dies kann theorieimmanent nur als ein beobachtungsabhängiger Prozess konzipiert werden, der den in der Formtheorie beschriebenen Konstruktionsprinzipien, Luhmanns Adaptation der *Laws of Form*, folgt.

Die theoretische Beobachtung konstruiert damit eine Differenz von System und Umwelt, die sich in den in die Systemoperationen basal eingelassenen Unterscheidungsmomenten autopoietisch herstellt. Nach den theoretischen Maßgaben der Formtheorie wird das System dabei so konstruiert, dass es nur systemintern auf der Systemseite der System und Umwelt differenzierenden Zwei-Seiten-Form operieren kann. Die Umwelt fungiert und entsteht als *unmarked space* des Systems und ist operativ für das System nicht erreichbar – abgesehen davon, dass das System mit jeder Operation die Differenz von System und Umwelt konfirmiert und diese Umwelt als den Schatten der eigenen Autopoiesis mitproduziert. Die einzige Möglichkeit für das System, sich operativ auf die Umwelt zu beziehen, besteht intern als ein Prozessieren von Fremdreferenz in den Beobachtungsoperationen des Systems. Aus dem Formkalkül importiert Luhmann hierzu das Konzept des Reentry, die Differenz von System und Umwelt wird im System selbst als die beobachtbare Differenz von Selbstreferenz (System) und Fremdreferenz (Umwelt) reproduziert. Dies ermöglicht einen systeminternen operativen Umgang des Systems mit seiner Umwelt in der Form der Beobachtung – Grundlage für den weiteren systeminternen Aufbau von umweltangepassten Strukturen.

Ist auf der Ebene des beobachteten Systems ein Crossing von der markierten Seite der Form *System*/*Umwelt* erst nach einem Reentry der Differenz von System und Umwelt ins System, und dann eben nur systemintern, möglich, so stellen sich diese Probleme auf der Ebene der Reflexion der theoretischen Konstruktion anders dar. Hier ist es möglich oder sogar erforderlich, die Differenz von System und Umwelt selbst als eine theoretische Form zu betrachten, deren Konstruktion in der theoretischen Beobachtung zugleich einen *unmarked state* dieser theoretischen Form co-produziert. Man kann das in Anlehnung an die oben genutzte Formulierung *System*/*Umwelt* notieren als: *System/(Umwelt)/ unmarked state*. Die Beobachtung mit der theoretischen Form *System*/*Umwelt* ermöglicht es, sich in dieser Beobachtung auf die Operationen des Systems in ihrer Autopoiesis zu konzentrieren und die Fülle an sonstigen Weltprozessen und Weltbeziehungen zu vernachlässigen. Es ist eine ganz spezifische und kontingente theoretische Form, die ausgehend von dieser einen einzigen basalen Differenzierung *System*/*Umwelt*, von der Konzentration auf die Selbstkonstitution des Systems, das sich in seiner operativen Schließung in seinen Operationen in der Differenzierung zur (damit zugleich co-produzierten) Umwelt erzeugt, zu der komplexen theoretischen Form der Systemtheorie entfaltet wird. *Draw a distinction* – das bedeutet bei Luhmann, die Theorie auf das System auszurichten: das System ist das, was in der Bezeichnung unterschieden und in der Unterscheidung bezeichnet wird. Das System ist der operative Prozess, der es selbst und mit sich selbst die Differenz in der Welt, die Umwelt produziert. Diese extrem reduktive Form der Beobachtung – und der spencer-brownsche Formkalkül legt die Vermutung nahe, dass man *nur* in extrem reduktiven Formen beobachten kann – erzeugt jedoch ein Vakuum in ihrer theoretischen Konstruktion und impliziert, implementiert in sich selbst einen theoretischen Mangel, eine Unvollständigkeit, die auf ein Supplement verweist.

Das kann theorieimmanent bearbeitet werden – und der Umstand, dass dies dann in der Theorie selbst offen gelegt und thematisiert wird, ist möglicherweise erst nach den theoretischen Erfahrungen des Poststrukturalismus eine naheliegende Möglichkeit. Luhmann wechselt in seinen Konstruktionen auf die andere Seite der Form *System/(Umwelt)/unmarked state* und entwickelt den Gesamtzusammenhang dort mit anderen Theorieformen weiter, die sich aus der Differenz *System/Umwelt* nicht mehr ableiten lassen (außer in der gerade beschriebenen negativen, inversen Art), sondern dieser eher im Sinne implizierter Ermöglichungsbedingungen vorausgehen[101]. Diese Figur der theoretischen Konstruktion, die hier mit Derrida als Supplement bezeichnet wird, ist sehr gut geeignet, die Relation zwischen dem aus der Differenz von System und Umwelt entwickelten Hauptkorpus der luhmannschen Systemtheorie und den ergänzenden theoretischen Elementen, den Konzepten der *strukturellen Kopplung* und der *Interpenetration* oder auch der Figur des *Ereignisses mit Mehrsystemzugehörigkeit*, zu beschreiben.

Koschorke hat die Problematik solcher Theoriebestandteile, zu denen er auch das Konzept der Irritabilität autopoietischer Systeme zählt (1999: 54f)[102], mit den Metaphern des Schmuggels und des illegalen Grenztransfers beschrieben:

„Man kann das auch anders beschreiben, nämlich als *Schmuggel* über die eigentlich unpassierbar gewordenen Souveränitätsgrenzen des Systems. (...) Unter ihrer oft fugenlos scheinenden Textoberfläche ist Luhmanns Theorie voll von solchen ‚illegalen' Grenztransfers. Sie greift überdies in verstärktem Maß auf theoretische Kategorien zurück, die durch ihre grenzüberschreitende Operationsfähigkeit gegenstrebig zur Schließung der Grenze agieren. Das betrifft vor allem den Begriff der ‚strukturellen Kopplung', der auf der Wegstrecke von den *Sozialen Systemen* zur *Gesellschaft der Gesellschaft* immer wichtiger wird und ein Großteil der Integrationsprobleme zu kompensieren hat, die sich aus der methodischen Verschärfung der System/Umwelt-Differenz ergeben." (Koschorke 1999: 59, Hervorh. i. O.)

Bei diesen Supplementen der Theorie handelt es sich um eine Schicht der theoretischen Konstruktion, die erforderlich wird, um mit der Differenzierung von System und Umwelt produzierte Fragen zu beantworten – oder, stärker formuliert, um überhaupt mit dieser Differenz *System/Umwelt* operieren zu können. Es handelt sich um theoretische Dimensionen, die erst mit der Differenzierung von System und Umwelt im Sinne eines theoretischen Bedarfs erzeugt werden, die sich aber aus der basalen Differenzierung von System und Umwelt nicht ableiten lassen. Das betrifft ganz wesentlich die korrespondierenden, in der theoretischen Konstruktion teilweise identisch genutzten Konzepte der *Interpenetra-*

---

101 Gleichwohl sie durch diese Konstruktion ja erst geschaffen wurden – wieder eine Paradoxie in der Form Spencer Browns und eben derridasches Supplement. Das ist zugleich eine analoge theoretische Konstruktion zu der von Derrida im Begriff der archi-écriture entwickelten, vergleiche Culler (1988: 113f).
102 Vgl. ähnlich auch Teubner (1999: 209) und Stäheli (2000: 42f).

tion[103] und der *strukturellen Kopplung*[104]. Mit diesen theoretischen Konzepten werden die Relationen beschrieben, die zwischen Systemen und ihrer Umwelt bestehen. Dabei ignoriert der Begriff der strukturellen Kopplung den Umstand, dass die Umwelt des Systems durch die Operationen des Systems selbst erst hergestellt, co-produziert wird. Der Begriff reagiert auf einen Erklärungsbedarf, der durch die theoretische Unterscheidung von System und Umwelt erst erzeugt wird[105], und ist in diesem Sinne der Differenzierung von System und Umwelt nachrangig. Er ist zugleich in einer Dimension verortet, die der theoretischen Unterscheidung von System und Umwelt vorausgeht insofern in ihm eine Sphäre konstruiert wird, die es erst ermöglicht, dass sich das System operational schließt und darin eine Umwelt co-produziert. Bei Luhmann ist das als ein Verweis auf eine Realität oder auf ein Materialitätskontinuum formuliert, das unabhängig von der Differenzierung zwischen System und Umwelt besteht.

„Strukturelle Kopplungen müssen eine Realitätsbasis haben, die von den gekoppelten autopoietischen Systemen unabhängig ist. (...) Sie setzen, anders gesagt, ein Materialitäts- (oder Energie-)Kontinuum voraus, in das die Grenzen der Systeme sich *nicht* einzeichnen, also vor allem eine physikalisch funktionierende Welt." (Luhmann 1997: 102, Hervorh. i. O.)

Diese Ausführungen bringen Luhmann dazu, noch einmal zu betonen, dass mit seinem Begriff der Realität keine Welt in einem ontologischen Sinne gemeint ist.

„Die Kritiker könnten hier ein Aha-Erlebnis haben, und dem wollen wir vorbeugen. Die Aussage des Textes ist keine Einschränkung der konstruktivistischen Grundthese und kein Rückfall in einen ontologischen Weltbegriff. Wir erläutern hier nur die Implikationen einer theoretischen Beobachtungsweise, die sich des Begriffs der Autopoiesis bedient. Der Ausgangspunkt bleibt ein differenztheoretischer: daß die System/Umwelt-Unterscheidung in eine Welt eingeführt werden muß, die ohne jede Unterscheidung unbeobachtbar bliebe." (Luhmann 1997: 102, Fn.)

---

103 Vergleiche grundlegend die Darstellung dieses Begriffs in *Soziale Systeme* (Luhmann 1987: 286ff). Dass sich im Begriff der Interpenetration ein Problem der theoretischen Konstruktion verbirgt, hat schon Bendel gesehen, wenn er formuliert, es werde Luhmann unmöglich, „... die System/Umwelt-Differenzen transzendierende Qualität des Interpenetrationsverhältnisses von psychischen und sozialen Systemen zu berücksichtigen" (Bendel 1993: 86f).
104 Zum Begriff der strukturellen Kopplung vergleiche grundlegend Luhmann (1997: 92ff). Zur Relation der Begriffe der strukturellen Kopplung und der Interpenetration vergleiche Luhmann (2002a: 267ff).
105 „Alles Einrichten und Erhalten von Systemgrenzen ... setzt ein Materialitätskontinuum voraus, das diese Grenzen weder kennt noch respektiert. (...) Die Frage ist dann aber: wie gestaltet ein System, und in unserem Fall: wie gestaltet das Gesellschaftssystem seine Beziehungen zur Umwelt, wenn es keinen Kontakt zur Umwelt unterhalten und nur über eigenes Referieren verfügen kann. Die gesamte Gesellschaftstheorie hängt von dieser Frage ab. (...) Auf eine schwierige Frage antwortet ein schwieriger Begriff. Im Anschluß an Humberto Maturana wollen wir von ‚struktureller Kopplung' sprechen." (Luhmann 1997: 100)

Was bei diesen theoretischen Konstruktionen Luhmanns deutlich wird, ist der Bedarf an supplementären Theorieteilen, die erforderlich werden, wenn man die Welt mit der System/Umwelt-Unterscheidung beobachten möchte. Nicht die Grenzen des Systems – und die wären nichts anderes als die Operativität eben dieses Systems – zeichnen sich in eine physikalische Welt ein, sondern die theoretische Form **System**/Umwelt zeichnet sich in einen *unmarked state* ein, der auf eine unbeobachtete Welt nur verweist, der aber virtuell, und in der Entfaltung der Theorie dann ganz konkret, Physisches und Physikalisches, Welten, Realität, Materialitäts- und Energiekontinua und noch einiges andere birgt. In den Explikationen zum Begriff der Autopoiesis, die sich in *Die Wissenschaft der Gesellschaft* finden, führt Luhmann aus:

> „Autopoiesis besagt nicht, daß das System allein aus sich heraus, aus eigener Kraft, ohne jeden Beitrag aus der Umwelt existiert. Vielmehr geht es nur darum, daß die Einheit des Systems und mit ihr alle Elemente, aus denen das System besteht, durch das System selbst produziert werden. Selbstverständlich ist dies nur auf der Basis eines Materialitätskontinuums möglich, das mit der physisch konstituierten Realität gegeben ist. (…) und auch der Begriff der strukturellen Kopplung wird uns daran erinnern, daß das System laufend Irritationen aus der Umwelt registriert und zum Anlaß nimmt, die eigenen Strukturen zu respezifizieren. Das alles muß im Begriff der Autopoiesis mitgedacht werden." (Luhmann 1992: 30)

In dieser Schicht der supplementären theoretischen Konstrukte finden sich neben den Konzepten der *Interpenetration* und der *strukturellen Kopplung* auch Ereignisse, die eine Mehrsystemzugehörigkeit haben können und insofern ebenfalls auf ein irgendwie geartetes Kontinuum oder eine sonstige andersartige „Realitätsbasis" verweisen, die in der theoretischen Konstruktion von der Beobachtung mit der Theorieform *System/Umwelt* unabhängig ist, oder besser gesagt: dieser supplementär ist.

> „Eine besondere Leistung der Beobachtung besteht vor allem darin, *Ereignisse mit Mehrsystemzugehörigkeit als Einheiten identifizieren zu können*. Man muß sich klar machen, was dies bedeutet in einer Welt, in der Ereignisse durch operativ geschlossene Systeme reproduziert werden und in der alle lebenden Systeme (Zellen, Immunsysteme, Gehirne etc.) nur ihre eigenen Zustände erkennen können. Wir hatten schon gesagt: Ein Beobachter kann eine ‚bewußte Kommunikation' identifizieren. Er kann eine politisch induzierte Rechtsänderung als Einheit sehen, eine Zahlung als Erfüllung einer Rechtspflicht begreifen, aber auch Körperverhalten als Ausdruck von Bewußtseinszuständen interpretieren. Solche Mehrsystemereignisse sind zwar artifizielle Konstruktionen. Sie haben keine einheitliche Vergangenheit und keine einheitliche Zukunft. Sie führen Geschichte zusammen und wieder auseinander. Sie integrieren und desintegrieren die unterschiedlichen Systeme, aber alles nur für den Moment, in dem die Operation Beobachtung sich aktualisiert." (Luhmann 1992: 88f, Hervorh. i. O.)

Hier präsentiert Luhmann solche Ereignisse mit Mehrsystemzugehörigkeit als artifizielle Konstrukte, die sich nur für den Augenblick einer mit einem solchen Schema operierenden Beobachtung eines spezifischen Systems realisieren. Man könnte das als eine bloße Ergänzung oder Erweiterung betrachten, die sich ohne weitere theoretische Komplikationen aus der systemtheoretischen Theorieanlage ableitet.

Was sich aber in einer solchen Darstellung dieser Mehrsystemereignisse als bloßer Artefakte nur momentaner Anwendungen kontingenter oder willkürlicher Beobachtungsschemata eines beobachtenden Systems verbirgt, ist, dass es sich um unverzichtbare Theorieteile handelt. Solche Ereignisse mit Mehrsystemzugehörigkeit werden nicht nur als Beobachtungen erster Ordnung in den operativen Prozessen der Systeme momentan erzeugt, sondern sind auch auf der Ebene der theoretischen Beschreibung der Möglichkeit, mit der Differenz von System und Umwelt zu beobachten, zwingend erforderlich.

So sind auch strukturelle Kopplungen nur beobachtbar mittels Beobachtungen, in denen mehrere Systeme gleichzeitig beobachtet werden, in denen also Ereignisse beobachtet werden, die mindestens zwei Systeme gleichzeitig affizieren. Und auch die Beispiele, die Luhmann hier anführt, verweisen auf strukturelle Kopplungen. Eine Zahlung als die Erfüllung einer Rechtspflicht zu interpretieren, mag theorieimmanent wie eine artifizielle Konstruktion erscheinen, die die operativen Prozesse, die jeweils im Recht und in der Wirtschaft ablaufen zu stark verdichtet – es handelt sich aber sicherlich um eine Konstruktion, die im Kontext der Systemtheorie auf den operativen Prozessen basiert, die als Kauf paradigmatisch für die strukturelle Kopplung von Recht und Wirtschaft stehen.

Die hier als Supplemente der Systemtheorie interpretierten Konzepte der *Interpenetration* und der *strukturellen Kopplung* werden bei Luhmann an entscheidenden Stellen der theoretischen Konstruktion exponiert; sie werden eingeführt, in die Theoriearchitektur eingebunden, aber nicht ausgeführt oder expliziert, sie markieren den Hinweis darauf, dass es hier einer Erweiterung bedarf. Jedoch liegt ihre theoriekonstruktive Hauptfunktion darin, der systemtheoretischen Argumentation eine Ausführung solcher Erweiterungen zu ersparen. Konzepte wie das der *strukturellen Kopplung* und das der *Interpenetration* schließen primär komplexe theoretische Zusammenhänge aus der Theorie sozialer Systeme aus und schaffen in der systemtheoretischen Theoriekonstruktion den Freiraum, sich dadurch auf die Operationen der sozialen Systeme konzentrieren zu können.

Man kann sich diese theoretischen Zusammenhänge wie in Abb. 1 und Abb. 2 unter Rückgriff auf die spencer-brownsche Notation der Form mit der Markierung ⏋ schematisierend verdeutlichen.

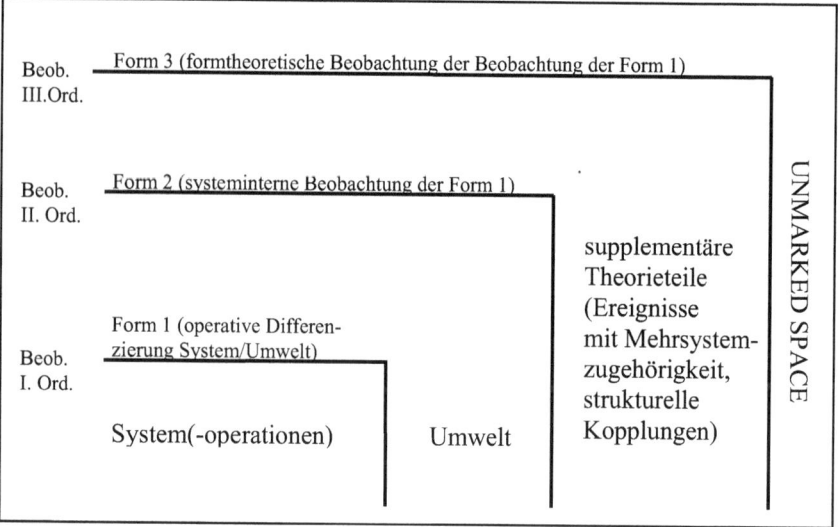

Abb. 1: Formen der Beobachtung mit der Differenz System/Umwelt (bei systeminterner Beobachtung II. Ordnung)

Der operative Prozess, in dem sich das System gegenüber einer Umwelt differenziert und bei dem es sich im Fall sinnbasierter Systeme immer schon um Beobachtungen erster Ordnung handelt, impliziert seine Beobachtbarkeit mit der Form *System/Umwelt*, die als eine Beobachtung zweiter Ordnung systemintern (Abb. 1) oder systemextern (Abb. 2) operativ vollzogen werden kann. Eine solche Beobachtung zweiter Ordnung produziert selbst wieder in der Operation einen *unmarked state* und enthält den Verweis auf eine potenzielle Beobachtung dritter Ordnung, die dann erkennen könnte, dass die Beobachtung mit der Form *System/(Umwelt)/unmarked state* nur gelingen kann, wenn sich in der theoretischen Konstruktion in dem Bereich supplementäre Theorieteile verorten lassen, der auf der Ebene der Beobachtung zweiter Ordnung als *unmarked state* der Form *System/Umwelt* evolviert. Die Beobachtung dritter Ordnung (in Abb. 1 und Abb. 2 symbolisiert durch die Form 3) ermöglicht die Operation mit komplexen theoretischen Formen, in denen auf supplementäre Theorieteile reflektiert werden kann, die durch die theoretische Beobachtung mit der Differenz von System und Umwelt produziert werden, und mit denen die Relationierung verschiedener Systeme theoretisch konstruiert werden kann. Auch solche Beobachtungen dritter Ordnung schreiben sich wiederum als Form in einen *unmarked state* ein, bzw. evozieren einen solchen in der Inskription.

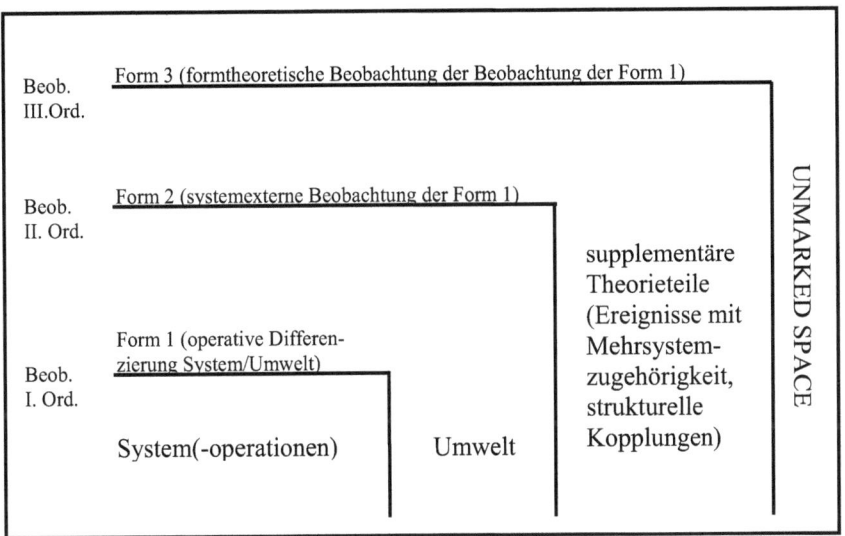

Abb. 2: Formen der Beobachtung mit der Differenz System/Umwelt (bei systemexterner Beobachtung II. Ordnung)

2.3.5 Der Dekonstruktionsvorbehalt in der luhmannschen Systemtheorie

Luhmann bezieht sich zur Reflexion dieser theoretischen Konfiguration auch auf Derrida. Oben war gezeigt worden, dass Luhmann insbesondere auf ein theoretisch zentrales Konzept der Dekonstruktion – die *différance* – rekurriert, um das Theoriemoment der kontinuierlichen Koproduktion eines *unmarked state* in der Beobachtung einschließlich der daraus erwachsenden Möglichkeit der Exploration der anderen Seite der kontingenten, selektiven, reduktiven Unterscheidung wie auch der Möglichkeit der Beobachtung der Kontingenz, Selektivität und Reduktion in der Einheit der Differenz selbst in einer Beobachtung höherer Ordnung mit der theoretischen Arbeit Derridas zu vernetzen.

> „Das Beobachten zweiter und dritter Ordnung expliziert (...) die Unbeobachtbarkeit der Welt als bei allem Beobachten mitfungierender unmarked space. Transparenz wird mit Intransparenz bezahlt; und genau darin liegt die Garantie für die (autopoietische) Fortsetzbarkeit der Operationen, für die Verschiebbarkeit, für die ‚différance' (Derrida) der Differenz von Beobachtetem und Nichtbeobachtetem." (Luhmann 1997a: 103, Hervorh. i. O.)

Auch die theoretische Figur des Supplements lässt sich als eine der Spielarten der *différance* betrachten. Die hier vorgeschlagene Implementierung dieser theoretischen Figur in die Systemtheorie geht aber über das Moment der Verschiebbarkeit und der Fortsetzung der Autopoiesis beobachtender Systeme hinaus und betrifft die Konstruktion der Theorie als Ganzes, die in ihrer Konstellation der theoretischen Formen immer supplementäre Theorieteile mitproduzieren muss[106]. Die lassen sich durchaus als Effekt der *différance* betrachten, haben sich aber bereits als komplexe theoretische Formen sedimentiert.

Die Vernetzung mit den Arbeiten Derridas führt die Systemtheorie nicht zuletzt zu einer Reflexion auf die eigene Dekonstruierbarkeit. So wird zunächst in Hinblick auf den operativen Gebrauch von Unterscheidungen formuliert:

> „Dank der Arbeiten von Jacques Derrida kann man wissen, dass jede Unterscheidung (und damit der Kontext jeder Bezeichnung) dekonstruierbar ist. Man kann wissen, dass jede Unterscheidung ein Implikationsverhältnis im Unterschiedenen postulieren – und dies zugleich negieren muß, wenn sie von der Unterscheidung zur Placierung einer Bezeichnung Gebrauch macht." (Luhmann 1992: 93f)

An anderem Ort wird die hiermit implizierte Applikation dieses Konzeptes auf die Systemtheorie selbst und damit ein „Dekonstruktionsvorbehalt" (Luhmann 1997a: 161) auch explizit formuliert. In *Die Kunst der Gesellschaft* untersucht Luhmann (1997a) die Parallelen in der theoretischen Konstruktion in Theorien der Beobachtung zweiter Ordnung und in der Dekonstruktion – dabei bezieht er sich neben den Arbeiten Jacques Derridas besonders auf Paul DeMans (1983) *Blindness and Insight*. Luhmann resümiert als ein zentrales theoretisches Moment der Dekonstruktion: „Alle Unterscheidungen lassen sich unterschiedslos dekonstruieren, wenn man nur fragt, wieso gerade sie und nicht andere sich auf ihre eigene Blindheit stützen, um etwas Bestimmtes unterscheiden und bezeich-

---

106 Das lässt sich so aus Luhmanns Derrida-Rezeption nicht ableiten. Sucht man aber nach weiteren Anknüpfungspunkten bei Luhmann, so ist ein in die Richtung der hier vorgeschlagenen Nutzung der theoretischen Figuration des Supplements für die Konstruktion der Systemtheorie gehender Gedanke in Luhmanns Vorlesung zur *Einführung in die Systemtheorie* zu finden. „Was ausgeschlossen wird, was operativ nicht teilnimmt, wird trotzdem wie anwesend behandelt. Die Grenze des Systems zum Psychischen und Biologischen hin ist als Präsupposition oder als Voraussetzung des Funktionierens mit eingebaut. Das sind Theoriefiguren, die in der Philosophie gelegentlich auftauchen. Bei Jacques Derrida zum Beispiel gibt es die Idee, dass es einen nicht anwesenden Faktor gibt, der Spuren hinterlässt, *traces* im Französischen, *ichnos* im Griechischen; dann werden diese Spuren gelöscht, nichts davon wird sichtbar gemacht. (...) Und das Löschen der Spuren wird wieder sichtbar. Wenn man Zweifel hat, kann man darüber reden. Und dieses ganz von ferne kommende Wenn, diese Möglichkeit, darüber zu reden, setzt voraus, dass es immer schon da ist. Das ‚Abwesende' – im Jargon von Derrida – ist präsent, obwohl es eigentlich nicht präsent ist, eine klare Paradoxie in der Formulierung. Wenn ich das in einem Manöver, das für Derrida wahrscheinlich inakzeptabel wäre, auf das ganz andere Terrain der Systemtheorie übertrage, dann könnte man auch sagen, dass Interpenetration so etwas wie die Berücksichtigung des Abwesenden ist. Was ausgeschlossen wird, wird dadurch, dass es ausgeschlossen ist, wieder als anwesend behandelt." (Luhmann 2002a: 266, Hervorh. i. O.)

nen zu können" (Luhmann 1997a: 160f). Dabei richte sich das dekonstruktive Moment nach Luhmann als „eine Art Affekt (...) gegen die Seinsannahme der ontologischen Metaphysik (...), gegen die Annahme der Präsenz des Seins und gegen die Annahme möglicher Repräsentation" (Luhmann 1997a: 160) und finde genau darin auch seine eigene Begrenztheit.

Es sind dieselben theoretischen Konstrukte, die auch die luhmannsche Systemtheorie dekonstruiert – die Darstellung der theoretischen Effekte der Rezeption des spencer-brownschen Formkalküls in der Systemtheorie hat dies aufgezeigt. Insofern erstaunt es nicht, dass Luhmann hierzu postuliert, die theoretischen Operationen der Dekonstruktion könnten mit einer Theorie beobachtender Systeme problemlos nachvollzogen werden[107], bzw. die Theorie der Beobachtung zweiter Ordnung verfüge dazu über elegantere und stringentere Formen (Luhmann 1997a: 160f). Die Differenz, die Luhmann bei allen Parallelen in der theoretischen Konstruktion doch für die Theorie der Beobachtung zweiter Ordnung votieren lässt, markiert er mit der „Voraussetzung von weltgegebenen (existenziellen) Inkompatibilitäten" (Luhmann 1997a: 161), auf die die Theorie der Beobachtung zweiter Ordnung, im Unterschied zur Dekonstruktion, verzichten kann. Nach dieser Lesart bleibt die Dekonstruktion unaufhörlich mit ihrer dekonstruktivistischen Arbeit am Text beschäftigt und eben darin dem unabschließbaren Aufweis der Inkompatibilität von Sein und Präsenz und von Sein und sprachlicher Repräsentation verhaftet. Das lässt die Theorie der Beobachtung zweiter Ordnung hinter sich, sie löst sich von allen seinsbezogenen Fragestellungen und konzentriert sich auf die Beobachtung von Beobachtungen. Die einzigen Inkompatibilitäten, die einer solchen Form der Beobachtung noch

---

107 Bei Fuchs beschränkt sich die Relationierung zur Dekonstruktion nicht auf diese Zielsetzung, doch findet sich bei diesem Autoren ein sehr bündiger Vorschlag, Dekonstruktion beobachtungstheoretisch zu reformulieren: „Dekonstruktion ist dann der Sonderfall einer Beobachtung zweiter Ordnung, die die Unterscheidungen des Beobachters, der beobachtet wird, nicht einfach nur zum Zwecke eigener Informationsgewinnung registriert, sondern Effekte zeitigt, die die beobachtete Unterscheidung erodieren." (2001: 225) Dies kann aber gerade bei Fuchs nicht als eine einseitige Usurpation verstanden werden; siehe z. B.: „Die Soziologie registriert nicht, daß Derrida (ohne dies zu beabsichtigen) weite Teile ihrer Forschungslandschaft zerstört, jene Teile, die unbedenklich vom Logozentrismus her gedacht sind. Dasselbe würde gelten für die Psychologie. Auch Derrida ist ein Zermalmer. Ich bin keineswegs der Auffassung, daß die Soziologie sich an der Philosophie zu orientieren hätte, aber manchmal keimen und wachsen in ihrer Umwelt durchschlagende Unterscheidungen (zum Beispiel die der *différance*), die sich nicht ignorieren lassen, wenn man kein *asylum ignorantiae* besiedeln möchte." (2001: 229, Fn., Hervorh. i. O.) Das allerdings eine zu schnelle Subsumption der luhmannschen Systemtheorie unter die Theoriestrategien der Dekonstruktion den spezifisch postontologischen Theorieansatz dieser Systemtheorie unkenntlich machen könnte, davor warnt, mit Blick auf Fuchs (2001), Clam (2003).

in den Blick kommen können, sind dann „Inkompatibilitäten der Beobachtungsoperationen eines Systems" (Luhmann 1997a: 161)[108].

Nicht hinter sich lassen kann die Theorie beobachtender Systeme die Reflexion auf die eigene Dekonstruierbarkeit.

Zurückbezogen auf die luhmannsche Systemtheorie verdeutlicht sich in der Auseinandersetzung mit der Dekonstruktion ein weiteres Mal die schon mit dem Bezug auf die Formtheorie offensichtlich werdende Kontingenz der gesamten theoretischen Konstruktion.

Die Positionierung zu einem solchen Dekonstruktionsvorbehalt fällt Luhmann allerdings nicht schwer – ‚so what?'

> „(...) die Theorie selbstreferentieller Systeme (...) kann, was ihre eigene Leitunterscheidung von System und Umwelt angeht, den Dekonstruktionsvorbehalt akzeptieren und dann aber geltend machen, welche Erkenntnisgewinne sich realisieren lassen, wenn man auf die Dekonstruktion speziell dieser Unterscheidung von System und Umwelt bis auf weiteres verzichtet." (Luhmann 1997a: 161)

Eine andere theoretische Reaktion, die aus der Rezeption der Dekonstruktion und aus der Reflexion auf die differenztheoretische Begründung der Systemtheorie mit dem spencer-brownschen Formkalkül erwachsen kann, zeichnet sich bei Fuchs ab, der die Systemtheorie nicht nur unter Dekonstruktionsvorbehalt stellt, sondern sie, mit der Notation eine theoretische Figur Derridas aufgreifend[109], als „*gebarrte* Theorie" (Fuchs 2001: 246, Hervorh. i. O.) beschreibt:

> „Wir schreiben also, ein wenig bebend, auch das *System* durchgekreuzt und gebarrt, fügen also etwas hinzu durch eine kuriose Wegnahme. Und nehmen an, daß es von hier aus weitergehen könnte, von dieser Ergänzung, in der Bruch und Aufbruch zusammen stehen:
>
> S̶Y̶S̶T̶E̶M̶"
>
> (Fuchs 2001: 246, Hervorh. i. O.)

Die Schreibung des Systems in Form einer Durchstreichung vernetzt das der Spencer-Brown-Rezeption entstammende differenztheoretische Konzept der

---

108 Damit ist z.b. das gemeint, was in der Sprachpragmatik als performativer Widerspruch firmiert. „Die zu vermeidende Inkompatibilität von Formen (Beobachtungsoperationen) entspricht genau dem, was Linguisten als performativen Widerspruch oder Dekonstruktivisten als Widerspruch von Sprache gegen Sprache bezeichnen würden." (Luhmann 1997a: 161, Fn.)

109 Vergleiche z. B.:„Wie fange ich es an von dem *a* der *différance* zu sprechen? Selbstverständlich kann sie nicht *exponiert* werden. Man kann immer nur das exponieren, was in einem bestimmten Augenblick *anwesend*, offenbar werden kann, was sich zeigen kann, sich als ein Gegenwärtiges präsentieren kann, ein in seiner Wahrheit gegenwärtig Seiendes, in der Wahrheit eines Anwesenden oder des Anwesens des Anwesenden. Wenn aber die *différance* das i̶s̶t̶ (ich streiche auch das ‚i̶s̶t̶' durch), was die Gegenwärtigung des gegenwärtig Seienden ermöglicht, so gegenwärtigt sie sich nie als solche." (Derrida 2004: 114, Hervorh. i. O.) Zu einem hier ebenfalls relevanten Bezug zu Lacan vergleiche Clam (2003: 169f).

Form mit der Dimension des Konzeptes der *différance*, die mit anderen theoretischen Unterscheidungen ausführen kann, dass es Effekte der Sprache sind, die die Differenz-/Beobachtungsabhängigkeit des Systems verdecken[110]. Fuchs führen diese Destabilisierungen der Theorie (durch die Formtheorie, durch die Dekonstruktion) dazu, ein nicht-cartesisches Denken (2001: 120) einzufordern, das das System nur noch als Metapher auffassen kann[111].

> „Das System als Differenz, das schließt das System als Ding, als Subjekt/Objekt, als Phänomen aus. (...) System ist der (vor dem Hintergrund der klassischen Logik) paradoxe Ausdruck für einen *betriebenen Unterschied*. Es ist auch der Ausdruck für die Durchkreuzung des Seins-Schemas, für ein im Blick auf die Seinsfrage destruktives *Weder/Noch*. (...) Systemtheorie, das ist, genau besehen, die Theorie der *Barre* in der System/Umwelt-Unterscheidung, und in diesem Sinne ist sie auch *gebarrte* Theorie." (Fuchs 2001: 242, Hervorh. i. O.)

Letztlich ist das allerdings – wie die bisherige Rekonstruktion darlegen sollte – bei Luhmann schon verarbeitet; es klingt, um noch einen weiteren der wichtigen späten Texte zu zitieren, vielleicht etwas weniger dramatisch:

> „Die Welt, die Gesellschaft ist als Bedingung der Möglichkeit des Unterscheidens für die Beobachter dieselbe – und nicht dieselbe insofern, als sie je nach der Unterscheidung, von der man ausgeht, anders gespalten und daher in anderer Weise zum Paradox wird. (...) In der heutigen Wissenslandschaft liegt es nahe, diese paradoxe Ausgangslage als Einheit von Konstruktivismus und Dekonstruktivismus zu formulieren. Das schließt ein, dass die Konstruktionen der Soziologie ihre eigene Dekonstruierbarkeit mitreflektieren müssen. Wie immer das verstanden wird (...), die Soziologie wird in allen Texten, die sie produziert, nicht nur Falsifizierbarkeit, sondern auch Dekonstruierbarkeit aller Identitäten und Unterscheidungen im Auge behalten müssen." (Luhmann 1997: 1135)

Hier eröffnet sich eine Lesart der luhmannschen Systemtheorie, nach der Luhmann die theoretischen Motive der Dekonstruktion, unter dem Label des Dekonstruktivismus, schon längst aufgenommen hat[112]. Jahraus spricht sogar von

---

110 Vergleiche dazu insgesamt Fuchs (2001) und spezifisch zu seiner Relationierung der Konzeptionen von Spencer Brown und Derrida siehe Fuchs (2001: 118ff).
111 Was von Fuchs wiederum in einer anderen Metapher gefasst wird, wenn er Systeme als Unjekte benennt (vergleiche 2000: 40, 2001b: 51, 2005: 10 sowie 2001: 13 und ausführlicher 115ff). Siehe ergänzend auch: „0.6.4. Wird auf die Rückversicherung in Ontologie verzichtet, bleibt das System als Differenz. Es ist (wie jede Differenz) kein Ding, kein Subjekt, kein Objekt, keine Festigkeit. Außer für einen Beobachter ist es: nichts. Systeme (immer als Differenz) entziehen sich deshalb der Wahrnehmung. Noch nie hat jemand ein System gesehen. Der Ausdruck >Unjekt< steht für dieses Problem." (Fuchs 2004: 16f, Hervorh. i. O.)
112 „Für Luhmann jedenfalls scheint der ‚Dekonstruktivismus', den er nicht nur im Sinne einer philosophischen Position, sondern auch als ein besonderes methodisches Verfahren versteht, bereits zum Bestandteil seiner eigenen Theorie geworden bzw. immer schon ein solcher Bestandteil gewesen zu sein." (Binczek 2000: 9). Vergleiche dazu auch die ganze Studie von Binczek, die sich in kritischer Analyse der Frage nach dem Stellenwert und der Funktion dekonstruktiver Anteile in der Systemtheorie Luhmanns widmet.

einer Radikalisierung des dekonstruktivistischen Verfahrens, die darin liege, dass Luhmann die von der Dekonstruktion beschriebenen Paradoxien des Sinns operationalisierbar mache (2001: 12) und sich von der Bezogenheit auf die alten metaphysischen Thematiken des Ursprungs und der Wahrheit, die für die Dekonstruktion noch kennzeichnend sei, verabschiedet habe (2001: 49)[113].

Eine spezifische Strategie der Lektüre der Relation von Dekonstruktion und Systemtheorie hat Teubner (1999) gewählt. Seine Lektüre berührt sich mit der hier vorgeschlagenen insbesondere in der Problematik, dass die systemtheoretische Zentralkonstruktion der Relation der Unterscheidung System/Umwelt zum Konzept der strukturellen Kopplung Effekte der Supplementarität evoziert, die mit einer rein systemtheoretischen Begrifflichkeit nicht mehr zu kontrollieren sind (vgl. Teubner 1999: 209). Dabei sieht Teubner die Möglichkeiten, die durch die theoretische Separierung von psychischen und sozialen Systemen – und allgemeiner: von System und Umwelt – erzeugten Theoriebedarfe über das Konzept der strukturellen Kopplung und der Interpenetration zu füllen, dadurch begrenzt, dass die Theorieanlage Luhmanns immer wieder dazu zwinge, „strukturelle Kopplung und Interpenetration in das Innere der beteiligten Systeme zu verlagern (...) und das ‚interaktive' Element, das Übersetzen oder das ‚Zwischen' von Bewusstsein und Kommunikation zu minimieren, besser: zu eliminieren" (Teubner 1999: 209, Hervorh. i. O.). Dem stellt Teubner die, aufgrund der anderen theoriekonstitutiven Leitdifferenz, differenten Beobachtungspotenziale der Dekonstruktion gegenüber:

„Und genau im Allerheiligsten [der Differenz von System und Umwelt, M.U.] beginnt dann auch die Heimsuchung der strukturell gekoppelten Systeme durch die Dekonstruktion, die Verfolgung der nichtaufhebbaren Vielheit der Systeme durch die Einheit (!) der *différance*. Denn in Derridas Sicht erschiene Sinnkonstitution gerade nicht als Mehrheit getrennter, aber paralleler Rekursionen geschlossener Systeme und schon gar nicht als Separierung psychischer und sozialer Systeme. Vielmehr ist die Dynamik der *différance* ein zwar differentielles, paradox konstituiertes, je nach Kontext wechselndes, ständig seine Bedeutung aufschiebendes (...) Geschehen, das rechtliche, wirtschaftliche, politische, interaktionelle und organisatorische, aber auch soziale und psychische Aspekte in ihrer Relationalität gerade übergreift. Die These ist, daß ein solcher Begriff der *différance*, der mit systemtheoretischer Begrifflichkeit nicht kompatibel, sondern ihr supplementär ist, den offenen Tanz der heterogenen Systemoperationen selbst, das Netz der Relationen, die Koordination, das Zusammenspiel der verschie-

---

113 Anders Wimmer (2006: 261f), der in den luhmannschen Entparadoxierungsstrategien keine Überschreitung oder Fortsetzung der Dekonstruktion sieht, sondern diesen gegenüber vielmehr an der spezifischen Haltung des Denkens der Dekonstruktion festhält: „Es ist also ein Verhältnis zum Paradoxen, Widersinnigen, Aporetischen, das sich weder als Lösung noch als rigorose Überschreitung, weder als Negation seiner Bedeutung noch als Affirmation seiner Funktion bestimmen läßt, sondern als ein die Spannung aushaltendes Wahrnehmen und Erfahrung des Unmöglichen, als Bedingung der Möglichkeit eines antwortenden Denkens und eines gerechten Handelns" (Wimmer 2006: 262).

denen Aspekte artikulieren kann, ohne dies wiederum seinerseits in ein geschlossenes System verketteter, gleichartiger Operationen zu überführen." (Teubner 1999: 209f, Hervorh. i. O.)

Das Interessante an dieser Rekonstruktion des Aufspringens von Effekten der Supplementarität in der Systemtheorie liegt dann allerdings darin, dass Teubner nicht auf eine Dekonstruktion der Systemtheorie zielt[114], sondern die beiden Theorieformen in ein Verhältnis der wechselseitigen Supplementarität stellt, dessen Möglichkeit daraus resultiert, dass die jeweilige theoretische Konstruktion die Beobachtung dessen provoziert, was mit der anderen Theorie nicht gesehen werden kann. Die beiden Leitunterscheidungen dieser Theorien – Schrift/Sprache und Bewusstsein/Kommunikation – können als derart aufeinander bezogen betrachtet werden, dass wechselseitig jeweils die eine Unterscheidung ermöglicht, die mit der anderen Unterscheidung erzeugte selektive Blindheit der Theorie zu analysieren (Teubner 1999: 204).[115] Dabei geht Teubner davon aus, dass beide Theoriebewegungen auf die Problematik reagieren, ob Sinn im Bewusstsein oder im (phänomenologisch beobachteten) Sprachspiel produziert wird – ein Dissens, der theoriegeschichtlich an die Positionen von Husserl und Lyotard geknüpft wird. Luhmann löse diese Problematik, indem er mit psychischem und sozialem System differente Systeme des Sinns beschreibe; Derrida tue dies, indem er Schrift als etwas konzipiere, das innere und äußere Bewegungen der Sinnbildung umfasse und als ein solches Supplement die Differenz von Sprache und Bewusstsein unterminiere.

„Dem Geniestreich Derridas, die Hierarchie von Sprache und Schrift doppelt zu dekonstruieren, als *tangled hierarchy* und als heimliche Umkehrung, ist der Geniestreich Luhmanns ebenbürtig, mit der Verdopplung der Sinnproduktion durch psychische und soziale Systeme der sterilen Alternative von Bewußtseinsphilosophie und Sprachspieltheorie zu entgehen. Doch liegt die eine Unterscheidung jeweils im blinden Fleck der anderen." (Teubner 1999: 205, Hervorh. i. O.)

So wie die Dekonstruktion die Relationen, Abhängigkeiten und Kopplungen der operativen Prozesse einer Mehrzahl von Systemen aus einer theoretischen Außenposition beobachten kann, kann auch die Systemtheorie, so Teubner,

---

114 Noch 1996 hatte Teubner eher der Dekonstruktion eine mangelnde Radikalität ihrer Denkbewegung vorzuhalten, vergleiche Teubner (1996: 233).
115 Für einen grundsätzlichen Zweifel daran, dass sich diese extrem komplexen Theorien aus einer einzigen basalen Differenz heraus verstehen lassen, vergleiche in diesem Kontext auch Binczek (2000: 38). Sie erwägt dann allerdings, nicht ohne jede Plausibilität, selbst die Möglichkeit einer anderen Leitunterscheidung für die Dekonstruktion: „Wollte man daher eine Unterscheidung nennen, die für die Dekonstruktion einen ähnlich fundamentalen Stellenwert aufwiese wie die System/Umwelt-Differenz für die Systemtheorie, so müsste sie in der Unterscheidung zwischen den (ontologischen) Distinktionen und der sie überschreitenden Auflösung, in ihrer Dissemination also, gesehen werden." (Binczek 2000: 40)

soziale Bedingungen der Möglichkeit der Dekonstruktion beobachten, die diese niemals erblicken wird.

„Und hier nun beginnt Derridas Alptraum. (...) er kann soziale Systeme (...) immer nur als Texte und Intertextualitäten dekonstruieren, aber ihre ruhelose Autopoiesis verfolgt ihn ständig, ohne daß sie im Tageslicht der Dekonstruktion sichtbar wird. Soziale Systeme dekonstruieren Dekonstruktion, freilich nicht, daß sie sie auf Dauer ausschließen können, aber in dem Sinn, daß sie die Dekonstruktion selbst verschieben, aufschieben, disseminieren, historisieren, daß sie die Bedingungen ihrer Möglichkeit drastisch verändern." (Teubner 1999: 206)

Diese Konzeption der Relation von Dekonstruktion und Systemtheorie ist in dem Sinne fundamentaler als die im vorliegenden Text praktizierte, dass sie eben nicht nur das dekonstruktivistische Supplement der Systemtheorie, sondern in einem Akt der theoretischen Reflexion gleichermaßen das systemtheoretische Supplement der Dekonstruktion bestimmt. Das Problem, das sie sich damit erzeugt, besteht dann allerdings darin, nicht mehr erkennen zu lassen, ob diese theoretische Reflexion selbst eine systemtheoretische oder eine dekonstruktivistische ist – oder um welche Art von Theorie es sich sonst handeln sollte[116].

Dieser Text wird im systemtheoretischen Paradigma verbleiben und sich in seiner Untersuchungsperspektive an der Hintergrundfrage orientieren, welche Effekte die Beobachtung der Dekonstruktion für die Selbstbeobachtung der Systemtheorie haben kann. Dabei wird es im Folgenden um eine Erkundung in den Bereichen einer systemtheoretischen Beschreibung des psychischen Systems gehen und um Probleme der Beobachtung von Prozessen der strukturellen Kopplung.

Auf Basis der luhmannschen Theorieanlage spricht zunächst nichts dagegen, eine systemtheoretische Beschreibung der Psyche zu entwickeln. Und in der Tat ist das im systemtheoretischen Paradigma, durch Luhmann selbst, durch Fuchs und durch andere, ja auch geschehen. Das nächste Kapitel wird solche theoretischen Konstruktionen des psychischen Systems sichten. In diesem Kontext ist allerdings zu bedenken, dass die theoriekonstitutive Unterscheidung von

---

116 Die Selbstbeschreibung: „Ich würde demgegenüber eine Lektüre vorziehen, die eine paranoide Dynamik zwischen den Theorien aufdeckt, eine Dynamik ihrer wechselseitigen Verfolgungen (...) Systemtheorie und Dekonstruktion – was ist der kognitive Ertrag ihres wechselseitigen Verfolgungswahns, der in einem hektischen Wirbel von dekonstruktiven Zügen und systemischen Gegenzügen, in einem Steigerungsverhältnis von Stabilisierungen und Destabilisierungen, in einem Tanz der wechselseitigen Heimsuchungen endet. Fruchtbar wird diese Lektüre erst dann, wenn sie lesen kann, wie in der ‚Para-noia', also in der geschlossenen Welt der Scheinüberzeugungen die andere Scheinwelt wiedererscheint. Also: Autopoietische Sozialsysteme als Derridas Alptraum. Die Gabe der Gerechtigkeit als Luhmanns Erlösung." (Teubner 1999: 200f, Hervorh. i. O.) Zu den Schwierigkeiten eines Vergleichs der Theorien Derridas und Luhmanns vergleiche allgemein auch Binczek (2000: 10ff) und Stäheli (2000: 13ff) mit einer eher skeptischen Position sowie Jahraus (2001: 20f) mit einer analytischen Strategie der Bestimmung von Konvergenzen dieser beiden Supertheorien.

psychischen und sozialen Systemen durchaus die Funktion hat, eine Sphäre der theoretischen Beschreibung des Sozialen zu schaffen, die sich von der Reflexion auf die Einbindung von Bewusstseinsphänomenen oder psychischen Prozessen lösen kann. Wenn sich der theoretische Blick dann doch diesen Feldern zuwendet, die durch die theoretische Konstruktion eigentlich ausgeblendet werden sollten, ist dies ein Hinweis auf das Wirken supplementärer Effekte. Dieser Eindruck verstärkt sich, wenn man sieht, wie sehr sich noch in der avanciertesten Form der Beschreibung psychischer Systeme im Kontext der luhmannschen Systemtheorie, in den jüngeren Arbeiten von Fuchs, die theoretische Konstruktion der Psyche um den Aufweis ihrer „Extimität" (2005: 132) und damit letztlich ihrer Durchdringung, Strukturierung und Erfahrbarkeit durch das Soziale dreht. Doch selbst, wenn es gelingt, psychische Systeme in einer autopoietischen Operativität zu beschreiben, die sich in gleicher Weise von der Operativität der Kommunikation autonomisiert, wie sich die Kommunikation gegenüber der psychische Erfahrung abschließt, so ist damit noch nicht das theoretische Feld der Supplementarität erreicht. Dieses eröffnet sich in Hinblick auf die Relationen von psychischen und sozialen Systemen erst auf der Grundlage einer eigenständigen theoretischen Konzeption psychischer Systeme. Erst wenn eine solche Beschreibung auf der Basis der Konstruktionsmöglichkeiten einer in den Konzepten der Formtheorie basierten Systemtheorie vorliegt, kann eine theoretische Analyse ansetzen, die die Bedingungen, Möglichkeiten, Effekte und Relationen der wechselseitigen strukturellen Kopplungen differenter Systeme untersucht. Eine solche Weiterentwicklung der Systemtheorie würde aber um die Gründungsparadoxien der luhmannschen Systemtheorie kreisen müssen und wäre in diesem Sinne supplementär. Ein besonders starker Sog, sich mit diesen supplementären Konstellierungen des Psychischen und des Sozialen zu beschäftigen, besteht bezogen auf soziale Systeme vor allem bei solchen Systemen, für deren interne Ausdifferenzierung die Bezogenheit auf psychische Systeme von höchster Bedeutung ist – Kunst, Therapie, Erziehung. Am Beispiel des Erziehungssystems soll dann später exemplarisch und in ersten Zugängen erprobt werden, welche theoretischen Perspektiven sich für eine solche supplementär erweiterte, das Psychische mitbeobachtende Theoriebildung ergeben.

Als ein erkenntnistheoretisches Zwischenfazit sollte zunächst aber noch, Verdinglichungen vorbeugend, festgehalten werden, dass Beobachtungen Teil einer Welt sind, die mehr umfasst als Beobachtungen. Die Welt ist als Ganzes unbeobachtbar, da mit jeder Beobachtung etwas Neues konstruiert wird und Welt expandiert, ohne dass jemals die Chance entstünde, die Welt damit erkennen zu können – Autopoiesis der operativen Prozesse in dieser Welt. Beobachtungen operieren in der Form von Unterscheidungen, die Bezeichnungen markieren etwas in der Welt – sie „verletzen" die Welt, so lautet eine Metapher dafür, die in der Systemtheorie aus der Dekonstruktion übernommen wurde (wenn sie auch den Aspekt nicht berücksichtigt, dass damit zugleich Welt erzeugt wird, Welt expandiert) – und co-produzieren unmarked states dieser Bezeichnungen. Dieses operative Prozessieren von Differenzen ist den Aspekten der Welt, die selbst nicht Beobachtungen sind, prinzipiell unangemessen, und insofern die Beobachtungen selbst auch übergehen in die unbeobachtete Welt, sind sie auch diesen Beobachtungen als Teil der unbeobachteten Welt unangemessen. Die Simultanität (und Verwobenheit) dessen, was dann isoliert und in extremer Reduktion als Operationen oder als Prozesse beobachtet werden könnte, sprengt die Möglichkeiten der Beobachtung – dies wird hier mit der Metapher der Dichte der Welt gefasst.

3 Ansätze einer systemtheoretischen Konzeptionalisierung der Psyche als System

Es wird nicht nichts über psychische Systeme in der luhmannschen Systemtheorie ausgesagt. Die Interpretation der luhmannschen Systemtheorie als eine formtheoretische Differenztheorie, die mit der Leitunterscheidung System/Umwelt arbeitet, legt es jedoch nahe, psychischen Systemen angesichts ihrer supplementären Funktion in der theoretischen Konstruktion eine große Relevanz für die Entfaltung einer Theorie sozialer Systeme zuzusprechen, ihren Autopoiesen nachzugehen und die Strukturen zu beobachten, die sie operativ – nicht zuletzt in struktureller Kopplung mit den Operationen sozialer Systeme – aufbauen. Ein solcher Theoriekomplex, der auf psychische Systeme und die mit diesen verknüpften Perspektiven auf die strukturelle Kopplung mit dem Sozialen fokussiert, ist bei Luhmann nicht ausgeführt. Es gibt basale Überlegungen zu einer Theorie psychischer Systeme, insbesondere zu der Frage, was als operatives Elementarereignis des psychischen Prozesses betrachtet werden kann, es gibt kritische Auseinandersetzungen mit traditionell dem Psychischen relationierten Begriffen, wie dem Subjekt oder der Individualität, und es gibt – und das ist der bei Luhmann in dieser Hinsicht am weitestgehend ausgearbeitete Theorieteil – einige Überlegungen zur strukturellen Kopplung und zur Interpenetration von psychischen und sozialen Systemen.[117]

Eine solche nur fragmentarische Bearbeitung dieses theoretischen Komplexes überrascht deshalb nicht so sehr, weil es ein zentrales Motiv in der theoretischen Bewegung des luhmannschen Werkes ist, eine Sphäre des Sozialen als Sphäre des Sozialen zu konstruieren und die Eigendynamiken zu beschreiben, die in dieser Sphäre emanieren bzw. in der Emanation diese Sphäre erst konstituieren. Diese das luhmannsche Werk in seinen verschiedenen Phasen in verschiedenen Ausformungen durchziehende Intention findet einen ihrer wichtigsten Modi im Ausschluss des gesamten Bereiches individuums- oder subjektbezogener Konzepte – fokussierten sie auf Intentionen oder Wahlen, auf Bewusstseinsprozesse oder andere psychische Phänomene – aus dem axiomatischen Feld seiner Konstruktion einer Theorie des Sozialen. Erst eine externe oder interne

---

117 Luhmanns Auseinandersetzungen mit der Psyche sind über das Werk verstreut, vergleiche aber insbesondere Luhmann (1987: 346ff) und die in Luhmann 1995a zusammengestellten Aufsätze.

Beobachtung dieser theoretischen Konstruktion kann sich entschließen, diese theoretische Figuration mit dem Beobachtungsschema der Supplementarität zu problematisieren und den marginalisierten Bereich des Psychischen stärker auf die zentralen Konstruktionsmomente der Systemtheorie zu beziehen.

Unabhängig von einer Beobachtung der theoretischen Konstruktion der Systemtheorie bei Luhmann mit dem Konzept der Supplementarität hat die luhmannsche Theorieanlage eine Reihe von Arbeiten provoziert, die dieser eigentümlichen Axiomatik einer scharfen Differenzierung von Psychischem und Sozialem nachgehen. Die Vorschläge, diese luhmannsche Theoriefiguration auszufüllen, weiterzuschreiben, umzuschreiben, sind sehr unterschiedlich ausgefallen und reichen von Versuchen, die konkreten Ausformungen der Interpenetration psychischer und sozialer Systeme normativ zu differenzieren in eine gelingende oder misslingende, rationale oder leidvolle Art der Relationierung von psychischen und sozialen Systemen – so kritische Theorie intertextualisierend und damit die luhmannschen Intentionen wohl verfehlend Giegel (1987) – über ‚post-luhmannsche' Überwindungen eines systemtheoretischen Anitihumanismus bei Konopka (1999) bis zu der dekonstruktivistischen Variante der Systemtheorie, die Fuchs seit geraumer Zeit entwickelt. Diese letztere Variante, die sich immer wieder von der axiomatischen Ausgangskonstellation der Differenz psychischer und sozialer Systeme faszinieren lässt, kann zur Zeit als die relevanteste Fortschreibung der luhmannschen Systemtheorie in Hinblick auf eine theoretische Konzeption des Psychischen und seiner Relation zum Sozialen betrachtet werden. Eine Fortschreibung, die inzwischen bei einer Perspektive angelangt ist, „... in der Psychisches und Soziales koinzidieren: als verschiedene Ausdrücke eines Beobachters für *einen* (die Differenz austreibenden) Ko-Fundierungsprozeß" (Fuchs 2005: 143, Hervorh. i. O.), und die ihr Interesse fokussiert auf „... die Einheit des Verschiedenen (...), die unitas multiplex des im genauen Sinne Psychosozialen" (Fuchs 2005: 143). Doch zunächst zu der dieses diskursive Feld eröffnenden theoretischen Konstruktion bei Luhmann.

Die theoretische Entwicklung der Differenzierung von Sozialem und Psychischem verlief bei Luhmann zunächst über den extraordinären Stellenwert, der dem Begriff des Sinns im Theorieaufbau zugewiesen wurde[118]. Der Sinnbegriff wurde aus der Beschränkung auf den Kontext der phänomenologischen Analyse von Bewusstseinsprozessen, den er noch bei Husserl als einer der für Luhmann hier primären Quellen (Luhmann 1971: 30f, Luhmann 1987: 93, 356ff) hatte, herausgelöst und als basaler Zusammenhang von Selektion und Möglichkeit, als Zusammenhang eines in der Aktualisierung immer auch auf

---

[118] Vergleiche als einen wichtigen früheren Text Luhmann (1971) und grundlegend zum Sinnbegriff bei Luhmann siehe Schützeichel (2003).

andere Sinnpotenzialitäten verweisenden Sinns sowohl psychischen Systemen als auch sozialen Systemen zugeordnet (Luhmann 1971: 28ff). Die Art der Relationierung der Begriffe des Sinns und des psychischen sowie des sozialen Systems beschrieb Luhmann 1971 (30) noch als eine Vorläufige, in weiteren Analysen zu Klärende: er konzipierte die Relation von Sinn und System zunächst mit dem Begriff der Konstitution.

> „Was es zu verstehen und im Begriff der Konstitution zu fassen gilt, ist jenes Verhältnis einer selektiv verdichteten Ordnung zur Offenheit anderer Möglichkeiten, und zwar als ein Verhältnis des Wechselseitig-sich-Bedingenden, des Nur-zusammen-Möglichen. Wir werden versuchen (...) dieses für sinnhaftes Erleben und Handeln typische Konstitutionsverhältnis mit Hilfe der Begriffe System und Welt bzw. Umwelt (...) zu interpretieren, und sprechen deshalb von sinnkonstituierenden Systemen." (Luhmann 1971: 30f)

Ein solcher von Bewusstseinsprozessen abstrahierter Sinnbegriff konnte dann für die Beschreibung sozialer Systeme viele der Funktionen übernehmen, die in anderen Theorien Bewusstseinsprozessen, Subjekten oder Individuen zugerechnet werden.

Die zentrale Einbindung einer solchen Konzeption von Sinn in die theoretische Konstruktion ermöglichte es Luhmann, die Frage, wie psychische Systeme mit Sinn operieren hintanzustellen: Das Soziale selbst operiert sinnhaft. Die Implementierung des Konzeptes der Autopoiesis in die theoretische Differenzierung von sozialen Systemen und psychischen Systemen, wie sie in *Soziale Systeme* (Luhmann 1987) ausgearbeitet wurde, konnte eine solche Ausgrenzung des Psychischen aus dem Sozialen theoretisch absichern und verfestigen.

Erst der letzte paradigmatische Entwicklungsschub in der luhmannschen Theorie rückt mit der formtheoretischen Fundierung und ihren dekonstruktivistischen Implikationen auch für die Differenz von Sozialem und Psychischem das Psychische erneut stärker in den Blick oder zumindest in eine theoretische Position, die den Blick auf sich ziehen müsste[119]. Das aber ist nicht mehr als ein Interesse des Theorieansatzes bei Luhmann zu erkennen, der die Autopoiesis des Sozialen und die darin möglichen Ausdifferenzierungen fokussiert und den Problemen der strukturellen Kopplung und der Interpenetration mit psychischen Systemen im Wesentlichen nur soweit nachgeht, wie es für die Plausibilisierung einer solchen Theoriekonstruktion erforderlich zu sein scheint.

---

119 Bislang sind es insbesondere die Arbeiten von Fuchs (vgl. insbesondere 1998, 1999, 2003, 2003a, 2004, 2005, 2005b), die an dieser Stelle der theoretischen Konstruktion an Luhmann anschließen.

3.1 Konzeptualisierungen des Psychischen bei Luhmann

Das Konzept einer Autopoiesis des Psychischen verlangt im systemtheoretischen Kontext danach, die Elemente zu benennen, mit denen sich das psychische System als eben diese Elemente, aus denen es besteht, selbst produziert und reproduziert (vgl. Luhmann 1995b: 56). Als den spezifischen Operationsmodus psychischer Systeme setzt Luhmann in *Soziale Systeme* Bewusstsein an, er versteht psychische Systeme dort als „Systeme, die Bewußtsein durch Bewußtsein reproduzieren" (1987: 355).[120] Dieses Bewusstsein wird ereignishaft und damit zeitbezogen konzipiert: Das Auftauchen der Bewusstseinselemente geht unmittelbar in ihren Zerfall über, die Elemente des Bewusstseins modifizieren sich selbst und kontinuieren damit die Selbsttransformation des Bewusstseins (Luhmann 1995b: 57). Die Letztelemente, über die sich die Autopoiesis der psychischen Systeme vollzieht, bestimmt Luhmann als Gedanken. Dabei arbeitet er mit einem relativ weiten Begriff des Gedankens, der sich nicht auf ‚höhere' kognitive Leistungen beschränken lässt.

> „Die Autopoiesis des Bewußtseins ist das Fortspinnen mehr oder minder klarer Gedanken, wobei das Ausmaß an Klarheit und Distinktheit selbstregulativ kontrolliert wird je nachdem, was für einen bestimmten Gedankenzug – vom Dösen und Tagträumen bis zur mathematischen Rechnung – zur Einteilung der Gedanken und zum Übergang erforderlich ist." (Luhmann 1995b: 61)

Eine solche heterogene Bewusstseinsprozesse umfassende Konzeption der gedanklichen Autopoiesis führt dann in den späteren Schriften immer mehr zur Betonung der Wahrnehmungsfunktion[121] des Bewusstseins als der Dimension, die es am deutlichsten von Kommunikation unterscheide (vgl. Luhmann 1992: 19f, 1997a: 14ff).

Betrachtet man Gedanken in diesem erweiterten, Wahrnehmungsprozesse umfassenden Sinn als die basalen Elemente, an denen sich das psychische Operieren vollzieht, lässt sich mit der Differenzierung von Gedanke und Vorstellung eine zweite grundlegende (und paradox konstruierte) Unterscheidung benennen, über die die Autopoiesis psychischer Systeme beschreibbar wird. Diese Dif-

---

120 Vor diesem Hintergrund erklärt sich auch das Changieren der Begrifflichkeit zwischen „psychischen Systemen" und „Bewußtseinssystemen" (vergleiche als ein wichtiges Beispiel für die letztgenannte Variante Luhmann 1995b).
121 Ergänzend spricht Luhmann auch von „der anschaulichen Imagination" (Luhmann 1992: 20) oder einer imaginierten Wahrnehmung, die hier mitgemeint ist, und die er in *„Die Kunst der Gesellschaft"* definiert als „(...) selbstveranlaßte Wahrnehmungssimulation. Wir werden das im folgenden Anschauung nennen." (Luhmann 1997a: 16)

ferenz rekurriert formtheoretisch[122] auf die Unterscheidungen von Operation und Beobachtung und von Selbst- und Fremdreferenz in den Bewusstseinsprozessen. Gedanken zählen zu den Operationen, die sich nur als Beobachtung vollziehen, d.h. sie verwenden Zwei-Seiten-Formen, in denen sie mit der Bezeichnung die eine Seite der Unterscheidung markieren. Die Autopoiesis des Psychischen eröffnet sich mit dem Gebrauch solcher Unterscheidungen – ohne Differenzierung, ohne die operative Verkettung von Formen könnte nichts Psychisches entstehen. Dabei gilt der allgemein in der Formtheorie beschriebene rekursive Zusammenhang von Beobachtung und Operation auch für psychische Systeme. Beobachtungen vollziehen sich operativ als die Markierung der einen Seite einer Unterscheidung und können sich im Moment der bezeichnenden Operation nicht selbst als Unterscheidung beobachten. Das geht nur durch eine folgende Operation, die die erste als eine solche Zwei-Seiten-Form beobachtet, sich selbst aber wiederum in diesem operativen Vollzug der Beobachtung der anderen Operation als einer Beobachtung nicht selbst beobachten kann. Diese Reflexion auf den Prozess der Beobachtung selbst macht es in der Formtheorie erforderlich, überhaupt mit der begrifflichen Differenzierung von Beobachtung und Operation zu arbeiten. Im Bereich der psychischen Systeme erscheint diese theoretische Figuration in der Differenzierung von Vorstellung und Gedanke, wobei nach Luhmann der beobachtete Gedanke als Vorstellung bezeichnet werden soll und das Beobachten als das Vorstellen einer Vorstellung (Luhmann 1995b: 62). Diese Differenzierung ermöglicht zudem, ein theoretisches Problem zu bearbeiten, das angesichts von Bewusstseinsprozessen deutlicher hervortritt als in Kommunikationsprozessen. Wie lassen sich im *stream of consciousness* des prozessierenden Bewusstseins einzelne Operationen voneinander abgrenzen, wo hört ein Gedanke auf und wo beginnt der nächste? Die Beobachtung eines Gedankens lässt sich hier als Operation begreifen, die sich selbst in ihrem Gebrauch einer Unterscheidung von dem Beobachteten differenziert: „Wenn ein Gedanke einen anderen Gedanken beobachtet, heißt das also, daß er ihn mit Hilfe einer Unterscheidung faßt und ihn so fixiert, daß er von eben diesem Gedanken und keinem anderen Abstand gewinnt." (Luhmann 1995b: 62). In der Vorstellung wird der beobachtete Gedanke als ein anderer konstituiert, und damit wird über die Operation die Differenz von Selbst- und Fremdreferenz erfahrbar.

---

122 Vergleiche Luhmann (1995b: 61f). Dieser Luhmanntext von 1987, auf den sich die hier explizierte Interpretation bezieht, dürfte auch einen der ersten Bezüge auf Spencer Brown darstellen, in denen die Rezeption des Formkalküls in einer für die theoretische Konstruktion essentiell relevanten Art und Weise erfolgt.

„In die Form der Vorstellung gebracht erscheint der Gedanke (für einen anderen Gedanken) als atomisiert und zugleich eingespannt in die Dimension Selbstreferenz/Fremdreferenz, die der Beobachtung als leitende Unterscheidung zugrunde liegt. Eben deshalb wird der beobachtete Gedanke ‚*Vorstellung* von *etwas*'." (Luhmann 1995b: 62, Hervorh. i. O.)

Diese Überlegung steht in einem unmittelbaren Zusammenhang mit der theoretischen Möglichkeit, Gedanken als die basalen Elemente psychischer Systeme zeitlich als Ereignisse zu beobachten – oder anders formuliert: über die Beobachtung der Gedanken als Ereignisse wird die zeitliche Dimension der Autopoiesis des psychischen Systems eröffnet. Durch die Beobachtung als Vorstellung entsteht im Bewusstsein eine Differenzierung, die es ermöglicht, mit den Unterscheidungen von „*dieser Gedanke*" und dem *unmarked space* der ihn konstituierenden Zwei-Seiten-Form und von „*dieser Gedanke*" samt seinem unmarked space und „*jener Gedanke*" samt seinem unmarked space die Differenz von *jetzt* und *nicht jetzt* und die Differenz von *vorher* und *nachher* zu erfahren.

Über diese in der (zeitversetzten) Selbstbeobachtung erfahrbar werdenden Differenzierungen, über die Punktualisierungen, Zäsierungen, Stakkati, in denen sich das Bewusstsein als in sich unterschieden erfährt, erzeugen psychische Systeme ihre „Eigenzeit" (Luhmann 1995b: 65). Fuchs bestimmt an diesem Punkt ansetzend die Funktion des Bewusstseins:

„In einem noch sehr allgemeinen Sinne ist diese Funktion die Zerlegung oder Digitalisierung eines analogen Stromes von diffusen Wahrnehmungen in aufeinander beziehbare Ereignisse. (...) Die Funktion wäre die Erzeugung von Einheiten, die sich als sequenziell geordnet auffassen lassen (...). Die Funktion des Bewußtseins ist die Formierung und Inszenierung ordnungsfähiger Zeit." (Fuchs 2003: 58f)

Da es nach Luhmanns formtheoretischer Konstruktion nicht möglich ist, in der Operation der Beobachtung diese Operation selbst zu beobachten, kann ein Gedanke als Gedanke immer nur rückblickend, im Nachhinein, beobachtet werden. Im aktuellen Prozessieren des psychischen Systems ist die Selbstreferenz der Gedanken, des gedanklichen Prozesses, als ein Verweis auf die Möglichkeit einer zukünftigen, nachträglichen Beobachtung dieses Gedankens als Vorstellung enthalten. In der aktuellen den bereits vergangenen Gedanken fokussierenden Beobachtung gelingt die Beobachtung des Bewusstseins immer nur fremdreferenziell als das eben jetzt nicht aktuelle Operieren des psychischen Systems.

Daraus resultiert die Beschreibung einer spezifischen Modalität der Zeitlichkeit dieser Bewusstseinsprozesse[123].

---

123 Zu den Rückbezügen auf Husserl, die Luhmann in Hinblick auf das Bewusstsein insbesondere über den Topos der Zeitlichkeit erstellt, vergleiche Luhmann (1987: 356f).

„Wenn diese Unterscheidung von Gedanke und Beobachtung (die ihrerseits schon ein neuer Gedanke ist) zutrifft, *prozediert das Bewußtsein voran, indem es zurückblickt*. Es operiert gleichsam mit dem Rücken zur Zukunft, nicht proflexiv, sondern reflexiv. Es bewegt sich gegen die Zeit in die Vergangenheit, sieht sich selbst dabei ständig von hinten und an der Stelle, wo es schon gewesen ist; und deshalb kann nur seine Vergangenheit ihm mit gespeicherten Zielen und Erwartungen dazu verhelfen, an sich selbst vorbei die Zukunft zu erraten. (…) Es (…) bemerkt seine Vorhaben in der Erinnerung." (Luhmann 1995b: 62, Hervorh. i. O.)

Diese tentativen Formulierungen[124] verweisen auf einen theoretischen Konnex, der vielleicht besser bei Derrida und im Rahmen der Systemtheorie in Zusammenhang der Rezeption des derridaschen Begriffs der *différance* durch Fuchs ausgearbeitet ist[125].

Die zeitkonstituierende Binnendifferenzierung psychischer Systeme lässt sich auch als die Bildung von Episoden beschreiben, wenn einzelne oder zusammengehörige gedankliche Operationen als Episode aufgefasst und als solche als Basis für Erinnerungsprozesse und die auf solchen Erinnerungen basierenden komplexeren gedanklichen Prozesse betrachtet werden. Luhmann arbeitet mit dem Begriff der Episode insbesondere in *Soziale Systeme* und verwendet ihn dort vor allem im Kontext der Beschreibung von Prozessen, die auf der strukturellen Kopplung von psychischen und sozialen Systemen basieren, und zwar zunächst im Zusammenhang mit dem Begriff der Erwartung. Letzterer wird definiert als:

„Bezogen auf psychische Systeme verstehen wir unter Erwartung eine Orientierungsform, mit der das System die Kontingenz seiner Umwelt in Beziehung auf sich selbst abtastet und als eigene Ungewißheit in den Prozeß autopoietischer Reproduktion übernimmt. Erwartungen begründen beendbare Episoden des Bewußtseinsverlaufs." (Luhmann 1987: 362)

Der Begriff der Episode soll aufzuzeigen, dass die Autopoiesis psychischer Systeme nicht nur als ein sich selbst kontinuierender Prozess, sondern als ein darin auch differenzierter konzipiert werden muss, damit die Möglichkeit entsteht, in dieser Autopoiesis auch Unterschiedliches zu denken (vgl. Luhmann 1987: 365f). Dass insbesondere Sprache in den Operationen der Psyche genutzt werden kann, Episoden und den Übergang zwischen ihnen zu organisieren, wird im Folgenden dargestellt. In Hinblick auf *Soziale Systeme* ist allerdings zu bedenken, dass hier im Wesentlichen noch ohne das begriffliche Instrumentarium der Formtheorie gearbeitet wurde.

Festzuhalten ist zunächst die Möglichkeit, mit der Unterscheidung von Gedanken und Vorstellungen die formtheoretische Differenzierung von Operation

---

124 Und darin möglicherweise ein Versuch, die husserlsche Konstitution der Gegenwart des Bewusstseins aus der Reflexion auf seine Protentionen und Retentionen in einer systemtheoretischen Architektur zu rekonstruieren. Vergleiche aber auch Benjamins „Engel der Geschichte" (1977: 255).
125 Vgl. dazu insbesondere Fuchs (2001).

und Beobachtung auf psychische Systeme anzuwenden und über die damit konstruierte Selbstunterteilung des psychischen Prozesses in ereignisförmige Episoden Momente der Selbstreferenz und der Fremdreferenz, des Vorher und Nachher unterscheidbar und darin Psyche als ein autopoietisches System beschreibbar zu machen. Entscheidend ist dabei in formtheoretischer Hinsicht nicht die Frage, ob es sich bei den derart unterschiedenen psychischen Operationen um Gedanken, Wahrnehmungen oder etwas anderes handelt, sondern die Möglichkeit, psychisches Operieren als einen sich in sich selbst differenzierenden Prozess zu konzeptualisieren. Damit ist die Stelle der Konstruktion der luhmannschen Theorie markiert, an der im Folgenden angesetzt werden soll, um unter Beibehaltung der formtheoretischen Konstruktionsprinzipien einen anderen Begriff der basalen Elemente des psychischen Operierens vorzuschlagen.

Erst auf einer nachrangigen Abstraktionsebene wird dann die Frage relevant, wie sich in diese Potenzialität der Selbstdifferenzierung die konkreten, den Aufbau von Strukturen ermöglichenden Unterscheidungen einschreiben. Luhmann markiert als Ansatzpunkt für einen solchen Prozess, in dem sich „intern strukturierte Komplexität" (Luhmann 1995b: 75) ausdifferenziert, ebenfalls die basale Differenz von Gedanke und Vorstellung. „Die Beobachtung eines anderen Gedanken als Vorstellung dient einem Gedanken dazu, sich selbst zu finden, sich in der diffusen Aktualität des Moments kurzfristig zu lokalisieren und den Übergang zum nächsten Moment zu regulieren" (Luhmann 1995b: 76f). In dieser gedanklichen Selbstkontinuierung oder „Konkatenation" (Fuchs 2005: 64) besteht dabei operativ immer die Möglichkeit, bei der jeweiligen Referenz zu bleiben oder sie zu wechseln. Die nächste Operation, der weitere operative Prozess kann sich entweder darauf beziehen, *was* vorgestellt wurde oder *wie* etwas vorgestellt wurde: er kann den Gedanken inhaltlich weiter entwickeln oder er kann die Form des Erlebens thematisieren. Das entspräche einem Wechsel von der Seite der Fremdreferenz des psychischen Prozesses[126] auf die Seite der Selbstreferenz psychischer Beobachtung. Mit welchen Referenzen die nächsten Operationen sich auch fortsetzen, auf beiden Seiten dieser Unterscheidung können Strukturen kondensieren – und tun das in den Operationen des Systems dann auch[127]. Luhmann formuliert dies so, dass Strukturbildungen

---

126 Nicht des je aktuell vollzogenen Gedankens, der sich ja nie selbst zeitgleich beobachten, sondern immer erst in der Nachträglichkeit als Vorstellung selbst beobachten kann.
127 Luhmann spricht in diesem Zusammenhang auch von einer Bistabilität psychischer Systeme: „Mit Hilfe dieser Differenz kann das System sowohl kondensieren, das heißt in der gerade aktuellen Referenz verweilen und sie anreichern, als auch die Referenz wechseln. Es kann in der einen oder anderen Weise auf Irritationen reagieren und ausprobieren, wie es am besten zurechtkommt. Damit trennen sich auch Strukturkondensation und Autopoiesis; denn wenn die Anwendung oder Variation von Strukturen das Erleben nicht schlüssig faßt, kann die Autopoiesis immer noch die Referenz wechseln (crossing) und der Frage nachgehen, wieso diese Schwierigkeit entsteht." (1995b: 75)

dadurch angeregt werden, dass sich für den Übergang von einer Vorstellung zur nächsten „Engführungen einschleifen und als Erwartungen bewähren" (Luhmann 1995b: 77). Mit der Differenzierung von Fremdreferenz und Selbstreferenz könne das Bewusstsein sich selbst und anderes identifizieren und anhand dieser Differenz Identitäten fortschreiben. „Identitäten lassen sich dann, wenn hinreichend distinkt, *kondensieren*, so daß sie bei Wiederholung als dieselben erkennbar werden. So entstehen freischwebende Strukturen, die die Autopoiesis des Systems spezifizieren und dann selektiv wieder eliminiert oder ausgebaut werden können." (Luhmann 1995b: 77, Hervorh. i. O.).

Erst aus solchen operativen Mikroprozessen heraus entsteht dann perspektivisch eine psychische Differenzierung von Ich und Anderem – die hier als ein Beispiel für eine zentrale Figuration psychischer Strukturbildung angeführt sei[128]. Allgemein spricht Luhmann in Hinblick auf die sich ausdifferenzierenden psychischen Strukturen von Erwartungen, wobei zu beachten ist, dass er diesen Begriff auf unterschiedlichen Abstraktionsniveaus verwendet. Zum einen geht es auf grundlegender theoretischer Ebene darum, dass in den Prozess der psychischen Operationen Episoden, Muster, Strukturen als differenzierbare und identifizierbare eingezeichnet werden. Durch die Wiederholung von ähnlichen Episoden in den gedanklichen Prozessen entstehen Grundformen von Strukturen, die, wie oben beschrieben, Erinnerung und den Aufbau von Identitäten, einschließlich der dazu erforderlichen Differenzierung von Identität und Nicht-Identität, ermöglichen. Zum anderen arbeitet Luhmann mit dem Begriff der Erwartung auch in Hinblick auf elaboriertere psychische Komplexe, die sich daran ausdifferenzieren, dass psychische Systeme nur in struktureller Kopplung mit sozialen Systemen operieren können. Erwartungen sind in dieser Formatierung des Begriffs in psychischen Systemen dann die Innenbilder, die in der Autopoiesis psychischer Systeme aus der Beobachtung sozialer Zuschreibungen, der im Kommunikativen historisch sedimentierten Identitätsangebote und Rollenschablonen und der sich in der strukturellen Kopplung kontinuierenden Bezogenheit auf soziale Systeme entstehen.

---

[128] „Achtet man auf längerfristige Konsequenzen, dann läßt sich annehmen, daß die Beobachtung von Gedanken als Vorstellungen zu einer *Bifurkation* der die Autopoiesis leitenden Strukturen und damit zum Aufbau einer irreversiblen Geschichte führt. Einerseits wird Sinn in Fremdreferenz, andererseits in Selbstreferenz angereichert, und beides wird in dem Maße, als es Struktur gewinnt, unverwechselbar. Selbstverständlich bleibt die Autopoiesis des Systems auch dafür die laufend erneuerungsbedürftige Basis. Die Differenz von Außenwelt und Ich bleibt eine interne Differenz, die nach außen wie nach innen letztlich in Horizonte auflösbar ist, weil immer neue Gedanken Gedanken als Vorstellungen beobachten." (Luhmann 1995b: 75)

3.1.1 Sprache

Die Konzeptionierung psychischer Prozesse durch Luhmann wurde bislang auf einer recht abstrakten, auf die Formtheorie bezogenen[129], Ebene rekonstruiert. Dabei konnte deutlich werden, dass Luhmann die Autopoiesis psychischer Systeme als eine sich in den Vorstellungen selbst beobachtende, sich intern differenzierende, Selbst- und Fremdreferenz prozessierende, Eigenzeit, Episoden und Erwartungen konstituierende Konkatenation gedanklicher Operationen beschreibt. Die psychischen Prozesse werden in der Psychogenese revolutioniert, sobald psychische Systeme sich in ihren Operationen auf Sprache beziehen und Sprache gedanklich nutzen können. Mit der Sprache erlangen psychische Systeme eine besonders wirkungsvolle Möglichkeit, die interne Differenzierung zu prozessieren, Episoden zu unterscheiden, von einem sprachlich organisierten thematischen Zusammenhang zum nächsten zu wechseln und über die sprachliche Organisation von Erinnerungen und Erwartungen[130] komplexere Strukturen aufzubauen, ohne die je aktuelle Irritabilität durch Kommunikation zu verlieren. „Das Bewußtsein muß sowieso von einem aktuellen, inhaltsgefüllten Moment zu einem anderen, von einem Gedanken zu einem anderen gelangen, und wenn hierfür lautlich-sprachliche Form angeboten wird, kann es in eben dieser Notwendigkeit strukturierte Komplexität aufbauen" (Luhmann 1995b: 61).

Zur Rekonstruktion der Bedeutung von Sprache, die Luhmann der Beschreibung psychischer Systeme zumisst, ist es zunächst wichtig, in Erinnerung zu rufen, dass Sprache weder als ein eigenständiges System noch als ein Element – sei es psychischer, sei es sozialer Systeme – aufgefasst wird. Im Zuge ihrer Autopoiesis können sich sowohl psychische als auch soziale Systeme auf das Medium Sprache stützen und in dieses Medium spezifische Formen einschreiben[131]. Dabei handelt es sich um je differente operative Prozesse, in denen sich die Operationen entweder als Gedanken entlang sprachlicher Formbildungen entwickeln oder als kommunikative Trias von Information, Mitteilung und Verstehen in Sprache formieren können. „Sprache hat keine eigene Operationsweise, sie muß entweder als Denken oder als Kommunizieren vollzogen werden; und folglich bildet Sprache auch kein eigenes System." (Luhmann 1997: 112)

---

129 Dabei ist zu beachten, dass die hier zugrunde gelegten Texte von Luhmann zum Teil aus einer Phase stammen, in der die Spencer-Brown-Rezeption noch nicht systematisch in seinen Texten durchgeschlagen war.
130 Dazu, dass Erwartungen sich nicht unbedingt über sprachliche Formen bilden müssen, vergleiche Luhmann (1987: 370).
131 Hier ist die Differenz zwischen dem der Spencer-Brown-Rezeption entnommenen Begriff der Form und dem Heider entlehnten Begriffspaar Medium und Form zu beachten.

Damit gehört Sprache in den theoretischen Bereich der Supplemente. Bei Luhmann findet dies seinen Ausdruck, indem er konstatiert, „daß die Sprache unbemerkt funktioniert; oder in anderen Worten: daß sie ‚orthogonal' steht im Verhältnis zu den autopoietischen Prozessen der an ihr beteiligten Systeme" (Luhmann 1997: 110). Es ist insbesondere die Sprache, die strukturelle Kopplung und Interpenetration von Bewusstseinssystemen und Kommunikationssystemen ermöglicht (vgl. Luhmann 1987: 367 und 1997: 108) – Produkt und Voraussetzung der Co-Evolution dieser Systeme zugleich.

Bezogen auf psychische Systeme gibt es bei Luhmann einige Passagen, die die besonderen Potenziale der Sprache illustrieren, die interne Differenzierung in der Konkatenation der psychischen Operationen zu organisieren:

> „Wenn das Bewußtsein Sprache annimmt, erfüllt sie die Funktion eines symbolischen Mediums, das, seinerseits rekursiv, die Transformation von Gedanken in Gedanken erleichtert. (...) Sprache verhilft dazu, Gedanken als klare, unterscheidbare und verschiedenartige zu artikulieren und trotzdem noch Ordnung aufrechtzuerhalten. Sprache verhindert, daß bei zunehmender Komplexität (...) bewußtseinsintern ein Chaos entsteht. Und Sprache kanalisiert die Gedanken so, daß sie, gewissermaßen entlang von Sätzen, im Schnellzugriff verfügbar sind." (Luhmann 1995b: 80f)

In *Soziale Systeme* spricht Luhmann auch davon, dass eine „sprachliche Strukturierung des Fortgangs von Vorstellung zu Vorstellung (...) zum Beispiel eine Verkleinerung diskreter Einzelvorstellungen auf das Format einzelner Worte, eine Vermehrung der Verzweigungsmöglichkeiten und der Alternativen, ein Abschließen und ein übergangsloses Neubeginnen" (Luhmann 1987: 368) ermögliche. Sprache eröffnet neue Dimensionen, schafft eine neue Qualität für die Operationen der Psyche.

Die Autopoiesis von psychischen Systemen wird, bildlich gesprochen, extrem beschleunigt und in ihrem Potenzial zur Bearbeitung von Komplexität exponentiell erweitert. Das, was psychische Systeme in ihrer Autopoiesis schaffen müssen, die interne Differenzierung in Selbst- und Fremdreferenz, in Vorher und Nachher, in Episoden und in bestimmte Formen, lässt sich mit Sprache in einer Weise operativ realisieren, die sehr schnell sehr unterschiedliche gedankliche Vorstellungen prozessieren kann, die sehr flexibel auf Irritationen aus der Umwelt oder auf Anregungen aus der Reflexion der eigenen Operativität reagieren kann und die es zudem in einer sehr belastbaren Form ermöglicht, Erinnerungen zu nutzen[132].

Dennoch sind die Operationen in der Autopoiesis psychischer Systeme etwas anderes als das Prozessieren von Sprache. „Psychische Prozesse sind keine sprachlichen Prozesse, und auch Denken ist keineswegs ‚inneres Reden'"

---

132 Vgl. dazu auch Luhmann (1987: 369).

(Luhmann 1987: 367)¹³³. Luhmann betont, dass sich die Operationen des psychischen Systems weder unmittelbar mit der sprachlichen Form identifizieren noch im Sinne einer Anwendung sprachlicher Regeln konzipieren ließen (Luhmann 1987: 368).

> „Man muß sich nur beim herumprobierenden Denken, bei der Suche nach klärenden Worten, bei der Erfahrung des Fehlens genauer sprachlicher Ausdrucksweisen, beim Verzögern der Fixierung, beim Mithören von Geräuschen, bei der Versuchung, sich ablenken zu lassen oder in der Resignation, wenn sich nichts einstellt, beobachten und man sieht sofort, daß sehr viel mehr präsent ist als die sprachliche Wortsinnsequenz, die sich zur Kommunikation absondern läßt" (Luhmann 1987: 369).

Gerade, dass Sprache weder mit Bewusstseinsprozessen noch mit Kommunikation identifiziert wird, ermöglicht es, in dieser theoretischen Konstruktion Sprache zum wichtigsten Medium der strukturellen Kopplung von psychischen und sozialen Systemen zu machen.

Eine Rekonstruktion der theoretischen Beschreibung der Autopoiesis psychischer Systeme, die sich an Luhmanns später formtheoretischer Begründung der Systemtheorie orientiert, kann an dieser Stelle abbrechen. Ein großer Teil der weiteren luhmannschen Exkursionen in die Bereiche des Psychischen basiert zwar auf den hier komprimiert dargestellten Grundlagen, setzt sich dann aber kritisch mit klassischen Konzepten wie Subjektivität oder individueller Identität auseinander¹³⁴. Luhmann betrachtet diese Konzepte als historisch kontingente Semantiken, die diskursive Konzepte bereitstellten, in denen und mit denen Psychisches in kommunikativen Prozessen beschrieben wurde, und die dann in der Folge auch in den selbstreflexiven Prozessen der psychischen Systeme als konzeptueller Rahmen für die Selbstbeschreibung dienen konnten. Die entsprechenden theoretischen Aussagen Luhmanns zur Subjektivität oder Identität müssen allerdings primär als Dekonstruktion ‚alteuropäischer' theoretischer Modelle (vgl. Luhmann 1997: 866 ff) gelesen werden – sie beziehen sich nicht auf die Ebene der Beschreibung der basalen Elemente und Prozesse im Rahmen der Autopoiesis psychischer Systeme¹³⁵.

Anstatt hier die theoretische Rekonstruktion auf solchen Nebenästen fortzusetzen, bietet es sich an, auf eine andere Ebene der Beobachtung zu wechseln und sich zu fragen, wie die luhmannsche Theorie zu einer Beobachtung psychischer Systeme gelangt. Es handelt sich nicht um die Frage, mit welchen Unterscheidungen, in dieser theoretischen Konstruktion beobachtet wird, sondern um das Problem, wie und wo eine Beobachtung psychischer Systeme überhaupt

---

133 Vgl. auch Luhmann (1995b: 80).
134 Für einen alternativen, auf das Konzept der Autopoiesis bezogenen Begriff der Individualität aber vergleiche Luhmann (1987: 358f) und dazu Konopka (1996: 75).
135 Vgl. ähnlich auch Fuchs (2003, 2005).

möglich ist. Was für eine Art von Setting ist dafür erforderlich, oder systemtheoretisch formuliert, welche Systeme und welche Kopplungsprozesse sind relevant, um zu einer solchen theoretischen Beschreibung des Psychischen zu kommen wie sie in der luhmannschen Theorie vorgelegt wurde.

In einer solchen Beobachtungsperspektive wird deutlich, wie sehr die luhmannsche Theorie bei allen paradigmatischen Transformationen methodisch doch der klassischen Bewusstseinsphilosophie verbunden bleibt, von der sich Luhmann wiederholt abgrenzt[136]. Die Beobachtung psychischer Prozesse vollzieht sich als die Verknüpfung einer Introspektion mit ihrer theoretischen Reflexion. Solche Prozesse sind in einem ganz evidenten Sinne auf strukturelle Kopplungen von psychischen und sozialen Systemen angewiesen und erfordern eine polyperspektivische Deskription, die sowohl formulieren können muss, was in psychischen Systemen als auch was in sozialen Systemen geschieht. Im Rekurs auf die Systemprozesse des Psychischen lässt sich dann skizzieren, dass die Introspektion die Beobachtungsoperationen des Bewusstseins selbstreferenziell auf den Vollzug und die Konkatenation der Vorstellungen konzentriert. Das psychische System beobachtet sich selbst beim Beobachten – und kann das nur in der oben beschriebenen paradoxalen Form der Nachträglichkeit. Diese Selbstreflexion des psychischen Operierens kann sich aber nur theoretisch verfassen, wenn sie die Introspektion mit theoretischen Konzepten verknüpft, die sich dem psychischen System der Beobachtung sozialer, hier insbesondere wissenschaftlicher Systeme verdanken. Entsprechend kann das soziale System Wissenschaft die theoretische Beobachtung psychischer Systeme, in der von Luhmann vorgetragenen Form, operativ nur vollziehen, wenn es eine strukturelle Kopplung mit psychischen Systemen gibt. Psychische Introspektion kann sich nicht in der Kommunikation vollziehen. Nur qua sprachlich-theoretischer Verfassung gelingt die Transsubstantiation der psychischen Erfahrung in mitteilbare Information – und ist dann eben nicht mehr psychische Beobachtung oder etwa deren unvermittelte Abbildung im Kommunikativen.

Schon hier wird deutlich, dass zur Entwicklung dieser Theoriepassagen eine polysystemische Perspektive und supplementäre Theoriebestandteile erforderlich sind.

---

136 Vgl. exemplarisch Luhmann (1997).

3.2 Konzeptualisierungen des Psychischen im engeren Kontext der luhmannschen Systemtheorie

Es gibt einige Autoren, die die Argumentation in den mehr oder weniger verstreuten Arbeiten Luhmanns zur Konzeption psychischer Systeme zunächst einmal nachvollzogen und zur Rezeption aufbereitet haben (Konopka 1996, Hohm 2006, Barthelmess 2001). Hervorzuheben ist in dieser Perspektive insbesondere die Arbeit von Konopka, die die luhmannsche Position sehr detailliert rekonstruiert. Dabei zeigt sich allerdings, dass auch ein solch detaillierter Nachvollzug nicht davor schützt, die luhmannsche Theorie wegen ihres Antihumanismus und zugunsten einer post-luhmannschen Handlungstheorie zu überwinden (Konopka 1999). Auch Barthelmess (2002: 161ff) schlägt einen Weg ein, der ihn über eine sehr spezifische Interpretation des Interpenetrationsbegriffs sehr weit von den luhmannschen Grundannahmen einer operativen Schließung sozialer und psychischer Systeme entfernt.

Es sind andere Arbeiten, die für die hier avisierte Erweiterung der luhmannschen Systemtheorie richtungsweisender sind. Zu einer Einbettung der theoretischen Konzeption psychischer Systeme in eine polysystemische Beschreibung der Relation von psychischen und sozialen Systemen erscheint insbesondere eine Auseinandersetzung mit den einschlägigen jüngeren Texten von Fuchs hilfreich – ergänzende Impulse lassen sich auch den Arbeiten von Khurana (2002) und Wasser (1995, 2004) entnehmen.

3.2.1 Die Beschreibung psychischer Systeme bei Fuchs

3.2.1.1 Zur Konstellierung der Begriffe Wahrnehmung und Bewusstsein

Begrifflichkeit und Terminologie für den Bereich der psychischen Systeme und der Bewusstseinssysteme werden bei Luhmann nicht stringent durchgehalten. Die Terminologie wechselt und passt sich in manchen Texten den diskursiven Kontexten an, auf die sich Luhmann gerade bezieht. Auch wird es in der Lektüre nicht eindeutig, ob die Begriffe des psychischen Systems und des Bewusstseinssystems austauschbar sind. Das mag, neben dem schon erwähnten Argument, das auf die Fokussierung der luhmannschen Theoriekonstruktion auf den Bereich sozialer Systeme hinweist, seine Begründung darin haben, dass Luhmann psychische Prozesse vor allem als interpenetrationsrelevante bewusste Prozesse interessieren. Auch wenn es andernorts Andeutungen gibt, die eine mögliche Erweiterung der theoretischen Konstruktion über den Bereich der bewussten Prozesse hinaus nahelegen könnten[137], so finden sich doch recht eindeutige Aussagen hierzu in einem für die hier entfaltete Thematik relevanten späten Text. „Ferner gehen wir davon aus, daß alle psychischen Operationen bewußt erfolgen. Bewußtsein ist die Operationsweise psychischer Systeme." (Luhmann 1997a: 15) In diesem argumentativen Kontext wird dann weiter ausführend ein „Primat(s) der Wahrnehmung im Bewusstsein" (Luhmann 1997a: 16)[138] in einer Form postuliert, die es ermöglicht, hier eine Anschlussmöglichkeit für die Konzeption der Psyche bei Fuchs zu erkennen. Die Wahrnehmung stelle eine ganz besondere Fähigkeit des Bewusstseins dar, mit der sie fast kontinuierlich beschäftigt sei und an der die Autopoiesis des Bewusstseins hänge (Luhmann 1997a: 14f). Oder mit einer anderen Formulierung: „Wahrnehmungen zu prozessieren und durch Gedachtes zu steuern, ist die primäre Leistung des Bewusstseins" (Luhmann 1997a: 27). Ungeklärt bleibt hier die genaue Relationierung von Denken und Wahrnehmung, insbesondere die Frage, ob das Denken als ein anderer Bewusstseinsprozess als die Wahrnehmung aufgefasst werden muss, oder wie sonst das Konzept einer Steuerung der Wahrnehmungen durch das Denken theoretisch verstanden werden kann.

Gerade in dieser Hinsicht kann man die von Fuchs (2005) vorgelegte Studie zur theoretischen Beschreibung psychischer Systeme sowie die vorbereitenden Texte aus den vorangehenden Jahren (Fuchs 1998, 2003) als eine Ausarbeitung und Weiterentwicklung dieser Positionierung Luhmanns verstehen. Eine Ausarbeitung allerdings, die in ihrer theoretischen Beschreibung der Psyche zu einem anderen, eigenständigen Arrangement der basalen Begriffe kommt.

Der Kern des Vorschlages von Fuchs besteht darin, zwischen psychischem System und Bewusstsein zu unterscheiden. Das psychische System erzeugt sich in einer autopoietischen Verkettung von Wahrnehmungen. Dies bedeutet, dass es sich bei den Wahrnehmungen um die Operationen handelt, die als die basalen Elemente des psychischen Systems betrachtet werden, und dass sie als solche zunächst mit Bewusstsein nichts zu tun haben. Das Bewusstsein differenziert sich dann im psychischen System als ein zweites, anderes System aus, als ein „*System-im-System*" (Fuchs 2005: 125, Hervorh. i. O.). Die Autopoiesis dieses zweiten Systems, des Bewusstseins, wird von Fuchs daran gebunden, dass es die Wahrnehmungen bezeichnet und dadurch in Beobachtungen transformiert.[139]

---

137 Vgl. z.B. Luhmann (2002: 25, 52).
138 Vergleiche ähnlich mit Bezug auf den Begriff der sinnlichen Wahrnehmung Luhmann (1997: 121).
139 Wichtig, weil sich diese theoretische Konstruktion von der im Folgenden vorzuschlagenden alternativen Konzeptualisierung einer systemtheoretischen Beschreibung der Psyche unterscheidet, ist hierbei, dass Fuchs Beobachtungen im Sinne der luhmannschen Rezeption der spencer-brownschen Formtheorie an das System des Bewusstseins bindet. Jenseits des Bewusstseins gibt es im psychischen System keine Unterscheidungen, sondern nur Unterschiede (Fuchs 1998: 139). Bei

"Im Rahmen des psychischen Systems differenziert ein System aus, dessen Medium Wahrnehmungen sind und dessen einzige Operation darin besteht, Wahrnehmungen in die Form von Beobachtungen zu bringen, die dann – wiewohl sie immer noch und niemals etwas anderes als Wahrnehmungen sind – nur noch als Beobachtungen miteinander verkettet werden, die man Gedanken, Vorstellungen, Intentionen etc. nennen könnte. Bewußtsein (als System) wäre demnach eine *dezidierte Operativität*, die Unterscheidungen und Bezeichnungen im Modus der autopoietischen Reproduktion benutzt, um seine Differenz zur Umwelt zu stabilisieren." (Fuchs 2005: 125f, Hervorh. i. O.)

Diese theoretische Konstruktion setzt Psyche und Bewusstsein in eine eigenartige Relation. Das Bewusstsein schließt sich operational gegenüber dem psychischen System, insofern es mit unterscheidungsbasierten Beobachtungen operiert; es bleibt zugleich dadurch mit dem psychischen System verbunden, dass es die Wahrnehmungen als das Medium benutzt, in dem es seine Beobachtungen als Formen ausbildet. Diese als Beobachtungen formatierten Wahrnehmungen bleiben nach Fuchs Wahrnehmungen und sind insofern immer auch (operative) Elemente des psychischen Systems. Insofern sie sich aber als Beobachtungsoperationen vernetzen, prozessieren sie als diese Beobachtungen die Autopoiesis des Bewusstseinssystems. Wie kann dies gelingen? Das psychische System kann nicht aus sich selbst heraus diese Transformation, man könnte auch sagen Transposition oder Transsubstantiation, der Wahrnehmungen in Beobachtungen leisten. Fuchs muss hier ein zweites Medium ins theoretische Spiel bringen: das Medium der Zeichen. Die Verdichtung von Wahrnehmungen zu bewussten Formen müssen zugleich als Formbildung in diesem anderen, der strukturellen Kopplung mit Kommunikationssystemen entstammenden, Medium der Zeichen konzipiert werden.

"Die leitende Vorstellung ist, daß das Bewußtsein in die sinngestützte Organisation der Wahrnehmung (i.e. im psychischen System) eine weitere Differenz einzieht und betreibt, indem es einerseits diese Wahrnehmung medial ausnutzt. Es wäre dann eine spezifische Form im Medium der Wahrnehmung. Andererseits ist die Einschreibung der Form des Bewußtseins so etwas wie eine Super-Codierung der Wahrnehmung durch Inanspruchnahme eines anderen Mediums, mit dessen Hilfe die zitierenden Operationen der Wahrnehmung *rekursiv* werden: durch das Zitieren von Zitaten im Medium der Zeichen." (Fuchs 2005: 63, Hervorh. i. O.)

---

den Operationen des psychischen Systems handelt es sich nicht um das Prozessieren von Formen, sondern um eine basale Konkatenation von Wahrnehmungen, die nicht als unterscheidungsbasierte Bezeichnungen aufgefasst werden können. Diese theoretische Konstruktion kontrastiert der oben ausgeführten Annahme, dass sich mit Luhmann auch schon basale autopoietische Operationen, bei denen das Moment der Differenzierung zwischen System und Umwelt nur aus einer externen Position der Beobachtung zweiter Ordnung beschreibbar wird, dennoch als ein Prozessieren von Formen im Sinne Spencer Browns betrachten lassen. Aus der Übertragung einer solchen Fassung der Formtheorie auf die basalen Operationen des psychischen Systems erwüchse dann im Unterschied zu der von Fuchs vorgeschlagenen Variante, eine Konzeption psychischer Systeme, die deren formen-prozessierende Operationen weder an Bewusstsein, noch an den Gebrauch sprachlich organisierter Zeichen binden müsste.

In ihrer theoretischen Intention zielt diese Konstruktion darauf, Bewusstsein als soziale Entfremdung der Wahrnehmung konzipieren zu können, als ein mit nicht-individuellen, dem Sozialen entnommenen Zeichen operierendes System (Fuchs 2005: 132f) oder, in einer älteren Formulierung, als „das genuin Nicht-Psychische, als inkorporierte Alterität" (Fuchs 2003: 70). Diese Konzeption geht in ihrer aktuellen Ausarbeitung soweit, dass auch die Vorstellung einer Entfremdung mit ihrer Konnotation, dass es etwas Authentisches, Nicht-Entfremdetes geben könnte, für das im psychischen System als ‚System-im-System' ausdifferenzierte Bewusstsein verworfen wird. „Das Bewußtsein ist kein Original (...), und insofern ist die alte Rede von seiner *Alienation* müßig: Da ist nichts, was seiner selbst entfremdet würde, nichts Doppeltes, sondern nur das >Einfache< einer Reproduktionstechnik, die nicht-private Zeichen einsetzt." (Fuchs 2005: 133, Hervorh. i. O.)

3.2.1.2 Wahrnehmungen

Eine solche Konzeption der Relation von Bewusstsein und psychischem System bedarf einiger Explikation, die allerdings in dieser theoretischen Konstruktion mit der Schwierigkeit konfrontiert wird, Aussagen über eine pure, (noch) nicht zeichen- und dann eben auch sprachförmig beobachtete Wahrnehmung zu treffen. Trotz der dadurch aufgeworfenen methodologischen Problematik postuliert Fuchs nicht-sinnförmige und sinn-orientierte Arten der Wahrnehmung, die bei Tieren oder Säuglingen unterstellt werden können (Fuchs 2005: 23f, 36, 125), die aber bewusstseinsförmig nicht mehr erfahrbar sind. „Sobald Zeichengebrauch im Spiel ist (und auf dieser Grundlage werden wir später die Form des Bewußtseins bestimmen), führt kein Weg zurück in das, was man sinnfreie Wahrnehmung nennen könnte." (Fuchs 2005: 28, Fn. 49).

Wahrnehmung ist in der theoretischen Konzeption bei Fuchs als ein Emergenzphänomen neurophysiologischer Prozesse zu betrachten[140]. Fuchs selbst

---

[140] Vergleiche hierzu Reiser (2006). Bei Fuchs ist von einer formtheoretischen Beschreibung dieses Zusammenhangs auszugehen, die hier so verstanden wird, dass über eine unbeobachtete Relation zwischen körperlichen und psychischen Prozessen nichts ausgesagt werden kann – die ‚Dichte der Welt' ist mit Unterscheidungen nicht beobachtbar – was Fuchs für die Beschreibung der Relation körperlicher und psychischer Systeme zugrunde legen kann, ist nur die Kontingenz eines Unterscheidungszusammenhangs, der bei ihm so konstruiert ist, dass die Differenz von Körper und Psyche als eine der theoriearchitektonisch fundamentalen Unterscheidungen fungiert. Betrachtet man allerdings die theoretische Entwicklung, die bei Fuchs zum Postulat einer „unitas multiplex des im genauen Sinne Psychosozialen" (2005: 143) führte, so könnte man bei einer genaueren Ausarbeitung der Beschreibung der Relationierung des Psychischen und des Körperlichen vielleicht auch eine ‚unitas multiplex des Psychosomatischen' erwarten.

spricht von einer „Externalisierungsfunktion des neuronalen Systems" (Fuchs 2005: 24) als die Wahrnehmung begriffen werden könne und führt dazu aus:

> „Die Wahrnehmungen sind kompakt, lassen wenig Analyseschärfe zu, und sie können nicht negiert werden. Vor allem aber sind Wahrnehmungen die Kontaktebene, auf der das psychische System Beziehungen zum Körper unterhält oder zu unterhalten scheint. Man kann den Eindruck gewinnen, daß es eine Art >Online-Registratur< von Körperzuständen betreibt. Allerdings sind Wahrnehmungen Resultate der Externalisierungsleistungen des neuronalen Systems, das – indem es Wahrnehmbarkeit herstellt – selbst nicht wahrgenommen wird." (Fuchs 2005: 105f, Hervorh. i. O.)

Diese Externalisierungsfunktion ermöglicht es dann, die Wahrnehmungen in der Autopoiesis des psychischen Systems in einen organisierten Zusammenhang zu bringen (Fuchs 2005: 123)[141]. Wären die Wahrnehmungen als emergierende Effekte der neurophysiologischen Prozesse nicht selbst vernetzungsfähig, reduzierte sich Wahrnehmung auf eine ausschließliche Gegenwärtigkeit, sie "wäre bloßer Durchsatz eines Unerkannten oder Unmarkierten (...) ohne eine *Rekognition*, ohne ein Wiedererkennen" (Fuchs 2005: 36) und nicht autopoiesisfähig. Damit sich das psychische System als organisierte Wahrnehmung operational schließen kann, ist eine autopoietische Konkatenation dieser neurophysiologisch fundierten Emergenzeffekte erforderlich. Diese das psychische System konstituierende Operation, „(...) durch die Wahrnehmung zu verkettungsfähigen Wahrnehmungen (Elementen) transformiert und damit organisierbar wird (...)" (Fuchs 2005: 43) bezeichnet Fuchs als Zitation. Er interpretiert dies insbesondere zeitbezogen als eine „Präsenzvernichtung" (Fuchs 2005: 32) und als einen „*Mechanism of Time-Binding*" (Fuchs 2005: 34, Hervorh. i. O.). Es handelt sich hier bezogen auf Wahrnehmung um eine ähnliche theoretische Konstruktion, wie sie oben schon im Rekurs auf Luhmanns Relationierung von Gedanke und Vorstellung dargestellt wurde. Es geht dabei darum, dass ein je aktuelles Ereignis (hier: neurophysiologisch emergierender Wahrnehmungseffekt) nur dadurch vernetzbar wird, dass es sich in Relation zu anderen Ereignissen setzt. Durch die Konkatenation können diese Ereignisse als die die Autopoiesen tragenden Operationen aufgefasst werden. Das hat verschiedene Effekte. Zunächst gerät das Ereignis in eine Beziehung der Differenz oder Ähnlichkeit zu anderen Ereignissen[142]. Eine Relation, die in der Operation selbst erzeugt wird, ohne dass dies im Ope-

---

141 Womit die Wahrnehmung dann selbst eine Funktion erfüllen kann, die Fuchs in Anlehnung an Heidegger als ‚Welten' bezeichnet: „Genau dieser Satz >Die Wahrnehmung weltet< (...) könnte als Bestimmung der Funktion von Wahrnehmung genommen werden, wenn diese Funktion als Lösung des Problems konzipiert wird, *wie* das psychische System an seine Welt kommt und in dieser Welt irgendwann auch auf die Bezeichnung seiner selbst stößt." (Fuchs 2005: 28, Hervorh. i. O.)
142 Fuchs spricht auch von der „Nicht-Singularität von Wahrnehmungen" (2005: 35) und von „Variation und Redundanz" (2005: 45).

rieren selbst reflexiv transparent gemacht werden könnte. Damit ist in einem eine „komplexe Zeitlichkeit" (Fuchs 2005: 33) etabliert. Das betrifft erstens den Umstand, dass die aktuelle Operation der Wahrnehmung mit dem in der Operation implizierten Verweis auf andere Wahrnehmungen, der erst diese Wahrnehmung als ‚Wahrnehmung in Differenz zu anderen Wahrnehmungen' erfahrbar macht, eine Art von Proto-Sinn konstituiert und einen Horizont von Verweisungen und Relationen aufspannt[143]. Damit konstituiert sich die Gegenwart der aktuellen Wahrnehmung durch ihren inhärenten Rekurs auf vergangene Wahrnehmungen. Zweitens kann diese ‚Zwei-Zeitigkeit' oder ‚Poly-Zeitigkeit' in der aktuellen Wahrnehmung nicht mitbeobachtet werden: insofern ist die Wahrnehmung immer unvollständig und transportiert in diesem ‚blinden Fleck' die Möglichkeit, im zukünftigen Rückblick selbst auf diesen blinden Fleck hin beobachtet zu werden. Diese Dimension der operativen Prozesse des psychischen Systems wird von Fuchs mit einem starken Bezug auf Derridas Konzeption der *différance* beschrieben:

> „Auch das bedeutet, daß das System keine singulären Ereignisse >hat<, sondern sie der Zeit in gewisser Weise abtrotzt, indem es das Dazugehörige der Vergangenheit durch Differenz zum Gegenwärtigen als >identitär< konstruiert, diese Gegenwart aber selbst wiederum nur durch zukünftige Gegenwarten gewinnt: durch unentwegte Nachträge (...) Das ergibt den sonderbaren Fall, daß Systeme dieses Typs keine Vergangenheiten haben ohne Gegenwarten, die Vergangenheiten zukünftiger Gegenwarten gewesen sein werden. Eben das könnte ausgedrückt sein mit dem (Un)Begriff der *différance*. Er bezeichnet den unentwegten Aufschub und Nachtrag, in dessen >Mitte<, in dessen Aktualität keine >Härte<, keine zu fixierende Eindringlichkeit beobachtbar ist, und sei es nur, weil die Beobachtung selbst dem Aufschub und dem Nachtrag unterliegt." (Fuchs 2005: 37, Hervorh. i. O.)

Worum es hier geht, ist, formtheoretisch gefasst, die Figuration der Relation von Operation und Beobachtung; es handelt sich um ein theoretisches Phänomen, dem eine allgemeine Relevanz zukommt, sobald man mit der Formtheorie beobachtet. Diese theoretische Figuration kann dann für die Beschreibung psychischer Erfahrung genauso wie zur Beschreibung kommunikativer Prozesse und vermutlich für alle systemtheoretischen Konstruktionszusammenhänge genutzt werden. Fuchs verzichtet in der hier zugrunde gelegten Studie „Die Psyche" (2005) allerdings weitgehend auf den Gebrauch einer formtheoretischen Terminologie zur Beschreibung des psychischen Systems zugunsten einer Begrifflichkeit, die mit den Konzepten der *Zitation*, der *Textualität* und der *Intertextualität* oder auch der *Einschreibung des Sozialen* stärker die Nähe zu kommunikativen

---

143 Vergleiche dazu: „Zumindest für solche Systeme, die mit Sinnverarbeitungsmöglichkeiten ausgestattet sind, gilt, daß sie die Akutheit, die Jetzigkeit, das >Jählings< der Wahrnehmung nicht direkt erleben, da für sie ausnahmslos jede Wahrnehmung schon sinngefüllte (bedeutete) Wahrnehmung ist, die sich >versteht< in einem durch Zeit aufgeblendeten Horizont, der Bedeutung und Verweisung erst ermöglicht." (Fuchs 2005: 32, Hervorh. i. O.) und ganz ähnlich Khurana (2002).

Prozessen (als systemtheoretisch interner Referenz) und zu einer poststrukturalistischen Sprach- und Texttheorie (als externer Referenz) sucht[144]. Insbesondere vermeidet er es, den Begriff der Beobachtung in Bezug auf die Prozesse zu verwenden, die als Konkatenation von Wahrnehmungen im psychischen System ablaufen.

Die Möglichkeit, Bewusstsein zur Wahrnehmung in der oben dargestellten Form, als operational geschlossenes System Wahrnehmungen bezeichnender Beobachtungen, in Beziehung zu setzen, wird von Fuchs theoretisch dadurch vorbereitet, dass er die Möglichkeit beschreibt, Wahrnehmung in Wahrnehmungen zu transformieren. Es wurde bereits zitiert, dass „... die Operation, durch die Wahrnehmung zu verkettungsfähigen Wahrnehmungen (Elementen) transformiert wird, *Zitation* sei" (Fuchs 2005: 43, Hervorh. i. O.). Die Wahl dieses Begriffes der Zitation ist der Gesamtkonzeption der Relationierung von Wahrnehmung und Bewusstsein bei Fuchs geschuldet, nach der sich das Bewusstseins als ein System im psychischen System ausdifferenziert, das dann auf der Basis von Zeichen operiert, die der Interpenetration mit sozialen Systemen entstammen. Diese zeichenförmige Beobachtung der Wahrnehmungen wirkt massiv auf die operativen Prozesse des psychischen Systems zurück, weil das zeichenprozessierende Bewusstsein sich in seiner fortlaufenden Autopoiesis steuernd auf Wahrnehmung bezieht, diese ordnet und systematisiert und insbesondere die Strukturbildungen im psychischen System leitet. Wenn man eine solche theoretische Konstruktion akzeptiert, nach der der Prozess der Konkatenation von Wahrnehmungen nach der Ausdifferenzierung des Bewusstseins durch zeichenbasierte, insbesondere sprachliche Beobachtungen orientiert wird, kann es plausibel erscheinen, auch schon auf der theoretischen Ebene des Wahrnehmungen prozessierenden psychischen Systems mit einem auf Textualität verweisenden Begriff wie dem der Zitation zu arbeiten. „Tatsächlich wird erst später gezeigt werden können, daß es auch bei Wahrnehmungen eigentlich um einen Text geht, um eine Textlichkeit, die wie eine *causa finalis* die Wahrnehmungen sinnbasierter psychischer Systeme orientiert." (Fuchs 2005: 44, Hervorh. i. O.) Der Begriff der Zitation changiert zwischen dem Erfordernis der Vorbereitung einer solchen theoretischen Textualisierung der Psyche und der Aufgabe, zu beschreiben, wie sich Wahrnehmungen als Wahrnehmungen in der operativen Schließung des psychischen Systems auf Sinn hin orientieren können, wie es gelingen kann, in das je aktuelle, noch zeitlose Fluten der Wahrnehmung, Muster und Strukturen einzuprägen und eine interne Differenzierbarkeit zu erzeugen, in die dann das zeichenbasierte Bewusstsein formend einhaken kann. Wenn man so

---

[144] Vergleiche dazu auch die einleitenden Hinweise auf Lacan und insbesondere Derrida in Fuchs 2005 (13).

will, erfüllt der Begriff der Zitation theorieimmanent die Aufgabe, auf Seiten des psychischen Systems eine Passung für das fuchssche Konzept eines Bewusstseins zu erzeugen, dass sich der psychischen Organisation von Wahrnehmung als Extimität einschreiben kann[145].

> „Das Problem, um das es geht, ist schnell wiederholt. Wenn das psychische System so etwas wie organisierte Wahrnehmung darstellt, muß ausfindig gemacht werden können, wie es sein Medium in die Form des Plurals (in: die Form von Wahrnehmungen) bringt, in eine Form, von der dann abhängt, ob überhaupt so etwas wie Struktur, Wiedererkennbarkeit, Gedächtnis, Austauschbarkeit des Wahrgenommenen etc. zustande kommen kann, andernfalls bliebe nichts als eine flutende Unordnung, die sich vielleicht in terms der Mikrodiversität beschreiben ließe. Es müßte also eine bestimmte >Arbeit< geben, die die Wahrnehmung >in-formiert<, und die Annahme ist, daß diese Arbeit die der Zitation genannt werden könnte. Es geht darin, wenn man die etymologische Dimension hier nur leicht anzitiert, um ein Aufrufen, Anführen, Wieder-Holen, Wieder-Nennen und immer auch um die Implementierung eines fremden (notgedrungen älteren) Textes in einen aktuellen Text." (Fuchs 2005: 44, Hervorh. i. O.)

Wichtiger als die Intention des Textes von Fuchs, eine Beschreibung des psychischen Systems zu konzipieren, nach der sich das Soziale dem Psychischen einschreiben kann[146], ist für den Gang der hier zu entfaltenden Argumentation jedoch, dass auch Fuchs bei seiner theoretischen Konstruktion für das psychische System jenseits – oder vor – der Beziehung zum (supercodierenden) Bewusstseinssystem die Möglichkeit der Bildung von Mustern und Strukturen im psychischen System selbst postuliert.

Zumindest eine „basale Konkatenation" (Fuchs 2005: 47) kann psychischen Systemen auch unabhängig von Prozessen zugesprochen werden, die sich medial auf Sinn stützen.

> „Ob Säugling, Katze oder Wollschwein – in jedem dieser Fälle ist Wahrnehmung vorausgesetzt, die sich binden, die sich strukturieren läßt und im Zuge dieser Bindung ein jeweils typisches Ordnungsformat gewinnt, das nur im Sonderfall des Säuglings im Laufe der Sozialisation mit der Fähigkeit ausgestattet wird, sinn-orientiert zu operieren." (Fuchs 2005: 125)

Das bedeutet, dass schon für sinnfrei operierende psychische Systeme die Unmittelbarkeit eines nur gegenwärtigen Erlebens durch einen Prozess der Zitation

---

145 Vgl. auch Fuchs (2005: 133f).
146 „Man kann das >Zitat< und das >Zitieren< nicht verlustfrei aus der Domäne der Schriftlichkeit herausschälen, ohne die Besonderheit der Form des Zitates zu berücksichtigen, daß es nämlich nur Sinn macht als *beobachtete Unterscheidung*, die als Unterscheidung zur weiteren Informationsverarbeitung eingesetzt wird. Will man also sagen, daß das psychische System Wahrnehmungen *zitiert*, daß dies also der Modus ist, in dem die Pluralität von aufeinander bezogenen Wahrnehmungen inszeniert wird, kommt man nicht umhin anzunehmen, daß irgendwie ein Beobachter zweiter Ordnung im Spiel ist, der seine Effekte einschleust in die Möglichkeiten der Wahrnehmung, sich in Wahrnehmungen zu *zerlegen*. Dieser Einschleuser trägt, obwohl er niemals ein Ding sein wird, das man benennen könnte, bislang den Namen *Bewußtsein*." (Fuchs 2005: 60, Hervorh. i. O.)

gebrochen ist, auch für sie gilt: „Wahrnehmungen (in diesem Plural) sind nicht mehr das, was man hört oder sieht oder riecht oder fühlt, sondern wahrgenommene Zitate, die durch die Operation des Zitierens >aktiviert< werden." (Fuchs 2005: 46, Hervorh. i. O.). Psyche muss auch für solche Systeme als ein historisches, ein strukturdeterminiertes System konzipiert werden. Wenn in der kindlichen psychogenetischen Entwicklung diese basalen psychischen Prozesse zum Medium für sinnförmige Operationen werden, differenziert sich die Strukturbildung und Ordnung von Wahrnehmungen rapide aus.

> „Die Wahrnehmungen werden so eingerichtet, daß sie als bestimmte (notfalls bezeichenbare) Wahrnehmungen erscheinen, und diese Bestimmtheit (das je Identitäre) entsteht – in phänomenologischer Redeweise – durch die Appräsentation eines Horizontes, aus dem heraus das Bestimmte >sich versteht<: als *dies* und nicht als *das*. Weniger phänomenologisch: Die Form von Sinn nutzt Wiedererkennbarkeiten der Wahrnehmung dadurch, daß sie Varietät und Redundanz kombiniert. Sie parasitiert (...) an der einfachen Tatsache, daß es keine identischen Wiederholungen gibt. Sie ballt (konfirmiert) Identitäten so, daß ein Spielraum des *Andersmöglich* oder des *Ähnlich-wie* entsteht." (Fuchs 2005: 125, Hervorh. i. O.)

Doch auch hier läuft die Argumentation Fuchs' wieder in Richtung der Interpenetration von psychischen und sozialen Systemen und unterstützt seine theoretische Konzeption einer die Wahrnehmung beobachtenden Funktion des Bewusstseins. „Wir nehmen an, daß diese Ballungsmöglichkeiten erst im Zusammenhang mit Kommunikation und Sprache ins Spiel kommen." (Fuchs 2005: 125)

Man kann aber ergänzend auf ältere, möglicherweise nur noch bedingt mit seiner aktuellen Entwicklung der Theorie kompatible Texte von Fuchs verweisen, in denen er unter dem Titel des Systems des Anfangs solchen psychogenetischen Prozessen basaler psychischer Strukturbildungen ausführlicher nachgegangen ist. Dies gilt insbesondere für den Versuch von Fuchs, mit der Schrift „Das Unbewußte in Psychoanalyse und Systemtheorie" (1998) eine systemtheoretische Beschreibung des psychischen Systems anzufertigen, die den Reflexionsstand der Psychoanalyse[147] mit aufnehmen oder zumindest eine diesem korrespondiere Komplexität entwickeln soll.

3.2.1.3 Systeme des Anfangs – Systeme der Betreuung

Die oben dargestellte Relationierung von Bewusstsein und Wahrnehmung, war 1998 noch nicht in dieser spezifischen theoretischen Form ausgearbeitet, doch finden sich auch dort schon Beschreibungen, die sich der späteren theoretischen

---

[147] Und das bedeutet für Fuchs zunächst: Freud und Lacan.

Entwicklung öffnen: „Die Wahrnehmung ist zweifelsfrei die Bedingung der Möglichkeit für die Genese bewußter Verarbeitung von Sinn, sie ist das Einfallstor für Prozesse, sagen wir einmal, der Sinnstimulation." (Fuchs 1998: 141). Deutlich wird jedoch, dass die Relation von Wahrnehmungen und Bewusstsein, insgesamt des psychischen Systems, stärker unter Entwicklungsgesichtspunkten und damit in einer psychogenetischen Perspektive betrachtet wird.

Psychogenese vollzieht sich (bei aller Autopoiesis) anfänglich in einem Zusammenhang, in einer Systemumwelt, die in der (insbesondere psychoanalytischen) Entwicklungspsychologie üblicherweise als Mutter-Kind-Dyade[148] beschrieben wird. Auch Fuchs rekurriert lose auf eine solche Konzeption und bildet diese dann mit einer begrifflichen Konstellation ab, in der ein ‚System des Anfangs' und ein ‚System der Betreuung' aufeinander bezogen werden[149]. Diese Darstellung zielt darauf ab, darzulegen, dass der primäre Aufbau der Fähigkeit zur Konkatenation psychischer Operationen und die basalen psychischen Strukturbildungen eingebunden sind in die körperbasierte Bezogenheit zwischen Säugling und Mutter (bzw. primärer Betreuungsperson). In Anlehnung an die luhmannsche Konzeption der Intimität wird dieser Zusammenhang auch als ein „Intimitätsarrangement" (Fuchs 1998: 213) beschrieben, das allerdings – und dort entfernt sich Fuchs von dem, was man als die Pointe der luhmannschen Idee der Intimität bezeichnen könnte – nicht auf kommunikativen Operationen basiert, sondern auf der Relation zwischen dem Aufbau der primären psychischen Vernetzungen und den körperlichen, interaktionalen Prozessen in der Mutter-Kind-Dyade[150].

„Die frühen Ereignisse (jene Wiederholungen, die die Sinnform vorbereiten) haben es dabei ohne Zweifel mit relevanten Personen zu tun, finden also statt im Arrangement der Intimität, und das ist im wesentlichen (jedenfalls bevor Sinn verfügbar wird) ein *Arrangement des Aufeinanderbezugs von Körpern*, eine Art Tanz, in dem taktile, akustische, optische, olfaktorische Momente, die Wärme und die Kälte, die Nähe und die Ferne an Körpern (anwesenden oder abwesenden) instruktiv werden. Die zunächst unverbundenen (...) Wahrnehmungen nach innen/nach außen disziplinieren sich an der Relevanz der Körper, sie werden in einer Art Magnetfeld ausgerichtet, gleichsam an Feldlinien entlang gelegt, die durch Wiederholung und Variation körperlichen Verhaltens entstehen. Der Aufbau von Komplexität im System des Anfangs, der Aufbau von Komplexität im System der Betreuung läuft über die vorkonstituierte Eigenkomplexität der beteiligten Körper." (Fuchs 1998: 217, Hervorh. i. O.)

---

148 Der Begriff wurde im psychoanalytischen Kontext ursprünglich durch Spitz eingeführt (Lorenzer 1976: 117).
149 Vgl. Fuchs (1998: 213ff). Man beachte in diesem Kontext die von Fuchs selbst vorgenommene Relativierung dieses Begriffs ‚System des Anfangs', nach der es sich bei diesem Begriff eher um eine Art Hilfskonstruktion, als um ein elaboriertes Theorem handelt (1998: 141, Fn. 70).
150 Ähnlich hatte auch schon Gilgenmann (1986: 124ff) die Emergenz psychischer Systeme an ein Sozialsystem der Symbiose rückgekoppelt, das sich über eine körperliche Kommunikation konstituiere.

Die psychischen Strukturbildungen, die nun in der Autopoiesis[151] des psychischen Systems im Kontext dieses Arrangements der Intimität entstehen, bleiben zunächst bezogen auf die Körperlichkeit des interaktionalen gemeinsamen Agierens und die Regulierung der körperlich-organismischen Bedarfsstrukturen des Säuglings als eines lebenden Systems. Diese körperlich-organismischen Bedarfsstrukturen lassen sich im psychischen System intern als körperbasierte Bedürfnisse beobachten, die in der Wiederholung differenzierungsfähig und erfahrbar werden. Solche Beschreibungen bei Fuchs weisen eine große Nähe zu dem theoretischen Wissen der psychoanalytischen Objektbeziehungs- und Bindungstheorien auf, zu den Forschungsergebnissen der Neonatologie und insbesondere zur soziologischen Metatheorie der Psychoanalyse, die Lorenzer als Interaktionsformentheorie vorgelegt hat[152]. In den Termini der Interaktionsformentheorie geht es hier um den Zusammenhang eines leiblich-gestischen, lebenspraktisch-unmittelbaren Zusammenspiels in der Mutter-Kind-Dyade mit dem Aufbau einer individuellen psychischen Struktur, einer Subjektgenese als Vernetzung bestimmter Interaktionsformen, in der sich eben der konkrete Erfahrungszusammenhang des körperbasierten Zusammenspiels in der Mutter-Kind-Dyade niederschlägt (vgl. Lorenzer 1976: 116ff, 1986: 44ff).

Nach Fuchs erweisen sich in den Systemen des Anfangs zunächst die Prozesse, in denen es um die körperliche Existenz des Säuglings geht, „(...) um das (Über-)Leben selbst (...), um die Befriedigung elementarer Bedürfnisse(...)" (Fuchs 1998: 146) als zentrale Attraktoren, als „Relevanzknoten" (Fuchs 1998: 145), an denen sich systemintern eine Rekognitionsstruktur, die Möglichkeit, Ähnlichkeit und Differenz in den Wahrnehmungsfluss einzuzeichnen, entwickelt.

> „In dem (...) Durchsatz der Wahrnehmungen, von denen wir gesagt haben, daß das System sie noch nicht sich selbst zuordnen kann, in diesem Anbranden von optischen, akustischen, taktilen, olfaktorischen Signalen sind einige besonders stark. Sie organisieren einen Fokus der Aufmerksamkeit, der sich auf den Hunger, den Schmerz und die Gegenpole, die Sättigung, die Lust beziehen." (Fuchs 1998: 146)

Für den vorliegenden Argumentationszusammenhang ist es bedeutsam, dass Fuchs hiermit die Beschreibung einer noch nicht sinnförmigen oder bewusstseinsabhängigen psychischen Strukturbildung vorlegt, nach der „(...) es im Gewitter der Unterschiede, die auf die Wahrnehmungen des Säuglings einstürmen, sehr schnell zu Insulationen der Bedeutsamkeit kommt, zu einem Arrangement

---

151 Fuchs (1998: 139) spricht bezogen auf ein solches System des Anfangs vorsichtiger von der Autogenese.
152 Vgl. dazu Trevarthen & Aitken (2001), Dornes (1993, 2006), Lorenzer (1972, 1976) und Kap. 6.3 in dieser Studie.

extrem wichtiger Wiederholungen." (Fuchs 1998: 146) Im Unterschied zum 2005 relevant gewordenen Begriff der Zitation, zielt Fuchs hier nicht primär auf eine dann Bewusstseinsformationen ermöglichende, basale psychische Operativität, auf eine prozesshafte Konkatenation von medial nutzbaren Wahrnehmungen, sondern auch auf eine Strukturierung, die Bewusstseinsprozessen vorausgeht und diese sogar determiniert: „Das Bewußtsein ist, wenn es beginnt, schon determiniert durch Strukturen, die gerade nicht durch Beobachtungen, durch Bezeichnungsleistungen zustande kamen" (Fuchs 1998: 218)[153]. Fuchs denkt hier bei solchen noch nicht durch Bezeichnungsleistungen zustande gekommenen psychischen Strukturbildungen durchaus auch an sich vernetzende bildhafte Vorstellungen oder Imaginationen.

> „... der Komplexitätsaufbau im System des Anfangs vollzieht sich zunächst auf der Ebene zwischenmenschlicher Interpenetration, körperbezogen und in diesem Sinne infrastrukturell zu den Bezeichnungsleistungen der Kommunikation. Die diffuse Wahrnehmung wird auf dieser Ebene kalibriert, enggeführt auf die Wiederholung und Variation von an Körper gebundenen Ereignissequenzen, die ein Muster der Verknüpfung von Vorstellungen (Imaginationen) erzeugen." (Fuchs 1998: 217)

Später wird zu zeigen sein, welche Potenziale der Ausbau einer solchen theoretischen Konzeption nicht primär sprachbasierter psychischer Operationen und Strukturbildungsprozesse, dann entfalten kann, wenn diese operative Dimension psychischer Systeme theoretisch nicht wieder im *unmarked space* eines sprachförmigen Bewusstseins verborgen wird.

Fuchs schließt an die Beschreibung einer solchen noch sinnfreien Wiederholungsstruktur im Psychischen allerdings eine andere Argumentation an, die wieder stärker auf die Möglichkeiten der strukturellen Kopplung psychischer Prozesse mit sozialen Systemen abhebt. Eine solche Wiederholungsstruktur impliziere, dass zwischen den auf die Befriedigung überlebenswichtiger Bedürfnisse bezogenen Wiederholungen Phasen liegen, in denen etwas anderes geschehen könne. Er verweist in diesem Zusammenhang auf Freuds Konzept der halluzinierenden Wunscherfüllung und interpretiert solche Phasen als Entlastungen von den Nöten einer unmittelbaren Bedürfnisbefriedigung, die den Freiraum für die Entwicklung von kognitiven Kompetenzen, insbesondere für

---

153 Interessant auch, dass Fuchs hier in diesem älteren Text noch Chancen für Individualität oder zumindest für eine Singularität psychischer Erfahrungsaufschichtungen sieht: „Diese primäre Determination begründet Singularität (Individualität), denn sie formiert sich im *Schnittpunkt von Zufallsreihen von Ereignissen. Das System des Anfangs ist immer in einer einmaligen (nicht wiederholbaren) singulären Konstellation (...). Die frühen (unbezeichneten) Verknüpfungen von Imaginationen strukturieren sich an dieser singulären Konstellation." (1998: 218, Hervorh. i. O.) Vergleiche dazu die ähnliche Argumentationsfigur bei Lorenzer (1986: 46), der allerdings betont, dass sich eine solche in situativer Zufälligkeit basierte lebensgeschichtlich gewordene Individualität mit gesellschaftlichen Prozessen vermittelt.

die Kopplung mit kommunikativen Prozessen schaffe (Fuchs 1998: 146f)[154]. Vor der strukturellen Kopplung mit sozialen Systemen und dem dadurch beschleunigten Aufbau psychischer Strukturen liegt jedoch zunächst die sich insbesondere in solchen Entlastungsphasen vollziehende Entwicklung einer basalen psychischen Strukturierungsfähigkeit, oder auch Operativität, die dann bewusste Prozesse trägt: „... das Entstehen einer Operativität, die im Blick auf Referenz noch leerläuft, oder besser vielleicht: die noch nichts weiter ist als ein sich mehr und mehr strukturierender Durchsatz von Wahrnehmungen, gleichsam das Prozessieren der >leeren< Sinnform, in die sich Referenz, Unterscheidung und Bezeichnung noch irgendwie einhängen müssen" (Fuchs 1998: 148, Hervorh. i. O.). Und damit ist erneut die theoretischen Figur vorbereitet, die im Begriff der Zitation im Argumentationsaufbau des neueren Textes „Die Psyche" (Fuchs 2005) besonders exponiert wird. Allerdings hier noch in einer eher gegenständlichen Form, oder zumindest in einer Form, die den nicht sinnförmigen Vernetzungsstrukturen im psychischen System eine eigenständige Qualität zuspricht. Das wird nicht zuletzt durch die Bezugnahme auf die freudsche Unterscheidung von Wort- und Sachvorstellungen (Freud 1989g: 159ff) deutlich:

> „Was im System des Anfangs geleistet werden muß, das ist die Erzeugung von Strukturen der Verknüpfbarkeit von Operationen, die Erzeugung eines, wie man sagen könnte, zunächst vorprädikativen, präsymbolischen Kombinationsspielraumes. In der Freudschen Terminologie entspräche das der Relationierung von Sachvorstellungen, die noch nicht an Wortvorstellungen gebunden sind. Wir könnten auch sagen, wir haben es mit einer Kombination von Imaginationen (...) zu tun." (Fuchs 1998: 212)

3.2.1.4 Bewusstsein und Unbewusstes im theoretischen Modell von Fuchs

Auch der ältere Text mündet in einer Konzeption des Psychischen, die eine „weitere Radikalisierung des Projekts der Umschrift psychisch gedeuteter Prozesse auf Sozialität" (Fuchs 1998: 237) intendiert[155] und in der Fuchs ungeachtet der ausführlichen Auseinandersetzung mit Freud und Lacan und ungeachtet seiner eigenen Ausführungen zu den auch für sinnbasierte psychische Prozesse determinierenden primären Strukturbildungen des psychischen Systems dieses System dennoch als ein ausschließlich bewusstes beschreibt. „Nichts ist in der Autopoiesis des psychischen Systems nicht bewusst." (Fuchs 1998: 193) Und doch kann das Bewusstsein in seinen Operationen die eigene Autopoiesis, die

---

154 Vergleiche in diesem Kontext für den Zusammenhang der Imagination von Wunscherfüllung und psychische Aktivität und Entwicklung auch die Vorstellung des Garnrollen-Spiels bei Freud (1989h, 224ff) sowie die differenten Interpretationen bei Lorenzer (1981: 158) und Lacan (1975: 116f, 165ff).
155 Zu diesem Projekt einer Umschrift vergleiche als Ausgangstext Fuchs (1995).

Konstitution der Bewusstseinsoperationen nicht mitbeobachten. Dies ermöglicht es Fuchs, dem Begriff des Bewusstseins ein spezifisches Konzept des Unbewussten zu korrelieren, das auf eben diese Dimension des sich selbst in der eigenen Operativität Nicht-transparent-Seins der Bewusstseinsoperationen abzielt. Es geht also schon in dieser Konzeption des Unbewussten um eine Funktionsdimension des Psychischen, nicht unähnlich der auch von Khurana (2002) vertretenen Auffassung eines nicht substantialistischen Unbewussten. „In jedem Moment ist *alles bewußt unter Ausschluß der Leistungen des Systems, die dies ermöglichen*. Dies vorausgesetzt, wird klar, daß das psychische System nicht gekammert, nicht differenziert ist in Bereiche unterschiedlicher Grade von Bewußtheit." (Fuchs 1998: 195, Hervorh. i. O.) Bewusstsein impliziert ein selbst nicht bewusstes, auch nicht bewusstseinsfähiges operatives Moment. Genau das sei das Unbewusste der Systemtheorie. „Das Unbewußte ist für das Bewußtsein das Unbeobachtbare schlechthin, weil mit ihm der unterscheidungsfreie Raum bezeichnet ist, der alle Unterscheidungen und Bezeichnungen erst ermöglicht." (Fuchs 1998: 199) Und auf Grundlage einer solchen theoretischen Konstruktion formuliert Fuchs dann auch: „Das Bewußtsein ist das Unbewußte" (Fuchs 1998: 194).

Was in dieser Konzeption verloren geht, ist die theoretische Möglichkeit der Beobachtung einer eigendynamischen Operativität nicht bewusster, nicht sprachbasierter psychischer Prozesse. Damit reduziert sich die theoretische Komplexität der systemtheoretischen Beschreibung des psychischen Systems enorm und ist dann eben nicht mehr in der Lage, psychoanalytische Konzepte und Modelle und die sich in diesen spiegelnden Beobachtungspotenziale theorieimmanent zu rekonstruieren. Natürlich, auf einer konstruktivistischen oder auch formtheoretischen Basis spricht ansonsten nichts dagegen, in einer solch reduktiven Form zu beobachten.

Wie dargestellt, wird die Relation des Bewusstseins zu seiner sich selbst intransparenten Operativität, die von Fuchs 1998 als das Unbewusste umschrieben wurde, in „Die Psyche" (Fuchs 2005) transformiert in eine spezifische Relationierung des Bewusstseins zu den Wahrnehmungsprozessen des psychischen Systems: die Wahrnehmungen stellen das Medium dar, das durch die Beobachtungsoperationen des Bewusstseins in spezifische Formen gebracht und damit bewusst werden. Auch für diese theoretische Konstellation gilt, dass sich die Formbildung in der Beobachtungsoperation nicht selbst mitbeobachten kann; auch hier gibt es eine unbewusste Dimension der Operativität. Bedeutsamer für diese neue Theorieformation ist aber die Beschreibung des Bewusstseins als eines autopoietischen Systems im psychischen System, dass seine operative Schließung über eine dezidierte Operativität, über die Konkatenation zeichenförmiger Operationen erzeugt. „Das Bewusstsein arbeitet, so die These, nur auf der Basis der autopoietischen Konkatenation von Zeichen und Zeichenarrangements. Es ist *cognitio symbolica*." (Fuchs 2005: 65, Hervorh. i. O.)

Der hier von Fuchs zugrunde gelegte Zeichenbegriff speist sich primär aus dem Bezug auf die *Grundfragen der allgemeinen Sprachwissenschaft*, mit denen Saussure (1967) eine der zentralen basalen Konzeptionen der Linguistik vorlegte, die dann insbesondere in der (post-)strukturalistischen Rezeption eine besonders starke Wirkung erzeugen sollte. Die Konzeption, nach der sich das Zeichen aus *signifiant* und *signifié* konstituiert, die ihre Effekte nur durch die Vermittlung des differenziell gegliederten Gesamtzusammenhangs des jeweiligen Zeichensystems erzeugen können, ist bekannt. Fuchs implementiert diese theoretische Konstruktion[156] in den Beobachtungsbegriff und konzipiert die operative Dimension der Bezeichnung in der Konkatenation der Unterscheidungen prozessierenden Operationsweise des Bewusstseins mit einem solchen Zeichenbegriff.

„Wenn wir davon ausgehen, daß das Bewußtsein ein zeichenprozessierendes System ist, wird deutlich, inwiefern es als Sinneinschleuser der Psyche begriffen werden kann. Es ist das System, das sich in der Psyche (der Organisation der Wahrnehmung) als beobachtendes System ausdifferenziert, das – und dies besagt das Wort *Beobachtung* – Bezeichnungsleistungen vollbringt, die sich auf Unterscheidungen, die ihrerseits bezeichenbar sind, beziehen lassen." (Fuchs 2005: 68, Hervorh. i. O.)

Dabei denkt Fuchs an sprachliche Zeichen und schränkt damit die theoretische Offenheit der spencer-brownschen Konzeption der Formtheorie auf formalisierte Zeichensysteme, namentlich auf Sprache[157], ein. Die argumentative Konstruktion fokussiert dann darauf, dass es sich bei diesen Zeichen immer um soziogene handelt – sie stammen aus der Interpenetration mit sozialen Systemen. „Kein Zeichen funktioniert *privat*" (Fuchs 2005: 69, Hervorh. i. O.). Und in diesem Sinne schreibt Fuchs das Soziale unvermittelt ins Psychische ein.

„Wenn das Bewußtsein ein zeichenprozessierendes System ist, dann ist es schlicht: konventionell und allgemein. Es realisiert eine singuläre Allgemeinheit. Es ist gerade nicht: individuell, sondern bezieht, worauf es sich einlässt, nicht von sich, sondern von an Zeichen gebundenen Sinnstreuungsmöglichkeiten sozialer Systeme." (Fuchs 2005: 69)

Der Clou der Bestimmung der Funktionsweise des Bewusstseins als einer *dezidierten Operativität* findet sich darin, dass Fuchs damit den Prozess einer Formatierung der Wahrnehmungen durch das Wirken des Sozialen in diesem psy-

---

156 „Die Form des Zeichens ist die Einheit der Unterscheidung von Bezeichnendem (signifiant) und Bezeichnetem (signifié)" (Fuchs 2005: 66).
157 Vergleiche dazu das von Fuchs angeführte Argument: „Ein darauf bezogenes Gedankenexperiment wäre die Annulierung der Sprache. Es bliebe nur eine große Verstörung zurück oder die Rückkehr in das Animalische" (2005: 66).

chischen Subsystem des Bewusstseins erklärt. Das Bewusstsein kann nach dieser Konstruktion, seine Formen im Medium der Wahrnehmungen nur bilden, indem es diese mit soziogenen Zeichen supercodiert. Es ist dieses Wirken des Sozialen in den Bewusstseinsoperationen, das es überhaupt erst ermöglicht, die diffusen Wahrnehmungen in die Konkretion bestimmter Formen zu bringen. Die sich über den Zusammenhang von Bezeichnung und Unterscheidung konstituierende Beobachtung bildet gestützt auf Zeichen in der Bezeichnung Formen im Medium einer sinnorientierten Wahrnehmung aus.

> „Sinnförmige Wahrnehmungen (diese Selektionen) und *beobachtete (unterschiedene, bezeichnete)* Wahrnehmungen lassen sich als Differenz in *Demselben* denken, als Formen (zeichengebundene Wahrnehmung) im Medium von sinn-orientierten Wahrnehmungen. Es ließe sich auch formulieren, dass sie in ein System/Umwelt-Verhältnis geraten: Im psychischen System differenziert das System der autopoietischen Verkettung von Wahrnehmungen aus, die auf Zeichen gestützt sind; so entsteht ein Bereich *dezidierter* (unterscheidender, bezeichnender) Operativität. Damit werden sinnförmige Wahrnehmungen, die nicht auf Zeichengebrauch angewiesen sind, zur Umwelt des Bewußtseins, wie umgekehrt das Bewußtsein zur internen Umwelt des psychischen Systems wird." (Fuchs 2005: 86f, Hervorh. i. O.)

Es handelt sich um eine schwierige theoretische Konstruktion, die die Wirkungen des Sozialen einschleust, einschmuggelt in die Konfiguration des Psychischen und dabei die basalen theoriekonstitutiven Unterscheidungen und Konstruktionsprinzipien der luhmannschen Systemtheorie erodieren lässt.

> „Jede bewußte Operation (...) hat diese sonderbare Doppelbewandtnis, nur körpergestützte Wahrnehmung sein zu können und gleichwohl diese Wahrnehmung sozial (via Zeichen) zu formatieren. Die Operation läßt sich beobachten als Moment des psychischen Systems (Wahrnehmung) *und* als Moment des Bewußtseins, das aber zugleich das System darstellt, dem zeichenförmige (i.e. sozial gespeiste) Beobachtungen unterstellt werden kann." (Fuchs 2005: 85, Hervorh. i. O.)

Begrifflich-terminologisch ist es innerhalb dieses theoretischen Paradigmas nicht ganz unproblematisch, einerseits das Bewusstsein als ein operativ geschlossenes System zu beschreiben, das sich in ein Umwelt-Verhältnis zum psychischen System setzt und mit diesem strukturelle Kopplungen eingeht, und andererseits zu postulieren, dass jede bewusste Operation sich sowohl als Moment des psychischen Systems als auch als ein Moment des Bewusstseinssystems beobachten lässt. Das lässt sich nur noch schwer mit einer formtheoretischen Konstruktion der Systemtheorie zusammenbringen, die die Systemkonstitution daran bindet, dass sich das System selbst durch seine Operationen fortlaufend als eine System/Umwelt-Differenz erzeugt. Die Autopoiesis prozessiert sich als Konkatenation von Operationen, die in diesen Operationen eben dieses System und nicht das andere konstituiert.

Von großer Bedeutung für die theoretische Konstruktion bei Fuchs ist die Annahme, dass eine solche dezidierte Operativität des Bewusstseins die Wahrnehmungen nicht nur formiert, sondern darin unumgänglich auch transformiert. Eine Transformation, die Fuchs als eine Art abstrahierende Informationsverdichtung beschreibt. Das System des Bewusstseins „... operiert zwar auf Wahrnehmungen, aber reduziert und strapaziert dieses Medium bis an den Rand des Wahrnehmungsverzichtes" (Fuchs 2005: 126). Und:

> „Der dichte Strom der Wahrnehmung wird diskontinuiert durch eine Auflösung in diskrete Elemente. Er wird *digitalisiert*, und schnurrt die Fülle des Mediums, dem dies geschieht, auf Beobachtungsleistungen zusammen, die – im Wortsinn – von der Wahrnehmung *abstrahieren*, also in ihrer Verkettung Sinnüberschüsse *abziehen*. Das Bewußtsein ist, so gesehen, ein *Dauerabstraktor*, ein >Wahrnehmungsverschlucker<, der von dem, was die sozusagen immer gesättigte Wahrnehmung appräsentiert, nur ein Minimum zurückbehält, gerade eben nur das, was notwendig ist, um die eigene hoch asketische Autopoiesis fortzusetzen." (Fuchs 2005: 127, Hervorh. i. O.)

Zugleich beinhaltet diese Transformation der Wahrnehmung ins Bewusstsein, wie bereits mehrfach beschrieben, ihre formatierende Bezeichnung mit aus dem Sozialen stammenden Zeichen, also eine Art sprachlicher Überformung. Dadurch entsteht der theoretische Effekt, um den es Fuchs vor allem geht, dass nämlich das Bewusstsein als das vermeintlich Innerste sich nur durch das operative Prozessieren eines Äußeren und Allgemeinen, eben Sprache oder ähnlicher Zeichensysteme, erzeugen kann. Diese theoretische Figur benennt Fuchs (2001: 101ff, 2003: 71, 2004: 125, 2005: 132) im Anschluss am Lacan als Extimität.

> „Diese eigentümliche Paradoxie kann man mit dem Ausdruck *Extimität* belegen. Er bezeichnet ein Innerstes, das identisch ist mit einem Äußersten. Dabei wird angenommen, daß das System, das extim ist, keine Möglichkeit hat, das Außen in sich selbst anders als innen zu erfahren. Jedes Zeichen, das es einsetzt, stammt nicht von ihm und wird sozial angeliefert. (...) Es ist sozial formatiert, obgleich es an keiner Stelle sozial *ist*." (Fuchs 2005: 132f, Hervorh. i. O.)

Mit einer solchen theoretischen Figuration kann dann Fuchs auch eine neue Konzeption zur Funktion und Auffassung des Unbewussten vorschlagen. War das Unbewusste in der 1998er Variante als die operative Selbstintransparenz des Bewusstseins beschrieben worden, so wird eine solche Konzeption jetzt theoretisch dahingehend ausdifferenziert, dass diese Intransparenz auch als das Wirken des Sozialen im Inneren des Bewusstseins, oder auch umgekehrt formulierbar, als die operativ immer implizit mitgeführte Verweisung auf die Außenabhängigkeit der Operation aufgefasst werden kann. Theoretisch wird dies über die Funktion des Beobachters konstruiert. Jede differenzbasierte Bezeichnung involviert operativ ein Beobachtungsmoment. Jede Bewusstseinsoperation ist eine Beobachtung, die das in der Operation aktivierte Differenzschema simultan nicht mitbeobachten kann. Auch für die neuere Theorievariante entspringt aus dieser Figur eine ‚komplexe Zeitlichkeit', die Différance-Struktur des Bewusstseins und eben die Selbst-Intransparenz des Systems des Bewusstseins, zu deren Beschreibung Fuchs auf den Term ‚das Unbewusste' zurückgreift. Neu ist hier die starke Betonung der Heterogenität der Dimension der Beobachtungsoperation, die Fuchs als ‚der Beobachter' bezeichnet. Die Differenzschemata, die in der konkreten Bewusstseinsoperation als die die Bezeichnungen tragenden Unterscheidungen aktiviert werden, stammen aus dem Sozialen und sind weder im psychischen noch im Bewusstseinssystem konstruiert worden, auch wenn sie sich im autopoietischen System des Bewusstseins, so Fuchs, eben nur als Bewusstsein, wenn auch dann als unbewusstes, extimes Bewusstsein, realisieren können. Das wiederholte interne Wirken der aus dem Externen stammenden Differenzschemata ermöglicht es in der fuchsschen Konstruktion, deren Vernetzungen und Verdichtungen als eine imaginäre Strukturbildung im System des Bewusstseins aufzufassen, eben als den Beobachter.

> „Der Beobachter ist eine Struktur im Sinne eines Kombinationsspielraumes für Ereignisse, die unterscheiden zwischen dem, was ein System sich zurechnet und was nicht. Das System nutzt, wenn wir uns hier auf das Bewußtsein konzentrieren, die Zitationsmöglichkeiten, die durch Zeichengebrauch offeriert werden. Er ist in diesem Sinne imaginär und wiederum: weder Ding noch Substanz. Man könnte ihn als eine imaginäre Ballung, als zitierbare Zusammenfassung auffassen (...) durch und durch sozial konditioniert (...)" (Fuchs 2005: 137, Hervorh. i. O.)

Mit der Figur eines derart konstruierten imaginären Beobachters kann jetzt das Unbewusste über das Moment der Selbst-Intransparenz hinaus als der interne Verweis auf das Soziale, als Umschreibung für eine psychosoziale Konstitution des Bewusstseins aufgefasst werden. Eine theoretische Bewegung, die Fuchs dann unmittelbar dahin führt, über einen solchen Begriff des Unbewussten hinauszugehen und ihn durch das Konzept der Extimität zu ersetzen.

> „Der Beobachter hat keine bewußtseinsinterne Residenz, und wenn man diesen Umstand bezeichnen will, bietet sich der Term des Unbewußten an. Er markiert eine Differenz, die durch *Extimität* ausgedrückt ist. Es böte sich sogar an, ihn im systemtheoretischen Kontext durch dieses Wort zu ersetzen." (Fuchs 2005: 137, Hervorh. i. O.)

Ein theoretischer Zusammenhang, den Fuchs auch in eine stark komprimierte Formulierung fasst: „Das Unbewußte ist das Soziale, eingeschrieben in das psychische System, also in die Organisation von Wahrnehmungen. Man könnte auch sagen: Das Bewußte ist das Unbewußte. Oder noch anders: Das Unbewußte ist Extimität." (Fuchs 2005: 133f, Hervorh. i. O.)

Mit dieser theoretischen Konstruktion von Fuchs wird in die Vorstellung einer Autopoiesis des Systems des Bewusstseins ein heterogenes Moment eingefügt. Das Bewusstsein operiert als ein System im psychischen System autopoietisch, doch müssen seine Beobachtungsoperationen auf Zeichen zurückgreifen, die das Bewusstsein nicht selbst aus sich heraus erzeugen kann, sondern die immer auf soziale Systeme verweisen. Damit wird in die theoretische Beschreibung des Bewusstseins ein supplementäres Theoriemoment implementiert. Die Beobachtungsoperation formt nicht nur das Medium Wahrnehmung, sondern wird zugleich durch etwas geformt, was nicht aus der Psyche oder aus dem Bewusstsein selbst stammt, sondern aus dem Sozialen: Genau dies nennt Fuchs die Extimität (der Operationen) des Bewusstseins und darin zeigt sich ein neues theoretisches Moment, das Fuchs (2005: 143) jetzt *das Psychosoziale* fokussieren lässt.

Diese spezifische theoretische Konstruktion dient bei Fuchs nun als die Grundlage für eine weitere Beschreibung der Effekte der Bezogenheit der Entwicklung und des Operierens psychischer Systeme auf das Soziale. Hier schließen die Konzepte der Polykontexturalität des Bewusstseins (Fuchs 2005: 139f) und der Adressabilität des Bewusstseins, die sich über die psychische Beobachtung der sozialen Konstruktionen der Person in den verschiedenen sozialen Systemen entwickelt (Fuchs 2003: 15ff, 36f), unmittelbar an. Und auch die neu vorgetragene These von der Listenförmigkeit des psychischen Systems (Fuchs 2007: 143 und 145ff) findet in dieser Konstruktion ihre theoretische Verankerung.[158]

Auch wenn diese Entwicklung hin zu einer Entfaltung der theoretischen Perspektive auf die Beobachtung des Zusammenhangs des Psychosozialen als ein ausgezeichneter Beleg für die in dieser Studie entfaltete These vom Erfordernis supplementärer Theorieteile betrachtet werden könnte, muss man an diesem Punkt der theoretischen Konstruktion doch zögern und die Frage aufwerfen, ob es nicht möglich ist, die Autopoiesis psychischer Systeme mit dem formtheoretischen Begriffs- und Konstruktionsinstrumentarium viel konsequenter, basaler und umfassender als die eines operativ gegenüber dem Sozialen geschlossenen, jedoch das Bewusstsein operativ involvierenden Systems zu konstruieren.

---

158 Bei den hier angesprochenen Theoriestücken handelt es sich dann allerdings um Ausdifferenzierungen in der theoretischen Konstruktion, die im Wesentlichen auf der Einbeziehung von den Dimensionen des Psychischen beruhen, die sich in ihrer Operativität sprachbasiert vollziehen. Ob und wie sich die in dieser Studie vorgeschlagene Erweiterung oder Transformation der Beschreibung psychischer Systeme in Hinblick auf eine nichtsprachliche Operativität auf diese genannten Theoriefelder auswirken würde, erfordert eine eigenständige Untersuchung.

3.2.2 Psychoanalytisch orientierte systemtheoretische Beschreibungen der Psyche

Auf dem Weg zu einer solchen theoretischen Beschreibung eines basalen Operationsmodus psychischer Systeme, die bewusste und unbewusste Prozesse integriert, sind die Konzeptionen zweier weiterer Autoren zu würdigen, die sich mit der Psyche auf Basis der luhmannschen Theorie auseinandergesetzt haben.

Die Arbeit von Khurana zu einem „nicht-substantialistischen Konzept des Unbewussten" (2002) organisiert in ihrem systemtheoretischen Teil die Beschreibung psychischer Systeme über eine Rekonstruktion und Integration des theoretischen Zusammenhangs, der in der Psychoanalyse als ‚unbewusst' oder ‚das Unbewusste' firmiert (Khurana 2002: 296). Die Darstellung zielt insbesondere darauf, die luhmannsche Konzeption psychischer Systeme um eine Dimension des Unbewussten zu erweitern. Diese wird bei Khurana explizit nicht nur als ein operatives Artefakt, sondern als eine strukturelle Bildung aufgefasst, die in der Systemtheorie das beschreiben soll, was in der Psychoanalyse mit dem Begriff des ‚dynamischen Unbewussten' intendiert wird (Khurana 2002: 194f)[159]. In dieser Hinsicht geht Khuranas Anspruch über die vergleichbare theoretische Konstruktion bei Fuchs (1998: 2003) hinaus.

Die Darstellung der basalen Elemente des psychischen Systems orientiert sich an Luhmanns Verwendung des Begriffspaares Gedanke und Vorstellung, das auch bei Khurana als Zusammenhang von Operation und Beobachtung aufgefasst wird. Über eine Ausarbeitung der formtheoretischen Implikationen[160] dieser begrifflichen Figuration kommt er zu einer Beschreibung von drei Dimensionen oder Formen des Unbewussten, die den das psychische System konstituierenden Bewusstseinprozessen anhaften. Khurana unterscheidet hier zwei operationale und eine strukturale Dimension. Als das „Nichtbewusste des Bewusstseins" (Khurana 2002: 296) bezeichnet er die formtheoretische Grundannahme, dass eine Beobachtung sich im Moment ihres operativen Vollzuges nicht selbst als Operation beobachten kann. Dies wird ergänzt um eine zweite Dimension eines operationalen Unbewussten, die Khurana davon als Intransparenz des Beobachtens (Khurana 2002: 236) unterscheidet:

---

159 Man kann hier direkt Zweifel anmerken, ob sich eine solche Strategie über eine Diskussion der Chancen des Begriffs des Unbewussten in der Systemtheorie hinaus, auch für eine grundsätzliche Klärung der Relation und Vereinbarkeit von Psychoanalyse und Systemtheorie eignen würde. Insofern der Begriffszusammenhang ‚unbewusst' / ‚Unbewusstes' in der Psychoanalyse sehr heterogen gefasst wird und allein schon im Werk Freuds keine einheitliche Bedeutung hat, sondern im Gegenteil als ein zentrales Theoriemoment von sehr vielen Entwicklungen und Transformationen in den freudschen Entwürfen eines Modells der Psyche affiziert wird, erscheint er wenig geeignet, eine systemtheoretische Rekonstruktion der Psyche zu strukturieren (vgl. dazu auch Wasser 2004).
160 Zum Rekurs auf Spencer Brown vergleiche insbesondere Khurana (2002: 208ff).

„In einer Beobachtung bleibt also sowohl die unmarkierte Seite als auch die Einheit der Differenz – mit anderen Worten der operierende Beobachter selbst – implizit und unbeobachtet. Diese beiden Momente von Intransparenz – die unmarkierte Seite (*unmarked space*) und die Einheit der Differenz als solche – legen es nahe, ein Unbewusstes schon auf diesem operationalen Niveau auszumachen: Jede Beobachtung, jedes sinnhafte Element des Bewusstseins lebt mit der Verschattung der unmarkierten Seite und der nichtbeobachteten Einheit der Differenz selbst." (Khurana 2002: 212, Hervorh. i. O.)

Diese Intransparenzen des Beobachtens werden in Relation zum psychoanalytischen Konzept der Latenz gesetzt (Khurana 2002: 296) und über die schon oben beschriebene, auf Saussure verweisende, strukturalistische Theoriefigur erläutert, nach der „Jedes Element (...) als sinnhaftes nur differentiell im Rekurs auf die anderen Elemente desselben Zusammenhangs und wiederholend im Rekurs auf frühere Verwendungen zu bestimmen [sei, M.U.]" (Khurana 2002: 296). Dieser Verweis auf die Abhängigkeit der aktuellen Beobachtung von einer impliziten und operativ intransparenten Alterität erreiche aber noch nicht die Dimension, die in der Psychoanalyse als dynamisches Unbewusstes aufgefasst werde. Dazu sei es erforderlich von einer operationsbezogenen zu einer strukturbezogenen Ebene der Bestimmung eines Unbewussten in psychischen Systemen überzugehen (Khurana 2002: 194). Khurana (2002: 237) versucht eine solche dritte Dimension oder Art des Unbewussten für eine Theorie psychischer Systeme zu bestimmen, ohne in Differenz zum luhmannschen Postulat einer Identität von Bewusstsein und psychischem System zu geraten – also unter Wahrung des Konstruktionsprinzips der Bindung auch eines solchen strukturellen Unbewussten an die Operativität des Bewusstseins. In die Prozesse der Konkatenation der Bewusstseinsoperationen – einschließlich der dabei operativ immer mitproduzierten Effekte des Nichtbewussten und des als Intransparenz bezeichneten Unbewussten – schreiben sich Muster, Erwartungen oder allgemeiner: Strukturierungen ein, die auch auf der Ebene des operativ erzeugten Unbewussten durchschlagen, Strukturen bilden, und diesem dadurch strukturelle Relevanz zukommen lassen (Khurana 2002: 297). Psyche wird so zu einem strukturdeterminierten System (Khurana 2002: 236), das seine strukturellen Effekte aber immer nur auf der Ebene des operativen Vollzugs der Bewusstseinsprozesse produziert. Khurana spricht hier auch von einer „Strukturiertheit der Autopoiesis" (2002: 238ff)[161].

Es bleibt zweifelhaft, ob eine solche Bindung der theoretischen Konzeption des Begriffs des Unbewussten an die bewussten Operationen psychischer Systeme in der Lage sein kann, die vielschichtigen theoretischen Konstruktionen in

---

161 Dazu, dass diese terminologische Bildung, zumindest im Paradigma der luhmannschen Systemtheorie, nicht unproblematisch ist, vergleiche Luhmanns (2002a: 114f) Ausführungen zur Abstraktion des Begriffes der Autopoiesis, den er gerade im Kontrast zu konkreten Strukturbildungen verwendet.

die Systemtheorie zu transponieren, die sich in der Psychoanalyse mit den Begriffsvarianten des Unbewussten verbinden. Wasser (2004: 372) zeigt sich insbesondere skeptisch gegenüber einer theoretischen Annahme, die Latenzen, die auf einer operationalen Ebene nicht beobachtbar sind, auf einer strukturellen Ebene entdeckt, und weist die theoretische Konstruktion in eine andere Richtung:

> „Wäre es nicht schon rein analytisch vielversprechender, diese hochkomplexen psychischen Leistungen in verschiedene bewusste wie unbewusste Operationen zu dekomponieren, statt die Differenz von Bewusstem und Unbewusstem zum Effekt der Differenz von Struktur und Operation zu erklären?" (Wasser 2004: 372)

Das produktive Moment im Vorschlag Khuranas findet sich in seiner Absicht, die Beschreibung der basalen psychischen Operationen formtheoretisch auszuarbeiten[162]. Besonders wichtig ist dabei sein Hinweis darauf, dass eine solche psychische Operativität nicht nur an Sprache gebunden sein muss, sondern dass sich psychische Operationen auch als Imaginationen vollziehen können, die nicht sprachbasiert sind: „Das Bewusstsein prozessiert auch nichtlinguistische Elemente. Es nimmt bestimmte Objekte wahr, prozessiert visuelle Ensembles, vollzieht selbstveranlasste Wahrnehmungssimulationen usw." (Khurana 2002: 274). Gleichwohl bleiben seine Vorschläge an die bei Luhmann für die Beschreibung psychischer Systeme zentrale Begriffsrelation von Gedanke und Vorstellung und damit an Bewusstseinsprozesse gebunden. Eine solche Theorieanlage erfordert dann umständliche und wenig überzeugende Konstruktionen um eine Konzeption des Unbewussten zu integrieren – hier unterscheidet sich der Vorschlag Khuranas wenig von den von Fuchs vorgelegten.

Mit einem solchen theoretischen Ansatz sieht Wasser (2004: 355f) die luhmannsche Systemtheorie trotz aller Abgrenzungspostulate in dieser Hinsicht einer bewusstseinsphilosophischen Theorietradition verhaftet, die eine Identität von Psyche und Bewusstsein behauptet und nicht in der Lage ist, das psychoanalytische Wissen über unbewusste Prozesse zu integrieren. Sie gerät darin zugleich auch in Divergenz zu aktuellen psychologischen und neurophysiologischen Forschungsständen, die eine Existenz nicht bewusster psychischer Prozes-

---

162 Dabei soll hier nicht weiter problematisiert werden, dass das dann in der konkreten Ausführung immer wieder in die Gefahr gerät, komplexe begrifflich-theoretische Konstruktionen zu verdinglichen, etwa Operation und Beobachtung in einer vergegenständlichenden Weise zu separieren und einander zu kontrastieren (Khurana 2002: 214f), oder einzelnen systemtheoretische und psychoanalytische Theoriefragmente vorschnell, d.h. ohne eine übergreifende Synthese oder Vermittlung der Theorien, zu analogisieren. Vergleiche als Beispiel für eine solche Analogisierung die Relationierung des psychoanalytischen Konzeptes eines vorbewussten Denkvorgangs mit Aspekten einer formtheoretischen Beschreibung der operativen Vernetzung gedanklicher Prozesse Khurana (2002: 222).

se auf breiter Ebene bestätigen. Als theoretische Alternative macht Wasser den Vorschlag einer „begrifflichen Re-Generalisierung" (2004: 367) dessen, was als der basale Operationsmodus psychischer Systeme betrachtet werden soll. Seine Konzeption zielt auf eine Modifikation der Systemtheorie, „(...) die die Basisoperation der Psyche als *Erleben* beschreibt: als ein Erleben, das *bewusste wie unbewusste Operationen einschließt.*" (Wasser 2004: 358, Hervorh. i. O.) Will man psychoanalytische Theorie in eine systemtheoretische Beschreibung psychischer Prozesse integrieren, ist eine solche Überschreitung der internen Beschränkungen des Verständnisses psychischer Systeme als Bewusstseinssysteme bei Luhmann wegweisend. Die basale Operationsweise psychischer Systeme muss allgemeiner konzipiert werden als das bei einer Begrenzung auf Bewusstseinsprozesse möglich ist. Wie weit der von Wasser präsentierte Begriff des Erlebens hier allerdings trägt, ist unklar. Obwohl terminologisch durchaus ansprechend und zunächst plausibel, bleibt dieser Begriff des Erlebens bei Wasser doch vage und unbestimmt. Er fungiert als eine Art Synonym für das Konzept psychischer Operativität und transportiert theoretisch wenig mehr als die Annahme, dass es neben bewussten auch unbewusste psychische Prozesse gebe.

„Psychische Systeme mögen denken, fühlen, Bewusstsein haben oder unbewusst operieren. Ihren >>gemeinsamen Nenner<< finden alle diese Operationen in der Tatsache, dass erlebt wird, wann immer gefühlt oder gedacht wird, eben weil >>Erleben<< noch nicht festlegt, wie >>erlebt<< wird: bewusst oder unbewusst, gedanklich oder eher in der Form diffuser Gefühle." (Wasser 2004: 382, Hervorh. i. O.)

Eine system- oder formtheoretische Ausarbeitung steht bislang noch aus. So bleibt beispielsweise offen, wie Wassers Beschreibung der Differenz von bewussten und unbewussten Prozessen als Effekt einer Prozessresonanz theoretisch verstanden und auf die basalen psychischen Operationen des Erlebens bezogen werden kann.

„Freud sah das Bewusstsein in seiner zweiten Topik als eine Art >>operativen Nebeneffekt<< an, man könnte auch von einer >>Prozessresonanz<< sprechen: Ein psychischer (zunächst unbewusster) Prozess kann verstärkt werden, sofern er sich ausreichend verdichtet, um einen Zweitprozess (hier: Bewusstsein) auszulösen und eine Zeitlang mitzuführen. Der zweite Prozess folgt dabei dem ersten >>in Resonanz<<, also nach einem ihm eigenen Muster, sofern dabei eine >>prägnante Gestaltbildung<< in Form von Gefühlen, Empfindungen oder Gedanken möglich wird. Wo Prägnanz einen gewissen Grenzwert nicht überschreitet, kann entsprechend auch kein Bewusstsein auftreten." (Wasser 2004: 378, Hervorh. i. O.)

Der Zusammenhang wird nicht deutlicher, wenn erläutert wird, dass das Bewusstsein kein Operationsmodus, sondern lediglich eine Erlebensqualität sei (Wasser 2004: 380).[163]

Der Versuch von Wasser, mit dem Erleben einen basalen psychischen Operationsmodus zu bestimmen, der bewusste und unbewusste Operationen umfasst, setzt modifizierend an einer theoretischen Konstruktion der Systemtheorie an, die aus einer externen Perspektive als unzureichend qualifiziert wird. Es sind nicht systemtheoretische, sondern psychologische, insbesondere psychoanalytische Theoreme, aus deren Perspektive und in Hinblick auf deren Integration das Erfordernis gesehen wird, unbewusste psychische Operationen in der theoretischen Beschreibung psychischer Systeme zu berücksichtigen. Möglicherweise setzt der von Wasser betriebene Versuch, Psychoanalyse und Systemtheorie zu synthetisieren, die beiden heteronomen Theoriekomplexe zu unvermittelt in Relation zueinander. Nicht nur ermangelt es einer systemtheoretischen Rekonstruktion der Differenz von bewussten und unbewussten psychischen Prozessen auf Basis einer Explikation des Konzeptes des Erlebens als der basalen psychischen Operation; auch der Versuch, die freudsche Unterscheidung von Ich, Es und Über-Ich (Freud 1989b) als eine Ausdifferenzierung von psychischen Subsystemen zu rekonstruieren, die sich über die operative Orientierung an spezifischen binären Codierungen für solche psychischen Subsysteme vollzieht (Wasser 2004: 384f)[164], arbeitet mit der wechselseitigen Implementierung von theoretischen Fragmenten, denen zwar jeweils eine zentrale Relevanz für die Ausgangstheorie zukommt, deren Transferierbarkeit in den fremden Theoriekontext aber nicht ausreichend reflektiert bzw. hinterfragt wird. Die theoretische Argumentations- und Konstruktionsstrategie von Wasser liefe auf eine Integration der heterogenen Theorien hinaus – ein voraussetzungsvolles und anspruchsvolles Unterfangen, das sehr umfangreiche systematische Arbeiten erforderte.

Hier sind als Ergebnis einer kursorischen Rezeption der naheliegendsten Versuche einer Berücksichtigung psychoanalytischer Theoriebildung für die Beschreibung psychischer Systeme zunächst Probleme und theoretische Konstruktionsoptionen festzuhalten. In den Versuchen, unbewusste Prozesse in psychischen Systemen so zu beschreiben, dass ein Bezug auf psychoanalytische Theorie gewahrt bleibt, wird die Komplexität der psychoanalytischen Theoriebildung bislang verfehlt. Doch finden sich auch vielversprechende Anregungen. Das ist zunächst die Berücksichtigung nichtsprachlicher, imaginativer Prozesse in psychischen Systemen, die Khurana vorschlägt, und die sich sowohl für die

---

163 Vergleiche aber für potenzielle Anschlüsse die Darstellung des Konzepts der Gegenwartsmomente von Stern in Kap. 5.1.4.
164 Vgl. auch Wasser (1995 und 1995a: 337).

Ausführung einer psychogenetischen Perspektive auf psychische Systeme als auch in Hinblick auf die Bestimmung unbewusster psychischer symbolprozessierender Operationen fruchtbar machen lässt. Für die Entwicklung einer konsistenten Beschreibung der operationalen Autopoiesis psychischer Systeme lässt sich von Khurana der Impuls übernehmen, die theoretische Konstruktion des psychischen Systems in direktem Bezug auf die formtheoretische Perspektive des späten Luhmann zu entwickeln, und von Wasser die Bereitschaft, eine operationale Basis psychischer Systeme zu suchen, die die Beschränkungen der Fokussierung auf das Begriffspaar Gedanke und Vorstellung hinter sich lässt.

4 Konstruktionserfordernisse für eine systemtheoretische Beschreibung der Psyche

Welche theoretischen Anforderungen sind an eine systemtheoretische Beschreibung der Psyche zu stellen, wenn sie zugleich mit der von Luhmann entworfenen Theorie sozialer Systeme und mit wichtigen psychologischen Theorien, insbesondere auch mit der unbewusste Prozesse berücksichtigenden Theorie der Psychoanalyse, kompatibel sein soll?

Ausgangspunkt der theoretischen Konstruktion kann die Differenz psychischer und sozialer Systeme sein, die aus der Perspektive der Beschreibung psychischer Systeme betrachtet, aus einer operativen Schließung psychischer Systeme resultiert. Psychische und soziale Systeme sind nicht ineinander überführbar; weder kooperieren sie oder wirken ergänzend zusammen, noch teilen sie ein bruchloses Realitätskontinuum, als deren Bestandteile sie aufgefasst werden könnten. Auch für psychische Systeme gilt in einer formtheoretisch angelegten Konstruktion, dass sie über die Verwendung einer spezifischen Unterscheidung beobachtet werden. Diese Unterscheidung muss eine spezifische basale Operationsweise selektieren, über die sich psychische Systeme in Differenz zu einer unbeobachteten Welt und zu anderen Beobachtungen konstituieren. Als Alternative zu der von Luhmann favorisierten Bindung der Autopoiesis psychischer Systeme an die Vorstellung von Gedanken oder auch zu Wassers Idee, psychische Operationen als ein Erleben aufzufassen, soll in dieser Studie vorgeschlagen werden, psychische Operativität als *Erfahrung* zu konzeptualisieren. *Erfahrung* soll dabei als der fortlaufende autopoietische Symbolisierungsprozess aufgefasst werden, über den sich das psychische System konstituiert.

Dabei handelt es sich um einen Begriff mit theoriegeschichtlich sehr differenten Hintergründen, die an diesem Ort nicht aufzuarbeiten sind. Vielmehr wird dieser Begriff hier in einen spezifischen Theoriekontext gesetzt, in dem er seine Bedeutung vor dem Hintergrund einer Differenzierung der Operationsweisen psychischer und sozialer Systeme entfalten soll und zwar in der Bezogenheit auf das Operieren des psychischen Systems. Eine solche Theorieanlage erzeugt einen grundlegenden Bruch zu den verschiedenen begriffsgeschichtlichen Hintergründen. Dennoch sei mit dem Vorschlag von Fuchs, den Begriff der Erfahrung mit dem Formkalkül Spencer Browns zu interpretieren, eine unmittelbar relevante systemtheoretische Begriffsreferenz benannt: „Die Figur der Erfahrung ließe sich mithin auch auf dem Hintergrund des Spencer Brownschen Formkalküls reformulieren: Sie ist *confirmation und condensation*, Identitätsbildung auf der Basis mehrerer Operationen durch die Kombination von Redundanz und Varietät." (1999: 114, Hervorh. i. O.)[165]

Die Beschreibung eines basalen psychischen Operationsmodus muss so allgemein gehalten sein, dass damit differente Beschreibungen psychischer Prozesse als Affekte und Emotionen, als unbewusste Operationen, als Wahrnehmungen oder als komplexere Kognitionen wie beispielsweise Lernen, Erinnerung oder Denken rekonstruiert werden können. Auch sollte die systemtheoretische Konstruktion in der Lage sein, zumindest anzugeben, wie sich eine Theorie psychischer Systeme zu anderen psychologischen Theorien relationieren lässt, und ob und in welchen Formen sich deren Beschreibungen diskursiv anschließen oder systemtheoretisch rekonstruieren lassen.

Ein weiteres Konstruktionserfordernis für eine solche systemtheoretische Beschreibung liegt in einer Mehrperspektivität, die sowohl die Theorie der Psyche in einen bestimmten Zusammenhang zu einer Theorie des Sozialen und zu einer Theorie des Körpers stellen kann, als auch die Konstitution und Entwicklung psychischer Systeme erstens aus einer Beobachtungsposition beschreibt, die die interne Referenz psychischer Systeme als Psychogenese fokussiert, und zweitens aus einer Beobachtungsposition, die von einer externen Referenz psychischer Systeme bzw. von sozialen Systemen ausgehend eine solche Psychogenese als Sozialisation zu konzipieren erlaubt.

Ansätze für eine solche komplexe theoretische Konstruktion lassen sich bei Sutter (1999, 2004, 2004a) finden, der die Konzeption eines interaktionalen Konstruktivismus als Theorieform zur Beschreibung psychischer Systeme im direkten Bezug auf die luhmannsche Systemtheorie weiterentwickelt hat, und dabei die Notwendigkeit einer Theoriestruktur betont, die nicht nur von der Differenz psychischer und sozialer Systeme ausgeht, sondern die die Möglichkeiten einer Relationierung der systemtheoretischen Beschreibungen psychischer und sozialer Beschreibungen reflektiert. Er eröffnet damit das theoretische Projekt einer systemtheoretischen Sozialisationstheorie, die sich nicht darauf beschränkt eine Kontingenz sozialisatorischer Effekte zu postulieren.

---

165 Die Unterschiede in der Verwendungsweise des Begriffs bei Fuchs liegen dann zum einen darin, dass Fuchs (1999: 124f) den Begriff sowohl in Hinblick auf psychische als auch auf soziale Systeme verwendet, zum anderen darin, dass Fuchs das in dem Bezug auf das Formkonzept angelegte Potenzial, dem Begriff eine sehr allgemeine Relevanz zukommen zu lassen, nicht ausschöpft, sondern ihn nur begrenzter zur Beschreibung von Momenten der Überraschung und Eigenirritation autopoietischer Systeme nutzt.

Eine zweite Theorie zur Beschreibung psychischer Strukturen, die eine polyperspektivische Konstruktionsform aufweist, ist die in den siebziger Jahren konzipierte Interaktionsformentheorie Lorenzers (vgl. zum folgenden insbesondere 1972, 1976, 1977), die als die nach wie vor komplexeste Metatheorie der Psychoanalyse betrachtet werden kann und auf der Basis eines sozialwissenschaftlichen Theoriefundaments interdisziplinär anschlussfähig ist[166]. Diese Theorie wurde weitgehend ohne Bezugnahme auf systemtheoretische Konzeptionen entwickelt; sie weist aber einige Analogien zu der hier besonders interessierenden Theoriefigur der Differenz von psychischen und sozialen Systemen auf. Bei Lorenzer begegnet diese fundamentale Differenz von Psychischem und Sozialem als eine ebenfalls basale Unterscheidung von subjektiven und objektiven Strukturen, bzw. Prozessen. Diese Unterscheidung ist epistemologisch in eine andere Theorieform, namentlich die einer materialistischen, marxistischen Theoriebildung eingebunden, so dass sie sich nicht unmittelbar auf die systemtheoretischen Unterscheidungen beziehen lässt. Es ist jedoch sehr instruktiv zu betrachten, wie Lorenzer verschiedene theoretische Sphären aufeinander bezieht und dadurch eine komplexe Theoriearchitektur generiert.

Über die Entwicklung einer allgemeinen Interaktionsformentheorie soll die Möglichkeit geschaffen werden, subjektive Strukturbildung als historisch konkrete Produktion von Subjektivität unter den je gegenwärtigen und spezifischen Bedingungen gesellschaftlicher Objektivität zu begreifen. Die Interaktionsformentheorie erhebt also den Anspruch, sowohl Subjektivität als individuelle und besondere Strukturbildung zu begreifen und subjektives Erleben als über hermeneutische und insbesondere tiefenhermeneutische Verfahren intersubjektiv verstehbar zu konzipieren, als auch individuelle Struktur und subjektives Erleben als durch objektive Prozesse hervorgebrachte zu denken. Dies ermöglicht es dann, psychische Strukturbildungen als den Gegenstand der Psychoanalyse und ein zugleich tiefenhermeneutisch verfahrendes Verstehen und die konkrete Transformation und Rekonstruktion von Interaktionsformen (im Sinne eines heilenden Verfahrens) als die Methode der Psychoanalyse zu beschreiben. Mit einer solchen metatheoretischen Konstruktion wird auf einer allgemeinen Theorieebene die Relation von Psyche und gesellschaftlichen Prozessen beschrieben und dadurch zugleich eine Option entworfen, wie dann spezifischere psychoanalytische Theoreme und theoretische Konzepte – zu psychischen Phänomenen und Pathologien, zur Beschreibung der Psyche in den metapsychologischen Entwürfen Freuds und in der neueren Psychoanalyse, aber auch zur psychoanalytischen Methode und Technik – zu den allgemeinen metatheoretischen Theo-

---

166 Zur Theorie Lorenzers vergleiche auch Belgrad, Görlich, König und Schmid Noerr (1987), Görlich und Walter (2005), Heim (1993) und Zepf (2005).

riestrukturen in Beziehung gesetzt werden können. Zum Verständnis dieser Form der Theoriekonstruktion muss man sich die beiden Hauptintentionen Lorenzers vergegenwärtigen. Zum einen geht es ihm um eine metatheoretische Bestimmung von Methode und Gegenstand der Psychoanalyse, einschließlich einer erkenntnis- und wissenschaftstheoretischen Klärung des Status ihrer Methodologie und ihrer Theorie[167]. Zum anderen soll über diesen Weg aber auch eine Integration der Psychoanalyse als einer kritischen Theorie des Subjekts in den Gesamtzusammenhang einer kritischen Gesellschaftstheorie erreicht werden. In Analogie zur marxschen Kritik der politischen Ökonomie als des Paradigmas einer Analyse objektiver Strukturen widmet sich Lorenzers Metatheorie einer Kritik der Psychoanalyse, die er als die „... am weitesten fortgeschrittene(n) bürgerliche(n) Wissenschaft der subjektiven Erlebnisstrukturen" (1972: 16) betrachtet. Diese metatheoretische Reflexion zielt, und darin ist die zweite Hauptintention der lorenzerschen Theoriebildung zu finden, auf eine theoretische Beschreibung der Psyche als einer subjektiven Strukturbildung, die jeweils historisch konkret unter spezifischen gesellschaftlichen Bedingungen entsteht, bzw., in der Terminologie der Interaktionsformentheorie, produziert wird.

In diesem theoretischen Konstruktionszusammenhang steht die Interaktionsformentheorie zentral. Sie ermöglicht es Lorenzer, Subjektivität – und das bedeutet auch unbewusste Dimensionen umfassende psychische Struktur – als ein Gefüge bestimmter Interaktionsformen zu begreifen, das zunächst aus dem gestisch-leiblichen Zusammenspiel in Prozessen der Einigung auf bestimmte Ausgestaltungen der Interaktion in der Mutter-Kind-Dyade erwächst[168]. Diese Einigungsprozesse betrachtet Lorenzer als eine Dialektik von innerer Natur und Sozialem im Individuum, in der sich die Körperbedürfnisse des Kindes und die sozial geformten Praxisfiguren der primären Betreuungsperson (also zumeist der Mutter) vermitteln müssen. Hervorgehoben wird in diesem Kontext die Vorsprachlichkeit der Einigung auf bestimmte Interaktionsfiguren in diesen primären Prozessen der Sozialisation. Auch wenn das mütterliche Handeln als der eine Pol der Interaktion zumindest partiell als ein sprachlich reflektiertes und reguliertes gesehen wird, so vollziehen sich die Prozesse der Einigung jedoch als eine nicht sprachlich regulierte, körperlich-sinnlich unmittelbare Praxis. Diese sich auf bestimmte Formen einigende Praxis wirkt sich in der weiteren Entwicklung als eine Strukturierung der kindlichen Körperbedürfnisse aus und führt auf der psychischen Ebene zur Ausdifferenzierung eines Gefüges bestimmter Interaktionsformen, den Niederschlägen real erlebter Interaktion, die zugleich Entwürfe zukünftiger Praxis sind (Lorenzer 1976: 130, 1986: 74).

---

[167] Zu Lorenzers Verständnis des theoretischen Status der freudschen Metapsychologie vergleiche ergänzend auch Görlich (1987) und Heim (1993: 263ff).
[168] Vergleiche dazu noch einmal kontrastierend Fuchs (1998: 213ff).

Zepf (1986: 134) betont, dass es Lorenzer mit einer solchen Argumentationsfigur insbesondere darum geht, eine Vermittlung zwischen körperlichen und Interaktionsprozessen zu beschreiben, die neurophysiologische Erfahrungsstrukturen in Form von Engrammen produziert.[169] Damit wird auf der metatheoretischen Ebene einer Theorie der Interaktionsformen die klassische psychoanalytische Theoriefigur der *Triebstruktur* als dem Kern von Subjektivität und psychischer Strukturbildung rekonstruiert[170]. Eine solche Beschreibung der Psychogenese wird erweitert um die Situation der Einführung des Kindes in Sprache, die zu einer Transformation der psychischen Strukturelemente von bestimmten Interaktionsformen in sprachsymbolische Interaktionsformen und damit zu einer Dominanz sprachlich basierter Bewusstseinsprozesse im psychischen Erleben führt. Zentral für die weitere Entfaltung der Theorie bei Lorenzer ist die Annahme, dass sich die psychische Strukturbildung als die Vernetzung einer doppelten Registratur von Erfahrung vollzieht. Das Register der bestimmten Interaktionsformen ist dabei als punktuell mit dem zweiten Register eines Systems von Sprachzeichen gekoppelt konzipiert. Dabei arbeitet Lorenzer mit dem Konzept einer Sozialisation, die dann in einer nicht-pathologischen Form verläuft, wenn die individuellen Vernetzungen von Sprachzeichen und bestimmten Interaktionsformen erfolgreich aufgebaut werden können. Das gelingt unter den

---

[169] Lorenzer selbst betont in seinen Schriften immer wieder die Vielschichtigkeit oder, wenn man so will, die Komplexität seiner theoretischen Konstruktion – so etwa auch in einem der späteren Texte: „Ich fasse meine Ortsbestimmung des psychoanalytischen Erkenntnisgegenstandes zusammen: Wir finden ihn zwischen Soziologie und Neurophysiologie angesiedelt. Der Soziologie zugehörig, insofern es um intime – und d. h. soziale – Konflikte, um zwischenmenschliche – und d. h. soziale – Beziehungsfiguren geht. Diese Beziehungsfiguren wiederum sind zugleich leiblich unmittelbare Erlebnisengramme; es sind Einschreibungen in den Körper, die sich – falls man sie in die Physiologie hineinverfolgt – als >neuronale Formeln< identifizieren lassen. Freilich verliert man bei diesem Übertritt in Physiologie den sozialen Inhalt des Erlebnisengramms aus dem Auge. Man verlöre ihn ganz und gar, würde er nicht von metapsychologischen Begriffen innerhalb der Psychoanalyse festgehalten. Was für die physiologistische Vereinfachung gilt, gilt auch für die soziologisierende – auch ihr gegenüber hält der metapsychologische Begriff den gegenläufigen Erkenntnisaspekt, nämlich den leiblichen Aspekt der Beziehungsfiguren, fest, d. h.: die genetische Verankerung in Triebschicksalen. Dieses Festhalten distanziert die Psychoanalyse nach beiden Seiten. Ihr Erkenntnisgegenstand lässt sich weder auf dem Boden soziologischer Interaktions- und Kommunikationstheorien aufrichten, noch dem Modell des >>neuronale[n] Mensch[en]<< gänzlich subsumieren." (1986: 13f, Hervorh. i. O.) Es ist gerade diese theoretische Komplexität, die eine systemtheoretische Rezeption der lorenzerschen Theorie erleichtert, bei der die Eigenständigkeit der Dimension eines psychischen Erlebens und ihrer Differenz zu rein körperlichen Operationen einerseits, zu rein kommunikativen Operationen andererseits, mit der theoretischen Konstruktion einer Autopoiesis psychischer Erfahrung gefasst wird (vgl. in dieser Studie Kap. 6.3).
[170] Eine Rekonstruktion, die sich aufgrund des hohen Abstraktionsgrades der Interaktionsformentheorie in einer analogen Form auch mit neueren psychoanalytischen Theorieentwürfen, wie z. B. der Theorie der motivationalen Systeme nach Lichtenberg, Lachmann und Fosshage (2000), durchführen ließe.

historisch gegebenen gesellschaftlichen Bedingungen aber in der Regel nur partiell und gebrochen. Ein Teil der für die Interaktionen wichtigen Interaktionsformen gerät in eine konflikthafte Differenz zum psychischen Register sprachlicher Zeichen – sei es, dass eine sprachsymbolische Interaktionsform im Sinne einer Verdrängung wieder in die bestimmte Interaktionsform und ein davon isoliertes Sprachzeichen aufgespalten wird, Lorenzer spricht von Sprachzerstörung oder von der ‚Exkommunikation' solcher bestimmter Interaktionsformen aus Sprache, sei es dass solche als psychische Bedürfnisstruktur das Verhalten prägenden Interaktionsformen, trotz ihrer eminenten psychischen Relevanz gar nicht erst in Sprache aufgenommen und dem Bewusstsein zugänglich werden (Lorenzer 1973). Diese theoretische Figuration ermöglicht es Lorenzer nun, Psychogenese und Sozialisation als eine beschädigende Herstellung von Subjektivität und darin als einen durch objektive gesellschaftliche Bedingungen geprägten Prozess zu begreifen. Psychisches Erleben wird in den Dimensionen einer konflikthaft dem Bewusstsein und der Selbstreflexion entzogenen Sprachzerstörung als Leiden an einer objektiv bedingten Beschädigung verstanden. Und das psychoanalytische Vorgehen ist als ein Prozess konzipiert, der an der Differenz der psychischen Register der bestimmten Interaktionsformen und der Sprachzeichen ansetzend auf eine Re-/Konstruktion von sprachsymbolischen Interaktionsformen zielt und dabei sowohl auf der Ebene eines in den Registern der bestimmten Interaktionsformen fußenden lebenspraktisch-unmittelbaren Zusammenspiels, der Ebene der Übertragungs- und Gegenübertragungsprozesse, als auch auf der Ebene eines sprachlichen Verstehens der subjektiven Lebensentwürfe mit dem Ziel einer sprachlichen Integration auch der bislang der Sprache entzogenen Interaktionsformen operiert (Lorenzer 1976).

Im Kontext der vorliegenden Argumentation mag diese Zusammenfassung der lorenzerschen Theorie genügen, um die Komplexität der theoretischen Architektur bei Lorenzer und die Art der Kombination verschiedener, jeweils in sich strukturell zusammenhängender und untereinander gekoppelter, theoretischer Domänen darstellen zu können. Die Interaktionsformentheorie trennt klar zwischen einer Theorie objektiver und subjektiver Strukturen und zeigt sich skeptisch gegenüber einer Supertheorie, die beide theoretischen Domänen bruchlos integrieren könnte (vgl. Lorenzer 1977: 212). Sie kann nach der Konzeption Lorenzers zwar die Konstitution subjektiver Strukturen als eine (in der Regel beschädigende) Produktion solcher subjektiven Strukturen unter objektiven Bedingungszusammenhängen beschreibbar machen. Lorenzer (1977: 212ff) spricht auch von Feldern oder Agenturen der Sozialisation, in denen sich ein Umschlagen von objektiver in subjektive Struktur als konkrete Prozesse vermitteln[171]. Die Interaktionsformentheorie ermöglicht es aber nicht, die Perspektive objektiver gesellschaftlicher Prozesse unmittelbar mit der Innensicht subjektiver Strukturen als eines psychischen Erlebens kurzzuschließen.

Die Interaktionsformentheorie soll als Metatheorie nicht nur die Relation von subjektiven und objektiven Strukturen angeben, sondern wird von Lorenzer auch genutzt, um eine Relationierung der wissenschaftlichen Analyse subjektiver Strukturen zur wissenschaftlichen Analyse objektiver Strukturen zu beschreiben. So unterscheidet Lorenzer drei Stufen oder Dimensionen einer wissenschaftlichen Untersuchung der Beziehung von sozialen und psychischen Prozessen, die er als die gesellschaftlich bedingte, beschädigenden Herstellung subjektiver Strukturen auffasst: „(...) 1. subjektive Struktur als beschädigtes Produkt; 2. beschädigende Produktion; 3. objektive Bedingungen der Beschädigung" (1976: 218). Eine subjektive Strukturanalyse erreicht nach Lorenzer nicht die dritte der hier genannten Stufen, die Analyse der objektiven Bedingungen einer psychischen Beschädigung bzw. der beschädigenden Produktion subjektiver Struktur. Die Analyse der subjektiven Strukturen könne nur abstrakt über die Existenz solcher gesellschaftlicher Bedingungen informiert sein, ohne jedoch aus der Perspektive der Rekonstruktion psychischer Prozesse die Sphäre einer solchen Objektivität erreichen zu können. Entsprechendes gelte für die Perspektive einer Analyse der objektiven Strukturen: Auch eine solche wissenschaftliche Analyseperspektive kann ausgehend von der Beschreibung der objektiven Bedingungen beschädigender Produktion subjektiver Strukturen nur die zweite Stufe der konkret beschädigenden Produktion von Subjektivität beobachten; sie erreicht aber nicht die Binnenperspektive des Psychischen, in der Subjektivität als beschädigtes Produkt erfahrbar würde. In einer solchen Differenzierung zwischen den Sphären des Sozialen und des Psychischen deutet sich eine Passung zur Differenz sozialer und psychische Systeme in der luhmannschen Systemtheorie an.

Betrachtet man mit Lorenzer die Psychoanalyse als Paradigma für eine wissenschaftliche Analyse und Beschreibung subjektiver Strukturen, so ermöglicht die Interaktionsformentheorie nicht nur die metatheoretische Rekonstruktion von Gegenstand und Methode der Psychoanalyse, so wie das oben bereits skizziert wurde, sondern es kann auch ein metatheoretischer Rahmen angegeben werden, der klinische und metapsychologische Theoriebildung im Kontext einer kritischen Gesellschaftstheorie interpretierbar macht. Das Spezifikum psychoanalytischer Theoriebildung kann man im Anschluss an Lorenzer darin finden,

---

171 Lorenzer beschreibt auch eine gegenläufige prozessuale Ausrichtung der Vermittlung als ein Umschlagen subjektiver Praxis in die Transformation objektiver Strukturen: „Wir verfolgen die Einwirkung symbolischer und desymbolisierter Interaktionsformen auf gesellschaftliche Prozesse und begreifen die Resultate subjektiver Praxis in gesellschaftlichen Erscheinungen" (1977: 216).

dass diese Theorie an eine bestimmte Praxis- oder Beobachtungsform gebunden bleibt – sie erwächst, in der vielzitierten Formulierung Freuds, aus einem Junktim zwischen Heilen und Forschen. Die klinische Theorie der Psychoanalyse resultiert aus einer Systematisierung und Reflexion der Erfahrungen eines eine unmittelbar-lebenspraktische Teilhabe involvierenden tiefenhermeneutischen Verstehens der subjektiven Lebensentwürfe und der Narrationen individueller Analysanden. Die Theorie bleibt unmittelbar an diese spezifische Praxis des therapeutischen Settings der Psychoanalyse gebunden und muss dort immer wieder individualisiert und auf die spezifischen Erfahrungen der einzelnen Subjekte bezogen werden. Das bedeutet zugleich auch, dass diese klinischen Theoreme nur bedingt und unter weitgehendem Konkretionsverlust von einem solchen praktischen Verfahren abgelöst und als allgemeine Lehrsätze oder Aussagen über Subjektivität betrachtet werden können. Diese Bindung an die spezifische Konstellation von unmittelbarem Zusammenspiel und tiefenhermeneutischem Verstehen bleibt auch auf der Ebene der freudschen Metapsychologie erhalten – auch diese verallgemeinernden theoretischen Beschreibungen subjektiver Struktur müssen als Konstruktionen betrachtet werden, die in ihrer Kontingenz wie in ihrer Aussagekraft auf ein bestimmtes kommunikatives und lebenspraktisches Arrangement bezogen bleiben.

Mit einer solchen Figuration verschiedener theoretischer Komplexe gelingt es Lorenzer nach seinem eigenen Verständnis, eine Theorie psychischer Strukturen und eine Theorie objektiver Strukturen so zu konstellieren, dass Psychogenese als Sozialisation und damit psychische Struktur als unter objektiven Bedingungen produzierte und zugleich als ihrer Eigendynamik folgende begriffen werden kann. Diese Konstellation der theoretischen Felder ermöglicht es darüber hinaus auch, die Psychoanalyse über eine metatheoretische Reflexion ihres Gegenstands und ihrer Methode in einen gesellschaftstheoretischen Kontext zu stellen und ihrer oftmals idiosynkratischen Theorie diskursive Anschlüsse und Übersetzungsmöglichkeiten zu eröffnen.

Ohne hier direkte Analogien konstruieren zu können, scheint auch für eine systemtheoretische Beschreibung psychischer Prozesse und Strukturbildungen eine ähnlich komplexe Theorieanlage sinnvoll zu sein. Ausgehend von der basalen These der jeweiligen operativen Schließung psychischer und sozialer Systeme und der Differenz ihrer Autopoiesen sind die Theorie psychischer und die Theorie sozialer Systeme zunächst unabhängig zu konzipieren. Dennoch sind supplementäre theoretische Konstruktionen erforderlich, über die psychogenetische und sozialisations- und bildungstheoretische Perspektiven aufeinander bezogen werden können. Entsprechendes gilt für den Bereich einer systemtheoretischen Reflexion therapeutischer Prozesse und der aus diesen generierten Theorien der Psyche (oder auch der familiären Kommunikationssysteme), die in bestimmter Form auf die Relationierung einer Systemtheorie der Psyche zu einer Systemtheorie des Sozialen zu beziehen sein müssen. Lorenzers Theorieanlage wirft in Hinblick auf eine systemtheoretische Alternative insbesondere die Frage danach auf, ob es auch in einer systemtheoretischen Konstruktion gelingen kann, die wissenschaftliche Beschreibung psychischer Prozesse der Konkretion individuellen Erlebens und persönlicher Erfahrung zu öffnen.

5 Das Beobachtungssetting der Psychoanalyse

Die Mehrperspektivität der theoretischen Konstruktion einer systemtheoretischen Beschreibung der Psyche muss vernetzt sein mit einer Reflexion auf die Mehrperspektivität der Formen wissenschaftlicher Beobachtung psychischer Prozesse. Die theoretische Konstruktion psychischer Systeme muss sich reflexiv auf die eigene Methode der Beobachtung psychischer Prozesse beziehen und sich auch auf einer solchen methodologischen Ebene zu den Formen der Beobachtung der Psyche relationieren, die anderen theoretischen Beschreibungen des Psychischen konstitutiv zugrunde liegen. Denkbar und wissenschaftlich erprobt sind mehrere differente Beobachtungszugriffe auf Psychisches. Bereits verwiesen wurde auf die Beobachtungsform der Introspektion, auf der die Beschreibung von Bewusstseinsprozessen in der Phänomenologie basiert[172]. Dabei zeigte sich, dass der phänomenologische Diskurs über das Bewusstsein, insofern es sich dabei um eine kommunikative Beschreibung handelt, einen spezifischen Beobachtungsunterbaus benötigt: ein besonderes Arrangement sozialer und psychischer Systeme, das es ermöglicht, psychische Selbstbeobachtung in Formen kommunikativer Konstruktion zu übersetzen. Ein ebenfalls auf Prozessen der Selbstbeobachtung rekurrierendes Verfahren ist in der psychologischen Forschung von Hurlburt (1990: 17ff und 1993: 9ff) verwendet worden. Er ließ Probanden über längere Beobachtungszeiträume zu zufällig ausgewählten Zeitpunkten ihr inneres Erleben reflexiv beobachten und in dialogisch-verbaler und in schriftlicher Form möglichst detailliert schildern.

Andere psychologische Formen der Theoriebildung verwenden alternativ oder ergänzend andere Formen und Foki der Beobachtung. Im Bereich der neuropsychologischen Forschung werden insbesondere indirekte Formen der Beobachtung genutzt, die an organismischen Prozessen anknüpfen und von dort ausgehend, Phänomene psychischen Symbolprozessierens zu erschließen trachten. Das methodologisch Interessante an einer solchen Form der Beobachtung von Psychen liegt vor allem darin, dass es mit einer solchen Methode möglich zu sein scheint, eine Theorie der Psyche zu konstruieren, die gar nicht mehr auf psychische Operationen im Sinne von Erleben oder Erfahrung, sowie von Introspektion und narrativer oder ästhetischer Expression rekurrieren muss. Statt

---

172 Vgl. Kap. 3.1.

dessen kann in diesen wissenschaftlichen Diskursen, eine Theorie psychischer Prozesse dadurch entworfen werden, dass die kommunikativen Konstruktionen in Teilsystemen des Wissenschaftssystems mit der Messung von Körperzuständen als der spezifischen Form der Beobachtung der relevanten Umwelt dieser wissenschaftlichen Diskurssysteme gekoppelt werden[173]. Ältere, aber nach wie vor äußerst wichtige und etablierte Formen der Beobachtung psychischer Prozesse, organisieren sich ebenfalls indirekt als die Beobachtung von Personen, mit Vorliebe von Kindern und Säuglingen, und ihres Verhaltens, oder, und oft damit kombiniert, als die Beobachtung von Interaktionen und Ausdrucksverhalten insbesondere von Säuglingen und ihren Müttern. Diese Varianten dürften, insbesondere im Bereich der Entwicklungspsychologie, die bislang einflussreichsten Formen der Beschreibung psychischer Prozesse, Entwicklungen und Strukturbildungen produziert haben. Beispiele für solche Formen theoretischer Diskurse über das Psychische stellen einerseits der kognitive Konstruktivismus Piagets (vgl. Buggle 2001) dar, andererseits die Säuglings- und Bindungsforschung (vgl. exemplarisch Spitz 1974, Stern 2007, Dornes 1993, 2006, Bowlby 1975, 1976), die in weiten Teilen ihrer Theoriebildung, die theoriegenerierende Reflexion ihrer Interaktions- oder Verhaltensbeobachtungen in einem engen Bezug auf die narrativ basierten theoretischen Konstruktionen der Psychoanalyse entwickelte[174]. Das bislang raffinierteste Setting zur Beobachtung psychischer Systeme dürfte jedoch in der therapeutischen Psychoanalyse entwickelt worden sein. Da diese Form der Beobachtung psychischer Prozesse in methodologischer Hinsicht eine hohe Komplexität aufweist und weil sich aus diesem spezifischen Arrangement der Beobachtung psychischer Systeme besonders wichtige und weitreichende Formen der theoretischen Beschreibung des Psychischen ableiten, soll dieses Beobachtungssetting näher analysiert werden.

---

173 Dabei handelt es sich um eine Art szientistisches Selbstmissverständnis (zur Herkunft des Begriffs vgl. Habermas 1991: 300ff): Auch solche Beobachtungsarrangements bedürfen immer wieder impliziter oder expliziter Rekurse auf bewusstes Erleben. Vergleiche dazu auch Stern (2005: 145).
174 Mitte der 70er Jahre sprach Lorenzer in Bezug auf die verhaltensbeobachtende Säuglingsforschung noch von einem „Appendix der Psychoanalyse" (1976: 284). Eine solche Einschätzung wird schon lange den eigenständigen Leistungen dieser Forschungsrichtung nicht mehr gerecht, doch gilt nach wie vor auch für aktuelle Arbeiten von Autoren wie Stern, dass diese Arbeiten im unmittelbaren Dialog mit den Erfahrungen einer klinischen Psychoanalyse gefertigt wurden und ohne den Dialog mit der psychoanalytischen Theorie nicht denkbar wären (vgl. exemplarisch Stern 2005, 2007). Dabei muss aber insbesondere Stern ein sehr deutliches Bewusstsein von der Differenz der Beobachtungsperspektiven der Säuglingsforschung und der klinischen Psychologie konstatiert werden.

5.1 Psychoanalytische Selbstbeschreibungen der Übertragung/ Gegenübertragung im psychoanalytischen Prozess

Das psychoanalytische Setting muss als ein polysystemisches Arrangement betrachtet werden. Eine Reihe von differenten Systemen operieren dabei in ihrer Autopoiesis operational geschlossen und doch in Form einer multilateralen Kopplung wechselseitig aufeinander bezogen.

Bevor man dieses Konglomerat psychischer und sozialer Prozesse aus einer systemtheoretischen Perspektive differenzierend rekonstruiert, empfiehlt es sich, die psychoanalytischen Selbstbeschreibungen dieses Settings zu betrachten, das seine Spezifität in der klassischen Konzeption vor allem aus den drei Elemente der Übertragung, der freien Assoziation und der gleichschwebenden Aufmerksamkeit gewinnt. Berücksichtigt man den neueren Forschungsstand zur Methodik der Psychoanalyse, so kann als viertes Spezifikum des psychoanalytischen Settings die Analyse der Gegenübertragungen des Analytikers betrachtet werden. So konstatiert beispielsweise Zeul nach Durchsicht der Literatur: „Es herrscht Einigkeit dahingehend, daß die Gegenübertragung des Analytikers ein wesentliches Erkenntnisinstrument beim Verstehen fremdpsychischen unbewußten Erlebens innerhalb der analytischen Behandlung darstellt und daß die analytische Situation durch das unbewußt gesteuerte Zusammenspiel zweier Personen gekennzeichnet ist" (1999: 1015). Ähnlich argumentiert auch Schafer, der die Analyse der Gegenübertragung neben der Analyse der Übertragung und der Abwehrfunktion als einen der drei Schwerpunkte betrachtet, die eine Therapie als psychoanalytisch definiere (zit. n. Gabbard 1999: 987). Diese psychoanalytischen Selbstbeschreibungen der eigenen Methodik soll im Folgenden näher untersucht werden.

5.1.1 Klassische Konzeptionalisierungen

Die psychoanalytische Grundregel verlangt vom Analysanden, alles auszusprechen, was ihm einfällt und so wie es ihm einfällt. Dieser Prozess der freien Assoziation nimmt den allergrößten Teil der psychoanalytischen Gesprächssituation ein. Der Analytiker verhält sich dem gegenüber zuhörend, in einer inneren Haltung, die Freud in einer zu den freien Assoziationen des Analysanden analogen Konstruktion als gleichschwebende Aufmerksamkeit bezeichnet hat (Freud 1989i: 171f). Beide Haltungen, die der freien Assoziation und die der gleichschwebenden Aufmerksamkeit, sollen eine erhöhte Sensibilität für unbewusste Prozesse im Bewusstsein der beteiligten Personen wie im psychoanalytischen Dialog ermöglichen. Die sprachlichen Äußerungen des Analytikers sind quantitativ stark reduziert; sie beschränken sich über weite Strecken des Dialogs darauf, das Sprechen des Analysanden aufrecht zu erhalten, eventuell bei unklaren Passagen nachzufragen oder das Verständnis bestimmter Aspekte über Paraphrasierungen zusammenfassend an den Analysanden zurückzumelden.

In der klassischen freudschen Auffassung hat diese Zurückhaltung des Analytikers auch die Funktion, die Entfaltung einer Übertragungsneurose beim Analysanden zu unterstützen[175]. Indem der Analytiker sich in der Kommunikation mit dem Analysanden möglichst wenig als individuelle Person präsentiert, soll dieser leichter seine ‚neurotischen' Beziehungsformen und Phantasien auf einen solchen Blankscreen richten können. Der Analysand soll sein Begehren und seine Konflikte auf den Analytiker fokussieren, und ihn so wahrnehmen und in seine Interaktionserwartungen einspannen, wie er das früher mit den wichtigen Bezugspersonen der Kindheit getan hat. Seine Neurose soll sich in der Übertragung auf den Analytiker entfalten.

Die wichtigste Form der sprachlichen Äußerungen des Analytikers besteht in den sich auf die latenten, sprich unbewussten Inhalte beziehenden Deutungen[176] und Konstruktionen. Nach mehr oder weniger langen Passagen des Zuhörens formuliert der Analytiker solche Deutungen, die sich primär auf die Übertragung des Analysanden und seine unbewusst determinierte Abwehr und seine Widerstände beziehen. Diese Deutungen sollen den Analysanden das Verständnis und die bewusste Integration unbewusster Trieb- und Beziehungswünsche sowie der aus diesen resultierenden psychischen Konfliktkonfigurationen ermöglichen. Ein langwieriger Prozess, der nach Freud „Erinnern, Wiederholen und Durcharbeiten" (1989j) erfordert. Den Deutungen kommt dabei katalysierende Wirkung zu, da sie als gelingende oft entweder starke Abwehrreaktionen auslösen, die dann weitere Deutungen ermöglichen und den analytischen Verstehensprozess insgesamt vorantreiben, oder aber direkt zur Erinnerung wichtigen psychischen Materials führen.

Das psychoanalytische Setting lässt sich allerdings nicht auf sprachliche Kommunikation reduzieren; es umfasst mit der schon angesprochenen Übertragung einen besonderen Prozess, der nicht expressis verbis, sondern in einer nach

---

175 Vergleiche dazu als Überblick Zepf und Hartmann (2003) mit vielen Literaturhinweisen zu den freudschen Originaltexten und der darauf bezogenen psychoanalytischen Diskussion.
176 Laplanche und Pontalis würdigen die besondere Relevanz der Deutung für den psychoanalytischen Prozess mit den Worten: „Man könnte die Deutung, d.h. das Erhellen der latenten Bedeutung eines Materials, als das Charakteristikum der Psychoanalyse betrachten." (1991: 118). Sie weisen aber auch darauf hin, „daß nicht alle Interventionen des Analytikers in der Behandlung Deutungen sind (wie zum Beispiel die Ermutigung zu sprechen, die Rückversicherung, die Erklärung eines Mechanismus oder eines Symbols, die Aufforderungen, die Konstruktionen etc.), obwohl diese inmitten der analytischen Situation ebenfalls Deutungswert erhalten können." (Laplanche & Pontalis 1991: 119).

wie vor theoretisch nicht gänzlich geklärten Art und Weise auf die sprachliche Ebene bezogen abläuft. Dieser Prozess wird in der Psychoanalyse allgemeiner als Übertragung/Gegenübertragung bezeichnet; stärker noch als die Deutung begründet er die Spezifität der Psychoanalyse. Freud konzentrierte sich in seiner theoretischen Reflexion dieser psychoanalytischen Prozessdimension auf den Anteil der Übertragung. Diese sollte sich in der Analyse, wie oben schon beschrieben, auf den Analytiker fokussiert als Übertragungsneurose entfalten und eine Deutung der neurotischen Persönlichkeitsanteile des Analysanden ermöglichen. Dabei ist zu betonen, dass auch schon in der klassischen Formulierung bei Freud ein solches Verstehen unbewusst motivierter Übertragungen als in essentiellen Dimensionen über das Unbewusste des Analytikers verlaufend aufgefasst wurde[177]. Demgegenüber konzipiert Freud die Gegenübertragung des Analytikers als Problem. Der Analytiker steht danach in der Gefahr, unbewusst auf die Übertragungsneurose des Analysanden zu reagieren. Die in der Übertragung auf den Analytiker gerichteten Phantasien und Beziehungswünsche induzieren in ihm korrespondierende Gefühle und Bedürfnisse, die als Artefakte des psychoanalytischen Prozesses aufgefasst werden müssen. Sie sind aber für Freud dem psychoanalytischen Arbeitsbündnis nicht adäquat, sondern drohen ein Verstehen des Analysanden zu blockieren[178]. Die unbewusste Bezogenheit des Analytikers auf den Analysanden wird in der „Gegen"-Übertragung als Reaktion auf die neurotische Übertragung des Analysanden und darin als ein das analytische Verstehen behinderndes Phänomen betrachtet.

Die zeitgenössische Psychoanalyse hat ein wesentlich differenzierteres und vielschichtigeres Verständnis von Übertragungs- und Gegenübertragungsprozessen entwickelt, das sich bei aller Heterogenität der verschiedenen psychoanalytischen Ansätze doch dahingehend zusammenfassen lässt, dass der psychoanalytische Prozess zu ganz maßgeblichen Anteilen von einem unbewussten Interagieren zwischen Analysand und Analytiker abhängt, in das der Analytiker mit seinen eigenen unbewussten psychischen Prozessen involviert ist und dessen Bewusstwerden entscheidende Relevanz für das psychoanalytische Verstehen zukommen kann. Ohne Anspruch auf eine vollständige Darstellung, kann darauf hingewiesen werden, dass wichtige Erweiterungen des methodologischen Verständnisses der therapeutischen Relevanz von Übertragungs-/ Gegenübertra-

---

177 Vergleiche dazu Freuds Beschreibung der Haltung des Analytikers: „... er soll dem gebenden Unbewußten des Kranken sein eigenes Unbewußtes als empfangendes Organ zuwenden, sich auf den Analysierten einstellen wie der Receiver des Telefons zum Teller eingestellt ist. Wie der Receiver die von Schallwellen angeregten elektrischen Schwankungen der Leitung wieder in Schallwellen verwandelt, so ist das Unbewußte des Arztes befähigt, aus den ihm mitgeteilten Abkömmlingen des Unbewußten dieses Unbewusste, welches die Einfälle des Kranken determiniert hat, wiederherzustellen." (1989i, 176f)
178 Vergleiche dazu den historischen Überblick bei Plenker (2005: 685ff).

gungsprozessen von Heimann (1950) und fast zeitgleich von Racker (1993), später durch die britischen (Neo-) Kleinianer und Objektbeziehungsanalytiker (vgl. exemplarisch Bollas 1997) und insbesondere durch Bion (1955, 1990, 1990a, 2002) in einer speziellen Ausarbeitung des Konzeptes der projektiven Identifizierung (Klein 2000) sowie durch die dem Paradigma der relationalen Psychoanalyse und der Intersubjektivitätstheorie zuzurechnenden Analytiker (Aron 1996, Stolorow, Brandchaft & Atwood 1996, Mitchell 2003, Orange 2004, Orange, Stolorow & Atwood 2006, Beebe & Lachmann 2006) erfolgten.[179]

Heimann leitete eine veränderte Sicht auf die Gegenübertragung des Analytikers ein, indem sie herausstellte, dass der Analytiker in der Gegenübertragung sehr unmittelbar und direkt auf das Unbewusste des Analysanden reagiere. Die Gegenübertragung sei die Schöpfung des Patienten (Heimann 1996)[180]. Die durch die Gegenübertragung im Analytiker ausgelösten und zum Bewusstsein vordringenden Gefühle stellen deshalb nach Heimann ein ausgezeichnetes Instrument zum Verständnis des Analysanden dar – sie spricht von der Gegenübertragung als einem Schlüssel zum Unbewussten des Analysanden und von einem Forschungsinstrument, das in das Unbewusste des Patienten zielt[181].

Ungefähr zeitgleich ist Racker zu ähnlichen Ergebnissen gekommen[182]. Er muss als derjenige betrachtet werden, der die methodische Relevanz der Gegenübertragung zuerst systematisch aufgearbeitet und theoretisch reflektiert hat (vgl. Racker 1993)[183]. Eine der Grundannahmen Rackers findet sich in der Vorstellung einer intensiven dialogischen Beziehung zwischen Übertragungen und Gegenübertragungen, oder allgemeiner formuliert, zwischen dem Unbewussten des Analytikers und dem des Analysanden. Seine Texte durchziehen zahlreiche Fallbeispiele dafür, wie „... das Unbewußte des einen auf das Unbewußte des

---

179 Als Überblicksdarstellungen vergleiche Plenker (2005), Junker (2005), Thomä (1999), Bettighofer (2000).
180 Thomä (1999: 852f) betont, dass sich Heimann später selbst von einer zu stark vereinfachenden Rezeption dieser Konzeption distanziert habe.
181 Hier zit. n. Plenker (2005). Vergleiche ergänzend dazu auch den auf Segal und Britton gestützten Kommentar von Plenker (2005: 691f), der die positive Sicht der Gegenübertragung durch den Hinweis darauf relativiert, dass für die psychoanalytische Behandlung der Umgang mit der Gegenübertragung deshalb problematisch bleibt, weil sie sich größtenteils unbewusst vollzieht und nur ihre Derivate zum Bewusstsein gelangen.
182 „On counter-transference" (Heimann 1950) ist ein Kongressbeitrag aus dem Jahre 1949; „Die Gegenübertragungsneurose" (Racker 1993a), als die erste einschlägige Arbeit Rackers, wurde 1948 vor der Argentinischen Psychoanalytischen Vereinigung verlesen. Vergleiche auch die Darstellung bei Plenker (2005).
183 Nach der Einschätzung Junkers bieten die Studien Rackers „einen bis heute kaum übertroffenen Überblick" (2005: 146).

anderen antwortet und umgekehrt" (Racker 1993: 164)[184]. Wie Heimann betrachtet Racker die Gegenübertragung als ein wichtiges „Werkzeug zum Verstehen psychischer Zustände, besonders der Übertragungen des Patienten" (1993: 152), weitet diese Annahme aber noch dahingehend aus, dass auch sehr starke und pathologische Gegenübertragungsreaktionen des Analytikers als ein hilfreiches methodisches Instrument im therapeutischen Prozess betrachtet werden sollten (Racker 1993: 153).

> „Was auch immer im Analytiker vorgehen mag, es steht immer in Beziehung zum Erleben des Analysanden. Selbst die allerneurotischsten Gegenübertragungsvorstellungen tauchen nur angesichts bestimmter Patienten auf, und auch nur dann, wenn sie sich in ganz bestimmten Situationen befinden, und deshalb können auch sie etwas über die Patienten aussagen." (Racker 1993: 200)

Racker hat die theoretische Beschreibung der Gegenübertragung stark ausdifferenziert und eine Zusammenstellung verschiedenster Formen von Gegenübertragungsreaktionen vorgelegt, unter denen die Konzepte der konkordanten und der komplementären Gegenübertragung – als die Unterscheidung der Anteile der Gegenübertragung, mit denen es dem Analytiker gelingt, das eigene Empfinden dem Empfinden des Analysanden anzugleichen, von den Anteilen, in denen der Analytiker in der Übertragung früherer eigener Erfahrungen auf den Analysanden reagiert und dieser für den Analytiker innere Objekte vertritt (Racker 1993: 160) – am bekanntesten geworden sind. Das innovativste Moment in der methodologischen Reflexion Rackers allerdings geht aus der Problematisierung eines normativen (oder auch abwehrbedingten) Postulats der psychischen Gesundheit des Analytikers hervor. Plenker fasst die Argumentation Rackers zusammen:

> „Dabei sei es ein Mythos zu glauben, die Analyse sei eine Angelegenheit zwischen einem Kranken und einem Gesunden. In Wahrheit sei sie eine Angelegenheit zwischen zwei Persönlichkeiten, deren Ich unter dem Druck von Es, Über-Ich und der Außenwelt stehe; jeder der beiden lebe mit seinen inneren Abhängigkeiten, Ängsten und pathologischen Abwehrmechanismen (...)" (2005: 693)

Indem die Aufspaltung des Gegensatzpaares gesund/krank auf die Personen des Analytikers und des Analysanden aufgehoben oder zumindest sehr stark relativiert wird, kann der unbewusste Kontakt und Austausch zwischen Analytiker und Analysand wesentlich dynamischer und bidirektional konzipiert werden. Genauso wie die unbewussten Prozesse des Analysanden auf den Analytiker einwirken und in ihm spezifische Prozesse motivieren, wirkt auch das Unbe-

---

[184] Vergleiche exemplarisch für komplexe dialogische Abstimmungsprozesse auf einer solchen unbewussten Ebene etwa Racker (1993: 166f).

wusste des Analytikers auf den Analysanden. In der „Neurose zu zweit" (Racker 1993: 182) nähern sich Übertragung und Gegenübertragung in ihrer Relevanz für den therapeutischen Prozess sehr stark an, und nach Racker lässt sich auch die Übertragung als durch die Gegenübertragung evoziert (1993: 187) oder gar als „eine unbewusste Schöpfung des Analytikers" (1993: 206) verstehen.

> „Man könnte also auch sagen, daß Übertragung Ausdruck der Beziehungen zu den phantasierten (und realen) Gegenübertragungen des Analytikers ist. Denn so wie die Gegenübertragung die psychische Antwort auf die (realen und phantasierten) Übertragungen des Analysanden ist, so ist auch die Übertragung die Antwort auf die (phantasierten und realen) Gegenübertragungen des Analytikers." (Racker 1993: 155)

Werden ähnliche Grundannahmen bei Bollas (1997: 210ff) und im Paradigma der relationalen Psychoanalyse (Aron 1996, Mitchell 2003) dann zu einer Einschätzung der Mitteilung der eigenen Gegenübertragungswahrnehmungen an den Analysanden als eines wichtigen Instrumentes des psychoanalytischen Dialogs führen, betrachtet Racker (1993) eine solche Selbstmitteilung eher als Ausnahme. Er nutzt die methodologische Reflexion auf den Zusammenhang von Übertragung und Gegenübertragung, um diese Dimension in der Übertragungsanalyse berücksichtigen zu können. Es sollen nach Racker in Hinblick auf die Gegenübertragung des Analytikers primär die sich auf diese beziehenden Phantasien des Analysanden gedeutet werden [185].

Den Studien Rackers lässt sich für eine systemtheoretische Rekonstruktion der psychoanalytischen Methode entnehmen, dass die wechselseitigen unbewussten Interaktionen und Effekte, die sich bidirektional zwischen Analytiker und Analysand vollziehen, für den therapeutischen Prozess des psychoanalytischen Settings als zentral zu konzeptionieren sind. Dabei gibt Racker allerdings wenig Auskunft zu der hier theoretisch besonders interessierenden Frage, ob es sich bei Übertragung, Gegenübertragung und deren Relation um einen kommunikativen Prozess handelt, bzw. in welcher Relation solche interpersonalen psychischen Effekte zum Kommunikationssystem der psychoanalytischen Therapie stehen.

---

185 Ähnlich auch die konzeptionelle Haltung zur Gegenübertragung bei Kernberg, der nach Junker (2005: 148) auf ein maximales Erkennen der Gegenübertragung und deren weitgehende Entpersönlichung setzt, die dadurch erreicht werden soll, dass sie in der Mitteilung an den Patienten von der Person des Analytikers gelöst und die Deutung eingebunden wird.

5.1.2 Neuere Objektbeziehungstheorie

Ein weiteres wichtiges Konzept mit großer Relevanz auch für die Bestimmung von nicht-kommunikativen interpsychischen Dimensionen des psychoanalytischen Settings wurde von Bion mit dem Modell *Container/contained* vorgelegt[186]. Dieses theoretische Konzept stellt eine starke Erweiterung und Transformation des Konzeptes der projektiven Identifizierung von Klein (2000) dar (vgl. Bion 1990: 51f, 76ff)[187]. Handelt es sich bei der projektiven Identifizierung nach Klein primär um einen schizoiden Mechanismus, der das Ich schwächt, arbeitet Bion (1990) heraus, dass derartige projektive Mechanismen eine allgemeine nicht-pathologische Relevanz haben und dass sie als grundlegend für eine normale psychische Entwicklung zu betrachten sind. Für das Kind unerträgliche Gefühle, insbesondere Todesängste oder aggressive Phantasien, werden in die Mutter projiziert, die diese Projektionen annimmt, und über ihre Reaktion diese Gefühle so für das Kind transformiert, dass das Kind sie als weniger bedrohlich erleben und reintrojizieren kann. Dieser Mechanismus wird von Bion als Containment beschrieben (vgl. Weiss 2001: 163ff, Krejci 1990: 31f). Für ihn liegt die Gefahr pathologischer Entwicklungen nicht in diesem psychischen Mechanismus, sondern eher in seinem Fehlen: Ist die Mutter nicht in der Lage, sich in einer solchen Form als Container für die unerträglichen, chaotischen, bedrohenden Gefühle des Kindes auf dieses zu beziehen, so ist das Kind der Unerträglichkeit dieser Gefühle ausgeliefert – was entweder zu einem verstärkten Gebrauch des Mechanismus der projektiven Identifizierung oder aber zu psychischen Rückzügen bis hin zu schweren Formen des Hospitalismus führen kann (vgl. Plenker 2005: 701ff).

Dieser psychogenetisch archaische, normale Mechanismus *Container/contained* wird von Bion (vgl. 1990: 145ff, 152ff, 1990a) auch als ein zentrales Moment der psychoanalytischen Methodik betrachtet. Im therapeutischen Setting der Psychoanalyse laufen entsprechende projektive Prozesse ab, und Bion sieht eine wichtige Aufgabe des Analytikers darin, Projektionen des Analysanden aufzunehmen, zu empfinden und zu bearbeiten. Über solche Prozesse kann es für den Analysanden gelingen, diesem die entsprechenden Gefühle als *contained* empfindbar und denkbar werden zu lassen. Gerade dieser Funktion des Analytikers kann entscheidende Bedeutung für den Entwicklungsprozess des Analysanden zukommen.

---

[186] Zum Begriff *Container/contained* vergleiche insbesondere Bion (1990: 146) und für den schon vorangehenden Bezug dieser Konzeption auf die psychoanalytische Prozessdimension vergleiche Bion (1990a: 121ff).
[187] Vergleiche dazu ausführlich die Diskussion von Weiss (2001).

Reflektiert man das psychoanalytische Setting unter Rückgriff auf Bions Konzept *Container/contained*, so zeigt sich auch hier, wie schon bei den zuvor dargestellten methodologischen Überlegungen, dass der psychoanalytische Prozess ganz essentiell auf einer Dimension unbewussten interpsychischen Interagierens basiert, die nicht im Sinne einer sprachbasierten Kommunikation konzipiert werden kann. Dies gilt auch für die neueren, die Konzepte des Containment und vor allem der projektiven Identifizierung fortschreibenden Entwicklungen im methodologischen Verständnis der kleinianischen Psychoanalyse.

Bollas (1997: 210) geht davon aus, dass gerade unter großer innerer Not leidende Patienten in einer sehr dringlichen und massiven Form Einfluss auf das innere Erleben des Analytikers ausüben. „Es ist, als hätten sie das Bedürfnis, ihre Not im Analytiker zu deponieren." (Bollas 1997: 210). Sich diesen Prozessen zu stellen, betrachtet Bollas als eine der zentralen Aufgaben des Analytikers. Er spricht auch davon, dass der Analytiker eine Gegenübertragungsbereitschaft in sich herstelle (1997: 212) oder seine Gegenübertragungsbereitschaft maximiere (1997: 213). Darunter versteht er die Fähigkeit, sich auf die verschiedenen Formen der Objektrepräsentanzen des Analysanden und seine projektiven Bedürfnisse einzustimmen und einzulassen. Der Analytiker soll sich vom Analysanden als Objekt benutzen lassen, eine Art Umwelt bilden, in der dieser seine Bedürfnisse inszenieren kann.

> „Patienten schaffen Umwelten. Jede dieser Umwelten ist idiomatisch und deshalb einzigartig. Der Analytiker ist eingeladen, in ihr die Rollen unterschiedlicher und sich verändernder Objektrepräsentanzen auszufüllen, die uns in der Gegenübertragung jedoch nur in den seltenen Augenblicken der Klarheit bewußt werden. Für eine sehr lange und vielleicht endlos erscheinende Zeit umschließt uns das Umweltidiom des Patienten, und oft wissen wir ziemlich lange nicht, wer wir sind, welche Funktion er uns zugedacht hat oder welches unser Schicksal als sein Objekt ist." (Bollas 1997: 212)

Das Konzept der Gegenübertragung ist hier zu einer radikalen psychoanalytischen Haltung ausdifferenziert worden, in der sich der Analytiker in einer seine gesamte Person affizierenden Art an die Besonderheiten und Bedürfnisse des Analysanden anzuschmiegen versucht, um daraus in einem langwierigen Prozess zu einem Verständnis kommen zu können. Bollas spricht eindrucksvoll von einem „Leben in der Umwelt des Patienten" (1997: 214) und meint damit eine intensive Mimesis des Analytikers an den Analysanden.[188]

---

188 Bei der allerdings das Reflexionspotenzial des Analytikers nicht aufgegeben wird: „Wie die meisten Analytiker, die mit schwer gestörten Patienten arbeiten, habe ich eine Art schöpferische Spaltung in meinem analytischen Ich entwickelt. Ich bin empfänglich für unterschiedliche Grade des ‚Wahnsinns' in mir, die das Leben in der Umwelt des Patienten in mir auslöst. In einem anderen Bereich meiner selbst aber bin ich stets als Analytiker präsent und beobachte, beurteile und ‚halte' den Teil meiner selbst, der notwendigerweise gestört ist." (Bollas 1997: 214, Hervorh. i. O.)

„Die gängigste Form der Gegenübertragung ist ein Zustand, indem ich erfahre, ohne zu wissen. Ich weiß, daß ich gerade eine Erfahrung durchlebe, doch ich weiß nicht, worin sie besteht, und muß unter Umständen für geraume Zeit in diesem Nichtwissen ausharren. (...) Dennoch braucht es Monate und Jahre, bis ich sehe, wo ich bin, was ich bin, wer ich bin, welche Funktion mir zugedacht ist und in welcher psychischen Entwicklungsphase des Patienten ich lebe. Eine unserer wichtigsten therapeutischen Pflichten gegenüber dem Patienten besteht darin, diese notwendige Ungewißheit zu ertragen und ihren Wert anzuerkennen. Wir sind dann besser in der Lage, uns in der sich herausbildenden Umwelt des Patienten zu verlieren und *dem Patienten die Möglichkeit zu geben, uns durch seine Übertragungsverwendung in eine bestimmte Objektidentität hineinzumanövrieren.* Damit der Patient sich selbst entdecken kann, müssen wir in der Lage sein, unsere Identität, sofern wir uns ihrer sicher sind, innerhalb des klinischen Raumes zu verlieren." (Bollas 1997: 213, Hervorh. i. O.)

Interessieren bei Bollas insbesondere die im Unbewussten des Analytikers angelegten Beziehungspotenziale, die es ihm ermöglichen, sich über ein unbewusstes Zusammenspiel mit dem Analysanden auf diesen einzustimmen und seine Objektbeziehungsmuster und projektiven Bedürfnisse zu erspüren und zu verstehen, geraten in der weiteren Diskussion auch Aspekte der unbewussten Dimension der Partizipation des Analytikers am therapeutischen Setting in den Blick, die sich für das therapeutische Geschehen als kritisch erweisen können. So untersucht Feldman die wechselseitigen Prozesse, die beim Auftreten projektiver Identifizierungen zwischen Analysand und Analytiker auftreten, zunächst ausgehend von der Projektion des Analysanden.

„Ich hoffe deutlich machen zu können, daß und wie der Patient durch das Mittel der projektiven Identifizierung einen subtilen und zugleich erheblichen Druck auf den Analytiker ausübt, die unbewußten Erwartungen zu erfüllen, die in diesen Phantasien enthalten sind. Die Wirkung auf die Gedanken, Gefühle und Handlungen des Analytikers ist also kein zufälliger Nebeneffekt der Projektionen des Patienten und auch nicht zwangsläufig eine Manifestation eigener Konflikte und Ängste des Analytikers, sondern scheint eine essentielle Komponente des erfolgreichen Einsatzes der projektiven Identifizierung durch den Patienten zu sein." (Feldman 1999: 993)

Gelingt eine solche projektive Identifizierung im analytischen Setting, so impliziert die Konzeption Feldmans, dass der Analytiker auf einer unbewussten Ebene in diesen Prozess involviert werden konnte. „Was den Analytiker anbelangt, so nehme ich an, daß die Phantasien archaischer Objektbeziehungen – wenn er für die Projektionen des Patienten empfänglich ist – mit Sicherheit auf Resonanz bei seinen eigenen unbewußten Bedürfnissen treffen werden" (Feldman 1999: 1012). Nach dieser Auffassung ist ein Einstieg des Analytikers in ein sich unbewusst organisierendes Zusammenspiel bei solchen projektiven Identifizierungen unumgänglich; fraglich ist nur das Ausmaß der Partizipation an solchen unbewussten Verstrickungen, dass in Abhängigkeit davon schwanken kann, wie eng der Zusammenhang der Inhalte solcher projektiven Identifizierungen mit unbewältigten Konflikten des Analytikers im Einzelfall sein mag (vgl. Feldman

1999: 1012). Für den analytischen Prozess entsteht die Gefahr, dass auch beim Analytiker Formen der Projektion und der Inszenierung ausgelöst werden, mit denen dieser zunächst unbewusst versucht, sein inneres Gleichgewicht wiederherzustellen (Feldman 1999: 1006). Daraus ergibt sich methodisch die Notwendigkeit, eine solche unbewusste Vernetzung in der Reflexion zu erkennen.

> „Die schwierige und oft schmerzliche Aufgabe des Analytikers besteht darin, die subtilen und komplexen Inszenierungen zu erkennen, in die er zwangsläufig hineingezogen wird, und nach einer Ebene des Verständnisses und der Reflexion außerhalb der engen Grenzen zu suchen, wie der Patient sie unbewußt fordert und wie sie manchmal auch von seinen eigenen Ängsten und Bedürfnissen gefordert werden." (Feldman 1999: 1006)

Betont Feldman (1999: 1013) insbesondere die Gefahr einer Stagnation des analytischen Prozesses aufgrund einer nicht verstandenen Kontinuierung solcher repetitiven, Analytiker und Analysand verstrickenden Inszenierungen, so verweist Gabbard (1999: 980, 986f) in seinem Vergleich der Konzepte der projektiven Identifizierung und der Gegenübertragungsinszenierung auf eine Reihe von Autoren, die derartige die Gegenübertragung des Analytikers involvierenden Prozesse und ihre interpretative Aufarbeitung wesentlich optimistischer als ein wichtiges Instrument zum Verständnis zunächst unerträglicher Selbstaspekte des Analysanden und zur Ermöglichung von psychischen Veränderungen betrachten.

5.1.3 Relationale Psychoanalyse

Eine der neuesten paradigmatischen Entwicklungen im diskursiven Feld der Psychoanalyse findet sich in der relationalen Psychoanalyse[189]. Im Hinblick auf die unbewussten Dimensionen des therapeutischen Prozesses in der Psychoanalyse lässt sich, verkürzend, sagen, dass in diesem theoretischen Paradigma die Erfahrung einer Unausweichlichkeit des Agierens der Gegenübertragung in der psychoanalytischen Situation – der Gegenübertragungsinszenierung oder besser mit dem weiteren amerikanischen Terminus: des *enactment* – zu einer neuen positiven Bewertung von Selbsteröffnungen des Analytikers – seiner *self-disclosure* – im Rahmen einer wechselseitigen Relationalität zweier sich im psychoanalytischen Prozess begegnenden Subjekte führte (vgl. Aron 1996: 189ff). Dies, zusammen mit einer erkenntnistheoretischen Orientierung an Konstruktivismus und postmodernen Theorien (vgl. Aron 1996: 23ff), bewirkte

---

189 Vergleiche dazu Junker (2005: 161ff) und den Herausgeberband von Altmeyer und Thomä (2006).

weitreichende Transformationen im gesamten Verständnis der psychoanalytischen Methodik.

"Once we recognize the continual nature of enactment and interaction, once we recognize that our words are actions and our interpretations are suggestions, the standard rules of analysis do not hold up. The analytic situation consists of two people, each of whom brings the fullness of his or her personality to the encounter, each of whom acts upon the other and in response to the other, and each of whom notices some things (and does not notice other things) about his or her own and the others' actions. This study of enactment and interaction has led us, inevitably I believe, to the controversial topic (...): self-disclosure." (Aron 1996: 219f)

Auch Renik (1993, 1999) kritisiert in einer ähnlichen Weise das klassische Ideal eines anonymen Analytikers[190] und ersetzt dieses durch die Vorstellung zweier in der intersubjektiven Gemeinschaftsarbeit der therapeutischen Situation kooperierender „gleichberechtigter Partner" (1999: 953).

„Meiner Meinung nach ist die psychoanalytische Situation durch eine, wie ich es nennen möchte, vollständige *epistemologische Symmetrie* gekennzeichnet, das heißt: Analytiker und Analysand sind gleichermaßen subjektiv, und beide sind für die vorbehaltlose Offenlegung ihrer Gedanken verantwortlich, insofern ihnen diese für die Realität der psychoanalytischen Bemühungen relevant zu sein scheinen." (Renik 1999: 948, Hervorh. i. O.)

Allerdings schränkt Renik diese Überlegung aufgrund funktional differenter Positionen von Analytiker und Analysand im psychoanalytischen Prozess ein.

„Symmetrie ist jedoch nicht *Identität*. Die Gedanken des Analytikers und die des Patienten sind unterschiedlich organisiert, weil Analytiker und Patient im klinischen Setting unterschiedliche Funktionen haben (...) vermittelt ein Patient doch letztlich seine Realität, um seine eigene Selbstbewußtheit zu erhöhen, während der Analytiker seine Realität mitteilt, um die Selbstbewußtheit der anderen Person zu erhöhen. Die Form wird durch die Funktion bestimmt, und das ist der Grund, weshalb die Selbstenthüllung des Patienten in dem Versuch besteht, frei zu assoziieren, während die Selbstenthüllung des Analytikers absichtlich selektiv bleibt." (Renik 1999: 948, Hervorh. i. O.)

Eine solche Konzeption der therapeutischen Dyade der Psychoanalyse führt auch in Hinblick auf die personale Verteilung der Redebeiträge zu Abweichungen gegenüber dem tradierten psychoanalytischen Setting. Der Analytiker reduziert seine verbalen Aktivitäten nicht mehr in dem Maße, wie das oben für die klassische psychoanalytische Situation beschrieben wurde, und der Diskurs nähert sich tendenziell den kommunikativen Prozessen in einem alltäglichen Interaktionssystem oder einer Paarbeziehung an.

Wird in den Positionen von Aron und Renik insbesondere die Bedeutung eines aktiven Umgangs mit Mitteilungen über das Erleben der eigenen Person

---

190 Vergleiche für das Intersubjektivitätsparadigma hierzu auch Orange, Atwood und Stolorow (2001: 55ff) und Orange (2003).

des Analytikers betont, so ist für den vorliegenden Diskussionszusammenhang an den neuen methodologischen Ansätzen in der relationalen Psychoanalyse besonders wichtig, dass mit dem Stellenwert des Konzepts des *enactment* die Relevanz der Dimension eines unbewussten Zusammenspiels in der therapeutischen Dyade sehr stark betont wird. Aron kritisiert an den verwandten Konzeptionalisierungen unbewusster Prozesse bei den klassischen Freudianern wie auch bei den Kleinianern, dass sie auf der Annahme einer Unterscheidbarkeit der Gegenübertragung oder der innerpsychischen Effekte der Rezeption projektiver Identifizierungen im Analytiker von anderen Teilen, Sphären oder Dimensionen seiner Subjektivität und – damit impliziert – seines Unbewussten beruhten[191].

> „From a relational-perspectivist position, there is no way to sort out which element in the analysis belongs to the patient and which belongs to the analyst. This is another way of saying that, since interaction is mutual and continual, it is never possible to say who initiated a particular sequence of interaction." (Aron 1996: 216)

Das Zusammenspiel von Analytiker und Analysand im psychoanalytischen Setting ist damit in einer radikalen Art als *mutuality* beschrieben, als eine Gegenseitigkeit im intersubjektiven Agieren der therapeutischen Situation, in der sich gerade auch in der Dimension der unbewussten interpersonalen Dynamik nicht mehr differenzieren lässt, welche der beiden Personen welche Impulse eingebracht oder wer welche Gegen-/Übertragungsprozesse ausgelöst hat[192].

---

191 Stärker die Gemeinsamkeiten als die Differenzen zwischen den Vertretern der verschiedenen psychoanalytischen Richtungen betont Gabbard in seinem zusammenfassenden Überblick über die aktuellen theoretischen Konzeptionalisierungen zu Gegenübertragungsphänomenen bzw. zu Prozessen eines sich unbewusst vollziehenden Zusammenspiels im psychoanayltischen Setting: „Der Auffassung, daß die Gegenübertragung eine gemeinsame Schöpfung darstellt, zu der beide, Analytiker und Analysand, einen Beitrag geleistet haben, pflichten mittlerweile sowohl klassische Psychoanalytiker als auch moderne Kleinianer, Objektbeziehungstheoretiker und die Vertreter des sozialen Konstruktivismus bei. Auch wenn es tatsächlich gewisse Unterschiede gibt – die meisten Analytiker heutzutage sind sich darin einig, daß der Patient gelegentlich im Rahmen der analytischen Beziehung ein inneres Szenario aktualisiert, das dazu führt, daß der Analytiker eine Rolle spielt, deren Skript von der inneren Welt des Patienten diktiert worden ist. Wie diese Rolle im einzelnen ausgefüllt wird, hängt jedoch von der Subjektivität des Analytikers ab und davon, wie gut die vom Patienten projizierten Inhalte und die Welt der inneren Repräsentanzen des Analytikers zueinander >>passen<<" (1999: 985, Hervorh. i. O.).
192 In einem ähnlichen Sinne spricht Orange auch von Co-Übertragung: „Ein intersubjektiver Zugang zu psychoanalytischem Verstädnis muss die subjektive Welt des Analytikers mitberücksichtigen, einschließlich seiner Theorie, seiner Persönlichkeit, seiner emotionalen Geschichte und seiner präreflexiven Organisationsprinzipien. Als Co-Übertragung bezeichnet man hauptsächlich den Beitrag des Analytikers zum intersubjektiven Feld in der psychoanalytischen Behandlung. Weiter gefasst bezieht sich der Begriff auf die gleichzeitige und gegenseitig organisierende Aktivität von Analytiker und Patient." (2004: 87f)

5.1.4 Boston Change Process Study Group und neuere systemtheoretische Psychoanalyse

Eine ähnliche, aber partiell auch zu neuen theoretischen Modellen und Prozessvorstellungen führende Entwicklungsrichtung nimmt das Verständnis psychoanalytischer Therapieprozesse bei den Autoren, die die Ergebnisse der Säuglingsforschung und der Forschung zur frühen Interaktion zur Konzeptualisierung von Entwicklung und Transformation psychischer Strukturen nutzen[193]. Als heuristisches Grundprinzip für die theoretischen Konstruktionen dieser Gruppe von Autoren, von denen hier exemplarisch Beebe und Lachmann (2004), die Boston Change Process Study Group (Sander, Bruschweiler-Stern, Harrison, Lyons-Ruth, Morgan, Nahum, Stern, Tronick 1998) und als Einzelperson aus diesem wissenschaftlichen Kollektiv insbesondere Stern (2005) genannt werden sollen, dient die Annahme, dass es sich bei der Konstitution psychischer Strukturen aus einem intersubjektiven Agieren oder Zusammenspiel nicht um eine frühe und dann irgendwann abgeschlossene Entwicklungsphase handelt, sondern dass eine solche intersubjektiv verflüssigte Vorstellung psychischer Strukturbildungsprozesse zentral auch für das Verständnis der Relation von psychischer Selbstorganisation und intersubjektiver Ko-Konstruktion psychischer Erfahrung während des gesamten individuellen Lebens bleibt, und dass sich deshalb die dyadischen Prozesse in der therapeutischen Beziehung in Analogie zur frühen Interaktion der Säuglings-Mutter-Dyade verstehen lassen[194].

Beebe und Lachmann (2004) gehen in Anlehnung an das systemtheoretische Modell von Sander[195] davon aus, dass sich die individuelle Fähigkeit zur psychophysischen Selbstregulierung nur in einem interaktionalen Kontext entwickeln kann. Die angeborene Fähigkeit zu innerem Erleben und zur Entwicklung einer solchen Selbstregulierung kann vom Säugling nur realisiert werden, wenn die Selbstregulierung in Prozessen einer interaktiven Regulierung moduliert wird (vgl. Beebe & Lachmann 2004: 54f). Mit Selbst- und interaktiver Regulierung sind dabei zwei Modi beschrieben, in deren Zusammenwirken sich psychische Prozesse organisieren.

> „Innere und relationale Prozesse sind unentwirrbar aufeinander abgestimmt und werden zeitgleich organisiert. Die Erfahrung, den Partner zu beeinflussen und von diesem beeinflußt zu sein, sowie die gleichzeitigen Wechsel zwischen Selbstregulierungsverhalten und Erregungszustand sind Säuglingen und Erwachsenen ebenso inhärent wie die Face-to-face-Kommunikation und die soziale Informationsverarbeitung. Im gesamten Entwicklungsverlauf

---

193 Vgl. zum Folgenden auch Kap. 6.3.1.
194 Vgl. etwa Beebe und Lachmann (2004: 48f).
195 Gemeint ist das „infant-caretaker-system" (Sander 1969, 1977, hier zit. n. Beebe & Lachmann 2004: 45ff). Vergleiche dazu auch Nahum (2000).

reorganisiert die interaktive Regulierung die inneren Prozesse genauso wie die relationalen; gleichzeitig beeinflussen Veränderungen der Selbstregulierung den interaktiven Prozeß. Die Integration von Selbst- und interaktiver Regulierung ist eine Möglichkeit, die Organisation von Erfahrung begrifflich zu fassen." (Beebe & Lachmann 2004: 51)

Dabei ersetzen Beebe und Lachmann die eher statische theoretische Konzeption einer psychischen Strukturbildung durch ein Modell, dass psychische Organisation als eine wechselnde Aktualisierung von sich ständig transformierenden Erfahrungsmustern vorstellt. Insofern die Aktualisierung und Transformation von solchen Erfahrungsmustern immer auf dyadische Beziehungen verweist und sich in interaktiven Kontexten vollzieht, sprechen die Autoren auch von einer Ko-Konstruktion. „Erfahrungsmuster werden im Säuglingsalter ursprünglich als *Erwartungen von Sequenzen reziproker Austauschweisen* organisiert und mit selbstregulatorischen Prozessen in Verbindung gebracht. Diesen reziproken oder bidirektionalen Einfluß, demzufolge jeder einzelne Partner zum permanenten Austausch beiträgt, fassen wir begrifflich als >>Ko-Konstruktion<<." (Beebe & Lachmann 2004: 29, Hervorh. i. O.) Der Begriff der Ko-Konstruktion umfasst sowohl die Dimension einer gemeinsamen Hervorbringung innerer und relationaler Prozesse (Beebe & Lachmann 2004: 233) als auch die Dimension, dass sich zwei Partner in einer Dyade (der Säuglingszeit wie des therapeutischen Settings) immer wechselseitig beeinflussen und darin die sich aktualisierenden individuellen Erfahrungsmuster in einen gemeinsamen Kreationsprozess modulieren.

Da diese Prozesse in psychogenetischer Perspektive auch zum internen Aufbau von psychischen Mustern führen, könnte eventuell von einer Verinnerlichung gesprochen werden. Beebe und Lachmann zufolge ist dieser Term aber deshalb problematisch, weil er die Vorstellung nahelegt, dass sich zunächst äußere in innere Prozesse übersetzen und dass diese inneren Strukturbildungen dann die äußeren Prozesse ersetzen. Eine solche zeitliche Anordnung entspricht aber nicht dem Modell dieser Autoren, in dem interaktive Regulierung und Selbstregulierung fortdauern und grundsätzlich aufeinander bezogen bleiben[196].

Diesen theoretischen Annahmen entsprechend, verstehen Beebe und Lachmann (2004: 232) auch den therapeutischen Prozess der Psychoanalyse als eine dyadische Interaktion, in der beide Beteiligte die Erfahrung machen, selbst vom Anderen beeinflusst zu werden, wie auch diesen selbst zu beeinflussen. Dabei

---

196 „*Die Erwartung und Repräsentation dyadischer Regulierungsmodi begründen die innerpsychische Organisation* (...) Mit dem Voranschreiten der Symbolbildung nehmen diese Modi zunehmend abstrakte und und [sic] von Personen unabhängige Formen an, d.h. sie werden zunehmend autonom. Dieses Modell rückt den bidirektionalen Charakter von Regulierungsprozessen in den Vordergrund. Zudem benennt es die Rolle des Subjekts im Regulierungsprozeß, und es unterstreicht das Dyadische bei der Konstruktion von Erfahrung." (Beebe & Lachmann 2004: 203, Hervorh. i.O.)

handelt es sich um bidirektionale und ko-konstruktive Prozesse, die sich sowohl auf verbaler als auch nonverbaler Ebene vollziehen. „Heute betrachten wir die therapeutische Behandlung als einen in jedem Moment ko-konstruierten Interaktionsprozeß, demzufolge psychodynamische Narrationen und das Aushandeln der Beziehungsmuster Augenblick für Augenblick zwischen Vordergrund und Hintergrund fluktuieren." (Beebe & Lachmann 2004: 34). Damit verändert sich auch die Bewertung der Subjektivität des Analytikers für den therapeutischen Prozess. Sie wird nicht etwa als störend oder Gegenübertragungen inszenierend betrachtet, sondern als ein unerlässliches Moment im gemeinsamen Prozess der Ko-Konstruktion. Die bidirektionale Beeinflussung bringt es mit sich, dass einerseits das subjektive Erleben des Analytikers als ein aus interaktiver und Selbstregulierung emergierender Prozess (Beebe & Lachmann 2004: 233) verstanden werden kann, und dass andererseits spezifische nonintentionale therapeutische Interventionspotenziale aus der permanenten Ko-Kreation der dyadischen Beziehung und der in ihr sich realisierenden und transformierenden interpersonalen Erfahrungsmuster erwachsen[197].

Technisch führt dies beim Analytiker zu einer besonderen Beobachtungshaltung:

> „Er beobachtet zwei Prozesse in sich selbst (Selbst- und interaktive Regulierung), und er erkennt zwei Prozesse im Patienten. Der Therapeut ist aktiv damit beschäftigt, seine Rückschlüsse über beide Prozesse im Patienten mit den eigenen Erfahrungen mit dem Patienten zu vergleichen. Manchmal bedarf es großer Anstrengungen, bis der Patient sein Erleben beider Prozesse zu artikulieren vermag. Diskrepanzen zwischen der Einschätzung des Therapeuten und dem Erleben des Patienten sind von besonderem Interesse. Gleichzeitig versucht der Therapeut, beide Prozesse in sich selbst ständig zu beobachten." (Beebe & Lachmann 2004: 246)

In der interventiven Dimension des therapeutischen Prozesses wird nach diesem Modell von Beebe und Lachmann das konkrete unmittelbare Interagieren in Relation zur Ausarbeitung von Deutungen und Reflexion wesentlich bedeutsamer als dies in klassischen psychoanalytischen Methodologien konzipiert war[198]. Auch in Hinblick auf die verbalen Prozesse tritt die performative Ebene

---

[197] Solche nonintentionalen therapeutischen Effekte vollziehen sich insbesondere auf einer nicht notwendigerweise verbal zu explizierenden Ebene impliziter Beziehungsregulation und impliziten Beziehungswissens: „In der psychoanalytischen Behandlung können Erwartungsmuster, die Vertrautheit, Intimität regulieren, im impliziten Bereich außerhalb der Wahrnehmung reorganisiert werden. Lyons-Ruth (...) zufolge taucht lediglich ein kleiner Bereich des impliziten Beziehungswissens eines Patienten im verbalen Narrativ oder in der Übertragungsdeutung auf. Folglich hat der implizite Modus eine weit durchdringendere und potentiell stärkere organisierende Wirkung als der explizite Modus." (Beebe & Lachmann 2004: 238; vgl. auch 209)

[198] Zur therapeutischen Relevanz und Wirksamkeit vergleiche genauer die aus den Ergebnissen der Säuglingsforschung übernommenen und von Beebe und Lachmann besonders herausgestellten drei Prinzipien zur Organisation der Patient-Analytiker-Interaktion: „... ständige Regulierungen, Unter-

des sprachlichen Interagierens in den Vordergrund, in der der Patient seine auf Beziehung und Interaktion gerichteten Muster der Erfahrung realisiert (Beebe & Lachmann 2004: 208f) und damit der Möglichkeit einer ko-kreativen Transformation exponiert.

Dieselben Forschungsstände führen Stern (2005) zu einer ähnlichen, in einigen Aspekten aber noch wesentlich weiterreichenden konzeptuellen Transformation. Die theoretische Integration seiner klinischen Erfahrungen als Therapeut sowie seiner Forschungsergebnisse aus dem Bereich der Säuglings- und frühen Interaktionsforschung und aus dem Bereich der psychoanalytischen Prozessforschung entwickelt ein neues Modell zur Relation von Psyche und Intersubjektivität anhand von zwei Schlüsselkonzepten: Einerseits handelt es sich dabei um das Konzept der Gegenwartsmomente – einer allgemeinen Beschreibung der mikrotemporalen Dynamik psychischen Erlebens (vgl. Stern 2005: 78), andererseits um das Postulat der Priorität einer intersubjektiven Matrix für die Konstitution des Psychischen – einer Priorität, die sowohl in psychogenetischer als auch in prozessual-operativer Hinsicht bestehe (Stern 2005: 88ff).

Mit einer Konzeption, die er selbst in der phänomenologischen Tradition verortet, fasst Stern (2005: 107) Psyche als verkörpert, mit der umgebenden Umwelt verwoben und partiell durch diese, insbesondere in der Interaktion mit anderen Psychen, erzeugte auf. „Dieser offene Austausch verleiht der menschlichen Psyche ihre Form und ihr Wesen. Sie taucht aus intrinsischen selbstorganisierenden Prozessen auf und existiert und interagiert mit anderen Psychen. Ohne diese ständigen Interaktionen gäbe es keine wiedererkennbare Psyche." (Stern 2005: 107) Wenig erstaunlich stützt sich Stern (2005: 95ff) dabei neben der Rezeption neurowissenschaftlicher Forschungsergebnisse auf entwicklungspsychologische Erkenntnisse der Säuglingsforschung: u.a. auf die Arbeiten Trevarthens (1974, 1979, 1980) zur Korrespondenz zwischen Mutter und Säugling und zu den Konzepten der primären und sekundären Intersubjektivität, die Forschungen der Gruppe um Meltzoff (Meltzoff 1981, Meltzoff & Moore 1999) zur frühen Nachahmung, seine eigenen Arbeiten zur Affektabstimmung (Stern 1979, 2007, Stern, Hofer, Haft & Dore 1985) sowie das Modell der altero-zentrierten Partizipation und des virtuellen Anderen von Bråten (Bråten 1988, 1992, 2003, Dornes 2002). In einem besonders engen Korrespondenzverhältnis steht die Arbeit Sterns dann allerdings insbesondere zu der empirisch abgestützten theoretischen Reflexion therapeutischer Prozesse im Kreis der Boston Change Process Study Group (2002, 2005, 2007, 2008 sowie Lyons-Ruth et al. 1998, Stern et al. 1998, Tronick et al. 1998).

---

brechung und Wiederherstellung ständiger Regulierungen und Momente der Affektsteigerung" (2004: 206).

Die Intersubjektivität der Psyche ist nach Stern nicht nur einer anfänglichen Phase der psychischen Entwicklung eigen, sondern bleibt während des gesamten Lebens erhalten. Menschen sind von ihrer neurophysiologischen Ausstattung her in der Lage, sich in einer sehr weitgehenden Form in andere einzufühlen und in einem rekursiven Prozess innere Zustände zu teilen:

> „Andere Menschen (...) sind Objekt wie wir, mit denen wir innere Zustände teilen können. Es ist sogar eine natürliche Eigenschaft unserer Psychen, in anderen Menschen nach Erlebensweisen zu suchen, die in uns selbst einen Widerhall finden. Wir analysieren das Verhalten anderer mit Hilfe der inneren Zustände, die wir erspüren und empfinden können, so dass wir in der Lage sind, an ihnen teilzunehmen." (Stern 2005: 89)

Wegen dieser basalen intersubjektiven Fähigkeit der individuellen Psyche versteht Stern die Grenzen zwischen Selbst und anderen Menschen als durchlässig und mentale Prozesse wie Gedanken und Gefühle als permanent dialogisch produziert. „Kurz, unser mentales Leben ist ein gemeinsames Produkt unserer Selbst und anderer Psychen. Ebendiesen stetigen Dialog bezeichne ich als intersubjektive Matrix." (Stern 2005: 90) Damit geht Stern, dem eigenen Verständnis zufolge, auch weiter als dies etwa in dem für die relationale Psychoanalyse wichtigen Konzept der ‚Zwei-Personen-Psychologie' angelegt ist: Indem er die intersubjektive Matrix individuellen psychischen Prozessen vorordnet, wird die Intersubjektivität nicht als sekundäres Phänomen der Begegnung zweier Subjekte betrachtet, sondern die intersubjektive Matrix als Bedingung der Begegnung und Entwicklung zweier individueller Psychen aufgefasst.

> „Heute betrachten wir die intersubjektive Matrix (...) als den wichtigsten Schmelzofen, in dem interagierende Psychen ihre Gestalt annehmen. Zwei Psychen erzeugen Intersubjektivität. Doch ebenso werden die beiden Psychen von der Intersubjektivität geformt. Das Zentrum der Schwerkraft hat sich vom Intrapsychischen auf das Intersubjektive verlagert." (Stern 2005: 90)

Um diese theoretische Konzeption Sterns umfassend zu verstehen, muss man sie mit dem anderen theoretischen Schlüsselkonzept Sterns in Verbindung bringen. Unter dem Titel der Gegenwartsmomente beschreibt Stern die Grundform psychischen Erlebens als eine gefühlte Erfahrung dessen, was sich in einer kurzen, wenige Sekunden umfassenden Zeitspanne ereignet. *„Die gefühlte Erfahrung des Gegenwartsmomentes ist all das, dessen ich mir jetzt, während ich den Moment lebe, gewahr bin"* (Stern 2005: 51, Hervorh. i. O.). Aus den verschiedenen Aspekten, über die Stern den Begriff der Gegenwartsmomente entwickelt, seien hier nur einige zentrale zur Erläuterung des Konzeptes hervorgehoben. Der Gegenwartsmoment erfordert Bewusstsein (Stern 2005: 50) und kann als Basiseinheit der psychischen Erfahrung als „gelebte Geschichte" (Stern 2005: 71) aufgefasst werden. Darunter versteht Stern eine spezifische nonverbale Form der mentalen Erfahrungsorganisation, die narrativ formatiert ist, ohne jemals in Worte gefasst oder erzählt werden zu müssen[199]. Als subjektiv erlebte Veränderungen von inneren Gefühlzuständen haben die Gegenwartsmomente eine spezifische zeitliche Konturierung (Stern 2005: 78f); sie umfassen zumeist drei bis vier Sekunden, Stern gibt als Variationsbreite einen zeitlichen Rahmen von einer bis zu zehn Sekunden an (Stern 2005: 58). Den Hintergrund für eine solche zeitliche Struktur von Gegenwartsmomenten findet Stern in neuropsychologischen Forschungsergebnissen, die Bewusstsein als ein neuronales Reentry-Phänomen betrachten.

„Wenn eine Neuronengruppe durch einen Stimulus aktiviert wird, senden die zu ihr gehörenden Neuronen ein Signal an eine andere Neuronengruppe. Diese zweite Gruppe re-aktiviert daraufhin die erste Gruppe, so dass ein Reentry oder eine Feedbackschleife entsteht. Diese kann sich auf eine dritte Gruppe ausdehnen, die daraufhin eine Rückmeldung an die erste und zweite Gruppe gibt. Diese Kombination von Erfahrung plus zweite oder dritte Erfahrung über die ursprüngliche Erfahrung ist das, was die Tür des Bewusstseins öffnet." (Stern 2005: 68)

Stern geht nun davon aus, dass ein einfacher Durchlauf einer solchen Reentry-Schleife nicht länger als eine Viertelsekunde dauert und eine erste Form unbewusster Wahrnehmungsverarbeitung darstellt, in der Situationen bereits erfasst und affektiv bewertet werden. Nur in Ausnahmefällen wird die Aktivierung einer solchen Reentry-Schleife über ein mehrmaliges Durchlaufens solange Aufrecht erhalten, dass es zu einer bewussten phänomenalen Erfahrung kommen kann. Diese zeitliche Spanne fasst Stern als Gegenwartsmoment.

„Es ist faszinierend, sich vorzustellen, dass die Zeit, die wir brauchen, um Wahrnehmungsstimuli zu Chunks zusammenzufassen, funktionale Verhaltenseinheiten auszuführen und uns eines Vorgangs bewusst zu werden, im Grunde immer ungefähr gleich lang ist: drei bis vier Sekunden. Wäre dies nicht der Fall, fiele es uns wesentlich schwerer, unsere Erfahrung kohärent zu machen. Offenbar ist der Mensch so konstruiert, dass er Vorgänge in basale Einheiten von Gegenwartsmomenten einteilt: die Grundeinheiten für das Verstehen zeitlich dynamischer Erfahrungen, die sich zwischen Menschen abspielen." (Stern 2005: 69)

Der Clou dieser theoretischen Konstruktion findet sich nun darin, dass es eine solche Form der Bestimmung der Grundeinheit psychischen Erlebens in Gegenwartsmomenten ermöglicht, die Intersubjektivität unmittelbar in der Konstitution des Gegenwartsmomentes wirkend zu denken. Im individuellen psychischen Prozess des Aufbaus des Erlebens in einem Chunking der noch unbewussten Wahrnehmungsstimuli, vollzieht sich bereits eine intersubjektive – oder

---

199 „Das *narrative Format* ist eine Struktur für die (nonverbale) mentale Organisation unserer Erfahrung mit motiviertem menschlichen Verhalten. *Gelebte Geschichten* sind Erfahrungen, die wir innerlich narrativ formatieren, ohne sie jedoch in Worte zu fassen oder zu erzählen. Eine erzählte Geschichte – das heißt, eine Narration – erhalten wir, wenn wir einem anderen Menschen die gelebte Geschichte erzählen." (Stern 2005: 71, Hervorh. i. O.)

besser – interpsychische Abstimmung, in der zwei Psychen wechselseitig aufeinander reagieren und das Entstehen ihrer jeweiligen Bewusstseinsinhalte gemeinsam modulieren. In diesem ganz unmittelbaren Sinne kann die intersubjektive Matrix als basal für individuelles psychisches Erleben und in den operativen psychischen Erfahrungsprozess konstitutiv eingelassen konzipiert werden. Das, was in der Literatur als implizites Beziehungswissen bezeichnet wird, geht auf die Erfahrung der Prozesse in einer solchen intersubjektiven Matrix zurück, und auch der von Beebe und Lachmann beschriebene Modus der impliziten intersubjektiven Regulierung kann in dieser Matrix lokalisiert werden. Ungeachtet, dass Stern selbst den Stellenwert von Übertragungs- und Gegenübertragungsprozessen in Therapien stark zu relativieren trachtet, kann seine Konzeption des Aufbaus psychischen Erlebens aus intersubjektiven Abstimmungen in einer intersubjektiven Matrix ebenfalls als eine ausgezeichnete theoretische Basis für ein vertieftes Verständnis der operativen Konstitution auch solcher Übertragungs-/Gegenübertragungsprozesse betrachtet werden.

Stern geht in seiner theoretischen Konzeption allerdings noch weiter und postuliert ein intersubjektives Bewusstsein, dass dann resultiere, wenn sich in der zeitlichen Entfaltung eines Gegenwartsmomentes eine Reentry-Schleife zwischen zwei Psychen aufbaue: „Diese intersubjektive Rekursion (...) mündet für beide in einer Erfahrung »höherer Ordnung« (so wie die neurophysiologische Reiteration eine Erfahrung höherer Ordnung entstehen lässt). Diese Erfahrung höherer Ordnung ist intersubjektives Bewusstsein." (Stern 2005: 136, Hervorh. i. O.)

Unabhängig davon, ob man die Emergenz eines solchen Bewusstseins höherer Ordnung für eine theoretisch triftige Konstruktion hält[200], bergen Sterns Konzepte zur Relation von Gegenwartsmomenten und intersubjektiver Matrix weitreichende Konsequenzen für die theoretische Konzeption des Zusammenhangs von psychischer Individualität und Intersubjektivität im Allgemeinen und

---

200 Die eher deskriptive Explikation dieser These mag Plausibilitäten auf einer beschreibenden Ebene organisieren, kann aber kaum eine theoretische Konstruktion von dieser Reichweite tragen: „Wenn zwei Menschen in einem gemeinsamen Gegenwartsmoment zusammen ist eine intersubjektive Erfahrung erzeugen, überschneidet sich das phänomenale Bewusstsein des einen Beteiligten mit dem phänomenalen Bewusstsein des anderen und schließt es partiell mit ein. Sie haben Ihre eigene Erfahrung und hinzu kommt die Erfahrung des anderen – das heißt die Art und Weise, wie er Sie erlebt –, die Sie seinen Augen, seiner Körperhaltung, seinem Tonfall usw. ablesen können. Das, was Sie selbst erleben, und das, was der Andere erlebt, muss nicht genau dasselbe sein, denn diese Erfahrungen haben einen unterschiedlichen Ursprung und eine unterschiedliche Orientierung. Sie können ein wenig unterschiedlich gefärbt und geformt sein und sich unterschiedlich anfühlen. Aber sie sind einander so ähnlich, dass ihre wechselseitige Validierung das »Bewusstsein« weckt, dieselbe mentale Landschaft zu bewohnen. Ebendies ist *intersubjektives Bewusstsein*." (Stern 2005: 135, Hervorh. i. O.)

für die Konzeptualisierung von therapeutischen Prozessen in psychoanalytischen (wie auch anderen) Settings im Besonderen.

„Die Existenz einer intersubjektiven Matrix definiert den psychischen Kontext, in dem die therapeutische Beziehung Gestalt annimmt" (Stern 2005: 108). Der therapeutische Prozess entfaltet sich in Form von Gegenwartsmomenten in einer intersubjektiven Matrix. Mit einer solchen theoretischen Perspektivierung werden die sprachlich basierten Reflexionsprozesse in der Therapie in Relation zu einer gemeinsam konstituierten unmittelbaren Erfahrung tendenziell unwichtiger. Dabei umfasst die sich intersubjektiv konstituierende Erfahrung nicht nur das bewusste Erleben von Gegenwartsmomenten, sondern auch den weiteren Bereich des nichtsymbolischen, nonverbalen impliziten Wissens und der prozeduralen impliziten Beziehungsregulierung. Stern unterscheidet für den therapeutischen Prozess eine implizite von einer expliziten oder auch narrativen Agenda. Geht es in der expliziten Agenda um ein Drittes, der aktuellen Beziehung von Therapeut und Patient Äußerliches, dessen Bedeutung in einem narrativen Format exploriert und ko-konstruiert wird (Stern 2005: 130), so vollzieht sich in der impliziten Agenda insbesondere die Regulierung der Beziehung zwischen Therapeut und Patient im unmittelbaren intersubjektiven Feld der Therapie:

> „Dazu zählen ein Großteil des therapeutischen Bündnisses, die haltende Umwelt, das Arbeitsbündnis, die Übertragungs-Gegenübertragungsbeziehung sowie die >>reale<< Beziehung. Die gemeinsam und außerhalb des Gewahrseins erfolgende Hervorbringung und Regulierung dieser Beziehungen konstituieren die >>implizite Agenda<<. (...) Die implizite Agenda ist in dem Sinne fundamental, als sie die explizite Agenda kontextualisiert." (Stern 2005: 130, Hervorh. i. O.)

Gegenüber solchen klassischen Konzeptionalisierungen der psychoanalytischen Methode, die vor allem die sprachliche Reflexion von Übertragung und Abwehr betonen, wird damit einerseits die therapeutische Wirksamkeit von Prozessen stärker gewichtet, die unmittelbar im Bereich unbewusster impliziter Erfahrungsschichten ansetzen; andererseits ergibt sich zugleich eine starke Relativierung der Relevanz eines dynamischen Unbewussten. Die Therapie prozessiert nicht mehr primär entlang der Differenzlinie verdrängtes Unbewusstes und Abwehr vs. sprachlicher Deutungen und Rekonstruktionen, sondern entlang der Differenz impliziter nicht bewusster Beziehungsregulation und unmittelbaren bewussten Erlebens intersubjektiv konstituierter Gegenwartsmomente vs. gemeinsamer narrativer Rekonstruktion dieses direkten Erlebens in der expliziten Agenda des therapeutischen Prozesses.

Diese Verschiebung bedeutet eine starke Beschränkung der Relevanz von Prozessen, die in einem dynamischen Sinne unbewusst sind, insbesondere von Übertragungs-/ Gegenübertragungsprozessen, und der klassischen psychoanalytischen Techniken der Deutung und der Abwehranalyse. Nach Stern handelt es sich bei solchen Prozessen nicht mehr um die zentralen Aspekte therapeutischen Vorgehens und therapeutischer Effektivität.[201] Die Veränderung impliziten Beziehungswissens und intersubjektiv ko-konstruierten Erlebens kann sich viel unmittelbarer in gemeinsam konstituierten und erfahrenen Gegenwartsmomenten und in der intersubjektiven Regulierung des Beziehungsfeldes zwischen Therapeut und Patient vollziehen. Diese Annahmen veranlassen Stern (2005: 157ff), eine neue methodologische Konzeption therapeutischer Prozesse mit dem Begriff des *Vorangehens* vorzulegen[202]. Darin beschreibt Stern insbesondere drei zentrale transformatorische Potenziale eines intersubjektiv organisierten therapeutischen Prozesses: die implizite progressive Veränderung über relationale Schritte, Jetzt-Momente/Kairoi und Begegnungsmomente (Stern 2005: 158f). Während in den relationalen Schritten therapeutisch wirksame Veränderungen aus dem Interagieren und der gemeinsamen impliziten Beziehungsregulation über Prozesse in der intersubjektiven Matrix resultieren können[203], versteht Stern Jetzt-Momente als eine besondere Form von Gegenwartsmomenten. In diesen Jetzt-Momenten sind Balancen des Interagierens in Krisen oder plötzlichem Auftauchen neuer Formen der Organisation des intersubjektiven Feldes ausgesetzt, und dadurch entsteht die Chance zu wichtigen und nachhaltigen Transformationen. Stern bezeichnet diese *now-moments* auch als Kairoi (Stern 2005: 172f). Wenn sich solche Jetzt-Momente in neuen befriedigenderen Formen der Intersubjektivität auflösen, so bedeutet dies, dass sie in eine andere Form von Gegenwartsmomenten übergehen, die Stern als Begegnungsmomente beschreibt. Gelingt es, solche Begegnungsmomente in der Therapie zu realisieren – und Stern betrachtet es als eine der wichtigsten Aufgaben des Therapeuten in Jetzt-Momenten authentisch auf den Patienten zu reagieren und dadurch einen Moment der Begegnung zu ermöglichen –, so sind damit entscheidende

---

201 „Dieses neue Verständnis impliziten Wissens stellt die traditionelle Psychoanalyse vor ein großes Problem. Das implizite Wissen ist nämlich nicht dynamisch unbewusst, das heißt, es wird nicht durch Widerstände vom Bewusstsein ferngehalten. Es ist aus anderen Gründen nicht bewusst. Das Konzept des Widerstands oder der Verdrängung ist hier überhaupt nicht relevant, weil der Löwenanteil des deskriptiv nicht-bewussten Materials nicht infolge von Widerständen, sondern aus anderen Gründen unausgesprochen bleibt. Infolgedessen kann vom >>Widerstand<< einzig in solchen Situationen die Rede sein, in denen verdrängtes dynamisch unbewusstes Material im Spiel ist – und dies trifft nur auf einen kleinen Anteil der therapeutischen Arbeit zu. Dadurch wird einem zentralen Aspekt der psychoanalytischen Arbeit eine ernst zu nehmende Grenze gesetzt." (Stern 2005: 129, Hervorh. i. O.)
202 Diese Konzeption ist in enger Kooperation mit den anderen Mitgliedern der Boston Change Process Study Group entstanden; vergleiche dazu auch Boston Change Process Study Group (2002), Lyons-Ruth et al. (1998), Stern et al. (1998) und Tronick et al. (1998).
203 Dabei handelt es sich dann zumeist um sich längerfristig wiederholende und variierende Prozesse der Transformation des impliziten Beziehungswissens des Patienten, die nicht bewusst zu werden brauchen, um therapeutische Erfolge zu erzielen (vgl. Stern 2005: 186f).

psychische Entwicklungen initiiert. Nach Stern handelt es sich dabei häufig um Wendepunkte des therapeutischen Prozesses, an denen es im Sinne der diskontinuierlichen Sprünge einer Theorie dynamischer Systeme zu irreversiblen Übergängen in einen neuen Zustand komme (vgl. Stern 2005: 175f).

Aus einer psychoanalytischen Perspektive mag man skeptisch gegenüber der Relativierung der Relevanz eines dynamischen Unbewussten sein, und eher Chancen darin sehen, mit dem theoretischen Instrumentarium Sterns die Relation des Erlebens von Gegenwartsmomenten zu Prozessen eines dynamischen Unbewussten genauer zu untersuchen und das Konzept der intersubjektiven Matrix zu einer veränderten Konzeptualisierung von Übertragungs-/ Gegenübertragungsmomenten zu nutzen. Dennoch lässt sich auch die Arbeit Sterns in den Reigen der methodologischen Beschreibungen der „okkulte(n) Vorgänge während der Psychoanalyse" (Deutsch 1926) einreihen, die auf eine nicht als Kommunikation konzipierbare Dimension in der psychoanalytischen Beziehung verweisen, die auf interpersonalen, interpsychischen Matrixprozessen basieren, und in der sich die jeweiligen Autopoiesen der psychischen Systeme von Analytiker und Analysand berühren, partiell und punktuell parallelisieren, wechselseitig anstecken und Resonanzeffekte produzieren.

Der Durchgang durch die methodologischen Reflexionen der Psychoanalyse mit einer Fokussierung verschiedener Konzeptionalisierungen der Natur und Relevanz von Übertragungs-/ Gegenübertragungsprozessen sollte eine spezifische interaktionale Dimension des psychoanalytischen Settings freilegen, die für das Potenzial der Psychoanalyse zur Beobachtung unbewusster psychischer Prozesse wesentlich zu sein scheint, und die sich dagegen sperrt, systemtheoretisch als psychisches oder als soziales Phänomen in den von Luhmann und von Fuchs vorgeschlagenen Theorieformen aufgefasst zu werden.

Diese interpsychischen Prozesse, die an – und mit – der Methode der Psychoanalyse beobachtbar werden, müssen zugleich als ein ubiquitäres Phänomen betrachtet werden und stellen eine besondere Herausforderung an die systemtheoretische Theoriekonstruktion dar.

Um die verschiedenen psychoanalytischen Selbstbeschreibungen zum therapeutischen Vorgehen zu bündeln, bietet es sich an, die Abstraktionspotenziale der lorenzerschen Interaktionsformentheorie zu nutzen. Die Veränderungen, die sich im theoretischen Verständnis des methodischen Vorgehens in der Psychoanalyse ergeben, wenn, wie bei Beebe und Lachmann oder bei Stern, die Ergebnisse der Säuglingsforschung und der Studien zur frühen Interaktion berücksichtigt und auf das Verständnis der therapeutischen Prozesse bezogen werden, lassen eine enge Korrespondenz zu den älteren Konzeptualisierungen bei Lorenzer erkennen. Diese neuen psychoanalytischen Prozessmodelle können als eine aktuelle Bestätigung wichtiger Dimensionen der metatheoretischen Arbeiten Lorenzers aus den siebziger Jahren betrachtet werden.

Lorenzers basales theoretisches Konstruktionsmotiv bestand, wie gezeigt, darin, den Gegenstand einer psychoanalytischen Methode – beschädigte, leidende Subjektivität – als Produkt sozialisatorischer Prozesse zu beschreiben. Psyche wurde von Lorenzer damit verstanden als ein Ergebnis eines individuelle Strukturen ausdifferenzierenden Prozesses einer historisch-gesellschaftlich konkret kontextualisierten Interaktion von Mutter und Säugling. Subjektive psychische Strukturbildung war darin konzeptionalisiert als der Niederschlag von Interaktionen – Lorenzer bezeichnet diese basalen psychischen Strukturbildungen als Interaktionsformen oder szenische Erinnerungsspuren (vgl. Lorenzer 1976: 116ff, 279ff, 1981: 85ff, 1986: 42ff).

Der psychoanalytische Prozess vollzieht sich nun nach Lorenzer (1976: 138f, 289ff, 1977b, 1973: 204ff, 216, 228f) auf zwei theoretisch zu differenzierenden, aber konvergierenden Ebenen. Neben der augenfälligen Dimension sprachlicher Verständigung, die nach Lorenzer als ein radikal-hermeneutisches Verstehen zu beschreiben ist, begegnen sich Analytiker und Analysand auch auf der Ebene einer konkreten nichtsprachlichen Intersubjektivität. In einem lebenspraktisch-unmittelbaren Zusammenspiel inszenieren sie konflikthafte Formen der Interaktion und Beziehungsmuster oder -wünsche über die Aktualisierung bestimmter Interaktionsformen, die nur in der Interaktion agiert und nicht sprachlich zum Ausdruck gebracht werden können. Das Ziel dieses psychoanalytischen Prozesses besteht dann darin, solche Interaktionsentwürfe verdrängter oder noch nie in Sprache gefasster bestimmter Interaktionsformen über die szenische Inszenierung einem (tiefen-) hermeneutischen Verstehen – einer „Hermeneutik des Leibes" (1986a: 1059) – zugänglich zu machen, sie damit in sprachsymbolische Interaktionsformen zu verwandeln und durch diesen Zugang zur Reflexion ihren leidvoll-konflikthaften Charakter abzuschwächen und dem Subjekt einen bewussten Umgang mit ihnen zu ermöglichen.

Das ist eine ähnliche, allerdings gesellschaftstheoretisch reflektierte und erweiterte, theoretische Konstellation, wie sie auch in der Prozessreflexion der genannten, durch die Säuglingsforschung inspirierten Psychoanalytiker zu finden ist. In beiden Formen der Konzeption der Theorie wird die Konstitution von Psyche als eine Vermittlung von körperlich fundierten, selbstorganisierenden und intersubjektiven / interaktionalen Prozessen verstanden und auf dieser Grundlage dann der therapeutische Prozess rekonstruiert. Beide Methodologien des therapeutischen Prozesses fordern vom psychoanalytischen Vorgehen, dass diese fundamentale Dimension der Konstitution psychischer Strukturbildung, in der sich auch schon die Interaktionen der Mutter-Kind-Dyade bewegten, wieder erreicht wird. Nur wenn diese Dimension berührt wird, können therapeutische

Effekte erzielt werden und kann nach Lorenzer (1976) Subjektivität (wieder) hergestellt werden.

Im vorliegenden Kontext der Exploration der spezifischen Potenziale der Psychoanalyse zur Beobachtung psychischer Systeme ist zu betonen, dass die psychoanalytische Methode ein besonderes, hermeneutische Prozesse und sprachbasierte Kommunikation transzendierendes Instrument der Beobachtung (und auch Intervention) einsetzt. Stern nennt dies die implizite Agenda des therapeutischen Prozesses (2005: 130f), in der es um eine Transformation des impliziten Beziehungswissens geht, die wesentlich stärker über ein *Vorangehen* als über narrative Ko-Konstruktionen erreicht werden kann (2005: 157ff, 193ff). Lorenzer (1976: 290ff) spricht von einem lebenspraktisch-unmittelbaren Zusammenspiel, das sich jenseits der Abstraktionen einer auf sprachsymbolischen Interaktionsformen basierenden Verständigung vollzieht. Analytiker und Analysand begegnen sich hier auf der Ebene einer Aktualisierung idiosynkratischer, in individueller Lebensgeschichte konstituierter bestimmter Interaktionsformen. Deutlicher allerdings als Stern betont Lorenzer (1976: 138ff) das methodologische Erfordernis, diese beiden Ebenen des therapeutischen Prozesses konvergieren zu lassen, und auch die vorsprachlichen, nicht bewussten oder unbewussten Aspekte individuellen Erlebens und intersubjektiven Zusammenspiels sprachlich zu integrieren. Lorenzer konzipiert diesen Vorgang als Re- oder Neukonstruktion von sprachsymbolischen Interaktionsformen, in denen nonverbales, senso-motorischen Prozessen nahestehendes Erleben und sprachliche Modi des psychischen Prozessierens zusammenwirken.

5.2 Systemtheoretische Rekonstruktion des psychoanalytischen Settings

Wie lassen sich solche Selbstbeschreibungen aus einer systemtheoretischen Perspektive rekonstruieren? Das Ziel eines solchen Unterfangens kann es – zumindest im vorliegenden Kontext – nicht sein, alle Feinheiten dieser verschiedenen, partiell konträren Auffassungen zu einem theoretischen Verständnis der psychoanalytischen Technik und Methodologie in eine andere Theoriesprache, eben die der luhmannschen Systemtheorie zu übersetzen. Was allerdings versucht werden soll, ist, zu beschreiben, welche Relationierung differenter Systemoperationen sich einem systemtheoretischen Beobachter des therapeutischen Settings der Psychoanalyse zeigen. Eine solche polysystemische Rekonstruktion ersetzt nicht die detaillierten psychoanalytischen Selbstbeschreibungen, sondern zeigt nur auf, dass sich diese prinzipiell in einen systemtheoretischen Theoriekontext transferieren ließen. Dabei geht es auch darum, diese

Selbstbeschreibungen in einer umfassenderen Form systemtheoretisch zu rekonstruieren, als das auf der Basis des Konzeptes einer nebulosen Kommunikation (Fuchs 1993: 134ff) bisher geschehen ist[204]. Für den vorliegenden Argumentationszusammenhang soll damit für eine systemtheoretische Beschreibung der Psyche belegt werden, dass der psychoanalytischen Theorie aufgrund der hochspezifischen Beobachtungsmöglichkeiten, auf denen sie beruht, eine hohe Relevanz zukommt. Gleichzeitig soll am Beispiel des psychoanalytischen Settings demonstriert werden, dass bestimmte phänomenale Zusammenhänge in einer systemtheoretischen Perspektive nur als ein polysystemischer Konnex beschrieben werden können. Die entscheidende Bedeutung der Rekonstruktion der psychoanalytischen Prozesse liegt allerdings darin, dass daran aufgezeigt werden kann, wie wichtig die Beachtung nichtsprachlicher und protokommunikativer Prozesse auch im Rahmen der luhmannsche Systemtheorie ist.

5.2.1 Das soziale System im psychoanalytischen Setting

Beschreibt man das Setting der Psychoanalyse mit primärem Bezug auf die kommunikativen Prozesse zunächst als ein soziales System, so muss konstatiert werden, dass es sich bei diesem System in zwei Hinsichten nicht um ein für die luhmannsche Theorie typisches soziales System handelt. Luhmanns (1997: 71ff) Beschreibung der Basisoperation sozialer Systeme als Kommunikation zielt darauf, diesen Prozess von den psychischen Prozessen einzelner Personen abzulösen. Eine Beschreibung der Kommunikation als eine sich selbst kontinuierende Vernetzung von Informationen, Mitteilungen und Verstehen löst sich von den beteiligten, agierenden Personen und soll die Autopoiesis sozialer Systeme ohne Rückgriff auf externe Strukturen begreifbar machen. Das Verstehen von Mitteilungen und Informationen kann dann als ein rein soziales Phänomen konzipiert werden, dass sich ausschließlich im sozialen System vollzieht und einzelnen Personen nicht attribuiert werden muss[205]. Verstehen ist nach dieser Konzeption nicht nur nicht an psychische Leistungen einzelner Personen gebunden, sondern in der Regel auch gar nicht direkt beobachtbar. Für die operative Konkatenation des Kommunikationssystems muss ein Verstehen nicht spezifisch ausgewiesen

---

204 Vergleiche dazu auch Luhmann und Fuchs (1989a): wo, bezogen auf das psychoanalytische Setting, der Differenz von psychischer Selbstbeobachtung und psychoanalytischer Kommunikation ein zentraler Stellenwert zugemessen wird. Die theoretische Analyse von Phänomenen wie Widerstand oder Übertragung fasst diese dann aber doch wieder nur als kommunikative Effekte (vgl. Luhmann & Fuchs 1989a: 194ff).
205 Was nicht ausschließt, dass dies in den Zuschreibungen im kommunikativen Prozess als ein Artefakt konstruiert wird.

werden, sondern es ist indirekt für einen externen Beobachter, oder in Ausnahmefällen im Nachhinein für eine reflexive Beobachtung im Kommunikationssystem selbst, an der Fortsetzung der Kommunikation über die Mitteilung weiterer Informationen erkennbar. In der Selektion dieser spezifischen Formen von Information und Mitteilung realisiert sich ein je spezifisches implizites Verstehen. Im paradigmatischen Rahmen einer luhmannschen Systemtheorie muss eine solche theoretische Konstruktion des basalen Operationsmodus von Kommunikationssystemen auch für das soziale System der Kommunikation im psychoanalytischen Setting gelten. Es zeigt sich allerdings, dass eine theoretische Beschreibung in dieser Art von der Spezifität des psychoanalytischen Settings ablenkt. Eine systemtheoretische Rekonstruktion des psychoanalytischen Typus von Kommunikation muss darauf fokussieren, wie sich die theoretisch personenunabhängig konstruierten operativen Elemente der Kommunikation – Information, Mitteilung und Verstehen – zu den spezifischen Leistungen der beteiligten Personen relationieren, will sie die Besonderheit dieses sozialen Systems beschreibbar machen.

Die zweite, mit dem ersten kommunikationstheoretischen Aspekt verschränkte Perspektive, aus der sich eine andere und zugleich theoretisch bedeutsamere ‚Anomalie' dieses besonderen Kommunikationssystems des psychoanalytischen Settings beschreiben lässt, resultiert aus der spezifischen systeminternen Bezogenheit auf die Relation zu den beiden relevanten psychischen Systemen des Analysanden und des Analytikers. Die operative Schließung seiner kommunikativen Abläufe führt hier nicht dazu, dass das soziale System der psychoanalytischen Therapie in seiner Ausdifferenzierung bzw. in seiner historischen Entwicklung als einer sich selbst fortsetzenden operativen Konkatenation die strukturellen Kopplungen mit den psychischen Umweltsystemen ignoriert oder einfach nicht beobachtet. Gilt für die meisten sozialen Systeme, dass die supplementäre Relation von operativer Schließung und struktureller Kopplung für diese Systeme einen operativen Freiraum schafft, der es dem System ermöglicht, die Relation zum Psychischen nicht zu berücksichtigen und sich ganz auf die eigene Operativität und die Ausdifferenzierung der systeminternen kommunikativen Strukturbildungen zu konzentrieren, so trifft auf das therapeutische Kommunikationssystem der Psychoanalyse das Gegenteil zu: Das Kommunikationssystem der psychoanalytischen Therapie bezieht sich in seinen kommunikativen Operationen vor allem auf die strukturelle Kopplung mit psychischen Systemen und entfaltet seine kommunikative Konkatenation primär mit dem Ziel der Beobachtung und Transformation psychischer Systeme. Dass dies nur indirekt, und in theoretischer Perspektive unter Wahrung des Theorems der operativen Schließung, gelingt, ändert nichts daran, dass das therapeutische Kommunikationssystem aus dem Grund in Operation gesetzt wird, mit seinen

Interventionen Effekte jenseits seiner eigenen operativen Grenzen, namentlich in psychischen Systemen, auszulösen. Es geht in der therapeutischen Kommunikation nicht nur um eine Transformation personaler Narrationen als immanenter Strukturbildungen sozialer Systeme. Es geht auch und primär um die Transformation psychischer Erfahrung, die jenseits der kommunikativen Systemgrenzen angestoßen werden soll. Solche Veränderungen im Gefüge psychischer Symbolisierungen können dann sekundär und indirekt zurückwirken auf kommunikative, expressive personale Narrationen in solchen sozialen Systemen, die – wie eben die psychoanalytische Therapie – ihre Diskurse für personale Expressionen öffnen.

Aus dieser funktionalen Zielsetzung des therapeutischen Kommunikationssystems der Psychoanalyse resultiert eine spezifische Gestaltung der kommunikativen Prozesse[206]. Kommunikation vollzieht sich operativ normalerweise als die Konkatenation von Information, Mitteilung und Verstehen; wobei sich das Verstehen in der Regel implizit vollzieht und nur über die folgenden Informationen retrospektiv erschlossen werden kann. In Interaktionssystemen ist die operative Konkatenation zumeist an Sprecherwechsel gebunden. Die Mitteilung einer Information durch die Person A führt, ein Verstehen implizierend, zur nächsten Information, die jetzt die Person B mitteilt usw. Im kommunikativen System des psychoanalytischen Settings kommt es demgegenüber zu augenfälligen Abweichungen: Erstens werden die Sprecherwechsel massiv reduziert und es gibt eine stark ungleichmäßige Verteilung der Gesprächsbeiträge auf die partizipierenden Personen und zweitens wird die Folge von Information, Mitteilung und Verstehen in einer spezifischen Art und Weise transformiert oder verzerrt – man könnte sagen, dass sie zeitlich gestockt wird, insofern das Moment des Verstehens über längere Passagen in der Schwebe gehalten wird – um dann konzentriert in spezifische Formen der Mitteilung, die Deutungen, einzufließen.

Die Unterschiede zur ‚Normalform' der Kommunikation in Interaktionssystemen ergeben sich aus der funktionalen Differenz der kommunikativen Aufgaben der Personen des Analytikers und des Analysanden. Wie oben dargestellt, fordert die „Grundregel" vom Analysanden, alles zu erzählen, was ihm einfällt und auch wie es ihm einfällt. Damit entsteht im psychoanalytischen Gespräch eine spezifische dialogische Situation, in der es dem Analysanden über lange Phasen des Kommunikationsprozesses zukommt, narrative Fragmente zu produzieren und seine freien Assoziationen mitzuteilen. Die Funktion dieser Form der Organisation der kommunikativen Operationen liegt darin, dass sich im psychoanalytischen Prozess ein besonderes soziales System ausdifferen-

---

206 Zu den Sonderbedingungen der psychoanalytischen Kommunikation vergleiche auch Luhmann und Fuchs (1989a: 202f).

zieren soll. Es handelt sich dabei um ein Kommunikationssystem, das zunächst primär dazu dient, das psychische System des Analysanden zu beobachten. In dem der Analysand alles aussprechen soll, was ihm einfällt, entsteht eine ganz untypische hochspezifische kommunikative Situation. Der kommunikative Prozess dient in diesen Phasen zunächst (und über weite Passagen der Analyse immer wieder) nur als Resonanzsystem für psychische Operationen. In den Operationen des sozialen Systems der Psychoanalyse wird mit hoher Priorität eine externe, das psychische System des Analysanden fokussierende Referenz der Formoperationen der Kommunikationen prozessiert. Man kann kaum genug betonen, dass über dieses spezifische systemische Arrangement des psychoanalytischen Settings eine ganz außergewöhnliche Möglichkeit der Beobachtung psychischer Prozesse entwickelt worden ist. Diese Besonderheit beschränkt sich nicht nur auf dieses Moment der spezifischen strukturellen Kopplung von kommunikativen und psychischen Prozessen, doch ist zunächst festzuhalten, dass hier ein soziales System implementiert wird, das über hunderte von Therapiestunden einen kommunikativen Raum eröffnet, in dem sich Bewusstseinsphänomene unter Bewahrung einer größtmöglichen Ähnlichkeit in das soziale System transponieren sollen. Das soziale System greift nicht ‚infrastrukturell' auf die operativen Leistungen der psychischen Systeme zurück, um sich in seinem eigenen Operieren ganz auf eine Agenda des sozialen Systems konzentrieren zu können, die mit Psychischem nichts mehr zu tun hat, sondern organisiert sich operativ als soziale Beobachtung des Psychischen, versucht in seinen Operationen, die Operativität des psychischen Systems zu imitieren, dessen Operationen nachzuzeichnen, eine Art Kartographie der Psyche in der kommunikativen Operation des sozialen Systems zu erzeugen. Das gelingt nur partiell – die Differenz der die Systeme konstituierenden Operationstypen kann nicht unterlaufen werden. Doch wird der Prozess einer sozialen Beobachtung des Psychischen in der Psychoanalyse dadurch erleichtert, dass es sich bei beiden Systemen um sinnbasierte Systeme handelt und dass beide Systeme, wenn auch in unterschiedlichen Formen, ihre Operationen zumindest partiell an und mit Sprache vollziehen.

Die Konkatenation der kommunikativen Operationen Information, Mitteilung und Verstehen wird über längere Phasen von der Person des Analysanden betrieben. Dabei kann variieren, ob das Moment des Verstehens in diesen Passagen zunächst ausgesetzt bleibt oder ob der Analysand seinen expressiven Diskurs partiell auch über das Prozessmoment eines Verstehens vorheriger eigener Äußerungen, die ihn selbst zu weiteren Informationen anregen, organisiert.

Demgegenüber verhält sich die Person des Analytikers über weite Kommunikationspassagen schweigend verstehend, ohne dass dieses Kommunikationsmoment unmittelbar in Informationen und Mitteilungsoperationen mündet.

Die Mitteilungen der Person des Analytikers beschränken sich nicht allein auf Deutungen – es gibt andere kommunikative Abläufe, an denen die Person des Analytikers partizipiert und die sich wenig von den Kommunikationen in anderen Interaktionssystemen unterscheiden. Jedoch können Deutungen als die zentralen Informationen betrachtet werden, die durch die Person des Analytikers im Kommunikationssystem der Therapie mitgeteilt werden. In ihnen bündeln sich umfängliche Prozesse eines kommunikativen Verstehens der vom Analysanden mitgeteilten Information. Unten wird gezeigt, dass auch sie konzeptuell nicht gefasst werden können, ohne auf eine spezifische Form der strukturellen Kopplung mit dem psychischen System des Analytikers zu rekurrieren. Hier interessiert zunächst, dass in der Mitteilung der Deutung ein Verstehen längerer Passagen des kommunikativen Prozesses der Psychoanalyse zum Ausdruck gebracht wird. Deutungen beziehen sich auf den kommunikativen Prozess und dabei insbesondere auf die Informationen, die der Analysand mitgeteilt hat, stellen diese aber in den besonderen Kontext, zu dem dieses therapeutische Setting eingerichtet wurde: die Beobachtung und Transformation der psychischen Erfahrung des jeweiligen Analysanden und hier insbesondere der Dimensionen seiner Erfahrung, die ihm selbst in einem dynamischen Sinne unbewusst sind. Die Deutung teilt somit nicht nur ein Verstehen des diskursiven Prozesses des kommunikativen Systems der psychoanalytischen Therapie mit, sondern stellt auch eine komplexe Beobachtung zum Verständnis psychischer Strukturen oder Muster des Analysanden und seiner Art des intersubjektiven Interagierens dar. Dies impliziert, dass in der Deutung auch die Beobachtung der Prozesse in der intersubjektiven Matrix – also primär der Übertragung und Gegenübertragung – zwischen Analytiker und Analysand kommunikativ thematisiert wird.

Deutungen zielen sowohl auf systeminterne als auch auf externe Transformation: Sie sollen dem Analysanden eine Neuorganisation seines expressiven Diskurses ermöglichen und damit intern einen Effekt auf der Ebene des Kommunikationssystems Therapie produzieren. Primär sind aber extern Auswirkungen auf die psychische Selbstbeschreibung des Analysanden und auf die psychischen Operationen einer Konkatenation seiner Erfahrung beabsichtigt.

Wenn Deutungen sich im therapeutischen Sinn als effektiv erweisen, erzeugen sie typische Wirkungen im weiteren operativen Prozess des Kommunikationssystems, die man zugleich als mit der Anregung von psychischen Operationen beim Analysanden gekoppelt konzipieren kann. Deutungen können dann entweder die Produktion weiterer Narrationen anregen – psychisch bedeutet dies, der Analysand erfährt die Beobachtung des kommunikativen Prozesses an solchen Punkten als einen Impuls, der ganz viele bestätigende oder erweiternde Assoziationen auslöst. Oder Deutungen provozieren massive Ablehnungen, sie werden im kommunikativen Prozess der Therapie bestritten, verneint, abgelehnt, in einer Form, die die Vermutung nahe legt, dass hier Widerstände wirksam sind. Wechselt man auch hierzu die Systemebene der Prozessbeobachtung, so hat nach dem prozessualen Verständnis der psychoanalytischen Methodologie das psychische System des Analysanden auf diese kommunikative Offerte mit einer Abwehr reagiert – gerade weil unbewusste Erfahrungen mit der Deutung gut beschrieben wurden, wird sie und das betreffende eigene unbewusste Erleben als bedrohlich empfunden und im bewussten Erleben negiert.

An solchen besonders relevanten prozessualen Momenten wird für eine mehrperspektivische, polysystemisch ausgerichtete Beobachtung der psychoanalytischen Methode zugleich deutlich, dass die psychoanalytische Nutzung der strukturellen Kopplung von sozialen und psychischen Systemen zur Beobachtung des psychischen Systems des Analysanden nicht nur beobachtet, welche kommunikativen Prozesse über das psychische Operieren des Analysanden im sozialen System angestoßen werden, sondern auch welche Auslassungen sich operativ erahnen lassen.

5.2.2 Das psychische System des Analytikers im psychoanalytischen Setting

Die bisherige Darstellung des kommunikativen Systems des psychoanalytischen Settings konnte nicht ganz auf Vorgriffe auf die Darstellung der Systemprozesse in den in der Therapie gekoppelten psychischen Systemen verzichten, da es ja gerade der hier vorgelegten These entspricht, dass das psychoanalytische Setting systemtheoretisch nur angemessen verstanden werden kann, wenn es als ein polysystemisches Arrangement multilateral strukturell gekoppelter sozialer und psychischer Systeme konzipiert wird. Verschiebt man nun den Beobachtungsfokus auf den Bereich des Psychischen, empfiehlt sich zunächst eine Beschreibung der operativen Prozesse, die psychisch beim Analytiker ablaufen.

Im psychischen System des Analytikers vollziehen sich Beobachtungsoperationen, für die sich vier differente Foki bestimmen lassen. Zunächst wird kontinuierlich der kommunikative Prozess im sozialen System der psychoanalytischen Therapie beobachtet. Diese Beobachtung vollzieht sich als eine psychische Hermeneutik. Der Analytiker versucht, den sich in der Kommunikation entwickelnden Sinn in seinen psychischen Operationen parallel zu prozessieren. Dabei handelt es sich nicht um eine einfache Abbildung oder analoge Operation, sondern immer um psychische Operativität^{207}, in der die Sinnfragmente, deren Prozessierung im Kommunikativen beobachtet wird, permanent mit systemeigener Erfahrung verknüpft werden. Der Analytiker konstruiert in seinen psychi-

---

207 Vgl. Kap. 6.1.

schen Operationen eine eigene, sinnrelationale Konkatenation psychischer Symbolisierungen, die auf die sinnbasierte Kommunikation des sozialen Systems bezogen ist und eine gewisse Ähnlichkeit zu dieser bewahrt, immer aber auch ein Mehr an psychischem Erleben in den Operationen der Psyche einwebt.

Der zweite Fokus der psychischen Beobachtungen des Analytikers lässt sich in den Übertragungs-/ Gegenübertragungsprozessen, allgemeiner formuliert, in den Prozessen der intersubjektiven Matrix bestimmen. Basis für diese Art von Beobachtungen ist die Kopplung von psychischen Operationen und Prozessen in der intersubjektiven Matrix, die unter Rückgriff auf das oben dargestellte Modell von Stern konzipiert werden kann[208].

Die Selbstbeobachtung des psychischen Systems des Analytikers kann als der dritte Beobachtungsfokus beschrieben werden. Sicherlich sind auch die Beobachtungen, die sich auf die anderen hier beschriebenen Foki richten, Operationen des psychischen Systems und als solche einer nachträglichen reflexiven Beobachtung zugänglich. Hier ist mit dem dritten Beobachtungsfokus der Selbstbeobachtung jedoch etwas anderes gemeint: die unmittelbare operative Beobachtung der psychischen Prozesse im Analytiker. Es handelt sich dabei um die oben bereits erwähnte spezifische mentale Haltung, die in der Psychoanalyse als freischwebende Aufmerksamkeit beschrieben wird. Der Analytiker überlässt sich den Konkatenationen der psychischen Operationen ohne in diesem Prozess eine bestimmte Zielrichtung intentional anzusteuern. Er beobachtet vielmehr welche Assoziationen, Phantasien, Gefühle, Theoriefragmente oder sonstigen kognitiven Konstrukte in diesem Prozess der operativen Konkatenation auftauchen. Dabei kann in der psychischen Selbstbeobachtung des Analytikers davon ausgegangen werden, dass potenziell alle diese operativen Inhalte des eigenen psychischen Prozesses durch die Beobachtung der Kommunikation im therapeutischen System oder durch die Matrixphänomene induziert sind, die im psychoanalytischen Setting prozessiert werden. Besonders prominent sind hier sicherlich die Prozesse der Gegenübertragung des Analytikers, deren Derivate als bewusste Operationen in seinem psychischen System beobachtet werden können. Solche psychischen Prozesse sind von besonders großer Relevanz in Hinblick auf die Entfaltung therapeutischer Wirksamkeit, sowohl in der Dimension einer Aufhebung von Wahrnehmungs- und Verstehensblockaden als auch in der Dimension einer psychischen Mimesis an die Konflikte des Analysanden, so wie dies etwa für Bions Konzept des Containments grundlegend ist. Aber auch Prozesse wie das Assoziieren psychoanalytischer Theoreme[209] lassen sich als

---

208 Vgl. Kap. 5.1.4.
209 Kristeva (1994: 24) greift in diesem Sinne die von Reik in den psychoanalytischen Kontext eingeführte Nietzsche-Metapher vom ‚Hören mit dem dritten Ohr' auf. War damit von Reik ursprünglich die empathische, auf unbewusste Prozesse orientierte Qualität des psychoanalytischen

durch Matrixphänomene oder den kommunikativen Prozess der Therapie induziert begreifen. Im psychischen System des Analytikers findet also eine Selbstbeobachtung statt, in der das Auftauchen von Ideen, Einfällen und emotionalen Reaktionen und das Bewusstwerden von unbewussten Inhalten mit den psychischen Beobachtungen anderer Fokussierung vernetzt und in Relation zum gesamten psychoanalytischen Prozess gestellt wird.

Als einen vierten Fokus der Beobachtungen im psychischen System des Analytikers lässt sich das psychische System des Analysanden betrachten. Das gesamte psychoanalytische Setting dient ja in einer seiner zentralen Dimensionen zur Beobachtung dieses psychischen Systems des Analysanden. Eine solche Beobachtung ist für den Analytiker allerdings nur indirekt möglich; er kann nicht unmittelbar die psychischen Operationen im fremden psychischen System beobachten, sondern dies immer nur vermittels seiner Beobachtung der Kommunikation und der Prozesse in der intersubjektiven Matrix. Dennoch bilden seine Hypothesen und seine zusammenfassenden Konstruktionen über die psychischen Erfahrungsmuster des Analysanden das zentrale Organisationsprinzip seiner Reflexion dieser divergenten Beobachtungsprozesse. Der Analytiker benutzt diesen Beobachtungsfokus insbesondere auch zur Vorbereitung der Artikulation seiner Deutungen und sonstigen Interventionen, die dann im Sinne des Interpenetrationsbegriffes als vorstrukturierte Eigenkomplexität der operativen Autopoiesis des sozialen Systems des psychoanalytischen Settings zur Verfügung gestellt werden können.

5.2.3 Das psychische System des Analysanden im psychoanalytischen Setting

Auch in Hinblick auf das psychische System des Analysanden lassen sich verschiedene Foki der Beobachtungsoperationen beschreiben. Die größte Bedeutung kommt hier der Selbstbeobachtung des psychischen Systems des Analysanden zu. Unter diesem Beobachtungsfokus achtet der Analysand auf das mehr oder weniger assoziative Auftauchen von Gedanken, Gefühlen, Phantasien. Da diese operativen Prozesse im psychischen System im Kontext des kommunika-

---

Zuhörens gemeint, so weitet Kristeva dieses Konzept aus und legt nahe, dass auch die spezifischen psychoanalytischen Theoriefiguren, die dem Analytiker während der psychoanalytischen Sitzung einfallen, als durch die Begegnung mit dem Analysanden und seine Konflikte evozierte betrachtet werden können. Die Nutzung solcher theoretischer Betrachtungsweisen wäre demnach nicht im Sinne einer Applikation eines abstrakten Erklärungswissens zu verstehen, sondern als ein spontaner assoziativer Vorgang, der darauf basiert, dass der Analytiker die theoretischen Register der Beobachtung psychischer / diskursiver Konfigurationen stark mit seinen allgemeinen lebenspraktischen Vorannahmen über psychische Prozesse, Interaktionen und Alltagserleben (vgl. Lorenzer 1976) vernetzt hat.

tiven Systems der Therapie und bezogen auf dieses ablaufen, ist auch die operative Dimension des psychischen Systems des Analysanden besonders wichtig, in der es um die Konstruktion von artikulierbarem Sinn, um den Entwurf der expressiven Artikulation von Gedanken und Empfindungen geht – oder in einer gegenläufigen Paraphrasierung Kleists: um die allmähliche Verfertigung des Sprechens beim Denken.

Ähnlich, wie das für das psychische System des Analytikers beschrieben wurde, wenn auch mit einer anderen Gewichtung und einer anderen funktionalen Zielperspektive, bilden auch für das psychische System des Analysanden die Beobachtung der Prozesse in der intersubjektiven Matrix und die Beobachtung des Kommunikationsprozesses im sozialen System der Therapie weitere Foki. Zielt die Beobachtung von Matrixphänomenen vor allem auf den Erwerb einer Reflexionsfähigkeit des psychischen Systems, die seine spezifischen Formen der Bezogenheit auf diese Dimension eines intersubjektiven Interagierens erkunden soll, so öffnet sich das psychische System in der Beobachtung der therapeutischen Kommunikation insbesondere der Rezeption von Transformationsanstößen. Diese ergeben sich in konzentrierter Form im Kommunikationssystem über die kommunikative Bearbeitung von Deutungen und Konstruktionen, die die Person des Analytikers in den therapeutischen Dialog einbringt. Basaler und kontinuierlich findet auch eine Art von Sinnmonitoring statt, über die das psychische System beobachten kann, was aus expressiv artikulierten Sinnfragmenten in der Kommunikation geworden ist. Haben sich psychische Selbstbeschreibungen so in kommunikativ prozessierten Sinn transponieren lassen, dass die sich in der Kommunikation entfaltenden Beschreibungen noch eine gewisse Ähnlichkeit zu den psychischen Selbstbeschreibungen bewahren konnten, oder haben sich daraus in der Autopoiesis des sozialen Systems Beobachtungsfortschreibungen ergeben, die der psychischen Selbstbeobachtung gänzlich heteronom erscheinen.

Für das psychische System des Analysanden lässt sich ebenfalls ein vierter Beobachtungsfokus in der Psyche des Partners der therapeutischen Dyade finden. Galt schon für das psychische System des Analytikers, dass die Fremdbeobachtung der anderen Psyche nur indirekt möglich ist, so muss dieser Aspekt für die Beobachtungsposition des die Analytikerpsyche beobachtenden psychischen Systems des Analysanden einerseits bestätigt, andererseits aber noch weitergehend problematisiert werden. Das spezifische Setting der Psychoanalyse, und zwar insbesondere die personale Aufteilung diskursiver Rollen im therapeutischen Kommunikationssystem, reduziert massiv die Möglichkeiten auch nur einer indirekten Beobachtung des psychischen Systems des Analytikers durch den Analysanden[210]. Bei der Beobachtung des psychischen Systems des Analytikers durch die Beobachtungen des psychischen Systems des Analysanden handelt es sich primär um das operative Prozessieren einer imaginären Beobachtung. Es sind vielmehr die eigenen Phantasien, Objektrepräsentanzen und psychischen Beziehungsmuster, die in der Beobachtung des Analytikers durch das psychische System des Analysanden prozessiert werden, als eine konkrete Beobachtung der Psyche des Analytikers. Dennoch ist diese Form psychischer Operativität des Analysanden prozessual von großer Bedeutung: Über diese Form der imaginären Beobachtung entfaltet sich die Übertragung(-sneurose). Das szenische Interagieren in der intersubjektiven Matrix und die expressive Artikulation von Beziehungsphantasien und -wünschen im Kommunikationssystem der Therapie basieren auf der strukturellen Kopplung mit dieser Schicht der psychischen Prozesse des Analysanden. Weitere wichtige Dimensionen der operativen Prozesse im psychischen System des Analysanden finden sich in der Verarbeitung von Beobachtungen der therapeutischen Interventionen, die sich operativ im Kommunikationssystem der Therapie vollziehen, und in den impliziten Transformationen des psychischen Systems des Analysanden, die aufgrund von Prozessen einer impliziten Beziehungsregulation in der intersubjektiven Matrix angestoßen werden.

5.2.4 Das Matrixsystem im psychoanalytischen Setting

Sind in der bisherigen Rekonstruktion des psychoanalytischen Settings drei Systeme, das soziale System der therapeutischen Kommunikation und die strukturell gekoppelten psychischen Systeme des Analysanden und des Analytikers beschrieben worden, so fehlt noch die systemtheoretische Reflexion jener prozessualen Dimension, deren methodologische Nutzung, vor allem anderen, die Besonderheit der Psychoanalyse konstituiert. Diese Dimension wurde bisher als Übertragung/Gegenübertragung, als in Interaktionsformen basiertes lebenspraktisch unmittelbares Zusammenspiel oder als die sich in einer intersubjektiven Matrix vollziehenden Prozesse thematisiert. Hier soll vorgeschlagen werden diese Prozesse als Operationen eines besonderen Systemtyps zu beschreiben. Es handelt sich bei diesem Systemtyp um ein allgemein anzutreffendes Phänomen; da diese Art von Prozessen aber in der Psychoanalyse am intensivsten diskutiert worden sind, soll diese Art von Systemen im Anschluss insbesondere

---

210 Wie oben dargestellt, sehen hier insbesondere die Analytiker Chancen, die sich selbst dem Paradigma der relationalen Psychoanalyse zurechnen, und die wegen der Unvermeidbarkeit von Enactments Selbsteröffnungen des Analytikers als ein wichtiges und adäquates kommunikatives Instrument in der Psychoanalyse betrachten.

an die gruppendynamischen Arbeiten von Foulkes (1992) und das oben vorgestellte Modell der intersubjektiven Matrix von Stern (2005) als Matrixsystem bezeichnet werden[211].

Beim Matrixsystem handelt es sich um eine archaische Variante eines sozialen Systems, genauer eines Interaktionssystems. In Hinblick auf die operative Konstitution dieses Matrixsystems lassen sich als Operationsmodus schon die basalen Prozesselemente der Kommunikation – Information, Mitteilung und Verstehen – erkennen. Da die kommunikativen Operationen in diesem Systemtyp aber die Möglichkeiten der sozialen Autopoiesis zur Ausdifferenzierung komplexer selbstorganisierter Systemstrukturen, die dann nur noch qua struktureller Kopplung mit psychischen Operationen vernetzt sind, nur rudimentär ausnutzen, sondern im Prozessieren ihrer Operationen ganz dicht und unvermittelt auf operative Prozesse in psychischen Systemen bezogen bleiben, wäre eher von einer Proto-Kommunikation und einem proto-kommunikativen System zu sprechen.

Die Funktion der Systemoperationen in diesem proto-kommunikativen Matrixsystem lässt sich nur über den Bezug auf die jeweils strukturell gekoppelten psychischen Systeme beschreiben: Sie findet sich in einer Relationierung, Abstimmung und Synchronisation der operativen Prozesse in zwei oder mehr situativ aufeinander bezogenen psychischen Systemen. Dabei geht es vor allem um sich wechselseitig modulierende affektive und emotionale Resonanzen, die auf der Basis der psychogenetischen Erfahrungsschichten der psychischen Systeme möglich werden, die aus der frühen präsprachlichen Entwicklung stammen[212]. Solche Prozesse sind auch jenseits der Psychoanalyse etwa als Empathie, *emotional contagion* oder auch als massenpsychologische Phänomene (Le Bon 1950, Ciompi 1997: 237ff) bekannt.

Psychische Systeme beobachten neben den internen Systemprozessen und der Kommunikation in den sozialen Systemen insbesondere auch die proto-kommunikativen Prozesse in Matrixsystemen. Unabhängig davon, aus welchem dieser Beobachtungsfoki die entsprechenden Induktionen kommen, wechseln in der operativen Konkatenation des psychischen Systems verschiedene mentale Zustände oder Organisationsformen der Prozessierung psychischer Operationen. Man kann solche mentalen Zustände mit Lorenzer als die Aktivierung bestimm-

---

211 Es besteht zugleich ein enger Bezug zu Konzepten, die die innere Bezogenheit der Ausdifferenzierung der Psyche auf die Rezeptivität gegenüber solchen intersubjektiven Prozessen mit dem Begriff der Matrix konzeptionalisieren; vergleiche insbesondere Ogden (1986), vergleiche auch Deneke (2001: 166f).
212 Zur Vernetzung mit dem bisherigen Text: Es handelt sich um Prozesse auf der Ebene des unmittelbaren lebenspraktischen Zusammenspiels, so wie es von Lorenzer beschrieben wurde, oder eines impliziten Beziehungswissens und einer interpersonalen Beziehungsregulation nach Beebe und Lachmann oder eben in der intersubjektiven Matrix Sterns; vergleiche Kap. 5.1.

ter Interaktionsformen konzeptionieren oder auch auf andere theoretische Modelle aus dem psychoanalytischen Kontext zurückgreifen, um dies zu verdeutlichen. So findet sich dieses für das psychische System basale Phänomen sehr gut in dem von Ogden (1986) vorgelegten Model einer *matrix of the mind* beschrieben. Ogden integriert die von Klein beschriebenen psychischen Modalitäten der autistischen, der manisch-schizoiden und der depressiven Phase mit der philosophischen Konzeptionierung geistiger Prozesse als Erstheit, Zweiheit und Drittheit bei Peirce und kommt zu einer Beschreibung allgemeiner, zunächst nicht pathologischer mentaler Zustände, die von einer Normalität des Wechselns zwischen drei basalen Operationsweisen der Psyche ausgeht, die er in Anlehnung an Klein als autistische, als manisch-schizoide und als depressive Position bezeichnet. Alle drei mentalen Prozessweisen aktualisieren differente Modi der Konkatenation psychischer Operationen, die aus unterschiedlichen psychogenetischen Phasen stammen, unterschiedliche Register der Erfahrung nutzen und verschiedene Formen der Beobachtung der Welt mit je typischen Potenzialen und Restriktionen ermöglichen. Dabei ist gerade bei Ogden (1986: 179ff) eine sehr starke psychogenetische Bezogenheit solcher psychischer Prozesse auf eine intersubjektive Matrix berücksichtigt[213]. Ebenso hilfreich ist in diesem Kontext ein Rekurs auf die von Lichtenberg, Lachmann und Fosshage (2000) beschriebenen motivationalen Systeme, die sich ebenfalls dahingehend verstehen lassen, dass mit der Aktivierung eines spezifischen motivationalen Systems, beispielsweise des exploratorisch-assertiven Systems, zugleich eine besondere Modalität der Organisation des psychischen Prozesses, ein spezifischer Typus der Ausformung der psychischen Operationen aktiviert wird.

Im protokommunikativen Matrixsystem geht es darum, Informationen über solche Prozesszustände psychischer Systeme mit der Funktion einer wechselseitigen Abstimmung, Ansteckung und Synchronisation von psychischen Systemen zu prozessieren. Dabei kann das Matrixsystem trotz seiner mimetischen Kopplung an die Operationen der psychischen Systeme selbst als operational geschlossen konzipiert werden. Information, Mitteilung und Verstehen beziehen sich auf die Beobachtung der operationalen Prozesse in den psychischen Systemen – es kommt hier allerdings nicht zu umfangreichen und detaillierten Beschreibungen dieser psychischen Zustände, wie dies nur in einem sprachbasierten sozialen System denkbar wäre, sondern nur zu basalen protokommunikativen Operationen. Die Informationen über die beobachteten psychischen Prozesszustände lehnen sich in der Mitteilung sensomotorisch an körperliche Ausdrucksbewegungen, nicht-standardisierte Gesten, Mimik und paralinguistische Prozesse wie Rhythmik, stimmliche Klangfarbe, Prosodie und ähnliches an. In

---

213 Vgl. Kap. 6.3.3.

solchen archaischen, protokommunikativen Matrixsystemen zirkulieren Informationen über affektiv-emotionale Zustände. Dabei sind diese Matrixsysteme als kurzlebige Phänomene zu betrachten, die in ihren Operationen durch Prozesszustände psychischer Systeme angestoßen werden und normalerweise nur für kurze Zeiträume ihrer aufflackernden Autopoiesis folgen.[214] Sie entwickeln sich (in der Regel) nicht längerfristig und bilden keine ‚Systemgeschichte', in der sie in einem Prozess der Selbstorganisation die eigenen Systemzustände operativ ausdifferenzieren und transformieren würden. Stattdessen parasitieren sie psychischen und sekundär auch sozialen Prozesszuständen. In den kurzen Phasen ihrer Autopoiesis können sie sich allerdings für begrenzte Dauer über die Konkatenation ihrer protokommunikativen Operationen stabilisieren und Effekte in den mit ihnen gekoppelten psychischen und sozialen Systemen anstoßen. Genau daraus resultieren die Wirkungszusammenhänge, die sich in theoretischer Perspektive als Funktion der Synchronisation und wechselseitigen Beeinflussung der operativen Prozesse in mehreren psychischen Systemen beobachten lassen.

Die operativen Prozesse im Matrixsystem können sehr gut mit dem oben beschriebenen Modell einer intersubjektiven Matrix von Stern erklärt werden[215]. In den von Stern (2005) beschriebenen Gegenwartsmomenten kommt es im operativen Aufbau psychischer Bewustheit schon subliminal zu einer reflexiven Wahrnehmung von intersubjektiven Prozessen. Die Entfaltung psychischen Bewusstseins und der intersubjektiven Matrix unterstützen und modulieren sich gegenseitig. Stern (2005: 88ff) betrachtet es als wesentliches Moment einer intersubjektiven Matrix, dass zwischen zwei interagierenden Psychen schon im Moment der operativen Konstitution einer bewussten Wahrnehmung einer anderen Person eine subliminale Wahrnehmung und psychische Bearbeitung abläuft. Diese Prozesse verlaufen rekursiv, beide Personen nehmen das eigene und des anderen Wahrnehmen schon vor dem Erreichen eines bewussten psychischen Zustandes wahr. Die Annahme einer Rekursivität der Wahrnehmungen impliziert zugleich einen nicht bewusst gesteuerten expressiven Ausdruck psychischer Prozesszustände.

Auf das theoretische Konzept eines Matrixsystems übertragen, ergibt sich die Modellvorstellung, dass ein Matrixsystem dadurch emaniert, dass zwei oder mehr psychische Systeme ihre Prozesszustände schon expressiv zum Ausdruck bringen und einer wechselseitigen Beobachtung zugänglich machen, bevor sich

---

214 Matrixsysteme können sich zwar auch über längere Zeiträume stabilisieren – aber dazu scheint eine stabilere Kopplung mit Kommunikationssystemen erforderlich zu sein, wie sie sich beispielsweise bei ‚pathologischen' Familiensystemen oder an sozialpsychologisch relevanten Phänomenen wie der Ästhetik und Propaganda im Nationalsozialismus untersuchen ließe.
215 Vgl. Kap. 5.1.4.

in der Entfaltung eines Gegenwartsmomentes Bewusstsein entwickelt. Das Matrixsystem ist der protokommunikative Prozess, in dem die Informationen über solche psychischen Zustände zirkulieren und an den sich die psychischen Systeme im operativen Prozessieren ihrer situativen Erfahrung koppeln. Entwickelt sich in den psychischen Systemen über die Entfaltung eines Gegenwartsmomentes Bewusstsein, so kann sich das gekoppelte Matrixphänomen für begrenzte Zeiträume stabilisieren und rekursiv auf eine Konkatenation psychisch erlebter Gegenwartsmomente ähnlicher affektiv-emotionaler Grundstimmung zurückwirken. Sterns Modell macht aber sehr gut deutlich, dass schon die basale Entfaltung psychischer Operationszusammenhänge, die zu einem momentanen psychischen Erleben führt, auf der strukturellen Kopplung mit Operationen im Matrixsystem basiert. Die gekoppelten Prozesse in den differenten Systemen vollziehen sich in operativer Ko-Konstruktion.

Die theoretische Konstruktion eines solchen Matrixsystems ermöglicht es, eine ganze Reihe von für die psychoanalytische Theoriebildung fundamentalen Annahmen in einen systemtheoretischen Rahmen zu integrieren. So lassen sich in psychogenetischer Perspektive die strukturbildenden Interaktionsprozesse in der Mutter-Kind-Dyade, die sich in psychischen Systemen nach Lorenzer als Interaktionsformen ‚niederschlagen', in ihrer zentralen Dimension als Matrixprozesse konzeptionalisieren, die dann operative, strukturbildende Prozesse im strukturell gekoppelten psychischen System des Kindes als die Erfahrung eben dieser Kopplung induzieren. Auch Lorenzers lebenspraktisch-unmittelbares Zusammenspiel zwischen Analytiker und Analysand, das sich grundlegend von den sprachbasierten hermeneutischen Prozessen im psychoanalytischen Setting unterscheidet, und die Prozesse, in denen sich die (in der psychoanalytischen Prozessreflexion durchaus unterschiedlich konzeptionalisierte) Relation von Übertragung und Gegenübertragung herstellt, können als operative Prozesse im Matrixsystem konzipiert werden. Das gleiche gilt für die Prozesse, die als implizite Regulierung der intersubjektiven Beziehung sowohl in der Säuglingsforschung als auch in der Psychoanalyse diskutiert werden.

Man kann diese Matrix-Systeme vermutlich auch als System-Matrix verstehen. In psychogenetischer Perspektive kann die operative Schließung des psychischen Systems als Ausdifferenzierung aus einem (intersubjektiven) Matrixsystem konzipiert werden. Und in phylogenetischer Perspektive erscheint es ebenfalls nicht unplausibel, die Evolution von operational geschlossenen sozialen Systemen als eine mit der Entstehung von Sprache *ko-fundierte* Ausdifferenzierung aus den proto-kommunikativen Prozessen einer interpsychischen Abstimmung zu begreifen, wie sie funktional über Matrixsysteme erreicht wird.

Zurückbezogen auf die systemtheoretische Rekonstruktion des psychoanalytischen Settings wird die besondere Bedeutung der Prozesse im Matrixsystem für die wechselseitigen strukturellen Kopplungen der verschiedenen involvierten Systeme deutlich. In der obigen Darstellung der operativen Prozesse im sozialen System der psychoanalytischen Therapie und in den psychischen Systemen des Analytikers und des Analysanden wurde wiederholt auf die Relevanz der Prozesse hingewiesen, die sich in einer intersubjektiven Matrix abspielen. Diese Prozesse können jetzt als operative Prozesse in Matrixsystemen konzeptualisiert werden. Der psychische Prozess der szenischen Inszenierungen des Analysanden, induziert operative Prozesse im Matrixsystem der psychoanalytischen Therapie. Der Analytiker beobachtet mit sehr großer Priorität diejenigen psychischen Prozesse, die in ihm durch operative Abläufe im Matrixsystem evoziert werden. Und auch Deutungen als besonders wichtige diskursive Fragmente der operationalen Prozesse im Kommunikationssystem der psychoanalytischen Therapie können Beobachtungen der Prozesse im Matrixsystem thematisieren.

Das Matrixsystem trägt die Entfaltung komplexerer prozessualer Figurationen, in denen sich die Operationen der verschiedenen Systeme in besonderen, iterativen oder perennierenden Mustern koppeln, bis sie über die durch das soziale System gesteuerten Prozesse des Erinnerns, Wiederholens und Durcharbeitens (Freud 1989j) zu auch für andere Systemkontexte effektiven Transformationen der Erfahrungsmuster des Analysanden führen.

Rekonstruiert man die psychoanalytischen Selbstbeschreibungen zum Setting und zur spezifischen Methode der Psychoanalyse aus einer systemtheoretischen Perspektive, so erscheint das, was im psychoanalytischen Diskurs als ein Interaktionskontinuum aufgefasst wird, an dem zwei Personen beteiligt sind, die sich bewusst und unbewusst verständigen, als ein Arrangement differenter psychischer und sozialer Systeme, die ihrer je eigenen Autopoiesis in operativer Geschlossenheit folgen und dennoch in verschiedenen Formen aufeinander bezogen und miteinander gekoppelt sind. Die luhmannsche Systemtheorie legt es nahe, bei der Beschreibung einer solchen intersystemischen Vernetzung die Darstellung eines sozialen Systems der therapeutischen Psychoanalyse in den Mittelpunkt zu stellen. Eine Besonderheit, die dieses soziale System von den meisten anderen Interaktions-, Organisations- und insbesondere von den gesellschaftlichen Funktionssystemen[216] unterscheidet, findet sich darin, dass sich die kommunikativen Prozesse in ihrer operativ geschlossenen Konkatenation primär auf die Beobachtung psychischer Effekte und der strukturellen Kopplung mit psychischen und Matrixsystemen fokussieren. Die Autopoiesis führt hier nicht zur Ausdifferenzierung eines sozialen Systems, das sich in seinen kommunikativen Prozessen von der Thematisierung und Beobachtung der strukturellen

---

216 Dass das Erziehungssystem hier anders einzuschätzen ist, wird in Kapitel 7 diskutiert. Und auch das gesellschaftliche Funktionssystem Kunst wäre in dieser Hinsicht differenzierter zu betrachten.

Kopplung mit psychischen Systemen lösen und ganz auf die Kontinuierung der Kommunikation konzentrieren kann, sondern zu einem System, das seine Kommunikation gerade auf die Beobachtung psychischer Systeme und der spezifischen Ausprägungen und Effekte der strukturellen Kopplung mit psychischen Systemen spezialisiert. Es bleibt ein autopoietisches soziales System, das sich operativ immer nur in selbstreferenzieller Form als Kommunikation realisiert – aber es realisiert die Operationen zu weiten und essentiellen Teilen mit einer Fokussierung der fremdreferentiellen Dimension der Kommunikationsoperationen auf die Beobachtung der psychischen Umgebungssysteme und auf die strukturelle Kopplung mit diesen. Die strukturelle Kopplung dient hier systemintern nicht dazu, die operative Relationierung zu psychischen Systemen unsichtbar zu machen und zu vergessen, sondern gerade im Gegenteil dazu, sie in der sozialen Kommunikation thematisieren und beobachten zu können. Es handelt sich somit beim sozialen System der psychoanalytischen Therapie um einen sehr spezifischen Systemtyp, der allerdings in dieser Form der systeminternen Bezogenheit auf die psychische Umwelt paradigmatisch steht für eine Reihe von weiteren, einen entsprechenden systeminternen Bezug auf psychische Systeme in etwas anderer Form realisierenden Systemen. Zu denken ist hier an das kommunikative System des Diskurses der Liebe, Erziehung, Lehr-Lernsysteme, Kunst (insbesondere Literatur) u. ä. Man könnte das therapeutische System der Psychoanalyse als ein Paradigma für solche Systeme herausstellen, in denen es in dem Sinne zu einem Reentry der strukturellen Kopplung mit psychischen Systemen in die operative Konkatenation des sozialen Systems kommt, dass sich die Operationen des sozialen Systems in zentralen Dimensionen an der Beobachtung der Effekte der Interpenetration ausrichten.

Aus einer methodologischen Perspektive ist als Fazit dieser Zwischenreflexion zunächst aber zu betonen, dass mit dem therapeutischen Setting der Psychoanalyse ein besonderes Arrangement der Kopplung mehrerer differenter Systeme erfunden wurde, das ganz außergewöhnliche Möglichkeiten der Beobachtung psychischer Systeme produziert. Dieses Setting eignet sich insbesondere dazu, psychische Operationen, die sich unbewusst und nicht sprachbasiert vollziehen, mit solchen psychischen Operationen in Zusammenhang zu bringen, die bewusst ablaufen und in ihren Formbildungen ein sprachliches Medium nutzen. Es erschiene sehr problematisch, in einer systemtheoretischen Beschreibung psychischer Systeme auf die theoretischen Potenziale zu verzichten, die sich aus einer solchen komplexen und ausgefeilten Form der Beobachtung psychischer Systeme ergeben.

6 Psyche als Erfahrungssystem

Im Zusammenhang der Darstellung von Konstruktionserfordernissen für eine systemtheoretische Beschreibung der Psyche ist postuliert worden, dass der basale Operationsmodus der Psyche als *Erfahrung* begriffen werden kann. *Erfahrung* wurde in einer ersten Annäherung als die kontinuierliche Konkatenation eines Prozesses psychischer Symboloperationen beschrieben[217]. Dies ist differenzierter zu entfalten.

6.1 Formtheoretische Konzeption psychischer Erfahrung

Auch die Operationen, über die sich das psychische System konstituiert, können als das Prozessieren von Formen im Sinne der Theorie Spencer Browns konzipiert werden. Die Konstitution des psychischen Systems über die operative Realisierung der Konkatenation psychischer Formen folgt dem spencerbrownschen Imperativ: „Draw a distinction!" In den Prozess des Lebens und die Dichte der Welt wird eine Differenz gesetzt. Die psychische Form bezeichnet das Erleben einer Situation oder eines Momentes. Sie unterscheidet ein solches psychisches ‚dies' von anderem und fragmentiert dadurch das, was man als die Integralität einer unbeobachteten Welt beschreiben kann. Dabei ist zu betonen, dass die theoretische Konstruktion hier in einem Bereich höchster Abstraktion einsetzt. Es handelt sich bei solchen Formoperationen zunächst nicht um das Prozessieren von Zeichen in einem klassisch linguistischen Sinne, sondern um Operationen mit einer Form im Sinne Spencer Browns. Diese theoretische Konzeption enthält zwei Implikationen. In der Form erzeugt sich mit der Bezeichnung die Differenz zu einem *unmarked state*. Die Verwobenheit in einem unterscheidungsfreien, bedeutungslosen Zusammenhang einer unbeobachteten Welt wird transformiert in die Möglichkeit, bzw. die Notwendigkeit, differenzbasierter Beobachtungen. Und: In der Form-Operation grenzt sich das unterschiedene psychische Erlebensfragment damit zugleich von anderem Erleben ab. In dieser Operation wird nicht ein einem allgemeinen Zeichensystem zugehöriger heterogener Signifikant prozessiert, sondern das Erlebensfragment bezeichnet sich

---

217 Vgl. Kap. 4.

selbst. In der Formbildung erzeugt die psychische Operation zugleich die Einheit dieses Erlebens und die Abgrenzung von anderem Erleben – die psychische Form ist nichts als dieses konkrete, aktuelle, situative Erleben, das sich in der Form selbst in Differenz zum anderen bezeichnet. Und sie ist in einer Art negativer Einprägung zugleich doch auch mehr, da sie in ihrer Bezeichnungsoperation immer auch die über die Differenzierung vermittelte Relation zu anderen, bezeichenbaren Fragmenten des Erlebens co-produziert. Die Differenzierung konstituiert das Potenzial einer Rekonstruktion und Entfaltung der Relationen zwischen dem Bezeichneten und dem Differenzierten.

Die einzelne psychische Formoperation kann sich selbst nur in Differenz zu einem *unmarked state* setzen, indem sie sich in derselben Operation zugleich in Differenz zu anderem psychischen Erleben setzt. Aus einem holistischen Proto-Erleben wird eine bestimmte Form, ein spezifisches Erlebensfragment ausdifferenziert, indem dieses Erleben von anderem Erleben unterschieden wird. Das Erleben bezeichnet sich in der psychischen Formbildung selbst, als eine Operation, die diese Selbstbezeichnung mit der Differenz von anderem Erleben verflicht. Die (Selbst-)Bezeichnung vollzieht sich in der psychischen Formoperation als Differenzierung, und die Differenzierung vernetzt das Bezeichnete mit dem Unbezeichneten, insofern hier das Potenzial einer näheren Bestimmung der Relation des Bezeichneten zum Unterschiedenen angelegt ist. Wie oben[218] ausgeführt, erforderte eine solche Analyse weitere Formoperationen, mit denen auf die andere Seite der Form gekreuzt und diese nachträglich im Modus einer Beobachtung zweiter Ordnung exploriert werden könnte. Aber auch, wenn eine solche rekursive Formanalyse sich normalerweise nicht als konkrete Operation realisiert, schwingen die impliziten Relationen zu den differenten Formen des Erlebens in der Bezeichnung immer mit; sie sind in die operative Konstitution der Form eingelassen und tragen in diesem Sinne die Möglichkeiten der Bezeichnung.

Diese impliziten Relationen der Differenz lassen sich näher beschreiben. Das sich in der psychischen Formoperation bezeichnende Erlebensfragment unterscheidet sich von einigen anderen Erlebensfragmenten einzig durch die Aktualität. In diesen Fällen erzeugt sich die Differenz nur in der zeitlichen Dimension – das jetzige Erleben gleicht dem Erleben in vergangenen Momenten. Die Differenz transportiert in diesen Fällen eine Ähnlichkeits- bzw. Gleichartigkeitsrelation. Die Selbstbezeichnung des Erlebens in der psychischen Form unterscheidet sich zugleich von einer Vielzahl anderer Erlebensfragmente nicht nur in der zeitlichen Dimension, sondern vor allem in einer nicht zeitgebundenen Verschiedenheit. Hier transportiert die Differenz die Relation der Andersar-

---

218 Vgl. Kap. 2.2.

tigkeit. Die in die Formoperationen eingelassene Relationierung der aktuellen Bezeichnung zu anderen Erlebensfragmenten als gleich- oder andersartig ermöglicht, in der Konkatenation der psychischen Form-Operationen, den Aufbau einer Vernetzung der einzelnen Erlebensfragmente, die wiederum zurückwirkt auf die Möglichkeiten der psychischen Formoperationen. Die einzelne psychische Formoperation vollzieht sich immer vor dem Hintergrund dieses Archivs sedimentierten Erlebens, das als ein psychisch-individueller systematischer Zusammenhang in Analogie zu den von Saussure beschriebenen linguistischen Zeichensystemen aufgefasst werden kann. Für die psychischen Prozesse bedeutet dies, dass die Formoperation, in der sich das Erleben bezeichnet, immer über den Gesamtzusammenhang der individuellen psychischen Formen vermittelt ist. Die Bezeichnung in der psychischen Form entfaltet ihre Bedeutung über die implizite Relation zu den differenten Formen des Erlebens, die sich nur aus dem Gesamtzusammenhang individuell sedimentierten Erlebens ergibt.

Auch in zeitlicher Hinsicht ist die psychische Form-Operation mehrdimensional, oder in Anlehnung an die allgemeinen theoretischen Ausführungen zum theoretischen Konzept der Form formuliert, paradoxal konfiguriert. Die psychische Form kann ihre Aktualität in der konkreten Operation nur generieren, insofern sie das Jetzt der Bezeichnung an die Anderszeitigkeit der Differenz bindet. Das hat zwei Dimensionen.

Die anderen Formen des Erlebens, die in früheren Operationen bezeichnet wurden oder zukünftig potenziell bezeichenbar sind, werden in der konkreten psychischen Form-Operation in der Differenzierung, die die aktuelle Bezeichnung trägt, transportiert. Nur in der impliziten Relationierung zu diesen anderen Bezeichnungen, die in anderen Form-Operationen zu anderen Zeitpunkten operativ realisiert wurden oder werden könnten, kann die konkrete aktuelle Bezeichnung ihre Bedeutung entfalten. Die Aktualität der Bezeichnung konstituiert sich über die Nichtaktualität des Differenten in der operativen Konstitution der Form. Schon in dieser Dimension zeigt sich die (komplexe) Zeitlichkeit der psychischen Form.

Die zweite Dimension, in der sich die Zeitlichkeit der psychischen Form als komplex (nichtlinear, nichtchronologisch) erweist, lässt sich über einen Rückgriff auf die allgemeine Erörterung des theoretischen Konzeptes der Form darstellen. Im zweiten Kapitel war diskutiert worden, dass sich der operative Gebrauch der Form im Moment der Operation selbst nur unvollständig beobachten kann. Die Form wird nur als Bezeichnung sichtbar; die Unterscheidung, die das Bezeichnen ermöglicht und die Bezeichnung trägt, kann in der Operation selbst nicht beobachtet werden. Dazu wäre eine zweite Beobachtung nötig, die sich als Operation zurückwendet auf die vorangegangene Operation und an dieser beobachten kann, welches Differenzschema in der Bezeichnung aktualisiert worden war. Ein operativer Prozess, der als Potenzial immer impliziert ist, der operativ aber immer nur nachträglich, als eine rekursive Beobachtung zweiter Ordnung, realisiert werden kann. Bezogen auf die psychische Form-Operation ergibt sich auch für diese, dass die differenzbasierte und bedeutungskonstituierende Relationierung zu den anderen Formen des Erlebens in der konkreten Operation selbst nicht mitbeobachtet werden kann. Um diese Dimension der differenzbasierten Relationen in der Form zu beobachten, ist auch in der Psyche Zeit für eine zweite Form-Operation erforderlich, die eine Beobachtung zweiter Ordnung realisieren kann, welche die zuvor genutzte Differenzierung fokussiert und den Weg für einen Wechsel (ein *crossing*) auf die andere Seite der Unterscheidung in weiteren psychischen Operationen eröffnet. Bedeutung entfaltet sich auch in der psychischen Operation über den Bezug auf eine potenziell in der Zukunft aktualisierbare Vergangenheit.

Eine solche komplexe Konstitution der Form ist von Luhmann (1997a: 103, 1993b) und Fuchs (2001, 2005: 37) wiederholt zur derridaschen Theoriefigur der *différance* in Beziehung gesetzt worden – zumindest in dem oben ausgeführten Sinne, dass die Differenz nicht nur trennt, sondern über das Unterscheiden Zusammenhänge produziert und kontinuiert, kann auch die Formen prozessierende psychische Operation als différance-basierte Beobachtung betrachtet werden.

Auf Basis dieser theoretischen Grundlagen ist es nun möglich, den systemkonstituierenden Operationsmodus psychischer Systeme in einem formtheoretischen Begriff der *Erfahrung* zu bestimmen. Das, was im psychischen System phänomenal als Erleben erscheint, ist formtheoretisch als eine Folge von (psychischen) Bezeichnungen zu betrachten. Dabei ist das in der Introspektion als mehr oder weniger zusammenhängende Fragmente des Erlebens Auftauchende nur ein Oberflächenphänomen: die Abfolge der Markierungen der jeweils einen Seite der psychischen Formen – die mit der Formulierung Luhmanns (1992: 79f, 1997a: 150) auch als nur einseitig bezeichenbare „Zwei-Seiten-Formen" beschrieben werden können – die sich in der Autopoiesis des psychischen Systems als Konkatenation vernetzen. Dieses Erleben ist aber nur als *Erfahrung* möglich. Die einzelnen Fragmente des Erlebens können nur Bedeutung erlangen, indem sie in Relationen – sei es der Redundanz, sei es der Varietät[219] – zu anderen Erlebensfragmenten stehen. Schon die erste psychische Formoperation, in der sich das Erleben fragmentiert und über die Selbstbezeichnung eines aktuellen Momentes psychischen Erlebens dieses Fragment als die Einheit einer psychischen Form erschafft, kann diese operative Formbildung nur als *Erfahrung*, das

---

219 Vergleiche hierzu die formtheoretische Auffassung des Erfahrungsbegriffs bei Fuchs (1999: 113f).

heißt als Vernetzung mit und Relationierung zu anderem Erleben, vollziehen. Die formtheoretische Reflexion verdeutlicht, dass jede psychische Form-Operation schon immer den Bezug auf die anderen Formen des Erlebens koprozessiert. In der psychischen Form-Operation produziert sich das Erleben über die differenzielle Relationierung zum Gesamtzusammenhang psychischer Formen, der sich wiederum in der Konkatenation der psychischen Operationen kontinuierlich weiter ausdifferenziert.

Bezieht man diese Dimension in die theoretische Reflexion mit ein und wechselt von der Fokussierung auf die einzelne psychische Form – einschließlich ihrer Konstitution qua impliziter Relationierung zum Gesamtzusammenhang psychischer Erfahrung – zu einer Perspektive, die die Konkatenation der psychischen Form-Operationen in der Autopoiesis psychischer Systeme fokussiert, so lässt sich die das psychische System konstituierende Form-Operation auch als Symbolisierung, oder um den Unterschied zu gängigen Symbolbegriffen[220] zu verdeutlichen, als *psychische Symbolisierung* beschreiben.

Die Möglichkeit der Operation mit psychischen Formen erwächst aus deren Konkatenation. Indem sich die Fragmente des Erlebens in der Konkatenation der psychischen Formen vernetzen, entstehen psychische Symbole als identitäre Vernetzungen oder Verdichtungen im Formengeflecht der *Erfahrung*. Der Begriff des Symbols ist hier nicht in einem gegenständlichen Sinn oder im Sinn eines kommunikativ materialisierten ‚Zeichens', sondern in einer fundamentaleren Art konzipiert. Er beschreibt den Zusammenhang, der zwischen zwei Fragmenten des Erlebens erzeugt wird, indem sie in den psychischen Operationen als gleichartige Formen (identisch) erfahren werden. Das bedeutet, das psychische Symbol ist das Bezeichnungsmoment der Formoperation, in der sich das Erlebensfragment nicht nur durch sich selbst bezeichnet, sondern in diesem sich selbst Bezeichnen bereits eine Identität mit gleichartigen vergangenen Formoperationen aktualisiert. Das Erlebensfragment bezeichnet sich in der psychischen Symbolisierung über eine Option, die in der theoretischen Konstruktion der Form ganz allgemein angelegt ist. Wenn die Bezeichnung als die markierte Seite einer nur einseitig nutzbaren Zwei-Seiten-Form, einen als gleich- oder andersartig bestimmbaren Bezug auf Formen, die zu anderen Zeitpunkten operativ realisiert werden, immer mit sich führt, dann nutzt die psychische Symbolisierung eine solche in die Form eingelassene Gleichartigkeitsbeziehung zu nur zeitlich differenten Formoperationen und verdichtet diese gleichartigen, wiederholt operierten Formen in der Bezeichnung zum psychischen Symbol.

---

220 Vergleiche exemplarisch Cassirer (2001, 2002), Langer (1965) und für neuere systemtheoretische Anschlüsse Willke (2005).

Diese theoretische Konstruktion ermöglicht es, die Autopoiesis psychischer Systeme als die operative Konkatenation von Symbolen zu begreifen, die nicht als etwas Heterogenes ins System importiert werden müssen, sondern die im psychischen System selbst hergestellt werden und darin zugleich über diese Operationen das System in einem formtheoretischen Sinne konstituieren. Psychische Symbolisierung ist damit als ein sehr allgemeines operatives Konstrukt gefasst, das sowohl erklären kann, wie ein psychisches System in seiner Autopoiesis operativen Gebrauch von sozial konfigurierten Symbolen[221] und Zeichensystemen im linguistischen Sinne macht, als auch schon auf die vorsprachlichen archaischen psychischen Operationen anwendbar ist, über die sich das System psychogenetisch ausdifferenziert.

Dies hat eine sehr weitreichende theoretische Bedeutung. Indem die Bezeichnung das ‚dies' dieses Erlebens von einem operativ co-produzierten *unmarked state* differenziert, tritt Bedeutung in die Welt. Dabei muss schon die erste Bezeichnung als komplex konstituierte *Erfahrung* konzipiert werden, die die psychische Form operativ als Symbolisierung realisiert. Auch eine solche archaische Form psychischer Symbolisierung bricht die Aktualität und den simultanlinearen Prozess zeitlicher Abläufe auf, vernetzt sie rekursiv und transformiert sie in eine komplexere Form zeitlichen Erlebens. Aus organismischen Prozessen differenziert sich eine différance-basierte Beobachtung aus. Kann man, wie oben diskutiert, mit Luhmann auch schon autopoiesisfähige Operationen, über die sich wie in Luhmanns Beispiel etwa einfache Systeme selbst produzieren, als eine Differenz zur Umwelt prozessierende Konkatenation von Formoperationen konzipieren[222], so entsteht über psychische Formoperationen etwas Neues. Die Operationen verketten die psychischen Formen rekursiv, so dass eine unbeobachtete Präsenz in die *différance* der Beobachtung übergeht. Die Konkatenationen des psychischen Systems lösen sich aus einem linearzeitlichen operativen Ablauf, aus der Aktualität bedeutungsloser Naturprozesse. Das neurophysiologische Gewitter kann als (proto-)symbolischer psychischer Prozess erlebt werden, in dem sich die Differenz von Welt und Bedeutung, von Welt und Psyche, von Leben und Erleben konstituiert.

---

221 Also dem, was im gängigen Sprachgebrauch als Symbol aufgefasst wird.
222 Vgl. Kap. 2.3.1 und Luhmann (1992: 81f).

6.2 Provisorische Überlegungen zum medialen Substrat psychischer Formbildungen

Die bisherige formtheoretische Konstruktion psychischer Systeme bewegte sich bislang jenseits der Problematik, ob und wie ein mediales Substrat zu bestimmen ist, in dem sich die psychischen Operationen als Formbildungen vollziehen können. Die Frage nach einem solchen Substrat wird erst auf einer theoretisch nachgeordneten Ebene relevant – die formtheoretische Konstruktion selbst ist nicht davon abhängig, dass es gelingt ein solches mediales Substrat zu bestimmen.

In der Tat ist damit ein schwieriger Punkt für ein systemtheoretisches Verständnis der Psyche berührt, da diese Problematik die Relation von psychischen und körperlich-organismischen, insbesondere neurophysiologischen Prozessen – oder allgemeiner: die Relation von psychischen und lebenden Systemen – affiziert. Vor dem Hintergrund der gegenwärtigen rasanten und noch lange nicht abgeschlossenen Entwicklungen im Bereich der Hirnforschung fällt es schwer einzuschätzen, ob es für die systemtheoretische Konstruktion sinnvoll ist, bei der luhmannschen Differenzierung zwischen psychischen und lebenden Systemen zu bleiben, oder ob es eine tragfähige Konstruktion sein könnte, das psychische System letztlich als ein Subsystem des Körpers zu theoretisieren. Das erforderte eine eigenständige theoretische Analyse, die hier nicht geleistet werden kann, möglicherweise beim aktuellen Stand der Forschung auch noch gar nicht leistbar ist[223]. Stattdessen folgt die hier vorliegende theoretische Reflexion vorläufig der grundsätzlichen Differenzierung von Psyche und Körper in der luhmannschen Systemtheorie, geht aber davon aus, dass auch für die Bestimmung der Relation dieser Systeme das Theorem der strukturellen Kopplung von außerordentlicher Bedeutung ist.

Ein Aspekt dieser strukturellen Kopplungen von Körper und Psyche wird von Fuchs besonders hervorgehoben. Er basiert seine Beschreibung des Psychischen darin, dass das neurophysiologische System Emergenzeffekte produziert, die vom psychischen System als Wahrnehmungen genutzt werden können: „Im Zentrum steht aber die Vorstellung, daß Wahrnehmung als Externalisierungsleistung des neuronalen Systems begriffen werden kann." (Fuchs 2005: 24)[224].

Dieser Gedanke soll hier in der theoretischen Konstruktion provisorisch übernommen und mit dem theoretischen Konzept des Heider-Mediums in Zu-

---

[223] Zum *explanatory gap* (J. Levine) zwischen den Ergebnissen einer neurophysiologisch fokussierenden Forschung und mentalen Phänomenen vergleiche auch Richter (2003: 158ff).
[224] Vergleiche dazu auch die ähnliche Konzeptionierung bei Tschacher (1997: 90), der sich allerdings in Hinblick auf die theoretische Relationierung von psychischen und sozialen Prozessen von der luhmannschen Systemtheorie unterscheidet.

sammenhang gebracht werden. Terminologisch ist dabei zu beachten, dass der Begriff der Form als Teil des Begriffspaares Medium und Form, das in der systemtheoretischen Diskussion auf Luhmanns Heider-Rezeption zurückgeht, nicht mit dem Begriff der Form von Spencer Brown und dessen Rezeption bei Luhmann identifiziert werden darf[225]. Im systemtheoretischen Kontext werden diese beiden Formbegriffe häufig in einen sehr engen Zusammenhang gebracht. Dabei ist aus formtheoretischer Perspektive aber immer zu beachten, dass der Begriff der Form von Spencer Brown derjenige ist, dem die größere theoretische Relevanz und Allgemeinheit zukommt, während das Begriffspaar Medium und Form als eine sekundäre theoretische Formation betrachtet werden muss, die erst auf der Ebene einer Spezifikation und Anwendung der allgemeinen Formtheorie wichtig wird. Man kann es als eine Materialisierung des abstrakten Formkonzeptes betrachten, wenn gemäß der luhmannschen Heider-Rezeption dieser Formbegriff dann als eine feste Koppelung von Elementen definiert wird, die in einem medialen Substrat als lose gekoppelte bereitstehen (Luhmann 1997a: 168f).

Zurückbezogen auf die von Fuchs[226] betonte Dimension der strukturellen Kopplung von lebenden und psychischen Systemen, lässt sich nun formulieren, dass die operativen Prozesse des neuronalen Systems Emergenzeffekte evozieren – Fuchs spricht auch von „Externalisierungsleistungen des neuronalen Systems" (2005: 106) – die als protopsychische Phänomene ein mediales Substrat bereitstellen, in das sich die Formen eines psychischen Erlebens einzeichnen können. Die Heider-Formen, in denen sich Ensembles neuronaler Emergenzeffekte zu bestimmten Formen integrieren, lassen sich dann als Materialisierungen von Formen im Sinne der *Laws of Form* von Spencer Brown konzipieren, also der operativen Formen, über deren Konkatenation sich das psychische System konstituiert. In der Autopoiesis des psychischen Systems entsteht aus dem, was nur ein kontinuierlich ablaufendes Aufflackern neurophysiologischer Emergenzen wäre, ein *différance*-basierter Bedeutungszusammenhang psychischer Symbolisierungen, eine über die Konkatenation psychischer Formoperationen konstituierte *Erfahrung*.

---

[225] Vergleiche dazu Heider (1926), Luhmann (1992: 53ff, 1997: 195ff, 1997a: 165ff) und die Hinweise in Kap. 2.2.
[226] Vgl. dazu Fuchs (2005: 104ff).

6.3 Psychogenese als operative Produktion von Strukturen im psychischen System

Eine formtheoretische Beschreibung psychischer Systeme, die die theoretische Konstruktion psychischer Systeme nicht an die Verwendung von Sprache in psychischen Systemen bindet, sondern allgemeiner ansetzt und die systemkonstitutive Form-Operation als eine interne Konkatenation von in der psychischen Symbolisierung sich vernetzenden Erlebensfragmenten konzipiert, ermöglicht es auch im Rahmen der luhmannschen Systemtheorie, eine psychogenetische Perspektive auf Entwicklungsprozesse psychischer Systeme in den Bereich der vorsprachlichen Phase der Entwicklung des Kindes auszudehnen und in einem einheitlichen Modell psychischer Prozesse beschreibbar zu machen. Das soll hier nicht in einer umfassenden Weise geleistet werden. Jedoch soll die theoretische Konstruktion soweit entfaltet werden, dass deutlich werden kann, wie sie auf dieser Grundlage im Detail ausgearbeitet werden könnte. Bei einem solchen theoretischen Entwurf geht es auch darum, aufzuzeigen, wie sich Anschlüsse an andere hier theoretisch relevante Kontexte konstruieren lassen. So wäre es ein großer theoretischer Gewinn für eine Systemtheorie, die an der Differenz der Autopoiesen psychischer und sozialer Systeme festhalten will, wenn sich eine theoretische Kopplung zu den Forschungsergebnissen der Säuglingsforschung – und hier insbesondere zu den Arbeiten, die sich mit der Proto-Kommunikation und der frühen Intersubjektivität beschäftigen – und zu den Ergebnissen einer psychoanalytischen Rekonstruktion von Entwicklungsprozessen herstellen ließe. Die Darstellung in der vorliegenden Arbeit muss hier zunächst auf einer abstrakten Ebene verbleiben, setzt sich in dieser Hinsicht aber zumindest zum Ziel, darzulegen, wie sich diese heterogenen Theoriestrukturen in eine formtheoretische Beschreibung psychischer Systeme implementieren bzw. übersetzen lassen.

6.3.1 Primäre vorsprachliche Strukturbildungen im psychischen System

Die Psyche als ein operational geschlossenes System konstituiert sich, wenn sich in der psychischen Symbolisierung *Erfahrung* als bestimmte Form verdichtet. Das ist ein Prozess der schon vorgeburtlich anhebt. Es ist lange bekannt, dass bereits intrauterin die Fähigkeit entwickelt wird, Muster und Wiederholungen in den Wahrnehmungen zu erkennen (vgl. Lorenzer 1972: 39ff, Beebe & Lachmann 2004: 170). Als exemplarischer Belege mag hier der Verweis auf das Vermögen von Säuglingen zu einer Imitation des Gesichtsausdrucks von Erwachsenen schon 42 Minuten nach der Geburt dienen (Meltzoff, zit. n. Beebe & Lachmann 2004: 51f); relevant sind hier auch spezifische Kompetenzen, wie die

15 Stunden nach der Geburt beobachtete Fähigkeit, die Stimme der Mutter von der anderer Personen zu differenzieren (Beebe & Lachmann 2004: 84), oder auch die von Trevarthen und Aitken (2001: 7) zusammengetragenen empirischen Belege für die kurz nach der Geburt beobachtbare Fähigkeit des Säuglings zur aktiven Partizipation an einer proto-kommunikativen Selbst-Fremd-Regulation, die ohne das Bestehen entsprechender psychischer Strukturbildungen nicht denkbar wäre[227]. Aus einer formtheoretischen Perspektive kann dies so interpretiert werden, dass schon in der intrauterinen Phase eine Vernetzung zwischen verschiedenen Wahrnehmungssituationen erfolgt, in der sich Differenzen und Identitäten zu psychischen Formen verdichten. Dabei handelt es sich um sehr archaische Formoperationen, die vor dem Hintergrund eines noch nicht sehr stark ausdifferenzierten Spektrums differenten Erlebens vermutlich recht holistische Züge tragen und kaum mit dem Erleben des Säuglings wenige Wochen und Monate nach der Geburt, geschweige denn mit dem Erleben des Erwachsenen Jahrzehnte nach der Geburt, vergleichbar sein dürften[228]. Ungeachtet des methodologischen Problems einer Beobachtung archaischer, intrauteriner psychischer Prozesse, kann man der indirekten Rekonstruktion der neonatologischen Forschung die Notwendigkeit entnehmen, solche ersten psychischen Symbolisierungen als vorgeburtliche Formoperationen im sich konstituierenden psychischen System zu unterstellen. Akzeptiert man diese theoretische Annahme sehr früher, vorgeburtlicher psychischer Operationen, so wird zugleich auch einsichtig, dass das psychische System nicht im Kontext von Kommunikationsprozessen oder gar in der strukturellen Kopplung mit diesen entsteht. Es ist eine somatische Umwelt, in der sich die Genese des psychischen Systems vollzieht. Die relevante strukturelle Kopplung, die die Entwicklung des psychischen Systems anfänglich ermöglicht, ist die strukturelle Kopplung mit einem lebenden, präziser, mit einem somatischen System, wobei am intrauterinen Zustand von besonderem Interesse ist, dass hier das Körpersystem nur unvollständig von den Operationen des Körpersystems der Mutter geschieden ist. Mit anderen Worten hebt die Autopoiesis des psychischen Systems an, bevor sich die Körpersysteme von Mutter und Kind trennen.

Mit der Geburt transformiert sich die Entwicklungsumgebung des Säuglings massiv und mit ihr die für die weitere Psychogenese relevanten strukturellen Kopplungen. Die Autopoiesis des psychischen Systems findet jetzt in einer wesentlich komplexeren entwicklungsrelevanten Umwelt statt. Die weitere

---

227 Vgl. dazu allgemein Dornes (1993, 2006), Lichtenberg (1991), Stern (1979, 2007), Trevathen und Aitken (2001).
228 Stern (1991) hat versucht archaische Formen psychischen Erlebens in der Entwicklungsphase eines Säuglings literarisch darzustellen – man kann diesem Experiment entnehmen, wie schwierig die Imagination einer solchen archaischen Erfahrung ist.

Psychogenese vollzieht sich in der autopoietischen Vernetzung der Beobachtung von Umweltprozessen, unter denen sich aus einer systemtheoretischen Außenperspektive das eigene Körpersystem des Säuglings, das psychische System der Mutter und/oder dritter betreuender Personen und insbesondere das Matrixsystem, das sich in der Mutter-Kind-Dyade ausbildet und die Handlungsprozesse sowie die Proto-Kommunikation trägt, hervorheben lassen. Die Entwicklung psychischer Strukturen differenziert sich an der Beobachtung dieser Umwelten aus.

Betrachtet man zunächst die psychische Erfahrung körperlicher Bedürfnisse, so führt die systemtheoretische Konstruktion zu der Sicht, dass es sich bei körperlichen Bedürfnissen nicht um rein somatische Mangel- oder Ungleichgewichtszustände handelt, sondern dass sie als Bedürfnis erst über eine Systemgrenze hinweg beobachtbar werden. Sie tauchen nicht als unmittelbare Phänomene im psychischen System auf, sondern werden dort in Formoperationen, also in psychischen Symbolisierungen, beobachtet. Immer noch sehr hilfreich für das Verständnis einer solchen Konzeption und durchaus mit einer systemtheoretischen Konstruktion kompatibel ist die alte freudsche Definition des Triebbegriffs, in der Freud vom Umschlagen des Körperlichen ins Psychische spricht.

> „Wenden wir uns nun von der biologischen Seite her der Betrachtung des Seelenlebens zu, so erscheint uns der »Trieb« als ein Grenzbegriff zwischen Seelischem und Somatischem, als psychischer Repräsentant der aus dem Körperinnern stammenden, in die Seele gelangenden Reize, als ein Maß der Arbeitsanforderung, die dem Seelischen infolge seines Zusammenhangs mit dem Körperlichen auferlegt ist." (Freud 1989a: 85, Hervorh. i. O.)

Wenn Freud in diesem Kontext die Strukturierung der Psyche daran bindet, was in der Psyche aus diesen aus dem Körperlichen stammenden Bedürfnissen entsteht, welches Schicksal diese Triebe erfahren, welche Triebstruktur ausgebildet wird, so lässt sich dies systemtheoretisch derart rekonstruieren, dass sich die Ausdifferenzierung des psychischen Systems in ganz entscheidenden und basalen Strukturierungen an der strukturellen Kopplung mit dem Körper entwickelt.[229] Die Erfahrungen der Psychoanalyse illustrieren zugleich sehr eindrucksvoll, dass die Autopoiesis des psychischen Systems in seinen Operationen immer essentiell auf diese interne Bearbeitung der strukturellen Kopplung mit

---

[229] Vergleiche in diesem Kontext auch den Vorschlag von Reiser, das Konzept des dynamischen Unbewussten auf diesen Bereich der strukturellen Kopplung zu beziehen: „Trotz der strukturellen Kopplungen, die das psychische System eingeht, ist es von einem eigenen Operationsmodus gekennzeichnet, der auf Irritationen und Abhängigkeiten reagiert, indem er sie als innerhalb oder außerhalb codiert. Während im strukturellen Kopplungsbereich mit dem biologischen System (...) das dynamische Unbewusste (also die Sprache des Primärprozesses) als Medium gedacht werden kann, ist es im Kopplungsbereich mit dem sozialen System (...) die Sprache" (2006: 109).

dem Körperlichen bezogen bleibt. Es handelt sich nicht um Entwicklungsschritte, die irgendwann überwunden und dann etwa durch die strukturelle Kopplung mit sozialen Systemen zu ersetzen wären.

An den alten metapsychologischen Konstruktionen Freuds erscheint allerdings, auch vor dem Hintergrund der zwischenzeitlichen psychoanalytischen Theorieentwicklung, insbesondere die Fokussierung auf zwei für die psychische Strukturbildung relevante Arten von Trieben – Libido und Thanatos – problematisch. Hier sind für eine systemtheoretische Rezeption andere theoretische Konstruktionen aus dem psychoanalytischen Kontext mindestens ebenso wichtig. Zu denken ist insbesondere an die Theorie motivationaler Systeme von Lichtenberg (1989) und Lichtenberg et al. (2000)[230]. Diese motivationalen Systeme differenzieren sich im Bezug auf die basalen Affekte und Motivationen aus und stellen differente Modalitäten psychischen Erlebens bereit[231]. Im Kontext der vorliegenden systemtheoretischen Konstruktion lässt sich dies so interpretieren, dass sich strukturelle Kopplungen zwischen Körper und Psyche im Bereich der basalen Affekte aufbauen. Auch die verschiedenen Affekte lassen sich als Punkte des Umschlagens des Körperlichen ins Psychische verstehen. Die Affekte werden im Körpersystem operativ insbesondere als hormonelle Prozesse sowie als Veränderung der Körpertemperatur und der Muskelspannung prozessiert und sind dabei aus der Perspektive des Körpersystems von der strukturellen Kopplung mit dem psychischen System vor allem in der Form abhängig, dass Wahrnehmungen, die sich operativ im psychischen System vollziehen, die operativen Prozesse im Körpersystem induzieren. Umgekehrt aktivieren diese körperlichen Prozesse bestimmte operative Konnexe im psychischen System. Ein bestimmter Affekt aktiviert eine spezifische Modalität der psychischen Operationen und darin einen Erfahrungszusammenhang, in dem sich der entsprechende Typus von psychischen Symbolisierungen vernetzt hat. Entlang dieser verschiedenen affektiven Umschlagspunkte, die zugleich Ansatzpunkte für den Aufbau struktureller Kopplungen sind, entwickeln sich im psychischen System zentrale psychische Strukturmuster.

Der zweite Bereich struktureller Kopplung, der für die Entwicklung des psychischen Systems in der postnatalen Phase besonders relevant ist, findet sich in der Bezogenheit der psychischen Symbolisierungen auf das Matrixsystem der Mutter-Kind-Dyade. Gerade für das Verständnis dieser Dimension der Entwick-

---

230 Vergleiche dazu auch die Darstellung bei Reiser (2006: 79ff) und den Erweiterungsvorschlag von Deneke (2001: 208f).
231 Zum Bezug auf die Affekte vergleiche hier ergänzend auch Ciompi (1982, 1988, 1997) und Damasio (1997, 2003).

lungsumwelt des psychischen Systems des Neugeborenen hat die Säuglingsforschung sehr wichtige Forschungsergebnisse bereitgestellt[232].

Ab Anfang der 1970er Jahre hat es umfangreiche Forschungsarbeiten zur frühen Interaktion, insbesondere zwischen Mutter und Säugling, gegeben[233]. Zentrale Forschungsfoki fanden sich in den Topoi der von Bateson (1971, zit. n. Trevarthen 1980: 322) so benannten Proto-Konversation zwischen Mutter und Säugling und der von Trevarthen beschriebenen angeborenen oder auch primären Intersubjektivität (vgl. Trevarthen & Aitken 2001: 4). Gerade die als Proto-Konversation und frühe Interaktion beschriebenen Prozesse, die sich zwischen Säugling und Mutter abspielen, können systemtheoretisch als Abläufe verstanden werden, die sich in einem Matrixsystem vollziehen. Es geht hierbei um einen protokommunikativen Austausch, der sich über gestisch-körperliche Abstimmungsprozesse, Mimik, Prosodie und musikalische Expression vollzieht. Die Analyse gefilmter Interaktionssequenzen brachte eine erstaunlich weitgehende Passung und Synchronisierung der gestischen, mimischen und stimmlichen Expressionen zum Vorschein. In späteren Untersuchungen wurden die Aspekte der prosodischen und musikalischen Expression, die auf Rhythmik, Melodie, Klangfarbe etc. basieren und insbesondere für die *infant directed speech* oder *motherese* und die korrespondierenden Vokalisierungen des Säuglings (Trevarthen & Aitken 2001: 8) sowie für die frühen Formen musikalischer Interaktion (Trevarthen & Aitken 2001: 12f) typisch sind, näher analysiert. Dabei wurde beschrieben, dass diese Dimension der Proto-Konversation in der Lage ist, eine Art von emotionalen ‚Narrationen' zu kommunizieren – wobei in diesen Diskurszusammenhängen unter Kommunikation verstanden wird, dass sich affektive Stimmungen in der Relation zwischen Mutter und Säugling dynamisch beeinflussen und das auf diesem Wege eine Transformation von Gefühlen ablaufen kann (vgl. Trevarthen & Aitken 2001: 8). Dieses Modell ist relativ gut kompatibel mit der oben dargestellten Konzeption von Matrixsystemen[234], welche es nahe legt, die Dimension der Prozesse, die sich auf einer proto-kommunikativen Ebene abspielen und die zu einer mehr oder weniger gut gelingenden Synchronisation expressiver Artikulationen führt, theoretisch von den Prozessen zu unterscheiden, die sich parallel in den strukturell gekoppelten psychischen Systemen jeweils in den Grenzen derer operativen Schließung abspielen.

Das Konzept der primären Intersubjektivität lässt sich mit einer komplexeren theoretischen Konstruktion auch besser auf das psychische System des

---

232 Auf diese wurde im Zuge der obigen Rekonstruktion des psychoanalytischen Therapieprozesses bereits Bezug genommen; vergleiche Kap 5.
233 Vergleiche den umfassenden Überblick von Trevarthen und Aitken (2001).
234 Vgl. Kap. 5.2.4.

Säuglings beziehen. Aus den sich in der Proto-Konversation abspielenden Prozessen hat Trevarthen den Schluss gezogen, dass der Säugling eine angeborene Fähigkeit zur Intersubjektivität besitzen muss, wenn er unmittelbar nach der Geburt zu einer komplexen und differenzierten Responsivität in der Relation zur Mutter in der Lage ist.

> „For infants to share mental control with other persons they must have two skills. First, they must be able to exhibit to others at least the rudiments of individual consciousness and intentionality. This attribute of acting agents I call subjectivity. In order to communicate, infants must also be able to adapt or fit this subjective control to the subjectivity of others: they must also demonstrate intersubjectivity." (Trevarthen 1979: 322)

In eine ähnliche Richtung geht das Modell des virtuellen Anderen und der altero-zentrierten Partizipation von Bråten (1988, 1992, 2003; vgl. auch Dornes 2002). In diesem Modell ist die Vorstellung formuliert, dass der Säugling schon eine Konzeption eines primären Interaktionspartners – eben des virtuellen Anderen – mit sich trägt, bevor er überhaupt in eine erste Interaktion tritt. Der spätere konkrete Kontakt mit realen Anderen ist nur aufgrund dieser virtuellen psychischen Struktur möglich; zugleich erfordert der virtuelle Andere die Realisierung in konkretem Interagieren. Dieser theoretischen Vorstellung korrespondiert das Konzept der altero-zentrierten Partizipation, das im Kern besagt, dass der Säugling in der Lage ist, die Empfindungen eines Interaktionspartners nachzuvollziehen. Beide Konzepte zusammen eröffnen ein Verständnis von (früher) Intersubjektivität, die daraus resultiert, dass zwei Subjekte wechselseitig dazu in der Lage sind, den Anderen unter Aktualisierung des mentalen Schemas des virtuellen Anderen wahrzunehmen und sich in diesen und dessen Wahrnehmung des Interaktionspartners einzufühlen[235]. Zurückbezogen auf eine theoretische Differenzierung zwischen psychischen und Matrixsystemen, verweist dieses Modell von Bråten darauf, dass in der Psychogenese im psychischen System spezifische Strukturen ausdifferenziert werden müssen, um in der Beobachtung des Matrixsystems und der erwachsenen Interaktionspartner als entwicklungsrelevante Umwelten die strukturelle Kopplung mit diesen Umweltsystemen für die weitere systemeigene Ausdifferenzierung und Entwicklung nutzen zu können.

Andere Stränge der Säuglingsforschung betonen stärker die in der Interaktion ablaufende Dimension der Interaktivität und betonen die Relevanz eines Ergänzungsverhältnisses von Selbst- und Fremdorganisation in der Regulierung der körperlichen und psychischen Prozesse des Säuglings. So gehen Beebe und Lachmann davon aus, dass eine Selbstorganisation psychischer Zustände immer durch interaktive Prozesse mit beeinflusst wird: „Legt man (...) das Modell der Ko-Konstruktion zugrunde, wird das subjektive Erleben als ein auftauchender

---

235 Vergleiche hierzu die Illustration am Beispiel des Fütterns in Dornes 2002 (317f).

Prozeß verstanden, der durch interaktive Regulierungen sowie eigene Selbstregulierungen ununterbrochen beeinflußt wird" (2004: 233). Ein gutes Beispiel für die Plausibilität eines solchen Konzeptes ist die Überlegung, dass es dem Säugling möglich ist, über interaktive Prozesse die eigenen Möglichkeiten zur Regulierung der Körpertemperatur erheblich zu steigern – wenn es ihm gelingt, der Mutter ein entsprechendes Bedürfnis zu vermitteln[236]. Im Forschungskontext der Boston Change Process Study Group nehmen Tronick (1998 et al.) und Stern (2005) darüber hinausgehend die Ausbildung eines intersubjektiven Bewusstseins an. Tronick et al. beschreiben einen „dyadic state of mind" (1998: 296), den sie als eine intersubjektive Erweiterung individueller psychischer Systemzustände verstehen. In ihrem einer Theorie dynamischer Systeme verpflichteten Modell nehmen sie an, dass Individuen als selbstorganisierende offene Systeme danach streben, ihre Komplexität und Kohärenz zu erhöhen, und dass sie dies über die Verbindung mit einem anderen individuellen selbstorganisierenden System erreichen können.

> „To restate the Dyadic Consciousness hypothesis, it is that each individual is a self-organizing system that creates its own states of consciousness – states of brain organization – which can be expanded into more coherent and complex states in collaboration with another self-organizing system. When the collaboration of two brains is successful each fulfils the system principle of increasing their coherence and complexity. The states of consciousness of the infant and the mother are more inclusive and coherent at the moment when they form a dyadic state (…) because it incorporates elements of the state of consciousness of the other." (Tronick et al. 1998: 296)

Sterns damit unmittelbar vernetztes Konzept eines intersubjektiven Bewusstseins ist bereits vorgestellt worden[237]. Seine Konzeption löst sich von der frühkindlichen Entwicklungsphase und beschreibt im Zusammenhang mit seinem theoretischen Modell der Gegenwartsmomente die Entstehung intersubjektiven Bewusstseins als ein ubiquitäres Phänomen, dass in den verschiedensten sozialen Kontexten realisiert werden kann.

Diese Konzepte müssen in eine Konstruktion, die auf der Differenzierung von psychischen und sozialen Systemen basiert, zunächst übersetzt und insbesondere auf das Theoriemoment der Matrixsysteme bezogen werden, um sie für das hier vorliegende theoretische Interesse fruchtbar zu machen. Deutlich wird dann, dass Matrixsysteme eine (proto-)kommunikative Umwelt bereitstellen, die es psychischen Systemen ermöglicht, sich dadurch vermittelt aufeinander zu beziehen, dass sie jeweils Kopplungen mit solchen Matrixsystemen eingehen. Damit eröffnet sich das Potenzial zu partieller und beschränkter Abstimmung

---

236 Vergleiche dazu Tronick et al. (1998: 293) sowie die zum Zusammenhang von Selbst- und interaktiver Regulierung bei Beebe und Lachmann (2004: 170ff).
237 Vgl. Kap. 5.1.4.

der operativen Prozesse in beiden psychischen Systemen und zu einer wechselseitigen Induktion spezifischer psychischer Prozesse.

Im Zuge der Argumentation dieser Studie sind die hier nur kurz skizzierten Diskurse der Säuglingsforschung primär deshalb relevant, weil sie verdeutlichen, dass im Rahmen einer systemtheoretischen Beschreibung der Psychogenese reflektiert werden muss, wie stark sich die Entwicklung psychischer Systeme in einer strukturellen Kopplung mit den Matrixsystemen der frühen Interaktion vollzieht. Die theoretische Lösung von Fuchs, hier von Systemen des Anfangs statt von psychischen Systemen zu sprechen, verdeckt diese Problematik eher, als dass sie zu einer Klärung der Möglichkeiten führte, die luhmannsche Systemtheorie in den Bereich einer Beschreibung psychischer Systeme auszuweiten.[238] Fuchs kann gerade nicht die Genese des psychischen Systems erklären, da sein Vorschlag die Entwicklung der Fähigkeit, psychisch mit Sprache zu operieren, nicht theoretisch erschließt und auch nicht deren Relation zu anderen psychischen Operationsweisen.

Die Sedimentierung von Mustern der psychischen Operation und der Aufbau von Strukturen in der Psychogenese vollziehen sich in der Autopoiesis des psychischen Systems; nur dort vollzieht sich *Erfahrung* als ein operatives Prozessieren von Formen, als Konkatenation psychischer Symbolisierungen und darin zugleich als psychische Strukturbildung, die sich in jeder neuen psychischen Operation aktualisiert. Dennoch können sich die psychischen Operationen nur in struktureller Kopplung mit nicht-psychischen Systemprozessen konstituieren. Und: in den psychischen Form-Operationen beobachtet das psychische System, zumal das sich gerade erst entwickelnde psychische System des Säuglings, seine Umwelt. Die psychischen Symbole verdichten sich aus den Formen der Beobachtung relevanter Umweltprozesse und aus der Beobachtung des Zusammenhangs der psychischen Erfahrung mit den Umweltprozessen. Es handelt sich in den psychogenetisch frühen Phasen in der systeminternen Erfahrung vermutlich um noch nicht klar geschiedene Differenzierungen zwischen Innen und Außen, die einen eher szenischen, totalistischen Charakter haben und sich als psychische Symbolkomplexe noch nicht primär entlang der Beobachtung des Unterschiedes von Selbst- und Fremdreferenz elaborieren können. Dabei sind es insbesondere diese beiden, hier bereits dargestellten Umweltsysteme, das eigene körperliche System und das Matrix-System der Mutter-Kind-Dyade, auf die bezogen sich psychische Erfahrung als Strukturzusammenhang sedimentiert. Die formbasierten, psychischen Symbolkonnexe integrieren die Erfahrung eines

---

238 Immerhin kann man im Hinblick auf einen Bezug zu Lorenzers Interaktionsformentheorie festhalten, dass auch Lorenzer etwas ähnliches wie solche Systeme des Anfangs beschreibt, wenn er betont, dass das Subjekt der Mutter-Kind-Dyade weder das Kind noch die Mutter, sondern das Interagieren der Mutter-Kind-Dyade selbst ist (vgl. Lorenzer 1976: 118f, 1981: 61f).

Kontinuums, in dem sich situativ, szenisch psychischer Selbstorganisationsprozess, körperliche und Matrixprozesse vermitteln – sie beobachten, mit anderen Worten, Ereignisse mit Mehrsystemzugehörigkeit.

Gerade weil sich in den die psychische Erfahrung strukturierenden Mustern solche komplexen systemübergreifenden – wenn man so will: szenischen – Prozesszusammenhänge psychisch intern beobachtet und bearbeitet werden, eignet sich das lorenzersche Modell der Interaktionsformen und das dem korrespondierende Konzept eines szenischen Erlebens, um die strukturellen Sedimente der basalen psychischen Formoperationen zu beschreiben. Die sich in der psychischen Strukturdifferenzierung akkumulierenden Erfahrungen können, gerade in den frühen Entwicklungsphasen, als die Vernetzung und Relationierung einer Vielzahl szenischer Impressionen betrachtet werden.

> „Damit sind wir beim Problem der Genese, der Entwicklung des Gefüges von Erinnerungsspuren, des Aufbaus von >>Lebenserfahrungen<< zum Zusammenhang einer >>Lebenswelt<<. Der Primat des Szenischen kommt da klar zur Geltung. Je weiter man zurückgeht in der Ontogenese, desto unausweichlicher wird die Annahme, dass nicht Einzelobjekte wahrgenommen werden, sondern Ensembles, Situationskomplexe. Die Einzelgegenstände müssen in ihrer Isoliertheit erst Schritt für Schritt ausgegrenzt werden aus dem Wahrnehmungs- und Erlebnis*ganzen*. Geht man zurück bis in die allerfrühesten, die intrauterinen Anfangszeiten, so ist offenkundig, dass die allerersten Erfahrungen, lange bevor sie den Titel >>Erlebnis<< verdienen, organismisch-undifferenzierte Situationseindrücke sind. In dieser ersten >>organismischen<< Etappe des Persönlichkeitsaufbaus geht es also um nichts anderes als um Situationsspuren. Auch die nächste Etappe steht noch ganz im Bann ungeschiedener Situationserfahrungen. Schritt für Schritt erst werden im Wechselspiel von Gleichbleibendem und Veränderlichem Szenen in ihrer Eigengestalt ausdifferenziert. Die Ausgrenzung von Objekten (und kontrastierend dazu von Selbstpositionen) folgt erst viel später, postnatal." (Lorenzer 1986: 42, Hervorh. i. O.)[239]

Die Ausdifferenzierung einer solchen szenischen Erfahrung führt nach Lorenzer (1973) psychisch zum Aufbau eines ‚Gefüges bestimmter Interaktionsformen'.

Gegenüber Lorenzer ist allerdings zu betonen, dass es sich aus einer systemtheoretischen Perspektive bei einer solchen Form der psychischen Strukturbildung nicht um Prozesse in einem Realitätskontinuum handelt, in dem sich körperliche und soziale Interaktionsprozesse vermitteln, sondern dass die psychischen Formoperationen und Strukturbildungen, der Autopoiesis eines spezifischen Systems folgen. Ein szenisches Kontinuum wird nur in der psychischen

---

[239] Die erwähnten neueren Ergebnisse der Säuglingsforschung (Trevarthen & Aitken 2001), die die Annahme darlegen, dass der Säugling schon unmittelbar nach der Geburt zu relativ differenzierten, etwa kreuzmodalen Wahrnehmungen in der Lage ist, stehen nicht in einem Widerspruch zu der hier zitierten Argumentation von Lorenzer. Allenfalls könnten sie als Hinweis darauf gelesen werden, dass die Prozesse der Ausdifferenzierung eines individuellen Netzes szenischer Erfahrung ontogenetisch sehr früh ansetzt, und damit können sie eher als eine Bestätigung der Position Lorenzers betrachtet werden.

Erfahrung konstruiert. Was sich im Strukturaufbau des psychischen Systems sedimentiert, niederschlägt, ist nicht die Vermittlung differenter Systemprozesse, sondern die psychische Beobachtung der eigenen und heterogener Systemprozesse – gewissermaßen die psychische Beobachtung einer systemtranszendenten Vermittlung von Ereignissen in der je situativen Relation der operativen Prozesse differenter Systeme.

Mit Lorenzer kann jedoch festgehalten werden, dass sich psychische *Erfahrung* zunächst bezogen auf szenische Erlebenszusammenhänge entwickelt. In den Operationen des psychischen Systems aktualisiert sich eine Struktur, die sich als Vernetzung des Erlebens konkreter Situationen und konkreter körperabhängiger Bedürfnisse ausdifferenziert hat, und in dieser Struktur, bzw. dem sich in den konkreten Operationen jeweils aktualisierenden Netz der Erfahrungen, spiegeln sich die in die psychische Autopoiesis transponierten und integrierten Prozesse des Sozialen und des Körperlichen.

Lange vor dem Spracherwerb verfügt das Kind über ein sehr komplexes, vielfältig ausdifferenziertes psychisches Erleben, das sich über die Erfahrung unterschiedlichster (proto-) kommunikativer Interaktionsprozesse und körperbasierter Bedürfnisse entwickelt hat. Bezogen auf die Prozesse in den Matrixsystemen und auf die affektiven Grundmodalitäten haben sich im psychischen System differenzielle Erfahrungszusammenhänge akkumuliert[240], die ein reiches inneres Erleben ermöglichen und die die basalen strukturellen Muster und Figurationen im psychischen System tragen. Neben den Affekten lassen sich als Beispiele für solche psychischen Grundmuster und Figurationen die Differenz von Lust und Unlust, Innen und Außen, Selbst und Nicht-Selbst und zunehmend auch die sich intern um die Erfahrung mit spezifischen Interaktionspartnern kristallisierenden psychischen Beobachtungszusammenhänge nennen, die in der Psychoanalyse als Objektrepräsentanzen und Objektbeziehungen bezeichnet werden. Ein systemtheoretischer Rekurs auf solche theoretischen Auffassungen psychischer Entwicklung bei Lorenzer erweist sich auch als kompatibel mit neueren Konzeptionen aus dem Kontext der psychoanalytischen Forschung zur frühen Interaktion, die man als eine Bestätigung wichtiger Aspekte der Interaktionsformentheorie lesen kann:

„Aufgrund früher präsymbolischer repräsentationaler Fähigkeiten werden diese wiederkehrenden, erwartbaren und charakteristischen Interaktionsmuster »schematisiert«. In den ersten Lebensmonaten nimmt das Baby regelmäßig wiederkehrende Informationen, Umweltmerkma-

---

[240] Man kann hier auch an den in der luhmannschen Systemtheorie etablierten Begriff der Erwartung (Luhmann 1987: 362) anknüpfen, muss sich dann aber versichern, diesen Begriff ohne eine theoretische Verengung auf ‚höhere kognitive Prozesse' zu gebrauchen. Der Begriff sagt dann wenig mehr aus, als dass sich im psychischen System Strukturen an der systeminternen Bezogenheit auf das intersystemische Phänomen der strukturellen Kopplung ausdifferenzieren.

le und soziale Interaktionen wahr, ordnet und speichert sie (...). Der Säugling vermag aktuelle Interaktionsmuster mit der Repräsentation typischer Interaktionsverläufe zu vergleichen, und er kann beurteilen, ob sie identisch oder unterschiedlich sind. In der ersten Hälfte des ersten Lebensjahrs, vor dem Auftauchen symbolischer Fähigkeiten, organisiert der Säugling eine >>repräsentationale Welt<<." (Beebe & Lachmann 2004: 136f, Hervorh. i. O.)

Zu beachten ist hier allerdings eine begrifflich-terminologische Differenz in Hinblick auf die Konzepte der Repräsentation und der Unterscheidung von präsymbolischen und symbolischen Fähigkeiten. Im Rahmen der vorliegenden Studie müssen alle drei Varianten psychischer Aktivität als psychische Symbolisierung in dem oben beschriebenen formtheoretischen Sinn aufgefasst werden. Es handelt sich um die operative Konkatenation differenter Typen psychischer Formen, bei denen es jedoch immer zu einer psychischen Symbolisierung in der Art kommt, dass das formgebundene psychische Erleben die einzelne Form nur operativ realisieren kann, indem es in dieser Form die Relation zu anderem Erleben produziert.

6.3.2 Die Relevanz sprachlicher Prozesse im psychischen System

Mit dem Spracherwerb differenzieren sich im psychischen System neue operative Modalitäten aus, die den strukturellen Zusammenhang der psychischen Erfahrung stark transformieren. In den unterschiedlichsten Theoriekontexten wird herausgestellt, dass sich psychisches Erleben mit der Entwicklung der Fähigkeit zur Nutzung der Sprache radikal verändert und dass sich ausgehend von einem sprachbasierten Bewusstsein vorsprachliches Erleben nicht mehr nachvollziehen oder rekonstruieren lasse. Eine solche Position wird sowohl im Kontext der Systemtheorie als auch in psychoanalytischen Diskursen (vgl. hier insbesondere die von Lacan und im Anschluss an diesen entwickelten Theorien) vertreten[241]. Gerade im systemtheoretischen Kontext wird immer wieder herausgestellt, dass sich über ein nichtsprachliches Psychisches nichts aussagen lässt.

6.3.2.1 Psychogenetische Bedeutung des Modells des Spracherwerbs nach Lorenzer

Lorenzer betont im Rahmen seiner Interaktionsformentheorie den Unterschied zwischen sprachlichem und vorsprachlichem Erleben[242]. Allerdings verdeutlicht

---

241 Vgl. exemplarisch Fuchs (2005) und Lacan (1975, 1991).
242 Vergleiche als eine komprimierte Darstellung beispielsweise Lorenzer (1977a, insbesondere 44ff).

gerade auch die theoretische Konstruktion bei Lorenzer, dass die Entwicklung sprachbasierter psychischer Prozesse nicht einfach als eine Ersetzung vorsprachlicher Formen psychischer Symbolisierungen aufgefasst werden kann, sondern dass der Erwerb der Fähigkeit, mit sprachlichen Symbolen zu operieren, sich den bereits bestehenden psychischen Symbolzusammenhängen, der individuellen psychischen Erfahrung anpassen muss[243]. Die Integration von Sprache in die Psyche muss die neuen sprachlichen Symbole auf den Konnex der bereits bestehenden psychischen Erfahrung beziehen. In die Vernetzung der psychischen Formen, die sich als ein komplexer Erfahrungszusammenhang sedimentiert hat, müssen die mit sprachlichen Symbolen operierenden psychischen Formen eingewoben werden. Auch wenn solche sprachsymbolisch operierenden psychischen Formen dazu in der Lage sind, psychisches Erleben massiv zu dominieren, so kann die Interaktionsformentheorie verdeutlichen, dass im individuellen Spracherwerb eine Relation zu den bereits bestehenden psychischen Strukturen aufgebaut werden muss.

Das theoretische Modell, das Lorenzer hierzu entworfen hat, ist sehr abstrakt – und vermutlich zu schematisch konstruiert[244]. Lorenzer (1981: 90f) basiert seine theoretische Fassung der Relation vorsprachlicher und sprachlicher psychischer Erfahrung im Modell einer Doppelregistratur sprachsymbolischer Interaktionsformen. Solche sprachsymbolischen Interaktionsformen sind einerseits in einem individuellen Register der bestimmten, schon vorsprachlich sozialisierten Interaktionsformen archiviert und andererseits in einem Register, das den allgemeinen und damit sozial determinierten Strukturen der Sprache folgt. „Das Kind erfährt den Aufbau von zwei Wirklichkeiten, die real miteinander verwoben sind. Zu dem in seiner Komplexität sinnvoll aufgebauten System der sensomotorischen Reaktionsweisen tritt das sinnvolle System der Sprache." (Lorenzer 1981: 91)

Nach Lorenzer wird im Entwicklungsschritt des Aufbaus der sprachsymbolischen Interaktionsformen eine je punktuelle Vernetzung von bestimmten Interaktionsformen mit den korrespondierenden sprachlichen Zeichen erzeugt.

---

243 Im Gegensatz zu der hier vertretenen Lesart arbeitet, darauf ist hinzuweisen, Lorenzer allerdings mit einem leicht differenten Symbolbegriff. Weder das Gefüge der bestimmten Interaktionsformen noch die Sprache selbst werden als Symbol verstanden, sondern erst die Verknüpfung von Interaktionsform und Sprachzeichen wird von Lorenzer als Symbol begriffen. Vergleiche dazu konkret Lorenzer (1981: 93) und allgemein zum Symbolbegriff Lorenzer (1970, 1973: 106ff, 1991). Tendenziell relativiert sich das in den späteren Arbeiten Lorenzers (vgl. insbesondere Lorenzer 1986) allerdings dadurch, dass er präsentativen Symbolen und damit zugleich, auf die psychischen Prozesse bezogen, sinnlich-unmittelbaren Symbolisierungen einen größeren theoretischen Stellenwert zumisst. Diese theoretische Entwicklung erodiert die strikte Unterscheidung von Sprache und bestimmten Interaktionsformen bei Lorenzer.
244 Vgl. exemplarisch Lorenzer (1972: 100ff).

"Wort und Interaktionsform zusammen bilden das Sprachsymbol; ich habe diesen Symbolkomplex deshalb »sprachsymbolische Interaktionsform« genannt. Ist beides zusammengefügt, so kann mittels der Sprache über Praxis verfügt werden. Die Praxisfiguren aus dem großen Verhaltenskreislauf sind nun in dem kleinen Sprachkreislauf verschleppt worden, sie können »probehandelnd« hin und her bewegt und planend erwogen werden." (Lorenzer 1986: 50f, Hervorh. i. O.)

Den Prozess einer solchen Symbolbildung, in der eine bestimmte Interaktionsform und ein Sprachzeichen zur sprachsymbolischen Interaktionsform zusammengefügt werden, fasst Lorenzer psychogenetisch und sozialisationstheoretisch als „Einführungssituation von Sprache" (Lorenzer 1972: 56). Theoretisch konzipiert er dies derart, dass eine allgemeine, sozial konstituierte sprachliche Bedeutung nicht einfach ins Psychische übernommen oder implementiert werden kann, sondern dass ein konkreter Vermittlungsschritt erforderlich ist, in welchem dem Kind gezeigt wird, was eine sprachliche Bedeutung bedeutet. In der Aktualisierung einer bestimmten Interaktionsform in einer konkreten szenisch entfalteten Interaktion benennt ein beteiligter Interaktionspartner (anfänglich überwiegend die primäre Bezugsperson) diese konkrete Interaktion. Dadurch kann die Interaktionsform mit ihrem ‚Namen' zum Sprachsymbol, also einer sprachsymbolischen Interaktionsform, integriert werden[245].

Lorenzer arbeitet hier also mit einer theoretischen Auffassung, die neben die soziale Dimension der Sprache eine psychische Dimension setzt, in der sich sprachliche Bedeutung über die individuelle Erfahrung konkreter Interaktionen konstituiert. Die besondere Geschichte der Einigung auf bestimmte Formen der Interaktionen, die sich in einer individuellen psychischen Strukturbildung niedergeschlagen hat, kann nach diesem Entwurf Lorenzers im individuellen Sprachgebrauch aufgehoben werden[246]. Er betont, dass

---

[245] Als zentrale frühe Einführung dieses theoretischen Konzeptes siehe: „Die Einigungssituation auf bestimmte Interaktionsformen wird durch die Verbindung mit einem Lautkomplex zur Einführungssituation von Sprache. Auf das Herauswachsen der Einführungssituation aus der hic et nunc realisierten Interaktionssituation muß ausdrücklich hingewiesen werden. Dies ist ein entscheidender Punkt: Die in der realen Interaktion verwirklichte Interaktionsform wird benannt. Dies und nichts anderes kennzeichnet die Einführungssituation, zerlegt in die Einzelschritte: 1. Die Mutter spricht ein Wort, z. B. »Mama«. 2. Die Mutter zeigt dabei in impliziter Geste auf die als bestimmte Interaktionsform vom Kind angeeignete Interaktion. 3. Das Kind hört das Wort als Teil der für es im Moment aktuellen Interaktion und d. h. als Kennzeichnung dieser Interaktionsform. 4. Das Kind spricht ein Wort – z. B. »Mama« als Teil der Interaktion. Es ist dabei auch Hörer seiner Äußerungen, womit der senso-motorische Zirkel des Sprechens geschlossen wird. (...) Damit erst ist das Wort eingeführt und wird der Verselbständigungsprozeß des Symbols Mama eingeleitet." (Lorenzer 1972: 66f, Hervorh. i. O.). Vergleiche dazu auch Lorenzer (1976: 121, 1981: 89f).
[246] Dies beinhaltet für Lorenzer auch eine Integration von „qua Sprachanteil »denkbaren« und (...) qua Interaktionsform »fühlbaren-leibbezogenen«" (1981: 92, Hervorh. i. O.) Anteilen in der sprachsymbolischen Interaktionsform.

> „... die inhaltliche Konkretheit der bestimmten Interaktionsform in Sprache eingeholt wird. Als benannte, also >>prädizierte bestimmte Interaktionsform<< wird dieses zur *>>symbolischen Interaktionsform<<*, wird sie zur Grundeinheit des semantischen Gefüges der Sprache. Die das kindliche Verhalten ausmachende >>bestimmte Interaktionsform<< wird als >>symbolische Interaktionsform<< zur Grundfigur des Bewusstseins." (Lorenzer 1976: 121, Hervorh. i. O.)

Wichtig für das Verständnis dieser Konzeption, aus der hier vertretenen systemtheoretischen Perspektive zugleich auch sehr problematisch, ist die theoretische Annahme, dass in der Integration von sprachlichem Zeichen (dem Namen, dem Wort) und bestimmter Interaktionsform im Sprachsymbol, nicht nur das sprachliche Zeichen in Ergänzung seiner allgemeinen sozial konstituierten Bedeutung mit lebensgeschichtlich konkretisierten Sinndimensionen angereichert wird, sondern dass zugleich diese in den bestimmten Interaktionsformen sedimentierte lebensgeschichtliche Erfahrung erst über die Verbindung mit den sprachlichen Zeichen bewusst und einer Reflexion zugänglich werden kann (vgl. Lorenzer 1981: 89).

> „Mit der Hinzufügung von bestimmten Erinnerungsspuren/Interaktionsformen erhält das Wort seinen Inhalt, d. h. seine Bedeutung. Jetzt ist eine Praxisfigur dem Wort >>assoziiert<<, wird das Wort lebensgeschichtlich konkret (lebenspraktisch) und wird die einsozialisierte Lebenspraxis bewusst. Zuvor lief das Interaktionsspiel ja unbewußt ab, als Reiz-Reaktions-Zirkel. Nun wird diesem der Hör-Sprech-Zirkel angeschlossen, indem ein bestimmtes Wort mit einer bestimmten Praxisfigur verschmolzen wird." (Lorenzer 1986: 49f, Hervorh. i. O.)

Die sprachlose Erfahrung ist für Lorenzer unbewusst. Sie folgt den von Freud (1989g: 145ff, 1989h: 270f) beschriebenen Eigenschaften des das Unbewusste bestimmenden Primärprozesses und ist unmittelbar körperbezogen.

> „Die Körperfiguren bilden ein lebensregulierendes >>Sinnsystem<<, dem gerade jene Merkmale abgehen, die Sprache kennzeichnen: Diskursivität, grammatische Gliederung, logische Ordnung. Das Ubw ist ein nichtsprachliches und nicht symbolisches Sinnsystem, das im Gegensatz zur sprachlichen Ordnung der Individuen steht und sich auszeichnet als eigenständiges Sinnsystem ..." (Lorenzer 1986: 46, Hervorh. i. O.).

Eine solche theoretische Bindung der Möglichkeit bewussten psychischen Erlebens an die Verfügung über sprachliche Symbole ist, ähnlich den gängigen systemtheoretischen Konzeptionalisierungen, als ein Artefakt der strukturellen Kopplung psychischer und sozialer Systeme zu betrachten. Insofern Reflexion einen inneren imaginativen Dialog inszeniert, nutzt sie Sprache im psychischen System ähnlich wie dies auch in den psychischen Prozessen geschieht, die – etwa als der konstruktive Prozess der psychischen Vorbereitung einer Artikulation – unmittelbar auf die Kopplung mit den kommunikativen Prozessen der sozialen Systeme bezogen sind. Diese zwei Arten psychischer Operationen sind nicht identisch, aber doch in ihrem starken Bezug auf Sprache eng verwandt. Vor allem aber der bereits erwähnte Umstand, dass sich in der Kommunikation über psychisches Erleben nichts aussagen lässt, das nicht sprachlich wäre, legt die auch bei Lorenzer fundamentale Annahme zugrunde, dass Bewusstsein nur auf der Basis sprachlicher Operationen möglich sei. Demgegenüber muss unterstrichen werden, dass sich bewusstes psychisches Erleben durchaus vollziehen kann, ohne sich in seinen Operationen auf Sprache zu konzentrieren und dass zumindest situativ psychisches Erleben operativ ganz ohne Bezug auf Sprache auskommen kann.

Diese hier problematisierte theoretische Konstruktion, die Bewusstsein an Sprache bindet, hängt mit einem spezifischen Verständnis des für die Psychoanalyse zentralen Konzeptes der Verdrängung zusammen. Wenn dieses Modell das Bewusstsein als auf einem Netz sprachsymbolischer Interaktionsformen basierend konzipiert, wird es möglich, Verdrängung als die Auflösung oder Destruktion der Verbindung von bestimmter Interaktionsform und Sprachzeichen zu verstehen. Die in unzähligen Einzelpunkten vernetzte Doppelregistratur kann dann, nach Lorenzer, an spezifischen Stellen in Form einer Auflösung der Verbindung zwischen Sprachzeichen und bestimmter Interaktionsform individuell deformiert und auch (wieder-)hergestellt werden. Lorenzer spricht hier programmatisch von „Sprachzerstörung und Rekonstruktion" (1977). Ein solches Modell läuft auf die Bindung von Bewusstseinsprozessen an die Möglichkeit, psychisch über Sprache zu verfügen, hinaus. In dieser Hinsicht gleicht das theoretische Modell den Entwürfen von Fuchs und Khurana[247]. In beiden Modellen ist Bewusstsein an die psychische Operation mit sprachlichen Zeichensystemen gebunden. Das Unbewusste in der lorenzerschen Konzeption ist dann allerdings nicht nur ein operatives Artefakt des psychischen Prozesses, das aus der Unmöglichkeit einer operativen Selbstbeobachtung im Moment der Operation selbst resultiert, sondern konkreter gefasst das Ensemble der bestimmten, jedoch nicht in Sprache aufgenommenen Interaktionsformen. Es handelt sich um jene psychische Dimension, die schon in den Varianten der klassischen Darstellung bei Freud zunächst als das Unbewusste (Freud 1989g) und später als das Es (Freud 1989b) beschrieben wurde. Solche nicht sprachsymbolischen bestimmten Interaktionsformen, sind allerdings prinzipiell einer präsentativen Symbolisierung zugänglich.

Nicht nur aus der hier entfalteten systemtheoretischen Perspektive wird es schwierig, Lorenzer in der strikten Differenzierung von unbewussten Interaktionsformen und Sprache zu folgen. Die rigide Separierung zweier differenter Register der Erfahrung ist wiederholt kritisiert worden (Buchholz & Gödde 2005: 113ff, Heim 1993: 183f, Zepf 2005a). Auch in seiner eigenen theoretischen Entwicklung im Kontext der Entwicklung einer tiefenhermeneutischen

---

[247] Vgl. Kap. 3.2.

Kulturanalyse (Lorenzer 1981, 1986) problematisiert sich zunehmend diese Auffassung der Relation von Sprachzeichen und Interaktionsformen, oder allgemeiner gefasst: von Sprache und Unbewusstem. Beim späten Lorenzer zeigt sich eine vielschichtigere Auffassung dieses Verhältnisses, gemäß der Sprache dann Unbewusstes transportieren kann und eine unmittelbare Teilhabe, eine nichtsprachliche Lektüre im Sinne eines tiefenhermeneutischen Verstehens ermöglicht. Diese theoretische Entwicklung basiert primär auf einer anderen Gewichtung und Einbindung der präsentativen Symbolik und einer psychischen Schicht sinnlich-symbolischer Interaktionsformen in der theoretischen Konstruktion (Lorenzer 1981: 155ff). Sie resultiert insbesondere aus der Einsicht, dass sich auch Texte, zumal poetische Texte, als präsentative Symbolisierungen lesen lassen (Lorenzer 1986).

Alternative Konzepte aus dem diskursiven Kontext der Psychoanalyse, die nicht darauf fokussieren, eine materialistische Position über die Differenz von sprachlichen und körperlichen Prozessen zu postulieren[248], haben hier andere, theoretisch plausiblere und auch systemtheoretisch anschließbarere Konzepte zur Relation nichtsprachlicher und sprachlicher psychischer Erfahrung entwickelt. Besonders erwähnenswert ist hierzu das theoretische Modell der Semiosis, das Kristeva zunächst in der im Original 1974 veröffentlichten Schrift *Die Revolution der poetischen Sprache* (1978) ausgearbeitet und dann in mehreren Schriften[249] in verschiedenen Dimensionen weiterentwickelt hat.

6.3.2.2 Zur Bedeutung der Semiosis in Kristevas Modell des Prozesses der Sinngebung

Kristeva hat im Kontext des französischen Poststrukturalismus ähnliche Gebiete bearbeitet wie dies Lorenzer mit seiner Metatheorie der Psychoanalyse und dem daran anschließenden Projekt der tiefenhermeneutischen Kulturanalyse in Auseinandersetzung mit den zeitgenössischen deutschsprachigen Diskursen getan hat. Dabei fokussiert Kristeva in ihrem wichtigsten theoretischen Hauptwerk *Die Revolution der poetischen Sprache* die Relation von Sprache und Unbewusstem über die Entwicklung eines Modells des Prozesses der Sinngebung. Vor dem Hintergrund der strukturalistischen Linguistik konzentriert sich Kristeva damit auf das Problem der Konstitution von Bedeutung im Sprachprozess. In ihrem Modell kommt sie dabei zu einer anderen Beschreibung der Beziehung von vorsprachlicher und sprachlicher Erfahrung als sie in der lorenzerschen

---

248 Lorenzer scheint sich hier noch im Kontext der klassischen philosophischen Differenzierung von Körper und Geist zu bewegen.
249 Vgl. hierzu insbesondere Kristeva (1977, 1980, 2007).

Interaktionsformentheorie vorliegt. Sieht Lorenzer die Möglichkeit der Integration von Sprachzeichen und vorsprachlichen psychischen Strukturbildungen in der sprachsymbolischen Interaktionsform und grenzt diese Möglichkeit ab von der alternativen Relation einer strikten Trennung von Sprache und Unbewusstem in den Fällen einer Nicht- oder Desymbolisierung, so betont Kristeva einerseits die Differenz zwischen einer vorsprachlichen psychischen Dimension und sprachbasiertem Bewusstsein – die vorsprachliche Dimension psychischer Erfahrung kann im zeichenbasierten Bewusstsein nicht erlebt werden – andererseits arbeitet sie heraus, dass diese beiden Dimensionen psychischer Erfahrung als komplementäre Prozessmomente in der sprachlichen Konstitution von Bedeutung aufgefasst werden können. Sie bezeichnet diese Dimensionen des Prozesses der Sinngebung als das Semiotische und als das Symbolische (Kristeva 1978: 32ff). Nach Schmitz (1998: 72) kann das Symbolische dabei in Anlehnung an die Verwendung bei Lacan mit der Sprache und den Sprachstrukturen gleichgesetzt werden. Der Bereich des Semiotischen wird bei Kristeva begriffen als die für den Sprachprozess unerlässliche Dimension des Körpers und der Triebe, insofern sie auf die Sprache hinwirken und sie ermöglichen. Dabei wird das Semiotische selbst nicht als sprachlich, aber eben als auf Sprache bezogene Ermöglichungsbedingung von Sprache konzipiert.

Der Unterschied zwischen den Modellen Lorenzers und Kristevas erklärt sich zumindest partiell aus den theoretischen Konstellationen, in denen die jeweiligen Konzepte entwickelt wurden. Entstand das metatheoretische Modell Lorenzers basierend auf der psychoanalytischen Praxis an der Schnittstelle von Psychoanalyse und Kritischer Theorie, so ist *Die Revolution der poetischen Sprache* primär aus einer sprachtheoretischen Perspektive über eine Relationierung von strukturaler, bzw. poststrukturalistischer Linguistik, Sprachphilosophie und Psychoanalyse mit der doppelten Zielsetzung konstruiert worden, eine strukturale Linguistik um die Dimension der Bedeutungskonstitution zu erweitern und dadurch die Analyse einer spezifischen Textpraxis, die sich vor allem in der poetischen Sprache zeigt, zu ermöglichen[250]. Die theoretische Konstruktion dieses Textes Kristevas fokussiert dazu den Prozess der Sinngebung, der als ein Prozess aufgefasst wird, in dem sich in der Konstitution sprachlicher Bedeutung (in der Konstitution des Textes) zugleich das Subjekt selbst als ein „*Subjekt-im-Prozeß*" (Kristeva 1978: 49, Hervorh. i. O.) herstellt – ein Konstitutionsprozess, in dem sich eine psychosomatische Dimension, die im Sinne der Psychoanalyse als Triebstruktur konzipiert ist, auf den arbiträren Zusam-

---

250 Vergleiche hierzu die Darstellung von Schmitz (1998: 12ff) und neben *Die Revolution der poetischen Sprache* auch Kristeva (1989).

menhang sprachlicher Zeichen bezieht und dadurch Sinngebung oder Bedeutungskonstitution in der Sprache ermöglicht.

Die poststrukturalistische Zeichentheorie als der wichtigste theoretische Hintergrund für die Arbeit Kristevas basiert insbesondere auf dem bereits mehrfach erwähnten saussureschen Modell der Arbitrarität des Zeichens (Saussure 1967)[251]. Daraus resultieren Konsequenzen für das Verständnis psychischer Prozesse: Sprache als ein nicht-subjektives, die einzelne Psyche transzendierendes Phänomen wird in poststrukturalistischen Theorien als zentrales Prozessmoment auch der Psyche betrachtet. Mit der Setzung solcher paradigmatischer Konstruktionsprinzipien erodieren essentialistische Konzeptionen von Psyche, Bewusstsein, Subjektivität, da die Konzeption solcher Konstrukte im poststrukturalistischen Paradigma immer zunächst auf das Individuelle überschreitende Elemente als Basiseinheiten zurückgreifen müsste[252]. Das differenzbasierte sprachliche Zeichensystem funktioniert als ein transpsychischer, transindividueller Unterscheidungszusammenhang. In individuellen Bewusstseinsprozessen konstituiert sich Bedeutung über die Verwendung dieser allgemeinen Zeichen. Das Denken, psychisches Erleben, ist nicht möglich, ohne in seinen Operationen ein solches transpsychisches Zeichensystem zu verwenden, das nicht als ein Träger oder Medium für Bedeutungen fungiert, sondern eingelassen in die Operationen des Bewusstseins die Möglichkeit des Denkens und der Vorstellung erst erzeugt.

Im Kontext der strukturalistischen Linguistik untersucht Kristeva die Frage, wie sich Bedeutung als ein psychischer Prozess konstituiert und damit das Funktionieren der Sprache in ihren konkreten Abläufen ermöglicht. Bezogen auf die basale Differenzierung von *langue* und *parole* bei Saussure, arbeitet sie die strukturalistische Linguistik besonders in Hinblick auf die Dimension der *parole* aus (vgl. Schmitz 1998: 21f). Möglicherweise kann man die thematische Fokussierung auf den Prozess der Sinngebung bei Kristeva als durch das lacansche Konzept des Begehrens (*désir*)[253] motiviert interpretieren – eine Konzeption, die die conditio humana als zentral dadurch gekennzeichnet beschreibt, dass die aus einer körperlichen Bedürfnisstruktur evolvierenden psychischen Prozesse

---

251 Das Zeichen konstituiert sich nach dieser Auffassung als der Zusammenhang von Signifikat und Signifikant, der allerdings niemals ein unmittelbarer ist – es gibt keine direkte, essentiell begründete Beziehung zwischen Bezeichnetem und Bezeichnendem. Die Relation von Signifikat und Signifikant ist immer über den differentiellen Gesamtzusammenhang aller Signifikanten vermittelt; das Zeichen kann Bedeutung immer nur im Kontext des sprachlichen Gesamtzusammenhangs annehmen.
252 In dieser Form werden die Grundmotive der von Fuchs (1998, 2003, 2005) betriebenen Ausarbeitung einer Beschreibung der Relation von psychischen und sozialen Systemen im Rahmen des poststrukturalistischen Epistems schon lange diskutiert.
253 Vgl. Lacan (1975a: 210ff).

schon auf der Ebene des Unbewussten wie eine Sprache strukturiert sind (vgl. Lacan 1991: 15ff), und in der die psychischen Effekte der Triebstruktur als Begehren nur vermittels der bedeutungskonstituierenden Prozesse der sprachlichen Zeichen erlebt werden. Diese theoretische Konstruktion basiert unter anderem auf der Annahme, dass sich das Subjekt im Begehren immer schon selbst verfehlt. Die Erfahrung des Subjekts konstituiert sich unter den Bedingungen des heteronomen Zeichensystems als ein Gleiten unter den Signifikanten, als ein nicht abschließbarer Prozess der Verdichtungen und Verschiebungen, der Metaphern und der Metonymien, in dem weder der körperliche Ursprung des Triebwunsches gefunden werden kann noch der Signifikant, der diesen als identisch fassen könnte. Interessiert sich Lacan für diese Prozesse im Sinne einer Arbeit an der Beschreibung der Psyche, so bezieht Kristeva die Problematik der Bedeutungskonstitution allerdings primär in theoretisch-systematischer Hinsicht auf eine linguistische Sprachtheorie.

Der vorsprachliche Bereich psychischer Erfahrung wird von Kristeva (1978: 35ff) mit dem Begriff der semiotischen *Chora* oder auch als das *Semiotische* konzeptionalisiert. Der Platons *Timaios* und Derridas Platon-Rezeption entnommene Terminus *Chora* (Kristeva 1978: 36) genauso wie der Begriff des *Semiotischen* betont dabei die Prozesshaftigkeit oder vielleicht eher noch Flüchtigkeit einer solchen vorsprachlichen Erfahrungsdimension. Das *Semiotische* bezieht dieses Vorsprachliche begrifflich auf den Sprache konstituierenden Prozess der Sinngebung (vgl. Kristeva 1978: 52). Der Begriff der Chora betont eher die archaische, vorsprachliche Rhythmizität einer noch zeichenlosen Artikulation (Kristeva 1978: 36)[254]. Zur Entfaltung dieses theoretischen Konzeptes der semiotischen Chora stützt sich Kristeva auf das psychoanalytische Modell eines sich in wechselnden energetischen Besetzungen zeigenden Triebes, das bei ihr, ganz ähnlich wie auch bei Lorenzer, Trieb und vorsprachliche Erfahrung als durch biologische und soziale Prozesse vermittelt versteht[255].

„Es handelt sich einerseits um das, was die Freudsche Psychoanalyse als *Bahnung* und strukturierende *Disposition* der Triebe postuliert, andererseits geht es um die sogenannten *Primärvorgänge*, bei welchen sich Energie sowie deren Einschreibungen verschieben und verdichten: diskrete Energiemengen durchlaufen den Körper des späteren Subjekts und setzen sich im Laufe der Subjektwerdung nach Maßgabe von Zwängen ab, die auf den immer schon semiotisierenden Körper durch Familien- und Gesellschaftsstrukturen ausgeübt werden. Auf diese Weise artikulieren die Triebe, ihrerseits sowohl >>energetische<< Ladungen als auch >>psychische<< Markierungen, das, was wir eine *chora* nennen: eine ausdruckslose Totalität, die durch

---

254 Damit verschiebt sie den Akzent von den diesen Terminus auch begleitenden Vorstellungen eines Räumlichen, Aufnehmenden – Kristeva verweist hier auf den „platonische(n) aufnehmende(n) Raum" (1978: 37, Fn. 18) – zu einem Konzept des Rhythmischen und Beweglichen; sie spricht in diesem Kontext auch von einem „rhythmischen Raum" (1978: 37).
255 Vgl. auch Kristeva (1978: 37, 51f).

die Triebe und deren *Stasen* in einer ebenso flüssigen wie geordneten Beweglichkeit geschaffen wird." (Kristeva 1978: 36, Hervorh. i. O.)

Diese psychische Dimension des Vorsprachlichen ist bei Kristeva als etwas Fließendes, nicht eindeutig Fassbares konzipiert, für dessen Beschreibung Konzepte wie Struktur oder Strukturierung nicht geeignet sind. Dennoch bilden sich auch in dieser vorsprachlichen Dimension so etwas wie Muster oder Ordnungen aus, die als vorsymbolische oder vorsprachliche und kinetische Funktionalität umschrieben werden (Kristeva 1978: 38) und als die Wege und Stauungen verstanden werden können, in denen sich die im Körperlichen entspringenden Bedürfnisse auf die Objekte bezogen ihren Weg bahnen. Zugleich weist Kristeva darauf hin, dass sie in dieser Dimension schon die Prozesse wirken sieht, die Freud insbesondere am Beispiel des Traums als basale Mechanismen des Primärprozesses beschreibt: Verdichtung und Verschiebung und die dann von Jakobson und Lacan auf die sprachlichen Phänomene der Metonymie und der Metapher bezogen wurden[256].

„Die Triebladung wird (...) durch biologische und gesellschaftliche Strukturzwänge aufgehalten und Stasen ausgesetzt: ihre Bahnung fixiert sich provisorisch und markiert auf diese Weise *Diskontinuitäten* im (...) semiotisierbaren Material: Stimme, Gesten, Farben. Phonetische (später phonematische), kinetische und chromatische Einheiten bzw. Differenzen sind die Markierungen solcher Triebstasen. Zwischen diesen Markierungen stellen sich in der Folge Verbindungen, *Funktionen* her, die von den Trieben aufgezogen werden und die sich nach Ähnlichkeit oder Opposition mittels Gleiten und Verdichten artikulieren. Wir haben es also mit dem Prinzip von Metonymie und Metapher zu tun, die beide von der sie umgreifenden Triebökonomie nicht zu trennen sind." (Kristeva 1978: 39, Hervorh. i. O.)

In einer ontogenetischen Perspektive transformieren sich diese Formen eines vorsprachlichen psychischen Erlebens in einer Entwicklungsphase, in der das Kind mehrere zusammenhängende Veränderungen erfährt. Körperliche Entwicklungsschritte gehen damit einher, dass das Kind über das Fortschreiten des Spracherwerbs eine neue Qualität psychischer Erfahrung und damit korrespondierend neue Beziehungsrelationen zu den objektbeziehungsrelevanten Anderen erwirbt[257].

Dieser Entwicklungsschritt wird von Kristeva (1978: 42ff) aus philosophischer und sprachtheoretischer Perspektive als thetische Phase oder thetische Setzung konzipiert. Psyche kann sich als ein vernünftiges Subjekt erst konstitu-

---

256 Vergleiche dazu Freud (1989k: 280ff), Lacan (1991: 30ff, 1991a: 173) sowie die Darstellungen von Wilk (2004: 212ff) und von Suchsland (1992: 23ff).
257 Vergleiche dazu die sehr klassische Interpretation dieser Prozesse in Kristeva 1978 (55ff), die auf den frühen narrativen Theoriefiguren der Psychoanalyse beruht. Neben der Rezeptionslinie Lacan - Freud ist für Kristevas Aufnahme der Psychoanalyse allerdings auch das Werk von Klein von besonderer Relevanz, vergleiche dazu Kristeva (1978: 38 und 2000).

ieren, nachdem mit dem Spracherwerb psychisch die Möglichkeit gegeben ist, auf der Basis von Zeichen und Syntax, von Sätzen und Urteilen zu operieren (vgl. Kristeva 1978: 46f). Mit dem Eintritt in diese Sphäre psychischer Operativität ist eine Grenze passiert, jenseits derer psychisches Erleben, Bewusstsein, radikal transformiert ist. Erleben erfährt sich jetzt unter den Bedingungen der Thesis, als Bedeutung und in den Symbolisierungsmöglichkeiten und Strukturen der Sprache; damit zugleich auch gebunden an die je relevanten und spezifischen symbolischen Ordnungen. Wichtig zu sehen ist, dass es sich hier um eine diachrone theoretische Konstruktion handelt: Das Theorem beschreibt sowohl einen Entwicklungsschritt, als auch die Relation zweier Modalitäten, die in jedem Prozess der Sinngebung aktualisiert werden (Kristeva 1978: 40).

Ohne en detail zu rekonstruieren, wie sich die theoretische Konstruktion Kristevas zur Verschränkung der Konstitution von sprachlicher Bedeutung und Subjekt auf die husserlsche Phänomenologie bezieht[258], kann hier doch darauf hingewiesen werden, dass Kristeva mit ihrer Problemstellung den husserlschen Horizont dahingehend transzendiert, dass sie sich nicht primär auf der Ebene einer Analyse oder Untersuchung der Bewusstseinsphänomene bewegt, sondern nach den Bedingungen der Produktion solcher Phänomene sucht (vgl. Kristeva 1978: 46f).

„Doch bestimmen wir Bedeutung, Thetisches und Subjekt als *produzierbar*, damit sich die Untersuchung den semiotischen Produktionsbedingungen zuwenden kann, die produzieren und gleichwohl den Produkten fremd bleiben. Das Semiotische wäre demnach präthetisch und ginge der Bedeutung voraus, weil es der Setzung des Subjekts vorausgeht. Vor dem Satzdenken des *Ego* hat es keinen Sinn, sondern nur eine der Bedeutung und dem Zeichen gegenüber heterogene Artikulationsweise: die semiotische, diskrete *chora*, die – obschon geordnet – sich

---

258 Vergleiche hierzu genauer Kristeva (1978: 42ff). Schmitz (1998: 86) weist in diesem Zusammenhang daraufhin, dass sich Kristevas Husserl-Rezeption aufgrund der seinerzeitigen Editionslage vermutlich auf den frühen Husserl bis *Ideen I* beschränke. Sie problematisiert Kristevas sehr stark der Entfaltung ihrer eigenen Fragestellung folgende Bezugnahme auf Husserl dahingehend, dass sie sowohl dessen Terminologie als auch dessen theoretisches Gebäude übersteige (Schmitz 1998: 86f). Wofür Kristeva husserlsche Konzepte wie die *Doxa*, der *Setzung* und der *Thesis* in ihrer theoretischen Konstruktion benötigt, zeigt sich dort am deutlichsten, wo sie diese auf ihr Konzept der *Semiosis* bezieht. „Wir unterscheiden das Semiotische (die Triebe und ihre Artikulation) von der Bedeutung und derem Bereich, der immer auch einer des Satzes und des Urteils ist, anders ausgedrückt: der ein Bereich der Setzungen ist. Die Positionalität, die in der Husserlschen Phänomenologie über die Begriffe *doxa*, *Setzung* und *thesis* hergestellt wird, hat die Struktur eines Einschnitts in den Prozeß der Sinngebung, mit dem und durch den das Subjekt die *Identifizierung* seiner selbst und seiner Objekte vollzieht – als Voraussetzung für die Propositionalität. Wir nennen diesen Einschnitt, der die Setzung der Bedeutung einleitet, eine *thetische* Phase. Jedes Aussagen – sei es eines Wortes oder eines Satzes – ist thetisch, denn es setzt Identifizierungen voraus, das heißt einerseits die Scheidung des Subjekts von und in seiner *imago* wie auch von und in seinen Objekten, andererseits deren Setzung in einem von nun an symbolischen Feld, das beide auf diese Weise geschiedenen Positionen wieder einbindet, aufnimmt und in einer Kombinatorik aus jetzt offenen Positionen neu verteilt." (Kristeva 1978: 53, Hervorh. i. O.)

nicht der Einheit des Sinns überlässt, der sich seinerseits einer *thesis*, d. h. (...) einem Einschnitt, verdankt." (Kristeva 1978: 47, Hervorh. i. O.)

Nach der mit dem thetischen Einschnitt verbundenen, radikalen Transformation des psychischen Erlebens konstituiert sich der Prozess der Sinngebung im Zusammenwirken der beiden Modalitäten des Semiotischen und des Symbolischen. Dabei ist nach dieser theoretischen Konstruktion das Semiotische nicht mehr direkt zu erfahren – „... eine Sphäre (...), die für den Prozeß des Subjekts grundlegend ist und die mit der Heraufkunft der Bedeutung, das heißt des Symbolischen verdunkelt wird" (Kristeva 1978: 51). Das Semiotische trägt als eine Ermöglichungsbedingung und als Prozessmoment die Konstitution des Subjektes und der Sphäre des Symbolischen, ohne in dieses Symbolische und seine Möglichkeiten des Bedeutens direkten Eingang zu finden. Das Semiotische kann keine Bedeutung im Symbolischen annehmen. Andererseits kann kein Zeichensystem rein symbolisch sein (Kristeva 1978: 35). „Beide Modalitäten sind vom *Prozeß der Sinngebung*, durch den sich Sprache erst konstituiert, nicht zu trennen; über die Dialektik, die beide Modalitäten unterhält, lassen sich einzelne Diskurstypen definieren (Erzählung, Metasprache, Theorie, Dichtung, etc.)" (Kristeva 1978: 35, Hervorh. i. O.). Kristeva sieht hier verschiedene Möglichkeiten, in denen das Semiotische seine Wirkungen auf das Symbolische im Prozess der Sinngebung entfalten kann. Am transparentesten kann dies in der Textpraxis der poetischen Sprache werden, und Kristeva verbindet in der französischen Originalfassung *La révolution du langage poétique (1974)* ihr theoretisches Modell mit einer Rekonstruktion und Analyse des Ineinanderwirkens des Semiotischen und des Symbolischen im Prozess der Sinngebung in den Texten Mallarmés und Lautréamonts.

Übergreifend beschreibt Kristeva (vgl. 1978: 77ff und 114 ff) die Wirkungsweise des Semiotischen im Symbolischen als eine Überschreitung im Sinne der Aktivierung einer Funktion der Negativität in Hinblick auf die thetische Phase und die symbolische Ordnung.

„Wir sehen, daß das Semiotische – ursprünglich Bedingung des Symbolischen – jetzt in den signifikanten Praktiken funktioniert, und zwar als Übertretung des Symbolischen. (...) Angesichts dessen, daß das Thetische die semiotischen Bahnungen und Triebstasen in die Setzung des Signifikanten einbringt und sie in einem Dreierbündel – Referent, Signifikat, Signifikant – auseinanderfaltet, das allein das Aussagen einer Wahrheit ermöglicht, und angesichts dessen, daß das Semiotische infolge dieses Einschnitts rekursiv erzeugt wird als eine Art >>zweiter<< Rückkehr der Triebfunktionalität in das Symbolische, muß das Semiotische als Negativität definiert werden, die in das Symbolische eingeschleust wird und seine Ordnung verletzt." (Kristeva 1978: 77f, Hervorh. i. O.)

Solche Prozesse der Überschreitung des Symbolischen, in denen die semiotische Modalität des Sinngebungsprozesses an die Oberfläche gelangt und ihre Spuren im Symbolischen erkennbar werden lässt, vollziehen sich vor allem in der Kunst; letztlich beruht jedoch jede Transformation der symbolischen Ordnung, jede „Schöpfung" (Kristeva 1978: 71), auf ihnen. „Ob es sich dabei um das Gebiet der Metasprache (die Mathematik zum Beispiel) oder der Literatur handelt, immer ist es der Ansturm des Semiotischen, der die symbolische Ordnung neu gestaltet" (Kristeva 1978: 71).

Kristevas Theoriebildung verbleibt mit ihren Konstruktionen im (post-) strukturalistischen Epistem. Die axiomatische Relevanz des Theorems von der Arbitrarität der Zeichen, das Konzept des differenziellen Systemzusammenhangs der Sprachzeichen und bei Kristeva auch das theoretische Konstruktionsmoment einer thetischen Setzung blockieren in diesem diskursiven Feld eine Vorstellung, nach der sich Sprache oder sprachliche Zeichenkomplexe auf außer- oder vorsprachliche Erfahrungen oder auf psychosomatische oder triebstrukturelle Inhalte in einer solchen konkreten Art und Weise beziehen lassen, wie dies bei Lorenzer mit dem Konzept der sprachsymbolischen Interaktionsform konzipiert ist. Die Möglichkeit der theoretischen Relationierung eines solchen vorsymbolischen, „psychosomatische(n)" (Kristeva 1978: 40) Bereichs zur Sprache, die sich für Kristeva im Kontext der (post-) strukturalistischen Diskurse ergibt, besteht darin, diese Dimension als eine Art Prozessmodalität oder als ein erforderliches Prozessmoment selbst in den Prozess der Bedeutungskonstitution zu integrieren. Diese Dimension des auf die Sprache bezogenen und diese erst ermöglichenden Vorsprachlichen erfasst Kristeva, wie gezeigt, begrifflich als das Semiotische – nur im Zusammenwirken des Symbolischen mit dem Semiotischen kann überhaupt Sinn produziert, Bedeutung konstituiert werden. In dieser theoretischen Konstellation verliert dieses vorsprachliche Psychosomatische allerdings den Charakter eines je spezifisch Konturierten oder einer festen Struktur, der für das klassische Modell der Triebstruktur oder auch für Lorenzers Konzept eines Gefüges bestimmter Interaktionsformen noch prägend ist. In Hinblick auf das von Kristeva (1980a) beschriebene *Subjekt-im-Prozess* und den Sinngebungsprozess wird die theoretisch derart transformierte Triebstruktur, das vorsprachliche Psychische, nur noch wichtig als etwas Fluidales, Flexibles, changierende Effekte Produzierendes – eben als ein Prozessmoment.

6.3.2.3 Systemtheoretische Rekonstruktion der Positionen Lorenzers und Kristevas zur Bedeutung sprachlicher Prozesse in der Psyche

Welche Bedeutung haben die beiden Konzeptionen, Kristevas und Lorenzers, zur Relation von vorsprachlichen und sprachlichen psychischen Prozessen für eine systemtheoretische Beschreibung der Psyche? Der Interaktionsformentheorie Lorenzers lässt sich die Intention entnehmen, dem Bereich des vorsprachlichen Erlebens eine für psychische Prozesse zentrale Relevanz zuzusprechen, die auch nach der psychogenetischen Phase des Spracherwerbs bedeutsam bleibt. Im psychischen Entwicklungsschritt des Spracherwerbs müssen sich die neuen sprachbasierten Möglichkeiten psychischer Operativität mit den bereits bestehenden psychischen Mustern und Prozessen verbinden. Lorenzers theoretisches Modell verdeutlicht insbesondere, dass sich psychische *Erfahrung* schon vorsprachlich als ein strukturiertes Gefüge, als eine komplexe Vernetzung ausdifferenziert. Kristevas alternative sprachtheoretische Konzeption illustriert, bezieht man sie auf das Modell Lorenzers, dass die Relationierung von Sprache und vorsprachlichen Strukturen in der Psyche, die Lorenzer in seinen metatheoretischen Entwürfen vorgelegt hat, zu schematisch konzipiert ist. Kristevas Modell lässt sich entnehmen, dass auch der vorsprachliche Bereich psychischer *Erfahrung* als ein Prozessmoment der Sprache, genauer der sprachlichen Konstitution von Bedeutung, betrachtet werden kann. Die Relation dieser beiden Dimensionen psychischer *Erfahrung* wären also nicht im Sinne einer additiven Verknüpfung, sondern als ein Ineinanderwirken zweier Prozessmodalitäten zu konzipieren. Die beiden Konzepte ergänzen sich – bei aller epistemologischen Heterogenität – wechselseitig. Kristeva verdeutlicht, dass das ‚Vorsprachliche' von sprachlichen Prozessen der Bedeutungskonstitution als Prozessmoment aufgenommen werden kann und dass der konkrete Prozess der Sinngebung eine transsubjektive, transpsychische Dimension der Zeichensysteme und die an diese gebundene Modalität der Bedeutungskonstitution mit der semiotischen Modalität des Prozesses der Sinngebung integriert. Lorenzer kann seinerseits Begrenzungen des Modells Kristevas beleuchten, insofern seine Metatheorie nahelegt, die vorsprachliche Dimension der Semiosis nicht nur in Form flüchtiger Rhythmen, Bahnungen und Stasen aufzufassen, sondern theoretisch zu beachten, in welchem komplexen Ausmaß diese Dimension einer vorsprachlichen psychischen *Erfahrung* bereits ausdifferenziert ist, und dass dieser Gesamtzusammenhang nichtsprachlicher psychischer Formbildungen operativ immer mit aktiviert wird, wenn sich in der operativen Konkatenation des psychischen Systems im Prozess der Sinngebung Bedeutung konstituiert.

Die Differenzen zwischen Kristeva und Lorenzer resultieren vermutlich auch aufgrund der unterschiedlichen materialen Hintergründe ihrer theoretischen Konstruktionen. Bei Lorenzer basiert die Theoriebildung auf dem Diskurs der psychoanalytischen Therapie und der Selbstreflexion in der psychischen Erfahrung des Analytikers. Das erleichtert eine theoretische Konzeptionalisierung des psychischen Erlebens in einer Komplexität und Vielschichtigkeit, die auch über den sprachlichen Bereich hinausreicht. Bei Kristeva (1974) ist nicht die psychische Erfahrung, sondern der poetische Text Grundlage der Theoriebildung.[259] Der Text enthält vorsprachliche psychische Erfahrungen nicht selbst, sondern lässt nur die Effekte seiner psychischen Bearbeitung erkennen. So liegt es nahe, die Dimension der vorsprachlichen psychischen Erfahrung als eine Prozessmodalität zu konzipieren, die sich nur indirekt als auf das Symbolische wirkende Negativität beobachten lässt.

Dieser Unterschied führt unmittelbar zu der für die Systemtheorie basalen Differenzierung zwischen psychischen und sozialen Systemen. Will man die Konzepte Kristevas und Lorenzers in eine systemtheoretische Beschreibung psychischer Prozesse integrieren, so sind sie zunächst auf diese Differenz zu beziehen. Der Blick wird dadurch auf den Umstand gelenkt, dass sprachliche Prozesse in der Kommunikation der sozialen Systeme nicht identisch sind mit dem, wozu Sprache in psychischen Systemen verwendet wird. Luhmann (1987: 367ff) hat darauf hingewiesen, dass Sprache in der Psyche nicht als ein Prozessieren von Sinn über die kommunikative Trias von Information, Mitteilung und Verstehen funktioniert, so wie in den sozialen Systemen, sondern, dass das, was im Bewusstsein mit Sprache vollzogen wird, sich stark von den kommunikativen Prozessen unterscheidet.

Gleichzeitig verdeutlicht die systemtheoretische Differenzierung zwischen operativen Prozessen der sozialen und der psychischen Systeme, dass sich die Vernetzung der sprachbasierten Operationen des psychischen Systems mit der nichtsprachlichen psychischen Erfahrung nicht in die Kommunikation transportieren oder übersetzen, geschweige denn, in ihr abbilden lässt. Das in den systemtheoretischen Argumentationen immer wieder thematisierte Problem, dass sich über nichtsprachliches Erleben in der Kommunikation eben nichts sagen ließe, ist ein theoretisches Artefakt der Begrenzung der luhmannschen Systemtheorie auf den Bereich sozialer Systeme. Dass sich psychische Prozesse in der Kommunikation nicht abbilden lassen – oder wenn, dann eben nur kommunikativ und nicht psychisch – erzeugt theoretisch nicht die Konsequenz, auch für psychische Systeme postulieren zu müssen, dass Erfahrung nur sprachlich oder eben gar nicht möglich sei.

Eine systemtheoretische Perspektive, die die Differenz psychischer und sozialer Systeme dazu nutzt, beide Systemtypen zu beschreiben, kann vielmehr erkennen, dass die Entfremdung, die das psychische System an der kommunikativen Mitteilung psychischer Erfahrung beobachten kann, nicht der psychischen Erfahrung selbst angehört. Wenn in den Operationen des psychischen Systems Sprache verwendet wird, dann aktiviert die psychische Formbildung über die

---

259 Wobei es interessanterweise bei beiden dann die spätere Erweiterung um das jeweils andere Erfahrungsfeld gibt; vergleiche Lorenzer (1981, 1986) und Kristeva (1989, 1994, 2007).

Markierung, oder Bezeichnung, der einen Seite der psychischen Zwei-Seiten-Form immer einen komplexen Prozess der Bedeutungskonstitution, der zwei über die psychische Erfahrung intensiv verwobene Dimensionen der Sinnbildung nutzt. Die eine Dimension in diesem Prozess der psychischen Konstitution von Bedeutung ist der über den systematischen Zusammenhang der Sprachzeichen vermittelte Prozess der *Signifikation* und der *thetischen Elaboration* – dieser Prozess ist nur durch eine Co-Evolution mit sozialen Systemen ermöglicht denkbar und bindet dann auf einer inhaltlichen Ebene psychische Erfahrungspotenziale an spezifische, sozio-historisch ausdifferenzierte und kommunikativ sedimentierte Diskurse, Alltagsepisteme und Paradigmen. Der andere, mit dem erstgenannten intensiv verwobene Prozess aktiviert die vor- und nichtsprachlichen psychischen Erfahrungszusammenhänge, die interaktionsbezogenen Komplexe einer sinnes- und körperbasierten Erfahrung, die aus der internen Beobachtung der strukturellen Kopplungen des psychischen mit den körperlichen und den protokommunikativen Matrixsystemen in der Autopoiesis des psychischen Systems erwachsen ist. Dieser nur partiell bewusstseinsfähige Erfahrungszusammenhang, der von Lorenzer als ein Gefüge bestimmter Interaktionsformen beschrieben wurde, trägt die Möglichkeit, in der psychischen Formoperation mit der Bezeichnung eine spezifische Szene – mit Lorenzer: eine bestimmte Interaktionsform – gegenüber dem psychischen Erfahrungsganzen differenziell abzugrenzen.

Die psychische Formbildung, sofern sie auch sprachbasiert operiert, bezeichnet in der Markierung der einen Seite einer Zwei-Seiten-Form eine psychisch doppelt symbolisierte Erfahrung. In einer solchen psychischen Formoperation integrieren sich die bedeutungskonstituierenden Potenziale der beiden sich jeweils über eine interne Differenzialität konstituierenden Dimensionen psychischer *Erfahrung*. Die operative Aktualisierung der Bezeichnung in der Form bezeichnet in dieser einen Operation zugleich das vorsprachliche psychische Symbol und den thetisch entfalteten Signifikanten/Signifikats-Zusammenhang des sprachlichen Zeichens. Zwei Differenzzusammenhänge werden durch die eine psychische Formoperation aktiviert – wenn denn Sprache in diesen Prozess integriert ist. Andernfalls wird durch die psychische Formoperation nur der Differenzzusammenhang der vorsprachlichen psychischen Symbole aktiviert.

Die Bezeichnung als Moment der psychischen Formoperation markiert demnach ein Doppeltes: die Verbindung einer sprachlich archivierten Erfahrung mit einer primärprozesshaft-imaginativen, nichtsprachlich archivierten Erfahrung. In der Formbildung wird diese Markierung unterschieden vom *unmarked space*, von den anderen Bezeichnungen im Sinne der zeichenbasierten sprachlichen Archivierung der Erfahrung und von den anderen Bezeichnungen im Sinne der nichtsprachlichen Symbolisierungen der Erfahrung. In die Differenzierung der aktualisierten psychischen Form sind in die Differenz die bedeutungskonstituierenden differenziellen Relationierungen eingelassen – nicht in Hinblick auf die Unterscheidung zum *unmarked space*, aber in Hinblick auf die Unterscheidung zur sprachlichen und nichtsprachlichen Erfahrung.

Auch in der Kommunikation kann mit sprachlichen Zeichen im Sinne der arbiträren Relation von Signifikant und Signifikat gearbeitet werden, kann also das Prozessieren von Sinn auf diese Dimension der Signifikate zurückgreifen. Dabei unterscheidet sich der kommunikative Gebrauch von Sprache allerdings vom psychischen grundlegend, da die sprachbasierten Formoperationen in der Kommunikation eben nicht psychische Symbolisierungen sind, keine Konkatenationen der psychischen Erfahrung. In den kommunikativen Operationen der sozialen Systeme sind die vorsprachlichen Dimensionen psychischer Erfahrung kaum zu beobachten – wenn, dann allenfalls in Transformationen der sozialen Systeme, etwa als theoretische Reflexion über psychische Erfahrung, als ästhetische Expression in den kommunikativen Operationen der Kunst oder als therapeutischer Dialog – so wie das für die Bündelung differenter Systeme im psychoanalytischen Setting beschrieben wurde[260].

Die theoretische Konstruktion sozialer Systeme impliziert insbesondere, dass das psychische Register der nichtsprachlichen Erfahrung im kommunikativen Gebrauch der Sprache operativ nicht aktiviert werden kann. Die Signifikate hängen in der Kommunikation sozusagen an der Unterseite der Signifikantenkette und werden dort über deren differentielle Relation konstituiert. Demgegenüber sind die Signifikate in den Operationen des psychischen Systems zwar ebenso über die Signifikantenkette konstituiert, jedoch sind die sprachlichen Zeichen zugleich vernetzt und relationiert zur Vernetzung und Konkatenation der nichtsprachlichen psychischen Symbolisierungen.

Als ein Ergebnis der vorstehenden Rekonstruktion kann festgehalten werden, dass die Differenz von sprachlichen und nichtsprachlichen Prozessen in psychischen Systemen und auch die für die Entfaltung der theoretischen Konstruktionen der Psychoanalyse so wichtige Differenz von Unbewusstem und Bewusstsein, insofern diese Differenz an die Verfügung / Nicht-Verfügung über Sprache gebunden wird, nicht eine derartige Zentralität reklamieren kann, wie das in den Ansätzen von Fuchs (2003, 2005) oder auch Khurana (2002) und ohnehin für die Psychoanalyse seit Freud konzipiert ist. Die Unterscheidung von Sprache und nichtsprachlicher psychischer Erfahrung ist weder die einzige noch die primäre Differenz, an der sich das psychische System ausdifferenziert – gleichwohl handelt es sich dabei sicherlich um eine sehr bedeutsame und wich-

---

260 Vgl. Kap.5.2.

tige psychische Effekte erzeugende Unterscheidung. Die Überbetonung der Relevanz dieser Differenz muss jedoch als ein Artefakt der Differenz von psychischen und sozialen Systemen betrachtet werden. Denn anders als in den psychischen Systemen kann Nichtsprachliches in sozialen Systemen kaum kommuniziert werden – nichtsprachliche Erfahrung lässt sich in der Kommunikation nicht mitteilen und ermöglicht auch keine strukturelle Kopplung mit sozialen Systemen. Dass die von Kristeva beschriebenen semiotischen Prozesse in Form der *Transposition / Intertextualität* Spuren im Symbolischen zu hinterlassen vermögen, darauf wurde hingewiesen.

In einer psychogenetischen Perspektive ist allerdings zu konstatieren, dass mit dem Voranschreiten des Spracherwerbs die Bedeutung sprachbasierter psychischer Formoperationen und die Ausdifferenzierung sprachlich symbolisierter Erfahrung immer mehr Relevanz gewinnt und über die Potenziale der strukturellen Kopplung mit sozialen Systemen die psychische Entwicklung stark dominiert. Nicht nur die Möglichkeit zur strukturellen Kopplung mit sozialen Systemen hängt am Aufbau der Fähigkeit der Nutzung der Sprache in den psychischen Formoperationen, sondern auch Reflexionsprozesse im psychischen System, die Entwicklung komplexerer Domänen des Wissens und die Fähigkeit zu gedanklich-kognitiven Prozessen sind an Sprache, respektive Zeichensysteme, gebunden.

6.3.3 Die vier Dimensionen der Strukturbildung in der Ausdifferenzierung des psychischen Systems

Der bisherigen Argumentation lässt sich entnehmen, dass sich eine theoretische Beschreibung der Ausdifferenzierung psychischer Strukturen nicht zuerst an der Unterscheidung von sprachlicher und nichtsprachlicher psychischer Erfahrung orientieren muss. Insgesamt sollte deutlich geworden sein, dass das Ineinandergreifen der Vernetzungen verschiedener Formen der psychischen *Erfahrung* eine Dichte und Komplexität aufweist, die einfache Beschreibungen unmöglich macht. Dieses Problem berührt die eingangs diskutierten, durch die Formtheorie beschriebenen, erkenntnistheoretischen Dilemmata der Möglichkeit, auf der Basis von Unterscheidungen zu beobachten. Die theoretische Konstruktion, die es ermöglichen soll, psychische Systeme in ihren operativen Prozessen und in ihrer strukturellen Ausdifferenzierung zu begreifen, indem sie die Dichte der unbeobachteten Psyche in die Reduktion der Beobachtung eines Zusammenhangs einer Reihe von unterscheidungsbasierten Beobachtungsverkettungen transformiert, kann nicht anders, als die psychische *Erfahrung*, die Operationen und Strukturbildungen des psychischen Systems, extrem zu vereinfachen und über selektive Reduktionen theoretische Konstrukte zu postulieren. Damit kann sie die unbeobachtete Dichte der psychischen *Erfahrung* weder erreichen noch abbilden. Die gängigen theoretischen Erzählungen über die Psyche müssen als solche reduktiven Konstruktionen betrachtet werden. Sie setzen bei spezifischen Unterscheidungszusammenhängen an (seien dies besondere szenische Erfahrungskomplexe oder spezifische psychische Entwicklungspotenziale oder Probleme der Kopplung zwischen Psyche und Umwelt) und entfalten ihre theoretische Beschreibung der Psyche ausgehend von den so gesetzten Einschnitten.

Im Folgenden soll eine theoretische Konfiguration zur Beschreibung des Ineinandergreifens zentraler psychischer Differenzzusammenhänge und Erfahrungskonnexe vorgeschlagen werden, die sich an den Effekten der strukturellen Kopplungen des psychischen Systems mit den wichtigsten Systemen in seiner Umwelt – Körper, Matrix, Kommunikation – und an der Reflexion der strukturellen Niederschläge der systemeigenen Autopoiesis orientiert. Diese theoretische Beschreibung des psychischen Systems, die sich über die Relationierung von vier unterscheidbaren Dimensionen entfaltet, ist kontingent – in dem Sinne, dass auch sie nicht dazu in der Lage ist, das Problem der Unbeobachtbarkeit in der Beobachtung zu umgehen. Sie ist nicht kontingent, insofern sie diskursive Anschlussfähigkeiten – zu Theorien der Psychoanalyse wie auch zu Problemen der Systemtheorie – in ihre Konstruktion mit aufzunehmen sucht.

Das psychische System differenziert sich zunächst an der strukturellen Kopplung mit dem Köpersystem aus. Sowohl der Begriff des Triebs[261] als auch die neueren Theorien zur psychischen Relevanz der Affekte, insbesondere die Modellvorstellungen der affektiven Systeme und ähnlich auch das Konzept der motivationalen Systeme, reagieren darauf, dass körperliche Bedarfslagen psychische Effekte erzeugen[262]. Basale Annahme dieser durchaus heterogenen theoretischen Konzepte ist es, dass die körperlichen Prozesse psychisch nicht nur wahrgenommen werden, sondern dass sie in die operative Ausformung der psychischen Prozesse intensiv und weitreichend hineinwirken und dass sie das psychische Erleben bis hin zur konkreten Gestaltung höherer kognitiver Prozesse bestimmen können. Dieser Aspekt ist besonders deutlich bei Ciompi (1982,

---

261 Vgl. dazu Freud (1989a, insbesondere 85, 1989e: 196).
262 Zur grundlegenden psychischen Relevanz der Affekte vergleiche beispielsweise Ciompi (1982); zur Konzeption der motivationalen Systeme vergleiche Lichtenberg (1989) und Lichtenberg et al. (2000: 13ff). Unter den fünf von Lichtenberg et al. (2000: 13) beschriebenen motivationalen Systemen sind hier insbesondere das Bedürfnis nach einer psychischen Regulierung physiologischer Erfordernisse, das aversive System und das Bedürfnis nach sinnlichem Genuss und sexueller Erregung relevant. Gerade in diesen Systemen wird die Bezogenheit des Psychischen auf den Körper besonders deutlich. Die vorliegende Interpretation dieses Modells der motivationalen Systeme fasst aber alle psychischen Prozesse als eigendynamische Bearbeitungen der Bezogenheit der Psyche auf Körper und Objekte/ Objektbeziehungen in der Autopoiesis des psychischen Systems auf.

1988, 1997) und bei Damasio (1997, 2003) ausgearbeitet. Wenn bestimmte affektive Systeme, beispielsweise das der Wut, aktiviert sind, dann ist damit zugleich eine bestimmte Art des psychischen Erlebens engagiert, die einschlägige psychische Erfahrungen reaktiviert und bis in die Struktur der unter den Bedingungen der Aktivierung dieses spezifischen affektiven Systems aktuell ablaufenden Denkprozesse hineinwirkt.

Systemtheoretisch lässt sich dies so konzipieren, dass in der Konkatenation der psychischen Formoperationen in den differenziellen Gesamtzusammenhang psychischer *Erfahrung* Cluster engerer und intensiverer Vernetzungen ausdifferenziert worden sind. Diese intensiveren Vernetzungen resultieren dabei aus der psychisch internen Bezogenheit auf die Erfahrung bestimmter externer, hier körperlicher, Prozesse und Bedarfslagen. Wie oben beschrieben, wird der operative Prozess einer psychischen Symbolbildung als die bezeichnend-unterscheidende operative Aktivierung einer psychischen Zwei-Seiten-Form konzipiert. In die Differenzierung der einen bezeichneten Seite der psychischen Form ist die Relationierung zum differenziellen Gesamtzusammenhang psychischer *Erfahrung* eingelassen. Dieser differenzielle Gesamtzusammenhang psychischer *Erfahrung* ist aber nicht nur ein reiner *unmarked space* der aktualisierten Form, sondern in sich über Ähnlichkeits- und Unterschiedlichkeitsrelationen strukturiert. Damit relationiert sich die operativ aktualisierte psychische Form zum Erfahrungsganzen des psychischen Systems und erweist sich als mehr oder weniger eng vernetzt zu den verschiedenen Clusterungen in der psychischen *Erfahrung*. In der Aktualisierung der psychischen Formoperation wirken diese über verschiedene Clusterungen strukturierten Differenzzusammenhänge der psychischen Symbolisierungen konstitutiv in der konkreten Realisierung der psychischen Erfahrung. Das, was in der Literatur als affektive Systeme beschrieben wird, lässt sich auf der Grundlage der hier explizierten theoretischen Konstruktion, als ein solches Erfahrungscluster beschreiben. Die körperlich-physiologischen Prozesse, die den affektiven Prozessen zugrunde liegen, induzieren im psychischen System Formoperationen, die ihre psychische Bedeutung über die Vernetzung ihrer gemeinsamen Bezogenheit auf die strukturelle Kopplung mit eben diesen körperlichen Prozessen konstituieren. Dabei können sowohl szenisch unbewusste Erfahrungskomplexe als auch sprachbasiert symbolisierte, kognitive Komplexe und selbst größere Bereiche bestimmter Wissensdomänen und Register der Erinnerung über diesen gemeinsamen Bezug auf die strukturelle Kopplung mit bestimmten Körperprozessen in Form einer affektiven Modalität vernetzt sein. Im Rahmen der theoretischen Konstruktion sollte allerdings klar sein, dass diese Form der Binnenclusterung des psychischen Systems nicht isoliert oder unabhängig von weiteren, im Folgenden zu beschreibenden, Binnendifferenzierungen und Clusterungen der psychischen Erfahrung verstanden werden kann.

Die zweite Dimension, die in der Beschreibung der Ausdifferenzierung des psychischen Systems berücksichtigt werden muss, resultiert aus der strukturellen Kopplung der Psyche mit Matrixsystemen. Dieser Systemtyp ist im Zusammenhang mit der Darstellung der Prozesse im therapeutischen Setting der Psychoanalyse und im Zusammenhang mit der Beziehung zwischen Säugling und Eltern in den frühen Entwicklungsphasen schon ausführlich dargestellt worden[263].

In der frühen Entwicklungsphase vollziehen sich die wesentlichen Prozesse des Austausches zwischen Eltern und Säugling in Matrixsystemen; vermittels solcher Matrixsysteme gelingen interpersonale Regulierungen psychischer und körperlicher Bedürfnisse des Säuglings genauso wie das affektiv-emotionale Tuning als Basis wechselseitiger Prozesse der Empathie und Abstimmung. Die typischen Prozesse, über die sich das Matrixsystem organisiert, sind insbesondere stimmlich-rhythmische, prosodische, gestisch-mimische und körperlich-berührende Wechselbeziehungen zwischen Kind und (primärer) Betreuungsperson. Störungen in der Fähigkeit eines der beteiligten psychischen Systeme, sich mit dem Matrixsystem zu koppeln, d.h., diese Prozesse so zu beobachten, dass sie als Impulse für die interne psychische Regulierung genutzt werden können, führen potenziell zu einem Entgleisen der Abstimmungsprozesse in der Matrix. Treten solche Störungen häufiger auf, kann dies in der Entwicklung des psychischen System des Säuglings zur Ausdifferenzierung problematischer Strukturen führen und seine Fähigkeit beeinträchtigen, sich mit Anderen über Matrix- oder soziale Systeme zu koppeln[264].

Matrixsysteme bleiben auch über die frühen Entwicklungsphasen des psychischen Systems hinaus fortdauernd wichtige Umgebungssysteme, die Effekte, Prozesse und Stimmungen in psychischen Systemen beobachten und protokommunikativ zirkulieren können. In ihnen findet sich die Grundlage der interpersonalen, interpsychischen Abstimmung, die z. B. Liebessysteme stabilisiert, Familiensysteme gegenüber therapeutischen Interventionen immunisiert oder auch den sozialen Prozessen unterlegt ist, die als massenpsychologische Phänomene beschrieben wurden[265].

---

263 Vgl. Kap. 5.2.4. und 6.3.1. und die dort angegebene Literatur.
264 In dieser Hinsicht sind insbesondere die Ergebnisse der Bindungsforschung einschlägig; vergleiche Bolwby (1975, 1976) und als aktuelle Überblicke Ahnert (2004) und Hopf (2005).
265 Vergleiche Kap. 5.2.4; vergleiche auch Freud (1989f). Namentlich die von Ciompi (1997: 237ff; 2004) genannten Prozesse, die er unter dem Titel der Wirkungen der Affektlogik in sozialen Systemen beschreibt, wären als Prozesse in Matrixsystemen zu bestimmen, deren spezifische Kopplungsverhältnisse mit sozialen Systemen einer genaueren Analyse bedürften.

In seiner operativen Konkatenation ist das psychische Systems fast gleichursprünglich auf die Matrixsysteme der Mutter-Kind-Dyade wie auf den Körper bezogen. Die Beobachtung der Matrixphänomene in den psychischen Symbolisierungen führt zu einer Ausdifferenzierung von stärker und intensiver vernetzten Clustern, in denen sich die psychische Erfahrung dieser Matrixprozesse – Stimme und Stimmungen, Gerüche, Sensationen von Berührungen und Wärme, aber auch Isolation und fehlende Resonanzen – niederschlägt. Gerade die psychische Erfahrung der affektiven Prozesse integriert die aus der strukturellen Kopplung mit dem Körper entspringenden Effekte mit den aus der strukturellen Kopplung mit den Matrixsystemen evolvierenden. Indem diese Dimensionen der psychischen Erfahrung in der Konkatenation der psychischen Formoperationen so vernetzt werden, dass sie sich in den psychischen Symbolisierungen integrieren, werden im psychischen System die Strukturelemente ausdifferenziert, die Lorenzer[266] theoretisch als bestimmte oder später auch szenische Interaktionsformen beschrieben hat.

Zur strukturellen Kopplung mit Körper- und Matrixsystemen tritt in der Ausdifferenzierung des psychischen Systems die strukturelle Kopplung mit sozialen Systemen – zunächst dem zwei Personen involvierenden sozialen System der Mutter-Kind-Dyade und dem mehrere Personen einbeziehenden sozialen System der Kernfamilie. Mit dem Voranschreiten des Spracherwerbs wächst die Möglichkeit des Kindes zur Partizipation an solchen kommunikationsbasierten sozialen Systemen, zu denen schnell auch andere Interaktionssysteme in den Kontexten der Familie, Freunde und Peers, eventuell auch pädagogischer Institutionen wie Krabbelstuben oder Krippen, hinzutreten. In der voranschreitenden Entwicklung differenziert sich psychische Erfahrung dann zunehmend bezogen auf die interne Beobachtung weiterer sozialer Systeme, interaktionaler, organisationaler und funktionaler Art, aus.

Auch für diese Dimension der Akkumulation psychischer Erfahrung im Prozess der Ausdifferenzierung des psychischen Systems gilt zunächst, dass sie sich sehr intensiv bezogen auf und vernetzt mit den beiden zuvor dargestellten Dimensionen der psychischen Erfahrung entwickelt. Insbesondere die strukturelle Kopplung mit dem sozialen System der Kernfamilie ermöglicht in der Vernetzung mit den Effekten der strukturellen Kopplungen mit Körper und Matrix den Aufbau einer sehr wichtigen, auch langfristig fundamental bleibenden, archaischen Schicht psychischer Erfahrung. Es ist dies die Schicht der Objektbeziehungen und Objektrepräsentanzen, in der sich die ‚großen dramati-

---

266 Vergleiche Lorenzer (1981: 85ff). Auch die Konzepte der Modellszenen von Lichtenberg et al. (2000: 21ff) und der Beziehungsmatrizen von Deneke (2001: 166ff) lassen sich hier verwurzeln.

schen Narrative' der psychoanalytischen Theoriebildung[267] entfalten: Der Oedipuskomplex[268] und die Thematik des Narzissmus[269] sind hier sicherlich die bekanntesten Erzählungen aus dem Kontext der psychoanalytischen Theorie. Dazu zählen aber auch andere, mit den vorgenannten verknüpfte, szenische Erfahrungskomplexe und ihre theoretische Narrativierung wie beispielsweise die Urszene (vgl. Freud 1989l: 180f) oder der von Green (2004) beschriebene Komplex der toten Mutter – letzteres eine Beschreibung der psychischen Strukturbildungen, die aus der psychischen Beobachtung einer wegen Prozessen der Trauer oder einer Depression nicht-responsiven Mutter hervorgehen.

Diese Schicht der szenisch-narrativ vernetzten Erfahrung integriert in der autopoietischen Konkatenation der psychischen Formoperationen das die Beobachtung der Umweltsysteme umfassende Erleben des Erscheinens der Körperbedürfnisse und Affekte in der Psyche in ihrer Bezogenheit auf die soziale und materiale Umwelt. Es sind wesentlich die sich in der Erfahrung sedimentierenden und nur partiell bewussten psychischen Konstrukte, in denen sich das Begehren und die Beziehungen zu den Personen der Kernfamilie im psychischen Erleben amalgamieren. Diese Konstrukte sind Grundlagen späterer biographischer Konstruktionen. Sie lassen sich als emotionale Skripte und interaktionsbezogene Schemata zugleich als psychogenetisch frühe Formen der von Luhmann (1987: 362) beschriebenen Erwartungen begreifen, die sich im psychischen System vermittels der strukturellen Kopplung mit heteronomen Systemen ausdifferenzieren und die Fähigkeit des psychischen Systems, sich auf seine Systemumwelt zu beziehen, in spezifischen Formen strukturieren.

In den späteren Phasen der Psychogenese ermöglicht die strukturelle Kopplung mit sozialen Systemen dann weiterführende Lernprozesse und die Entwicklung komplexerer kognitiver Fähigkeiten. In diesen Schritten der Ausdifferenzierung des psychischen Systems bauen sich die Archive und Domänen des Wissens, die metakognitiven Kompetenzen und spezifische, auf die strukturellen Kopplungen bezogene und in sich intensiv vernetzte Erwartungscluster auf. Diese Prozesse vollziehen sich als psychische Formoperationen weitgehend sprachbasiert. Dabei bleiben sie im psychischen System immer auch mit der vorsprachlichen psychischen Erfahrung vernetzt und jede psychische Formope-

---

267 Starobinski (1990) hat überzeugend dargelegt, dass die freudschen Theorieentwürfe in ganz essentiellen Dimensionen auf der Vernetzung mit Figuren und Topoi der europäischen Kulturgeschichte, insbesondere aus dem Bereich der Literatur, basieren. Solche Bezüge können nicht als sekundäre Verweise betrachtet werden, sondern die theoretischen Bedeutungen generieren sich durch diese Vernetzungen. Lorenzers (1981, 1986) Konzeption einer tiefenhermeneutischen Kulturanalyse schließt sich hier an, und insbesondere das Werk Kristevas basiert in großen Teilen genau auf einem solchen Zusammenhang; vergleiche exemplarisch Kristeva (1989).
268 Vgl. hierzu basal Freud (1989b: 298ff, 1989c, 1989d).
269 Vergleiche dazu Freud (1989 und 1989b) und wichtiger noch Kohut (1992).

ration mobilisiert in ihrer operativen Aktivierung der psychischen Symbole immer den gesamten Differenzzusammenhang der psychischen Erfahrung – in Anlehnung an Kristeva formuliert: die sprachbasierten psychischen Operationen müssen auch die semiotische Dimension der vorsprachlichen Erfahrung aktivieren.

Über die strukturelle Kopplung mit den sozialen Systemen entwickelt sich auch die von Fuchs (Fuchs 2005: 139f) beschriebene Polykontexturalität des Bewusstseins: die Fähigkeit des psychischen Systems, sich in der Konkatenation seiner psychischen Formoperationen situativ immer wieder auf die Beobachtung unterschiedlicher sozialer Systeme konzentrieren und an der Realisierung vielfältiger Interpenetrationsrelationen (vgl. Luhmann 1987: 286ff) beteiligen zu können[270].

Die autopoietische Ausdifferenzierung von Strukturen im psychischen System wurde bislang über die Darstellung der Effekte einer systeminternen Bearbeitung der Relation des psychischen Systems zu seinen relevanten Umweltsystemen beschrieben. Zusätzlich zu den strukturbildenden Effekten der strukturellen Kopplung der Psyche mit diesen Systemen des Körpers, der Matrix und des Sozialen lässt sich eine vierte Dimension der Strukturbildung des psychischen Systems beschreiben. Diese vierte Dimension resultiert aus der systeminternen Beobachtung der Autopoiesis des psychischen Systems – man könnte auch von Selbstbeobachtung oder Selbstreflexion sprechen. Diese Form der Selbstbeobachtung ist dem psychische System immer nur partiell, in starken Reduktionen möglich – das psychische System kann sich nicht vollständig selbst beobachten. Was allerdings möglich ist, ist die interne Akkumulation von Erfahrungsclustern, in denen die Operativität des psychischen Systems als das Eigene, als ein Selbst beobachtet wird. Das cartesianische „Ich denke" wie auch die synthetische Apperzeption Kants sind theoretisch elaborierte, darin zugleich rationalistisch und kognitivistisch enggeführte Varianten dieser Erfahrung. Die systemeigene Selbstbeobachtung muss jedoch als eine viel fundamentalere Erfahrung konzipiert werden, die bis zu den ganz frühen, archaischen Operationen des emergierenden psychischen Systems zurückreicht.

Es gibt eine Reihe von psychoanalytischen Konzepten, die versuchen, dieses Entstehen eines Bewusstseins oder einer (Selbst-)Erfahrung im Sinne einer reflexiven Beobachtung der eigenen Operativität der Psyche zu beschreiben. Dabei werden häufig Metaphern benutzt, die einen körperlichen, visuell-imaginären oder räumlichen Kern aufweisen. So beschreibt Freud (vgl. 1989b: 294) das Ich als körperlich, insofern es als die Projektion einer Oberfläche – die

---

270 Vgl. Kap. 3.2.1.

des Körpers – betrachtet werden kann[271], und Lacan (1975b) verwendet die berühmte Formulierung vom „Spiegelstadium als Bildner der Ichfunktion". Deutlicher noch spiegelt sich das Konzept einer Selbstbeobachtung der Autopoiesis des Psychischen in den Vorstellungen zur Konstitution eines psychischen Raums. Diese Konzeption ist unter Bezugnahme auf Winnicotts (1979, 1984) *transitional space* und Bions (1990: 146ff, 1992: 62) Modell *Container/contained* besonders deutlich von Green (2004) ausgearbeitet worden. Er betrachtet die Internalisierung der Beziehung zur Mutter als Grundprozess der Eröffnung des Psychischen als eines Raums der Symbolisierungen bzw. Vorstellungen. Green geht von der Erfahrung des Verlustes der Brust aus. Nach ihm ist dieser Trennungsvorgang zwischen Kind und Mutter nicht als ein reales Verschwinden der Mutter zu verstehen, sondern als ein Prozess, in dem das Primärobjekt auf spezifische Weise in das Ich integriert wird. Dieser Vorgang lässt sich so beschreiben, dass mit ihm die Erfahrung der Anwesenheit und der Abwesenheit der Brust, oder besser: der Mutter, ihr *Fort und Da*, strukturbildend für das Ich wird. Die Abwesenheit des Primärobjekts schafft den Raum für den an die Phase einer primären Verschmelzung anschließenden primären Narzissmus genauso wie für die objektalen Besetzungen. Green spricht hier von einer negativen Halluzination des Primärobjektes, die den Raum für die Besetzungen des Ich hervorbringt und als nicht mehr wahrgenommener Hintergrund, als ein negatives Moment diesen psychischen Raum mitkonstituiert. Diese negative Halluzination des Primärobjektes bedarf der Stabilisierung durch einen Rahmen. Das Primärobjekt transformiert sich in diesen Rahmen und bleibt, wenn man so will, in dieser Strukturbildung anwesend.

„Die Auslöschung des mütterlichen Objekts und seine Transformation in die rahmengebende Struktur ist dann erreicht, wenn die Liebe des Objektes sicher genug ist, die Rolle jenes Behälters für den Vorstellungsraum zu spielen, der damit nicht mehr vom Zusammenbruch bedroht ist. Er kann sich gegenüber dem Warten und der vorübergehenden Depression behaupten, da das Kind sich vom mütterlichen Objekt gehalten fühlt, selbst wenn dieses nicht mehr da ist. Der Rahmen bietet, aufs Ganze gesehen, eine Garantie für die mütterliche Anwesenheit in ihrer Abwesenheit und kann mit Phantasien aller Art gefüllt werden, bis hin zu heftigen aggressiven Phantasien, die jenen Behälter aber nicht mehr in Gefahr bringen können. Der auf diese Weise eingerahmte Raum bildet die Empfangsstation des Ich und grenzt ein leeres Feld ab, das von erotischen und aggressiven Besetzungen in Form von Objektvorstellungen eingenommen werden kann. Diese Leere wird vom Subjekt, da die Libido den psychischen Raum besetzt hält, niemals wahrgenommen. Sie ist aber primordiale Matrix für alle künftigen Besetzungen." (Green 1993: 232)

---

271 In der englischen Übersetzung *The Ego and the Id* findet sich auch die Formulierung: „I. e. the ego is ultimately derived from bodily sensations, chiefly from those springing from the surface of the body. It may thus be regarded as a mental projection of the surface of the body, besides, (...), representing the superficies of the mental apparatus." (Zit. n. Freud 1989b: 294, Fn.)

In einer ähnlichen Form und mit ähnlichen Theoriebezügen nutzt Ogden das Konzept der Matrix[272], das er zu seinem Modell einer „matrix of the mind" (1986) entfaltet. Dabei steht auch in der Version Ogdens die Relation zwischen einer äußeren, in der Beziehung zur Mutter liegenden Matrix im Sinne einer haltenden Umgebung und der Genese der inneren psychischen Matrix zentral.

„... it was not until Winnicott that psychoanalysis developed a conception of the mother as the infant's psychological matrix. From a Winnicottian perspective, the infant's psychological contents can be understood only in relation to the psychological matrix within which those contents exist. (...) Because the internal holding environment of the infant, his own psychological matrix, takes time to develop, the infant's mental contents initially exist within the matrix of the maternal mental and physical activity. In other words, in the beginning, the environmental mother provides the mental space in which the infant begins to generate experience. It is in this sense that I feel that a new psychological entity is created by the mother and (what is becoming) the infant." (Ogden 1986: 180, Hervorh. i. O.)

Die Aneignung oder Internalisierung dieser Beziehungsmatrix konstituiert die psychische Matrix (Ogden 1986: 181) und ist die Basis der psychischen Selbstbeobachtung. Die von Green und Ogden beschriebenen archaischen Prozesse einer Konstitution und (operativen) Schließung des Psychischen können als ein operatives Fundament des psychischen Systems betrachtet werden, an das sich die weiteren Ausdifferenzierungen einer rekursiven Beobachtung des psychischen Systems anschließen.

Wie auch immer diese unterschiedlichen Modelle im einzelnen argumentieren, sie alle lassen sich aus einer systemtheoretischen Perspektive als Theoreme verstehen, die darauf reagieren, dass sich in der Konkatenation der Formoperationen des psychischen Systems eine Beobachtung dieses autopoietischen operativen Prozesses als eine selbstreflexive Beobachtung entwickelt. Im Laufe der psychischen Konkatenationen evolviert irgendwann in der Psychogenese die Selbstkonzeption des Psychischen, ein Erfahrungscluster, indem sich das psychische System als etwas Geschlossenes und vom Außen wie vom Anderen Separiertes beobachtet. Hervorzuheben ist dabei, dass diese Selbstbeobachtungen schon vorsprachlich ansetzen und auch nach der Entfaltung sprachbasierter Selbstbeschreibungen essentiell an die vorsprachlichen Symbolisierungen gebunden bleiben, die die Erfahrung der Affekte und des Körpers integrierten. Als Selbstbeobachtung der Autopoiesis des psychischen Systems kann sich eine solche reflexive Selbsterfahrung immer nur partiell und unter den Bedingungen der Zweiseitigkeit der Form in den Blick bekommen. Das Subjekt verkennt sich,

---

272 „The word >>matrix<< is derived from the Latin word for womb. Although Winnicott (...) only once used the word >>matrix<< in his written work (...), it seems to me that *matrix* is a particularly apt word to describe the silently active containing space in which psychological and bodily experience occur." (Ogden 1986: 180, Fn., Hervorh. i. O.)

kann sich nicht selbst transparent werden, und allen psychischen Konstruktionen des Selbst, der Identität und der Biographie schreibt sich diese Blindness of Insight unauflöslich ein.

Die Selektivität und Reduktivität der Beobachtung ist nicht nur ein Kennzeichen der Selbstbeobachtung des psychischen Systems, sondern gilt in ganz ähnlicher Weise auch für externe, theoretische Beobachtungen des psychischen Systems. Auch die theoretische Beschreibung der Psyche kann nicht anders als unterscheidungsbasiert operieren und findet sich zwangsläufig mit dem Problem konfrontiert, immer nur selektive Ausschnitte aus der Komplexität des psychischen Systems zueinander in Beziehung setzen zu können, nie aber den Gesamtzusammenhang der Psyche, so wie er jenseits des *unmarked state* wäre, theoretisch erfassen zu können.

7 Zur Relevanz der strukturellen Kopplung von psychischen und sozialen Systemen für das Verständnis des Erziehungssystems

Die bisherigen Darlegungen verdeutlichen, dass eine theoretische Konstruktion des Sozialen als Sozialen, die darauf basiert, diese Sphäre als die der sozialen Systeme gegenüber der der psychischen Systemen zu differenzieren, in der Konzentration auf die Autopoiesis des Sozialen sehr viel aus der Beobachtung ausblendet. Die Komplexität des Operierens und der internen Ausdifferenzierung von Strukturen und polykontextural orientierten Mustern der Erwartung des psychischen Systems komprimiert sich in der abstrakten Theoriefigur der strukturellen Kopplung – an Stelle der Komplexität des Psychischen erscheint in der Theorie diese Figur der strukturellen Kopplung, die auf eine solche psychische Komplexität nur noch verweist.

Auch dort, wo im Diskurszusammenhang dieser Variante der Systemtheorie Beschreibungen des Psychischen generiert werden – insbesondere ist auf die Konstruktionen von Fuchs (2003, 2005) hingewiesen worden – reduziert sich die Erfahrbarkeit des Psychischen auf eine Dimension, die als sozial konfiguriert beobachtet wird. Fuchs bezeichnet diesen Zusammenhang als Extimität des Psychischen[273]. Solche Theorieentwicklungen führen nicht nur zu einem Dekonstruktionsvorbehalt für die Systemtheorie wie bei Luhmann, sondern berühren die Selbst-Dekonstruktion.

> „In der grundbegrifflichen Abstraktionslage kann man nicht mehr (...) ausklammern, daß soziale Systeme ebenso wie psychische Systeme differentiell konstituiert sind. Das, was sonst ausgeklammert wird, muß eingeklammert werden, in diesem Fall also, daß die Barre der Differenz des Systems soziale und psychische Systeme sprachlich (zeichentechnisch) separiert, aber zugleich besagt, daß das Soziale, ohne je psychisch zu sein, so durch Psychisches ist wie das Psychische, ohne je sozial zu sein, durch das Soziale ist. Dieser verschachtelte Chiasmus ist nun mehr als ärgerlich. (...) Da koinzidiert etwas auf eine seltsame (ja erschreckende) Weise. Es droht eine *coincidentia oppositorum* im denkbar genauesten Sinne dieser Wendung. Ein Ineinanderfallen steht zu befürchten, das die nachträgliche Trennung nicht mehr zulässt ..." (Fuchs 2005: 11, Hervorh. i. O.)

---

273 Vgl. Kap. 3.2.1.4.

Hier wird vorgeschlagen, ein solches „Ineinanderfallen" der Differenzierung von sozialen und psychischen Systemen als einen unausweichlichen Effekt einer über das Konzept der Form begriffenen Beobachtung, als eine unabwendbare Dekonstruierbarkeit der formbasierten theoretischen Konstruktion zu betrachten. Das Konzept der Supplementarität bietet allerdings die Möglichkeit, solche Effekte in der Theorie selbst bearbeitbar zu machen. Es ist eine systemtheoretisch integrierbare Paradoxie, dass die theoriekonstitutiven Unterscheidungen – System / Umwelt, soziale Systeme / psychische Systeme etc. – auf ein Jenseits dieser Unterscheidungen verweisen, das erst aus einer Reflexion der Gesamtanlage der Systemtheorie als eine heterogene Ermöglichungsbedingung der Nutzung dieser basalen theoriekonstitutiven Unterscheidungen erkannt werden kann. Derartige Effekte wären mit anderen basalen Unterscheidungen und einer anderen Art der theoretischen Konstruktion nicht zu vermeiden. Theorieimmanent bedeutet dies, dass die Systemtheorie nicht ohne Supplemente auskommt.

Eines der wichtigsten Felder solcher supplementärer Theoriestrukturen ist die Relationierung von psychischen und sozialen Systemen. Diese wird besonders virulent für die Beschreibung derjenigen sozialen Systeme, die in ihrer operativen Kommunikativität auf die Bearbeitung der Relation zwischen Psychischem und Sozialem spezialisiert sind. Zu diesen Systemen, für die die interne Bearbeitung der strukturellen Kopplung mit psychischen Systemen eines der zentralen Ausdifferenzierungsprinzipien darstellt, zählen insbesondere therapeutische Systeme und das Erziehungssystem (einschließlich der sich an diesem orientierenden Interaktions- und Organisationssysteme), aber auch soziale Systeme wie Kunst, Familie, Liebe. Dabei ist die Art, in der systemintern der Bezug auf die strukturelle Kopplung mit psychischen Systemen bearbeitet wird, je spezifisch und auch die Relationierung dieser auf die strukturelle Kopplung mit dem Psychischen bezogenen operativen Prozesse des sozialen Systems zu den anderen systeminternen Operationen konfiguriert sich in jedem Systemtyp auf andere Weise. Allgemein lässt sich dies formtheoretisch so formulieren, dass in diesen Systemen die Differenzierung von System und Umwelt spezifische operative Anschlüsse und Ausgestaltungen findet. Wie in allen selbstreferenzfähigen sozialen Systemen, besteht auch in diesen Systemen die Möglichkeit, systemintern die Differenz zu ihrer Umwelt über ein Reentry dieser System/Umwelt-Differenz zu beobachten. Das Spezifische für die genannten Systemtypen findet sich nun darin, dass dieses Reentry der System/Umwelt-Differenz als Basis für Anschlussoperationen genutzt wird, in denen es auf zweierlei Ebenen zu einem Wechsel (crossing) auf die andere Seite dieser (systemintern beobachteten) Differenz zum Psychischen kommt. Die eine Möglichkeit des Anschlusses an die systemintern beobachtete Differenz zwischen sozialem und psychischem System besteht darin, auf die Seite der Beobachtung des psychischen Systems zu wechseln und dort – operativ immer noch im sozialen System – die Effekte zu beobachten, die sich aus den kommunikativen Operationen des sozialen Systems und der strukturellen Kopplung für das psychische System ergeben. Die andere Möglichkeit besteht darin, in den *unmarked space* der Unterscheidung von System und Umwelt zu wechseln und in weiteren Operationen die strukturelle Kopplung als Unterscheidungsmöglichkeit zur Differenz von System und Umwelt zu fokussieren. Es kann im sozialen System also auch dieser Bereich der wechselseitigen Bezogenheit, der Irritabilitäten und Effekte, die durch die Operationen des je anderen Systems angestoßen werden, beobachtet werden.

Das ändert in der theoretischen Konstruktion allerdings nichts daran, dass auch die systeminterne Beobachtung der strukturellen Kopplung und/oder des Umweltsystems Psyche das differente System operativ nicht erreichen kann. Theoretische Supplementarität erwächst eben daraus, dass ein wie auch immer ausgestaltetes Reentry der Systemumwelt in das System nicht dazu verhilft, dass die das System konstituierenden Operationen das System transzendieren und in seiner Umwelt operieren könnten. Gerade für das Verständnis der Systeme, die ihre interne Ausdifferenzierung an der Beobachtung der Systemumwelt orientieren, ist es von großer Relevanz, in der theoretischen Modellierung mit zu berücksichtigen, dass es eine Relationierung von sozialen und psychischen Systemen geben muss, in der Effekte und Wechselwirkungen bestehen, die sich nicht als Systemoperationen beschreiben lassen. Zu denken ist hier im Blick auf die Relation von sozialen und psychischen Systemen insbesondere an Sprache als ein Medium, das in den differenten Systemen unterschiedliche formbildende Operationen zulässt, oder auch an die als Beispiel auf der allgemeinen Ebene der Theoriekonstruktion bereits diskutierten Ereignisse mit Mehrsystemzugehörigkeit[274].

Im Folgenden soll hier in einer ersten Annäherung untersucht werden, welche Perspektiven sich aus einer solchen, Supplemente einbeziehenden, theoretischen Konstruktion für das systemtheoretische Verständnis der Systeme der Erziehung ergeben. Diese Überlegungen basieren auf den vorstehenden theoretischen Ausführungen zu einer Theorie psychischer Systeme. Im Hinblick auf die Prozesse im Bereich des schulisch organisierten Erziehungssystems als dem primären Bezugspunkt der folgenden Darstellung ist aber zu beachten, dass die systeminterne Bearbeitung der strukturellen Kopplung mit psychischen Systemen sich dort im wesentlichen über Prozesse einer sprachlich basierten Interpenetration vermittelt. Die interne Beobachtung der Relation der Kommunikation zu psychischen Prozessen konzentriert sich auf die Dimension sprachbasierter

---

274 Vgl. Kap. 2.3.4.

psychischer Prozesse bzw. auf die Beobachtung von deren Derivaten in den kommunikativen Prozessen. Die Prozesse, die auf einer nichtsprachlichen Operativität des psychischen Systems basieren, werden im Bereich des schulisch organisierten Erziehungssystems nur als Randphänomene interessant.[275] Sie können dann ins thematische Zentrum der kommunikativen Prozesse gelangen, wenn es zu Krisenphänomen kommt – sei es im Hinblick auf motivational attribuierte Störungen des Lernens, sei es im Hinblick auf Krisen in der Partizipation an den schulischen Sozialsystemen, die als Störungen in der emotionalen Entwicklung oder der Entwicklung der sozialen Interaktionskompetenz attribuiert werden. Hier haben sich innerhalb des Schulsystems spezielle Strukturen ausdifferenziert, die in solchen Krisenfällen eine komplexere Bezugnahme auf die psychischen Umweltsysteme ermöglichen.

Für ein generelles Verständnis des schulisch organisierten Erziehungssystems sind von den in dieser Studie diskutierten Theoriegrundlagen vor allem die Betonung der Relevanz supplementärer Theoriestrukturen für bestimmte Typen sozialer Systeme wichtig[276]. Das Erziehungssystem zählt zu den Systemen, die sich in der rekursiven Bezogenheit auf die operative Konkatenation ihrer Kommunikation in zentralen Dimensionen an der internen Beobachtung der psychischen Umweltsysteme und der je spezifischen Entwicklungsverläufe der Interpenetrationsrelationen ausdifferenzieren muss.

7.1 Ansätze der Beschreibung des Erziehungssystems bei Luhmann

Luhmanns wissenschaftliche Arbeiten zum Erziehungssystem umfassen mit einer Spanne von etwa dreißig Jahren einen Großteil des Zeitraums seiner wissenschaftlichen Publikationstätigkeit[277]. Als die beiden wichtigsten Schriften können die gemeinsam mit Schorr veröffentlichte Monographie *Reflexionsprobleme im Erziehungssystem* (Luhmann & Schorr 1979) und aus dem Nachlass der Text *Das Erziehungssystem der Gesellschaft* (Luhmann 2002) betrachtet werden[278]. Nach Horster (2005: 136ff) unterscheiden sich diese jüngeren Texte

---

275 Anders verhält sich dies im Bereich der frühen Bildung, vielleicht auch in manchen sehr stark erfahrungsorientierten Feldern der Erwachsenenbildung.
276 Vgl. Kap. 2.3.
277 Vanderstraeten (2004: 37f) weist hier auf einen relativ frühen Aufsatz Luhmanns (1969) hin, wobei allerdings zu bedenken ist, dass dieser Text das Erziehungssystem sehr kurz behandelt. Laut Kade (2004: 205) arbeitete Luhmann mindestens bis Frühjahr 1997 an seinem posthum veröffentlichten Manuskript *Das Erziehungssystem der Gesellschaft* (2002); vergleiche hierzu ebenfalls die editorische Notiz von Lenzen (2002).
278 Daneben sind insbesondere Luhmanns Aufsätze in den gemeinsam mit Schorr, dann mit Lenzen herausgegebenen Sammelbänden (Luhmann & Schorr 1982, 1986, 1990, 1992, 1996, Lenzen &

Luhmanns, die sich auf das Erziehungssystem beziehen, von den vorangehenden dadurch, dass sie statt auf die Relation von Organisation und Interaktion stärker auf die Relation von Gesellschaft und Organisation fokussieren. Damit gerät auch die gesellschaftliche Funktion des Erziehungssystems, der Aufbau personaler Kompetenzen[279], deutlicher in den Blick. Und damit wird zugleich die Frage aufgeworfen, wie das theoretisch als Gegenstand von Erziehung konzipiert werden kann, was als der konkret auffindbare Mensch – als „Gesamtsystem Einzelmensch" (Luhmann 2002: 28) und als das „empirische, für sich und für andere intransparente, eigendynamische, nicht-linear operierende Individuum" (Luhmann 2002: 43) – nicht Element des sozialen Systems Erziehung selbst sein kann. Die Systemtheorie stehe hier vor einem „Nichterreichbarkeitsparadox" (Kade 2004: 203), welches Luhmann noch dadurch zu lösen versuche, dass er Erziehung in der theoretischen Konstruktion zu Kommunikation transformiere. Man kann hier ergänzend darauf hinweisen, dass dem eine Transformation des empirischen Menschen in die Person als das Konstrukt des diesen beobachtenden oder thematisierenden sozialen Systems korrespondiert.

> „Die Form, die es ermöglicht, im Zusammenhang gesellschaftlicher Kommunikation von den Systemdynamiken des Einzelmenschen abzusehen, wollen wir als >>Person<< bezeichnen. Dieser Begriff wird damit durch den Unterschied zum empirischen Menschen definiert. Er wird als Form verwendet, die es ermöglicht, Menschen zu bezeichnen unter Absehen von all dem, was sie als empirische Realität ermöglicht. Der Mensch – das ist die andere, unmarkierte Seite der Form >>Person<<." (Luhmann 2002: 28)

Ein solcher Lösungsversuch dieser theoretischen Problematik hat allerdings nach Kade „die Einziehung des Erziehungsanspruchs zur Folge" (Kade 2004: 203). Dabei handelt es sich sicherlich um eine verkürzende, pointierende Dar-

---

Luhmann 1997) relevant. Diese Bände sind aus Kolloquien hervorgegangen, in denen jeweils eine spezifische, systemtheoretische Perspektive auf das Erziehungssystem interdisziplinär zur Diskussion gestellt wurde. Gerade in diesen Diskussionen dokumentiert sich das von Corsi (2000: 267f) und Schmidt (2000) als Charakteristikum der erziehungswissenschaftlichen Rezeption beschriebene dialogische Verhältnis in der Auseinandersetzung mit den Ansätzen Luhmanns – wobei Schmidt allerdings den Ertrag einer solchen Diskussion in Frage stellt, „... weil die von der soziologischen Fremdbeschreibung gewählte Strategie der ständigen Provokation von Selbstverständlichkeiten der Pädagogik diese vielfach überforderte und zuvörderst zur Verteidigung der eigenen Selbstverständlichkeiten animierte." (Schmidt 2000: 24) Zu Luhmanns pädagogischen Schriften vergleiche auch die Zusammenstellung von Lenzen (Luhmann 2004). Als Überblick zur Entwicklung der auf das Erziehungssystem bezogenen Theorie Luhmanns siehe Saldern (2005), Qvortrup (2005), zu einer wissenssoziologischen Perspektive Luhmanns auf die Semantiken oder Selbstbeschreibungen der Pädagogik Horster (1997: 180ff) und zur erziehungswissenschaftlichen Rezeption auch Corsi (2000) und für die ältere Diskussion Oelkers und Tenorth (1987).
[279] Oder wie Luhmann zunächst vortheoretisch formuliert: „Wenn von Erziehung gesprochen wird, denkt man zunächst an eine intentionale Tätigkeit, die sich darum bemüht, Fähigkeiten von Menschen zu entwickeln und in ihrer sozialen Anschlußfähigkeit zu fördern. Dieses Ausgangsverständnis liegt auch den folgenden Untersuchungen zugrunde." (2002: 15)

stellung des luhmannschen Ansatzes – und Kade benötigt eine solche, um seinen eigenen Vorschlag zu positionieren, auf dieses ‚Nichterreichbarkeitsparadox' mit dem Konzept einer Psychisches und Soziales in einem adressierenden „pädagogischen Kommunikation" (Kade 2004: 204) zu reagieren[280] – doch wird daran deutlich, dass sich der späten Reflexion der Erziehungsproblematik in *Das Erziehungssystem der Gesellschaft* eine Auseinandersetzung mit der Frage der Relation von psychischen und sozialen Systemen als relevantes Konstruktionsmoment der Theorie noch einmal mit sehr großer Dringlichkeit stellt.

Aus der in der vorliegenden Studie entfalteten Perspektive lässt sich dies als ein Ausdruck des Wirkens supplementärer Effekte in der theoretischen Konstruktion verstehen, die mit der Transformation der Theorie durch die Implementierung des Modells der Autopoiesis und die daran anschließende Ausweitung der Bedeutung des Formkonzeptes zusammenhängen.

Schon in *Reflexionsprobleme im Erziehungssystem* hatten Luhmann und Schorr (1979) eine Reihe von theoretischen Konzeptionen zum Erziehungssystem vorgelegt, die nachhaltig relevant bleiben sollten. Das betrifft etwa die Beschreibung des Erziehungssystems als ein gesellschaftliches Funktionssystem und die daran anknüpfende Diskussion der Frage, ob sich eine, die Systemprozesse orientierende binäre Codierung aus der Funktion der Selektion im Erziehungssystem ableiten lasse (Luhmann & Schorr 1979: 276f, 301ff, 316f). Es betrifft auch eine Art Diskursanalyse der disziplinären Reflexion in Form der Pädagogik in ihrer Relation zur historischen Ausdifferenzierung des Sozialsystems Erziehung. Luhmann und Schorr (1979: 15f) sprachen hier zunächst von Semantiken; später wird ein solcher Zugriff im Kontext einer veränderten theoretischen Gesamtkonstruktion als Selbstbeschreibung der Systeme thematisiert (Luhmann 2002: 16ff und allgemein 1997: 866ff). Und sicherlich stellen nach wie vor die Überlegungen, die von den beiden Autoren unter dem Titel des Technologiedefizits (Luhmann & Schorr 1979: 115ff) entwickelt wurden, eine wichtige Herausforderung für die erziehungswissenschaftliche Rezeption, insbesondere für den Bereich der Didaktik[281], dar.

Bei all dem ist die Differenz zwischen sozialen und psychischen Systemen noch nicht so scharf angesetzt, wie sich dies dann nach der theoretischen Integration des Autopoiesisbegriffs durchsetzen konnte. In Hinblick auf das Technologiedefizit handelt es sich um ein eher quantitatives Problem der Beachtung

---

280 Kades Umgang mit dem Problem der Supplementarität stellt einen Lösungsversuch dar, der dann tatsächlich die theoretische Konstruktion kollabieren lässt – darauf wird zurückzukommen sein, vergleiche Kap. 7.2.3. Vergleiche ergänzend Kade (2006), auch dort wird pädagogische Kommunikation als eine Kommunikation aufgefasst, „... die ihre Grenze übersteigt und ins psychische System hineinreicht" (2006: 18).
281 Siehe zum Beispiel Scheunpflug (2004).

divergenter Systemreferenzen in der unübersichtlichen und unter Bedingungen der Zeit schnell fluktuierenden Unterrichtssituation (Luhmann & Schorr 1979: 120ff). Gerade in solchen Situationen lassen sich die „... akrobatischen Gedankenleistungen, die erforderlich sind, will man mehrere Systemreferenzen zugleich im Auge behalten, die wechselseitig füreinander Umwelt sind, ..."(Luhmann & Schorr 1979: 350) nicht realisieren. Der weiterreichende theoretische Hintergrund für die Beschreibung von solchen „Problemen multipler Systemreferenzen" (Luhmann & Schorr 1982a: 17) ist allerdings auch in diesen Schriften im Theorem der doppelten Kontingenz (Luhmann & Schorr 1979: 121) als einem der Parsons-Rezeption[282] entstammenden Theoriefundament schon des frühen Luhmann zu finden.

Es lohnt sich, ergänzend einen ebenfalls im Rekurs auf das Interaktionssystem Unterricht geschriebenen Aufsatz hinzuzuziehen, an dem sich ablesen lässt, wie das Konzept der Autopoiesis sozialer Systeme implementiert wird und dabei über eine spezifische Radikalisierung des Konzeptes der doppelten Kontingenz die eigentliche luhmannsche Systemtheorie abheben lässt. Es handelt sich hier um den Aufsatz „Systeme verstehen Systeme", der 1986 publiziert wurde, der aber einen Stand der luhmannschen Systemtheorie dokumentieren dürfte, in der die Integration des Autopoiesisbegriffs zwar weitgehend vorbereitet war, der Begriff selbst aber noch in Anführungszeichen gesetzt wurde[283] und sein die Theorie transformierendes Potenzial noch nicht voll entfalten konnte.

Der Aufsatz kreist um eine Analyse der Situation des schulischen Unterrichts, indem exploriert wird, ob und wie welche Systeme andere Systeme verstehen können[284]. Einer der zentralen Argumentationsstränge dieses Textes zielt darauf, über eine zur Figur der doppelten Kontingenz (vgl. Luhmann 1986: 102) analoge Konstruktion mittels der Beschreibung der Relationierung einer Reihe von selbstreferenziellen Systemen zu verdeutlichen, dass in dieser Konstellation von Systemen das Interaktionssystem Unterricht als ein eigenständiges soziales System emergiert und dass der Begriff des Verstehens, der in dieser theoretischen Konstruktion noch möglich bleibt, im Vergleich zu traditionelleren, insbesondere pädagogischen Konzeptionen dieses Begriffs wesentlich reduzierter und abstrakter angelegt ist.

---

282 Vergleiche dazu etwa Markowitz (2003: 174), bei dem sehr deutlich wird, dass in dieser Theoriefigur das Soziale aus der Konstellation erwächst, in die zwei sich wechselseitig intransparente Bewusstseine in der Begegnung geraten. Siehe zum Vergleich der Begriffsfassungen bei Parsons und Luhmann auch Vanderstraeten (2003 und 2004).
283 Vgl. Luhmann (1986: 91 Fn., 109).
284 Dabei dient als Ausgangspunkt die Definition: „Verstehen ist Beobachtung im Hinblick auf die Handhabung von Selbstreferenz. An der Operation, die wir Verstehen nennen, können mithin aktiv und passiv nur selbstreferentielle Systeme teilnehmen." (Luhmann 1986: 79)

Bemerkenswert ist hier zunächst, dass die Argumentation über eine polysystemische Perspektive entfaltet wird. Es geht um die Beobachtung einer Mehrzahl von Systemen, die zueinander in Beziehung treten. Das verdankt sich eben der Intention, die theoretische Figuration der doppelten Kontingenz mit dem Begriff des selbstreferentiellen Systems nachzustellen[285]. Luhmann konstruiert dies, indem er darlegt, dass jedes verstehende System die Differenz von System und Umwelt auf sich selbst anwenden muss und in seiner Beobachtung eines anderen Systems in seiner Umwelt zugleich dessen Differenzierung von System und Umwelt berücksichtigen muss. „Es versteht *in seiner* Umwelt ein anderes System *aus dessen Umweltbezügen heraus.*" (Luhmann 1986: 80, Hervorh. i. O.) Darin liegt dann die Möglichkeit, sich selbst auch als ein System in der Umwelt des anderen Systems zu begreifen (Luhmann 1986: 81), womit die Grundkonstellation der doppelten Kontingenz vorbereitet ist.

Dabei lässt Luhmann trotz der nicht weiter spezifizierten Begrifflichkeit des Systems zunächst an die Begegnung von Lehrern und Schülern als sich wechselseitig intransparenten personalen Systemen denken – jedenfalls lenkt er die Aufmerksamkeit erst relativ spät auf die Möglichkeit, dass es sich bei den von ihm beschriebenen selbstreferentiellen Systemen auch um soziale Systeme handeln kann, deren Emergenz er ja gerade darstellen möchte (Luhmann 1986: 91).

Bezogen auf die in der Relation von Schülern und Lehrern in der Unterrichtssituation gegebene doppelte Kontingenz betont Luhmann dann, dass diese Situation strukturell durch Intransparenz, eine starke Begrenzung der Möglichkeit des Verstehens und den Zwang zur Reduktion geprägt sei.

> „Die soziologisch ergiebige Behandlung dieses Problems liegt in der These, daß eben diese Reduktionszwänge, Intransparenzen und Verstehensdefizite der Ausgangspunkt sind, für die Emergenz einer anderen Art von Systemen, nämlich sozialer Systeme. Diese bestehen dann nicht in >Beziehungen< zwischen >Individuen<, sondern in einer autonomen kommunikativen Realität: in dem, was als Kommunikation geschieht, was als Kommunikation auf Kommunikation selektiv Rücksicht nimmt, was als Kommunikation Kommunikation >autopoietisch< reproduziert und was als kommunikatives Handeln (Mitteilen) betrachtet wird." (Luhmann 1986: 109, Hervorh. i. O.)

Man kann hier erkennen, wie sich das theoretische Konzept der Autopoiesis der sozialen Systeme allmählich seinen Weg in eine zentrale theoretische Position bahnt.

Der schulische Unterricht, in dem sich eine größere Gruppe von Personen begegnet, ist ein ausgezeichnetes Beispiel zur Plausibilisierung der Annahme, dass sich eine solche Interaktionssituation, und damit die Prozesse des Unter-

---

[285] Siehe grundlegend auch Luhmanns eigene Explikationen zu seiner Rezeption des parsonschen Begriffs in Luhmann 1987 (148ff).

richts, nicht darüber strukturieren, dass die Beteiligten ihre Gedanken artikulieren und alle jeweils verstehen, was die Anderen denken[286]. Die durch doppelte Kontingenz strukturierte Situation führt vielmehr zur Emergenz einer ‚autonomen kommunikativen Realität'.[287] Genau hier setzt das Konzept der Autopoiesis ein und konstituiert mit der operativen Schließung der rekursiven Vernetzung der Kommunikation das soziale System in der Differenz zu den psychischen Systemen. Und auch wenn dies in der theoretischen Konstruktion Luhmanns dann mit den ergänzenden Konzepten der strukturellen Kopplung und der Interpenetration[288] verbunden wird, so geht es hier primär um die Ablösung einer emergenten „Realität" oder einer emergenten, als spezifischer Typus von Systemen beschreibbaren Ordnung aus einem Kontinuum mit der Ordnung des Psychischen. Es geht nicht um die Untersuchung und Beobachtung des Wirkens und der Effekte einer strukturellen Kopplung zwischen sozialen und psychischen Systemen in einer Perspektive, die den Zusammenhang des Getrennten untersuchen würde, sondern um die theoretische Konstitution einer Sphäre, in der dann das Psychische ausgeblendet werden kann, um sich in der Beobachtung auf die Konkatenationen der Autopoiesis des Sozialen zu konzentrieren.

Theoretisch stringent vollzogen ist dies in *Soziale Systeme*. Eine ganz ähnliche Rekonstruktion der Situation der doppelten Kontingenz zweier sich wechselseitig beobachtender Systeme führt dort zunächst zu der Beschreibung:

> „... sie konzentrieren sich auf das, was sie am anderen als System-in-einer-Umwelt, als In- und Output beobachten können, und lernen jeweils selbstreferentiell in ihrer eigenen Beobachterperspektive. Das, was sie beobachten, können sie durch eigenes Handeln zu beeinflussen versuchen, und am feedback können sie wiederum lernen. Auf diese Weise kann eine emergente Ordnung zustande kommen, die *bedingt ist* durch die Komplexität der sie ermöglichenden Systeme, *die aber nicht davon abhängt, daß diese Komplexität auch berechnet, auch kontrolliert werden kann.* Wir nennen diese emergente Ordnung soziales System." (Luhmann 1987: 157, Hervorh. i. O.)

Die kursiv gesetzte Textpassage bereitet hier schon vor, was kurz darauf über die Betonung der Instabilität der durch eine doppelte Kontingenz strukturierten Situation die Implementierung des Konzeptes der Autopoiesis ermöglicht:

> „Diese Situation verdankt ihre Einheit dem Problem der doppelten Kontingenz: auch sie ist daher nicht auf eines der beteiligten Systeme zurückzuführen. Sie ist für jedes der beteiligten

---

286 Vgl. auch Luhmann (1986: 96).
287 „Das soziale System der Kommunikation hebt von der psychischen Realität mehr oder weniger ab." (Luhmann 1986: 96).
288 Zunächst wird der Begriff der Interpenetration stärker exponiert, vergleiche Luhmann (1987: 289ff) und zur Vernetzung mit dem Konzept der doppelten Kontingenz insbesondere Luhmann (1987: 293). Zur Abgrenzung der Begriffsverwendung gegenüber Parsons vergleiche auch Luhmann (1981). Zur stärkeren Betonung der strukturellen Kopplung im Spätwerk siehe Luhmann (1997: 92ff).

> Systeme Moment des eigenen Umweltverhältnisses, zugleich aber Kristallisationskern für ein emergentes System/Umwelt-Verhältnis. Dies soziale System gründet sich mithin auf Instabilität. Es realisiert sich deshalb zwangsläufig als autopoietisches System. Es arbeitet mit einer zirkulär geschlossenen Grundstruktur, die von Moment zu Moment zerfällt, wenn dem nicht entgegengewirkt wird." (Luhmann 1987: 167)

Dies markiert den Einsatzpunkt der Integration des Konzeptes der Autopoiesis in die luhmannsche Systemtheorie und so betont Luhmann auch, dass er hier zwei unabhängig voneinander entwickelte Theorien – das Theorem der doppelten Kontingenz und die Theorie autopoietischer Systeme – begrifflich fusioniert (Luhmann 1987: 167)[289]. Damit kann dann zugleich doppelte Kontingenz als Effekt der Autopoiesis des sozialen Systems verstanden werden[290]. „Die Kontingenzerfahrung läßt Systembildungen anlaufen und ist ihrerseits nur dadurch möglich, daß dies geschieht ..." (Luhmann 1987: 170).

In der mittleren Phase der Theorieentwicklung bei Luhmann geht es insbesondere darum, die spezifische Form der Begründung eines gegenüber der Sphäre des Psychischen abgegrenzten Bereichs der sozialen Systeme zu stabilisieren. Das bedeutet in Hinblick auf die theoretischen Beschreibungen zum Erziehungssystem, nicht anders als auch im Blick auf andere Teilbereiche der Gesellschaft, die Fokussierung der sozialen Prozesse unter der Prämisse der Intransparenz der psychischen Prozesse der beteiligten Personen, hier der Lernenden und der Lehrenden.[291] Das Konzept der Autopoiesis der sozialen Systeme stützt die theoretische Konstruktion einer Emergenz des Sozialen aus der Situation der doppelten Kontingenz ab und ermöglicht es, einer solchen Vorstellung einer „Autokatalyse" (Luhmann 1987: 159) des Sozialen den Status einer fundamentalen Unterscheidung dieser Theorie zu sichern.

Für die theoretische Auffassung der Systeme der Erziehung bedeutet dies, dass Luhmann (in vielen Texten in enger Kooperation mit Schorr) die Beschrei-

---

289 Clam (2000: 304) beschreibt darüber hinausgehend den philosophiegeschichtlichen Bezug, den die Zusammenfügung dieser beiden Konzepte bei Luhmann zur Auffassung der Konstitution von Intersubjektivität bei Husserl besitze. Vergleiche dazu ergänzend auch die kritische Analyse der Beziehung zwischen dem Theorem der doppelten Kontingenz bei Luhmann und phänomenologischen Konzeptionen von Intersubjektivität bei Ellrich (1992); dort allerdings noch ohne den expliziten Bezug auf das Konzept der Autopoiesis durchgeführt.
290 In diesem Sinne Vanderstraeten: „In Luhmann' s perspective, social systems continually regenerate double contingency as a stimulus for the restructuring or reconditioning of their own processes. Luhmann speaks of 'auto-catalysis' in social systems" (2003: 29).
291 Vergleiche beispielsweise auch: „In der erzieherischen Kommunikation (...) können daher psychische Systeme gar nicht erreicht werden. Sie sind zwar über strukturelle Kopplungen mit ihrer Aufmerksamkeit beteiligt, und das hat Effekte, ja nicht selten und vor allem auf Dauer gravierende Effekte für das, was sie aus sich machen. In diesem Sinne ist es unvermeidbar, daß auch die erzieherische Kommunikation sozialisiert. Aber das sind unsteuerbare Außenwirkungen." (Luhmann 1992c: 123) Anders Vanderstraeten, der zumindest die Möglichkeit sieht, dass „... ein Bruchteil der Sozialisationsprozesse intentional kontrollierbar ist" (2006: 96f).

bungspotenziale auslotet, die sich ergeben, wenn Erziehung als soziales System
– als Funktionssystem, als Organisationssystem und nicht zuletzt als Interaktionssystem – beobachtet wird. Und die zentralen Themen sind dann zunächst die Fragen nach der Codierbarkeit der kommunikativen Prozesse im Funktionssystem, nach den Möglichkeiten und Begrenzungen, Erziehungsprozesse in der Schule zu organisieren, oder danach, welche Möglichkeiten es im Interaktionssystem des Unterrichts gibt, mit der Kontingenz und Unkontrollierbarkeit dieser Situation umzugehen. Das theoretische Vorhaben einer solchen „Umschrift", um die Metapher von Fuchs (1995: 9) zu zitieren, das die Prozesse, die in anderen Theorien über Psyche, Bewusstsein oder Subjektvorstellungen konzipiert sind, als Soziales reformulieren und darin theoretisch neuartig konstruieren will[292], mag in dieser Phase der theoretischen Ausarbeitung zu labil gewesen sein, um die Theoriefigur der strukturellen Kopplung anders zu nutzen, als zur Sicherung der Möglichkeit der Differenzierung zwischen Sozialem und Psychischem. Das ändert sich, wenn diese theoretische Konfiguration über die Erprobung in der Beschreibung diverser Funktionssysteme, auch über die Entwicklung einer umfassenden Theorie der Gesellschaft, etabliert ist. Und dies gilt umso mehr, nachdem sich ein theorieimmanentes ‚Bewusstsein' von der eigenen Dekonstruierbarkeit dieses spezifischen Arrangements von Unterscheidungen ausgebildet hat.

7.2 Theoretische Komplikationen in der Beschreibung der Relation des Erziehungssystems zu psychischen Systemen

In einer theoretischen Situation, in der sich die Differenzierung der Autopoiesen sozialer und psychischer Systeme als eine der basalen Unterscheidungen der Theorie sozialer Systeme sedimentiert hat und in der es – zumindest innerhalb der Grenzen dieses Theorieuniversums – nicht mehr erforderlich ist, diese Differenzierung zu erläutern, zu begründen und abzusichern[293], wird es dann möglich, sich erneut der Frage der Relation dieser beiden Theoriestrukturen der Autopoiesis und der strukturellen Kopplung zuzuwenden. Gerade bei einer Reflexion des theoretischen Verständnisses der Systeme der Erziehung drängt sich dann die Frage auf, wie es gelingt, in den Grenzen des Sozialen Operatio-

---

292 Das gilt z.B. für die Begriffe Person, Intelligenz, Gedächtnis und Lernen (vgl. Luhmann 1987: 158f).
293 Oder auch die Theorie vor Erosion und dekonstruierenden Weiterführungen zu schützen – vergleiche etwa noch Luhmanns (1992d) polemische Reaktion auf Martens (1991), der ja zumindest darin richtig lag, in seinem Versuch, das Konzept der Interpenetration auszuformulieren, auf einen sensiblen Punkt der theoretischen Konstruktion gestoßen zu sein.

nen so zu vollziehen, dass psychische Systeme die Fähigkeit zur Interpenetration – auch unter den Bedingungen einer komplex ausdifferenzierten Gesellschaft – erwerben. Wie auch immer geschlossen das Soziale sich theoretisch darstellen mag, es muss in der Erziehung Effekte jenseits seiner operativen Schließung erwirken, sollen die Bedingungen der Möglichkeit einer Autopoiesis des Sozialen reproduziert werden. (Und zugleich gilt aus der Perspektive einer Reflexion der theoretischen Konstruktion: Will die Theorie sich in dieser Form ermöglichen, muss sie eben diese supplementäre Dimension mit bedenken.) Der Blick lenkt sich damit auf das Problem, wie es in den sozialen Systemen der Erziehung möglich ist, mit diesem grundlegenden Paradox umzugehen. Wie lassen sich die operativen Prozesse und die Strukturen, die im Erziehungssystem ausdifferenziert wurden, begreifen, wenn die zentrale Fragestellung an sie lautet: Wie reagiert die Strukturierung dieser Operationen auf die operative Schließung der Psychen?

7.2.1 Reentry: Der Mensch

In *Das Erziehungssystem der Gesellschaft* (Luhmann 2002) dokumentiert sich eine solche theoretische Schwerpunktverschiebung im Ansatz darin, dass der Text sich in den ersten beiden Kapiteln über einen doppelperspektivischen, psychische und soziale Systeme im Zusammenhang thematisierenden Zugang entwickelt, indem er die Reflexion der Relationen von Mensch und Gesellschaft sowie von Sozialisation und Erziehung als Ausgangspunkt zur Untersuchung des Erziehungssystems nimmt.

Dass in diesem Zusammenhang das „Gesamtsystem Einzelmensch" (Luhmann 2002: 28) wiederbegegnet, irritiert dabei höchstens auf den ersten Blick – geschieht dies doch in einer Form, die deutlich werden lässt, bis zu welchem Grad sich die Theorie bereits auf die ständig gegebene Möglichkeit ihrer Dekonstruierbarkeit eingestellt hat und zu Formen der paradoxalen Konstruktion übergegangen ist. So kommt Luhmann zu einer besonderen Form der Definition des Menschen: „Wenn man nun fragt, was der Mensch ist, so kann die Antwort nur lauten: ein hochkomplexes System der laufenden Reproduktion dieser Differenzen." (Luhmann 2002: 28) Diese Differenzen, das sind neben den Differenzen zwischen den Ebenen der mikrophysikalischen, biochemischen und neurophysiologischen Selbstrealisation des Systems (Luhmann 2002: 26f) die Differenzen, die sich beobachten lassen als „Großsysteme wie das Zentralnervensystem, das Immunsystem, das Bewußtseinssystem" (Luhmann 2002: 25). Expliziert man diese Formulierung auf Basis der späten Fassung einer sich über die Konkatenation von Formoperationen vollziehenden Autopoiesis, so wird die Paradoxie erkennbar. Das formtheoretisch gefasste Konzept der Autopoiesis des Systems bindet die Autopoiesis des Systems an die operativ vollzogene Selbst-Unterscheidung von einer Umwelt. Das System erzeugt sich als Differenz zu dieser Umwelt. Das Gesamtsystem Einzelmensch nun ist in dem obigen Zitat beschrieben als die laufende Reproduktion der Differenzen, die es nicht selbst in seinen Operationen erzeugt, sondern die aus den Autopoiesen der komplex vernetzten einzelnen Systeme resultieren. Autopoiesis ist Heteropoiesis ist Autopoiesis. Oder anders formuliert: die Autopoiesis des Gesamtsystems Mensch realisiert sich nur als das Reentry der Differenz der Autopoiesen von körperlichen und psychischen Systemen.

7.2.2 Codierung von Erziehung?

Die theoretische Problematik des Zusammenhangs von Autopoiesis und struktureller Kopplung gerade für das Verständnis des Erziehungssystems[294] verdeutlicht sich auch anhand eines – nicht unwichtigen[295] – Detailproblems der Theoriekonstruktion, das einige Aufmerksamkeit erfahren hat: die Frage nach der Ausdifferenzierung eines generalisierten Kommunikationsmediums und der Möglichkeit einer binären Codierung dieses Funktionssystems.

---

294 Vergleiche hierzu auch die Exponierung einer solchen Problematik in *Das Erziehungssystem der Gesellschaft*: „Eine so scharfe Betonung der Autopoiesis und operativen Schließung des sozialen Kommunikationssystems mag fast unbemerkt hingenommen werden, wenn es um Funktionssysteme geht, die primär kommunikative Erfolge suchen. Die Kommunikationsmedien für Wahrheit, Liebe, Geld, und Macht kommen zwar auch nicht ohne Bezugnahme auf die körperliche Präsenz von Menschen und die davon ausgehende Irritabilität aus. (...) Aber das Ziel solcher Kommunikation ist immer, bei hoher Ablehnungswahrscheinlichkeit (...) trotzdem Annahme zu erreichen. Wie weit Individuen mitziehen, ist eine zweitrangige Frage, sofern nur die Kommunikation sich selbst akzeptiert. Dies scheint in mindestens zwei Fällen von ebenfalls hoher sozialer Relevanz anders zu sein: bei der medizinischen Versorgung von Kranken und bei der Erziehung. Wir haben noch keinen klaren Begriff von Erziehung, aber jedenfalls handelt es sich um ein Einwirken auf einzelne Menschen. Es geht nicht nur um glattflüssige Kommunikation, sondern die Erziehung selbst muß als gescheitert betrachtet werden, wenn der Zögling sich nicht ändert (...) Auch hier ist natürlich Kommunikation (...) dasjenige Mittel, mit dem man die Wirkung zu erreichen sucht. Aber die beabsichtigte Wirkung liegt nicht in der Überwindung von Akzeptanzschwierigkeiten, sondern in der Änderung der Menschen (und es sind jeweils Einzelmenschen), die erzogen werden sollen." (Luhmann 2002: 41f)
295 So betrachtet Luhmann (1987c: 185) die Frage, ob sich für das Erziehungssystem eine binäre Codierung bestimmen lässt und in welcher Relation diese zu einer funktionssystemspezifischen Programmierung stehe, ob die Zuordnung von Code-Werten steuern kann, als einen Prüfstein für die allgemeine Theoriestruktur, die einen Zusammenhang der Ausdifferenzierung solcher Codierungen und Programmierungen mit der funktionalen Differenzierung der Gesellschaft postuliert.

In den verschiedenen Ansätzen und Versuchen, hier eine überzeugende theoretische Beschreibung zu entwickeln, spiegelt sich die Schwierigkeit für die Konstruktion der Theorie wider, in der Beschreibung des autopoietischen sozialen Systems Erziehung damit umgehen zu müssen, dass sich die kommunikativen Operationen des Erziehungssystems vernetzten, indem sie auf Effekte in den operativ nicht erreichbaren psychischen Systemen zielen. Vanderstraeten spricht von einer doppelten Referenz pädagogischer Interventionen (2001: 382) und betont: „educational interventions aim to alter the student's inner world" (2004a: 264). Dass sich diese Problematik auf die Frage der Codierbarkeit des Funktionssystem auswirken muss, ist nicht unbemerkt geblieben. So vermutet etwa auch Corsi (2000: 285) den Grund für die Unmöglichkeit, Erziehung direkt zu codieren, in dem Umstand, dass Erziehung sich auf die psychische Umwelt der Gesellschaft beziehe, und Kraft (2006: 209) begründet das Fehlen eines eigenen symbolisch generalisierten Kommunikationsmediums damit, dass sowohl das Problem als auch ein angestrebter Erfolg der Erziehung nicht in der Kommunikation selbst, sondern in der Änderung von Bewusstseinsstrukturen zu finden sei.

Schon Luhmann und Schorr (1979: 300ff) haben sich mit dieser Problematik auseinandergesetzt. Ihr Vorschlag, den – über Notenzensuren gradualisierbaren – Dualismus besser/schlechter als den Modus einer binären Codierung des Erziehungssystems zu bestimmen, kann sich nicht darauf beschränken, rein kommunikative Prozesse zu beschreiben und darzulegen, wie es in einem generalisierten Kommunikationsmedium gelingt, mit dieser binären Codierung die Kommunikationen im Erziehungssystem zu orientieren. Schon im Kontext der Einführung dieser Unterscheidung besser/schlechter zeigt sich, dass die theoretische Reflexion nicht umhin kam, auch die Effekte beschreiben zu müssen, die sich jenseits der Grenzen des sozialen Systems in den Psychen vollziehen: Die Codierung kann ihre Wirkung nur entfalten, weil sie durch die Schüler beobachtet wird – der Code funktioniert, zumindest in Hinblick auf die Dimension der Veränderung von Personen, eben deshalb, weil sich die Schüler in ihren psychischen Operationen an ihm orientieren (vgl. exemplarisch Luhmann & Schorr 1979: 309ff).

Abgesehen von anderen Problemen mit dieser Art der Codierung des Erziehungssystems – im Wissenschaftssystem: das Erfordernis, zunächst mit dem Begriffspaar von Kontingenzformel und Respezifikation (Luhmann & Schorr 1979: 94ff), später über die Relationierung von Codierung und Programmierung (vgl. Luhmann 1987c), Plausibilität dafür gewinnen zu müssen, dass sich die theoretisch sehr hoch veranschlagten Effekte einer solchen Codierung mit den konkreten unterrichtlichen Prozessen und didaktischen Zielsetzungen vermitteln lassen müssen; im Erziehungssystem: das Erfordernis, Wege zu finden, mit

Effekten einer auf die primäre Funktion des Erziehungssystems bezogenen, zumindest partiellen Dysfunktionalität der Codierung umgehen zu können, die beispielsweise daraus resultiert, dass die personale Zuordnung zu negativen Codewerten motivationale Deprivationen (auch wieder in den psychischen Umweltsystemen) zur Folge haben kann[296] – abgesehen also von derartigen sekundären Folgeproblematiken, erwächst das Hauptproblem der Wahl der binären Codierung besser/schlechter zur Beschreibung des Funktionssystems Erziehung daraus, dass die Differenzierung zwischen sozialen und psychischen Prozessen hier nicht trennscharf durchgeführt ist. Diese Problematik bleibt in der gesamten Diskussion zur Frage der Codierung des Erziehungssystems virulent[297].

Versuche, diese theoretische Problematik dadurch zu unterlaufen, dass Erziehung auf ein kommunikatives Konstrukt des Schülers als Person (Luhmann 1992c: 122) bezogen wird, erweisen sich als nicht dauerhaft stabile Konstruktionen. Das zeigt sich auch am Einsatz dieses Konstrukts der Person in der Entgegensetzung von Erziehung und Sozialisation:

> „Im Unterschied zu Sozialisation muß man Erziehung auffassen als eine Veranstaltung sozialer Systeme, spezialisiert auf Veränderung von Personen. Natürlich hat auch Erziehung Bewußtseinskorrelate in den aktiv und passiv beteiligten psychischen Systemen, aber sie ist und bleibt, kommunikatives Geschehen und folgt damit auch den Strukturgesetzlichkeiten sozialer Systeme. Während Sozialisation immer Selbstsozialisation aus Anlaß von sozialer Kommunikation ist, ist Erziehung die kommunikative Veranstaltung selbst, denn nur so ist ihre Einheit zu begreifen." (Luhmann 1987b: 177)

Das hilft nicht weiter – Erziehung könnte sich auch als soziale Veranstaltung nicht ausdifferenzieren, wenn ihre Effekte im Psychischen Sozialisation nicht in

---

296 Was dann im Wissenschaftssystem wiederum dazu führen kann, dass man überlegt, ob im Erziehungssystem nicht psychodiagnostische Instrumente, vor deren prognostischer Gewalt der abstrakte Code zunächst schützen sollte, zur Nachkontrolle der Codierungswerte eingesetzt werden können (Luhmann & Schorr 1979: 324f).

297 Vergleiche als ein extremes Beispiel für den Umgang mit dieser theoretischen Problematik auch den Vorschlag von Lenzen, das Erziehungssystem über eine Codierung durch die Unterscheidung Humanontogenese/Lebenslauf zu beschreiben: „Die Temporalität des Bewußtseinssystems, sein Dauerzerfall, seine Instabilisierung, sein Oszillieren, dieses sind Merkmale einer als Autopoiesis begriffenen Humanontogenese, ohne eine Gewähr dafür haben, daß sie eine denkbar lose Kopplung repräsentiert. Ich schlage deshalb vor, autopoietische Humanontogenese und Lebenslauf als zwei Seiten eines Systemcodes zu betrachten, von denen die autopoietische Humanontogenese das bezeichnet, was sich neurophysiologisch, *einmalig* selbst organisiert, also den positiven Wert darstellt, während Lebenslauf als wegen seiner sozialen Normierung rigide gekoppelter negativer Wert zur Reflexion bringt, wie der einmalige Organismus einem fremdselegierten Lebenslauf*muster* folgt." (1997: 244, Hervorh. i. O.) Hier überschreitet sogar die Konstruktion der Codierung die theoretische Grenze zwischen sozialen und psychischen Systemen – ganz abgesehen von der weiteren theoriearchitektonischen Problematik, dass hier eine binäre Codierung begrifflich über die Unterscheidung eines kommunikativen Konstrukts von der Autopoiesis des Bewusstseinssystems gebildet wird.

spezifischer Form beeinflussen würden. Eine reine Duplikation in theoretisch korrelierte, aber operativ unabhängige Konzepte – Erziehung und Sozialisation / Kommunikation und psychische Operativität – reicht nicht aus, sondern provoziert fortlaufend theoretische Versuche, hier ergänzende Beschreibungen zur Relation der derart konzeptionalisierten Prozesse zu produzieren. So führt auch die Suche nach einem funktionalen Äquivalent für eine binäre Codierung über die Erfindung des kommunikativen Mediums ‚Kind' (Luhmann 1995c: 210f) in einen Bereich supplementärer theoretischer Strukturen. In diesem zuerst 1991 veröffentlichten Aufsatz dringt dieser Problemzusammenhang sehr deutlich an die Oberfläche der theoretischen Argumentation. Die Unmöglichkeit, ein symbolisch generalisiertes Medium für Erziehung zu bestimmen, wird dort mit der eigenartigen Bezogenheit des Kommunikationssystem Erziehung auf psychische Systeme begründet. Nach Luhmann soll der Begriff der Erziehung

„... psychische Auswirkungen von Kommunikation bezeichnen (...); und zwar, im Unterschied zu Sozialisation, absichtsvoll herbeigeführte, als Verbesserung gemeinte Veränderungen psychischer Systeme. Der Begriff bezeichnet, mit anderen Worten, einen Kausalnexus, der soziale Systeme (Kommunikation) und psychische Systeme (Bewusstsein) verknüpft, und zwar auf planmäßige, kontrollierbare, wenngleich nicht immer erfolgreiche Weise verknüpft." (Luhmann 1995c: 204)

Dabei erläutert Luhmann sogleich unter Rückgriff auf die Differenz der jeweils selbstreferentiellen autopoietischen Systeme des Psychischen und des Sozialen (Luhmann 1995c: 206), dass solche, kausale Beziehungen anzielenden Verknüpfungen zwischen psychischen und sozialen Systemen theoretisch an der operativen Schließung der Systeme – aus der Perspektive der Erziehung: an „der kommunikativen Unerreichbarkeit psychischer Systeme" (Luhmann 1995c: 227) – scheitern. Die Ausdifferenzierung eines kommunikativ konstruierten Mediums, des Kindes, soll nicht zuletzt diese Unmöglichkeit einer Realisierung solcher Intentionen einer erzieherischen Kommunikation verdecken und dadurch den Einsatz der ansonsten eher unwahrscheinlichen erzieherischen Kommunikation ermöglichen (Luhmann 1995c: 227). Und doch kann die Argumentation nicht vermeiden, hierzu ergänzende Theorieelemente bereitzustellen. Hinzugezogen wird erneut das Konzept der strukturellen Kopplung, das in diesem Kontext auf ein die Autopoiesis von Kommunikation und von Bewusstsein ermöglichendes „Materialitätskontinuum physikalischer Art" (Luhmann 1995c: 212) verweisen soll. Strukturelle Kopplungen können, so wie das Konzept hier von Luhmann gefasst wird, nicht von den Systemen, sondern nur von Beobachtern gesehen werden. Im System selbst erscheinen die strukturellen Kopplungen als Irritationen.

„Die Umsetzung von strukturellen Kopplungen (hier also: von Kommunikation und Bewußtsein) in Irritationen verknüpft mithin einen System/Umwelt-Zusammenhang, den nur ein Beobachter sehen kann, mit Eigenzuständen, auf die das System autopoietisch reagieren kann und, mehr oder weniger folgenreich, reagieren muß. Strukturelle Kopplung gibt Anstoß zu einer Art Dauerirritation der Systeme; und wenn sie mit einer gewissen Dauerhaftigkeit sich wiederholt und mit einer gewissen Typizität auf das System einwirkt (etwa als Sprache), ist anzunehmen, daß sie im System Strukturentwicklungen auslöst, die ein Beobachter als gerichtet, jedenfalls als nicht zufällig erkennen kann." (Luhmann 1995c: 212)

Wenn es ein gesellschaftliches Funktionssystem geben soll, das die Funktion der Erziehung übernimmt, dann reicht es nicht aus, nur darauf zu verweisen, dass psychische Systeme strukturell gekoppelt sind. Die theoretische Beschreibung muss soweit ausgedehnt werden, dass es gelingt, darzustellen, wie in einem sozialen System der Erziehung der Sprung über den Graben gelingen kann, wie es möglich sein soll, trotz operativer Schließung psychische Prozesse zu motivieren, die doch ihrer Autopoiesis folgen. Oder anders formuliert: wie wird das Interaktionssystem Unterricht zu einer systematischen Irritation der psychischen Systeme? Die sich in der hier zitierten Passage präsentierende theoretische Konstruktion könnte Basis für eine weitere theoretische Entfaltung sein, die sich auf die Problematik konzentriert, wie sich soziale und psychische Systeme in solchen Kopplungsphänomenen aufeinander beziehen und wie es in der Ausdifferenzierung des Erziehungssystems und den operativen Realisierungen der jeweiligen Organisations- und Interaktionssysteme gelingt, spezifische Formen solcher ‚Dauerirritationen' zu bewirken, Effekte des Strukturaufbaus in den psychischen Systemen in bestimmte Richtungen zu lenken und dies dann auch noch zu beobachten. Darin wäre die zentrale Fragestellung zu finden, über die sich eine systemtheoretische Beschreibung des Erziehungssystems entfalten könnte.

Doch solche Fragen liegen ‚quer' zu den übergreifenden Konstruktionslinien der soziologischen Systemtheorie; und so erstaunt es auch nicht, dass diese Fragen nicht ins Zentrum der Analyse des Erziehungssystems gestellt werden. Sie müssen immer wieder Bestrebungen weichen, ausgehend von dieser labilen theoretischen Konstruktion den Blick vom Psychischen abzuwenden und theoretisch auszuloten, wie weit eine theoretische Beschreibung von Erziehungsprozessen kommt, die das Psychische im Sozialen nur noch als Surrogat fassen will.[298]

Diese fundamentale Problematik konnte dann auch nicht durch die in der weiteren Ausformulierung der Systemtheorie vorgelegten Variationen zur Lösung des Theorieproblems der Bestimmung eines generalisierten Kommunikationsmediums geklärt werden. „Rationalitätsdefekt" (Luhmann 1995c: 228) und

---

298 Vergleiche auch Problematisierungen einer Fokussierung oder Begrenzung der Beobachtung von Erziehungsprozessen auf soziale Systeme bzw. den Hinweis auf das Erfordernis, die psychische Entwicklungsdynamik des Kindes als Umweltsystem der Erziehung mitbeobachten zu müssen bei Scheunpflug (2006: 231f) und Heyting (1996: 208).

„Codierdefizit" (Luhmann 1995c: 226) des Erziehungssystems lassen sich theoretisch auch dann nicht aufheben, wenn als Medium Lebenslauf (Luhmann 1997b, 2002: 93ff), Wissen (Kade 1997: 38ff) oder Intelligenz (Baecker 2004, 2006) und als Codierung „vermittelbar/nicht-vermittelbar" (Kade 1997) oder „Wissen/Nichtwissen" (Baecker 2004, 2006) vorgeschlagen werden[299].

Auch Ersatz- oder Äquivalenzkonstruktionen wie das Konstrukt einer ‚Absicht zu erziehen'[300], die die Aufgabe einer – in anderen Funktionssystemen durch binäre Codierungen erzielten – Symbolisierung der Einheit des Systems übernehmen sollen, haben bislang noch nicht plausibel darlegen können, wie sie die theoretische Frage der Bezogenheit des Erziehungssystems auf die operativ nicht erreichbaren Psychen lösen und zugleich die kommunikativen Prozesse der Erziehung an einem einzigen Abstraktum (sei dies nun ein Code oder eine ‚Einheitsformel' oder etwas ähnliches) funktionssystemweit ausrichten könnten[301].

Betrachtet man den letzten Stand der Theorieentwicklung zu dieser Problematik bei Luhmann, so sind auch auf diesem noch fundamentale Fragen an eine systemtheoretische Beschreibung des Erziehungssystems ungelöst. Nach wie vor soll die Formel einer ‚Absicht zu erziehen' die Funktion übernehmen, die Einheit des Systems zu symbolisieren, bleibt damit aber „im System inkommunikabel" (Luhmann 2002: 58). Als theoretische Bestimmung des Mediums, in das die kommunikativen Operationen des Erziehungssystems ihre Formen einzeichnen können, wird am Konstrukt des Lebenslaufs festgehalten, das im Laufe des 20. Jahrhunderts an die Stelle des Konstrukts des Kindes getreten

---

299 Weitere Varianten und theoretische Vorschläge: Auch Luhmann beschreibt die Möglichkeit, Wissen als Formbildung zu betrachten, allerdings als Formbildung im Medium Lebenslauf und dies, ohne daraus eine binäre Codierung abzuleiten (vgl. Luhmann 2002: 97ff). Horster (2005: 135) schlägt für einen Teilbereich der Pädagogik, die Sonderpädagogik, eine Codierung der Unterscheidung Förderung/Nicht-Förderung vor und Kraft (2006: 211) verwirft die Idee einer Codierung des Erziehungssystems durch die Unterscheidung artig/unartig. Zinnecker (1997) macht den theoretisch noch einmal ganz anders angelegten, allerdings auch nur bedingt anschlussfähigen Vorschlag, den pädagogischen Code in den sorgenden Beziehungen zwischen Generationen zu suchen, die sich dadurch unterscheiden, dass die eine Generation eine zeitlich begrenzte, stellvertretende Inklusion für die andere übernimmt. Brüsemeister (2006: 202ff) erörtert die Annahme, dass sich aktuell über neue Formen der Leistungsbeurteilung durch Lerntagebücher und Portfolios ein symbolisch generalisiertes Kommunikationsmedium ausdifferenziert, und Kurtz (2006: 118f) stellt die These auf, dass die fehlende Ausdifferenzierung eines symbolisch generalisierbaren Kommunikationsmediums im Erziehungssystem einen Ersatz durch die (Lehr-) Profession gefunden hat.
300 „Die Absicht zu erziehen dient dem Erziehungssystem anstelle eines eigenen Code als dasjenige Symbol, das Operation mit Operation verknüpft und dadurch die Einheit des Systems symbolisiert." (Luhmann 1992c: 112)
301 Darüber hinaus problematisiert Hellmann (2006), dass eine Absicht zu erziehen auch als essentiell für den Bereich der Werbung betrachtet werden könne und sich deshalb nicht eigne, den Funktionsbereich der Erziehung trennscharf zu identifizieren.

sei (Luhmann 2002: 93). Doch eignet sich auch ein solches Medium nicht als ein dann binär codierbares symbolisch generalisiertes Kommunikationsmedium[302]. Stattdessen greift Luhmann (2002: 59) den Vorschlag von Kade (1997) auf, die Unterscheidung vermittelbar/nicht vermittelbar als Code des Erziehungssystems aufzufassen – aber auch hieraus leitet sich nicht unmittelbar die Möglichkeit einer binären Codierung des Erziehungssystems ab.

Der Vorschlag von Kade beruhte zunächst auf der Intention, die Begrenzung der Beschreibung des Funktionssystems Erziehung auf den Bereich der Schule und Hochschule zu überwinden, die sich in den gemeinsam und einzeln verfassten Schriften bei Luhmann und Schorr weitgehend unreflektiert findet[303]. Andere Prozesse des Lernens, insbesondere die Bereiche des Lebenslangen Lernens und der Erwachsenenbildung sowie andere Felder eines non-formalen Lernens, könnten über die von Luhmann vorgeschlagene Möglichkeit der Codierung des Erziehungssystems nicht mehr erfasst werden[304]. Diese überzeugende Argumentation berührt zugleich das zentrale theoretische Problem, dass die alte luhmannsche Codierung besser/schlechter eben nicht bei der Funktion des Systems angesetzt hatte. Dies sieht nach Kade (1997) anders aus, wenn man eine Systembildung des Pädagogischen über die Konzeption des Vermittelns beschreibt – der Code vermittelbar/nicht-vermittelbar grenzt pädagogische Kommunikation und damit das System des Pädagogischen in der Differenzierung von anderen Kommunikationen ab. Dies bedeutet zugleich eine Entgrenzung der Pädagogik in dem Sinne, dass mit einer solchen theoretischen Konstruktion Pädagogik nicht mehr nur gebunden an traditionelle Formen der Institutionalisierungen von Bildung konzipiert wird (Kade 1997: 37ff).

Luhmann übernimmt die Unterscheidung vermittelbar/nicht-vermittelbar in der Funktion als Code für das Erziehungssystem, verknüpft diese allerdings mit den immer noch als essentiell für das Erziehungssystem betrachteten Selektionsprozessen und der auf diesen basierenden Codierung besser/schlechter:

„Zu den wichtigsten Systemeffekten dieses ausgebauten Selektionswesens gehört die Möglichkeit einer Zweitcodierung des Gesamtsystems nach dem Schema besser/schlechter. Die Erziehung selbst läßt sich nur nach dem Code vermittelbar/nicht-vermittelbar bewerten und

---

302 Daran ändert sich auch nichts, wenn man die theoretische Konstruktionsmöglichkeit durchspielt, das verwandte Konzept der Karriere als Medium zu bestimmen, vergleiche Corsi (1993).
303 Vergleiche dazu auch den Kommentar von Merkens (2006), der in einer korrespondierenden Überlegung die Bestimmung der Funktion des Erziehungssystems über den Begriff der Erziehung mit den Begriffen der Beratung, der Hilfe und des Lernens erweitern möchte.
304 Vergleiche hierzu auch die Diskussionen zur Erweiterung der Begriffe des Lernens und der Bildung um die Dimensionen informellen und non-formalen Lernens / informeller und non-formaler Bildung (Dohmen 2001, Otto 2004, Rauschenbach et al. 2004) und das sich hier neu eröffnende Forschungsfeld (Büchner & Brake 2006, Büchner & Wahl 2005, Rauschenbach, Düx & Sass 2006, Tully 2006, Wahler, Tully & Preiß 2004).

daraus ergibt sich kein Anhaltspunkt für die Beurteilung ihrer Erfolge. Die Primärcodierung wird daher ergänzt durch ein retrospektives Verfahren, das festzustellen sucht, ob die Vermittlung gelungen ist oder nicht."(Luhmann 2002: 73)

Ein solches Beharren auf der Bedeutung von Selektionsprozessen erstaunt angesichts von Schulsystemen wie dem deutschen nicht; es hat aber auch in Hinblick auf andere nicht formelle Bildungsprozesse Plausibilität. Betrachtet man etwa den Bereich des Kompetenzerwerbs in informellen Kontexten, so wird deutlich, dass auch in diesen Feldern die Frage nach Dokumentation und Zertifizierung solcher Kompetenzen sehr nahe liegt. Zertifizierungen und Dokumentationen von Kompetenzen lassen sich als Varianten der Codierung besser/schlechter verstehen, die sich mit dieser über die basale (und potenziell auch gradualisierbare) Unterscheidung vorhanden/nicht-vorhanden verbinden.

7.2.3 Die Unterscheidung Vermitteln/Aneignen als Form der Konzeption der Relation von sozialen und psychischen Operationen

Kade (2004, 2006) kommt auf Luhmanns Adaptation seines Vorschlages zur Codierung der Erziehung über die Unterscheidung vermittelbar/nichtvermittelbar zurück und nimmt seinerseits Luhmanns Verbindung dieser Primärcodierung mit der selektionsbezogenen Zweitcodierung auf. In Hinblick auf das hier interessierende Theorieproblem der Frage nach der Relevanz supplementärer Theoriestrukturen für die Beschreibung des Erziehungssystems, lohnt es sich, einige Figurationen der theoretischen Beschreibung bei Kade etwas näher zu betrachten.

Kade (2004) geht mit dieser Problematik derart um, dass er einen Begriff der pädagogischen Kommunikation konzipiert, in dem die Kommunikation über einen zweifachen Adressatenbezug gekennzeichnet ist. Die pädagogische Kommunikation adressiert einerseits die Person als Konstrukt des sozialen Systems, andersseits zugleich aber auch den Menschen oder das Individuum als die andere Seite dieser kommunikativen Form Person und darin das psychische System, das sich das Vermittlungsangebot der Kommunikation aneignen soll. Kade fasst dies in der Formulierung: „Pädagogische Kommunikation ist die Einheit einer Differenz als Differenz. Sie ist Kommunikation und >pädagogisch<, und sie ist beides im Zusammenhang. Als Kommunikation ist ihr Adressat die Person. Als *pädagogische* Kommunikation ist ihr Adressat der konkrete Einzelmensch." (2004: 204, Hervorh. i. O.). Diese Figur lehnt sich an Konstruktionsmöglichkeiten einer formtheoretisch argumentierenden Systemtheorie an. Kade bleibt in dieser Argumentation allerdings nicht dabei stehen, die dem sozialen System der Erziehung interne Differenzierung zwischen der Beobachtung des Konstrukts der Person und der Beobachtung eines davon zu unterscheidenden systemexternen Menschen auf einen diese Unterscheidung ermöglichenden Einheitsbegriff – pädagogische Kommunikation – zurückzuführen. Wenn diese Einheit stattdessen selbst erneut als Differenz aufgefasst wird, so kann das nichts anderes bedeuten, als dass hier eine supplementäre Perspektivierung genutzt wird. Die Einheit der Differenz als Differenz zu konzipieren, erhält den Verweis auf die Differenz der Beobachtungen im psychischen System aufrecht. Zielen die systemtheoretischen Begriffsstrategien üblicherweise darauf, die Differenz von Psychischem und Sozialem über ein Reentry dieser Differenz in das soziale System einzuholen und darin die Einheit der Unterscheidung als soziale zu konzipieren, so bewahrt Kades Auffassung einer solchen Einheit der Differenz als Differenz das theoretische Wissen um die differente Beobachtung dieser Relation in den psychischen Systemen.

In der Ausarbeitung dieser theoretischen Figur changieren allerdings die Begrifflichkeiten und es wird nicht ganz transparent, wie dicht sich Kade mit begrifflichen Dopplungen wie ‚Kommunikation' und ‚pädagogische Kommunikation' oder auch ‚kommunikative Aneignung' und ‚individuelle Aneignung' (vgl. Kade 2004: 208) an die Theoriestruktur der luhmannschen Systemtheorie anlehnt. So sieht Kade in Hinblick auf Erziehung zunächst das Erfordernis, zu klären, wie sie gleichzeitig Kommunikation und pädagogische Kommunikation sein kann; dies entspreche der Frage, „... wie Erziehung zugleich im Innern des sozialen Systems operieren und auf das psychische System mit seinen Operationen bezogen sein kann." (Kade 2004: 204). Auch Kade rekurriert zur Beantwortung dieser Frage auf das Konzept der strukturellen Kopplung – ohne diesem allerdings in seinen weiteren Ausführungen einen zentralen Stellenwert beizumessen.

> „Strikt von der pädagogischen Kommunikation her als Kommunikation gedacht, wird jedoch verlangt, dass das Draußen im Inneren, das psychische System im sozialen System vorkommen muss, das Pädagogische in der Kommunikation. Es muss also in dieses hineinkopiert sein, das heißt als Abwesendes anwesend, als Ausgeschlossenes eingeschlossen sein, sodass das Ausgeschlossene gleichsam im Schatten, abgedunkelt, nur strukturell gekoppelt, mitlaufen kann." (Kade 2004: 204f)

Was mit der Verdoppelung des Begriffs der pädagogischen Kommunikation in die Unterscheidung von Kommunikation und pädagogischer Kommunikation zunächst nach einer Erweiterung der Theorie um eine supplementäre Perspektive aussah, reduziert sich wieder in die Figur des Verweises, die anstelle einer Ausführung solcher supplementärer Theoriestrukturen nur den Hinweis auf die differenten Systemprozesse des Psychischen transportiert – als Spur im Sinne Derridas.

Ähnlich verhält es sich mit dem Begriff der Aneignung. Eingeführt wird er zum Zwecke einer genaueren Bestimmungen der spezifischen Operationen der pädagogischen Kommunikation über einen Rekurs auf die Relation von Erziehung und Sozialisation (vgl. Kade 2004: 205f). Dabei beschreibt Kade das Verhältnis dieser Begriffe zunächst über die Relation von sozialen und psychischen Systemen und postuliert eine Differenz und Gleichberechtigung der Perspektiven dieser Systeme.

> „Während Erziehung sich vom sozialen System aus auf das psychische System bezieht, richtet Sozialisation sich vom psychischen System aus auf das soziale System. Beiden gemeinsam ist die Unterscheidung soziales/psychisches System und die vom jeweiligen Ausgangspunkt aus operativ nicht überwindbare Kluft. Damit sind zwei gleichberechtigte Perspektiven auf das Verhältnis von sozialem und psychischem System etabliert." (Kade 2004: 206)

Auf dieser Grundlage wird dann in Ergänzung zum Begriff der Vermittlung, der sich auf die kommunikativen Operationen der sozialen Systeme des Pädagogischen bezieht, der dem Psychischen zugeordnete Begriff der Aneignung als eine komplementäre theoretische Konstruktion eingeführt. „Der Zugang zum psychischen System vom sozialen aus geschieht als Operation des Vermittelns, vom psychischen System her als Operation des Aneignens" (Kade 2004: 206). Diese Einführung des Konzeptes der Aneignung fasst diesen Begriff zuerst als eine Beschreibung für die Bezogenheit von Operationen im psychischen System auf Operationen, die sich im sozialen System vollziehen. Aneignung ist hier also ein Begriff des Psychischen, der aus einer Perspektive entwickelt wird, die auf die Relation unterschiedlicher Systeme fokussiert. Eine solche mehrsystemische Perspektive wird dann aber auch hier sogleich zugunsten der Frage aufgegeben, ob und wie Aneignung doch ebenfalls in der pädagogischen Kommunikation vorkommen kann. Der Weg zum Verzicht auf die doppelte Perspektive auf soziale und auf psychische Systeme verläuft über die Annahme, dass, wenn sich die kommunikative Operation des Vermittelns auf Aneignen bezieht, auch dieses in irgendeiner Form in der pädagogischen Kommunikation auftauchen müsse (Kade 2004: 207). Die Aneignung des psychischen Systems wird in Form der Unterscheidung Vermitteln/Aneignen in das soziale System implementiert – sie wird in der Beobachtung der Differenz zu den psychischen Operationen als Reentry anschlussfähig für die Operationen des sozialen Systems. „Die Unterscheidung Vermitteln/Aneignen ist das Resultat des Hineinkopierens der System-Umwelt-Unterscheidung soziales/psychisches System in die pädagogische Kommunikation" (Kade 2004: 207). Über diese Konstruktion soll es dann möglich werden, innerhalb des sozialen Systems zu beobachten, ob eine Vermittlung erfolgreich war oder nicht. Die Beobachtung des Erfolges der Vermittlung löst sich damit von der Frage, welche konkreten Prozesse der Aneignung sich im psychischen System vollzogen haben, und beschränkt sich auf ein Konstrukt einer solchen Aneignung im sozialen System. Genau an diesem Punkt vernetzt sich die theoretische Konstruktion mit der Idee einer Codierbarkeit des Erziehungssystems über die Codierungen vermittelbar/nicht-vermittelbar und besser/schlechter (wenn man letzteres als die Unterscheidung konzipiert, die beobachtet, ob die Vermittlung erfolgreich war).

Kade versucht diese theoretische Figuration dadurch abzustützen, dass er den Begriff einer in die pädagogische Kommunikation eingegangenen Aneignung über eine weitere Bifurkation erneut verdoppelt.

> „Aneignung innerhalb der pädagogischen Kommunikation unterscheidet sich aber nicht nur vom Vermitteln, sondern auch in sich selbst. Und zwar gemäß der Unterscheidung soziales/psychisches System, die in dieser Gestalt in die pädagogische Kommunikation wieder eingeführt wird, als eine dem sozialen und eine dem psychischen System zugehörige Seite: nämlich – analog zur Unterscheidung Individuum/Person – in kommunikationsintegrierte, personbezogene und bewusstseinsintegrierte, individuelle Aneignung." (Kade 2004: 207f)

Eine solche zweite Unterscheidung ermöglicht es, innerhalb des sozialen Systems die Relation zwischen der kommunikativen Konstruktion der Aneignung und ihrem psychischen Korrelat zu reflektieren und davon auszugehen, dass zumindest eine lose Verbindung zwischen diesen beiden angenommen werden kann. Nach Kade findet sich die theoretische Begründung dafür darin, „... dass die *kommunikative* und die individuelle *Aneignung* sich nicht nur unterscheiden. Sie sind auch eins, sie unterscheiden sich nicht. Insofern verweisen sie als Unterschiedene aufeinander und sind (locker) aneinander gebunden." (2004: 208, Hervorh. i. O.)

Über diese theoretischen Konstruktionsprozesse ist dann wieder eine Situation erreicht, in der die supplementären Theoriestrukturen zugunsten einer nur noch bei der Fokussierung der Prozesse im Sozialen ansetzenden Beobachtung zurückgedrängt sind. Das ist deshalb unbefriedigend, da auf diese Art und Weise die für das Erziehungssystem essentiellen Fragen der Wirkungsweisen struktureller Kopplungen zwischen sozialen und psychischen Systemen erneut nur auf einer sehr abstrakten Ebene bedacht werden. Die Bearbeitung solcher Problematiken auf dieser Ebene verhindert eine konkrete theoretische Analyse, wie die Relation der operativen Prozesse in den psychischen Systemen und im Erziehungssystem differenzierter konzipiert werden kann. Dass es sich dabei um labile theoretische Konstruktionen handelt, verdeutlicht sich im Falle der Konzeption von Kade auch dann, wenn er in einem erneuten Aufgreifen der Thematik wieder die Relation von sozialen und psychischen Systemen in Erinnerung ruft. So postuliert er, dass „... es im Erziehungssystem um die Vermittlung von sozialem und psychischem System geht, am Erziehungssystem also zwei Systeme beteiligt sind ..." (Kade 2006: 16). In einer solchen Formulierung wird weder ganz transparent, ob im Terminus der Vermittlung ein dialektisches Theoriemoment mitschwingt, noch, wie die Vorstellung, dass am Erziehungssystem soziale und psychische Systeme „beteiligt" sind, mit der luhmannschen Systemtheorie zusammengebracht werden kann. Dies gilt ebenso für die direkt anschließende Interpretation des Vorschlags Luhmanns, Erziehung als Formbildung im Medium Lebenslauf zu betrachten. Auch hier lassen Kades Formulierungen die systemtheoretische Architektur schwanken: „Das Konzept Medium dient dazu, die Bedingungen der Möglichkeit des Unmöglichen zu erklären, von einem sozialen System auf ein psychisches System einzuwirken; nämlich indem eine dritte Realitätsebene in Anspruch genommen wird, die beide übergreift." (2006: 17). Und ganz ähnlich:

> „Beim Medium seinem allgemeineren Begriff nach geht es (...) nicht um die Erhöhung der Wahrscheinlichkeit pädagogischer Kommunikation innerhalb der Grenzen der Kommunikation, sondern um das Möglichmachen unmöglicher pädagogischer Kommunikation über ihre Grenze hinaus; einer Kommunikation, die ihre Grenze übersteigt und ins psychische System hineinreicht." (Kade 2006: 18)

Diese theoretischen Instabilitäten werden hier als Hinweise darauf verstanden, dass eine Ausarbeitung supplementärer Theoriestrukturen erforderlich ist, um diese Problematiken systemtheoretisch konsistent beschreiben zu können.

Diesen Abschnitt zusammenfassend, lässt sich festhalten, dass alle Versuche einer theoretischen Bearbeitung der Frage nach Medium und Code des Erziehungssystems und der damit zusammenhängenden theoretischen Konzeptionen des Systems der Erziehung nicht dazu führen, Rationalitätsdefekt und Codierdefizit dieses Funktionssystems in der theoretischen Konstruktion lösen zu können. Nach wie vor besitzt der frühe Vorschlag von Luhmann und Schorr, nach dem die Codierung besser/schlechter noch am ehesten vermag, die kommunikativen Prozesse im Erziehungssystem zu orientieren, die größte Plausibilität. Dies wird besonders deutlich in einer historischen Perspektive, mit der gezeigt werden kann, dass die Verknüpfung von Selektionsprozessen und Erziehung in einer spezifischen Konstellation der übergreifenden Ausdifferenzierung des Gesellschaftssystems besonders gut geeignet war, die Ausdifferenzierung eines Funktionssystems Erziehung zu unterstützen (vgl. Luhmann & Schorr 1979: 250ff). Genau darin, dass diese Ausdifferenzierung über eine Codierung gelaufen ist, die nicht bei der zentralen gesellschaftlichen Funktion der Bereitstellung von kommunikativen Prozessen für die psychische Entwicklung der Möglichkeiten personaler gesellschaftlicher Partizipation ansetzt, sondern bei der für andere Funktions- und Organisationssysteme relevanten Leistung der Selektion, findet sich aber auch der Grund für eine potenzielle Dysfunktionalität dieser spezifischen Formen eines selektionsbetonenden Erziehungssystems.

Auch kann nicht davon gesprochen werden, dass theoretisch ausdifferenzierte Beschreibungen dazu vorliegen, wie es in den Systemen der Erziehung gelingt, die Relation der kommunikativen Operationen zum operativen Aufbau psychischer Erfahrungsstrukturen zu bearbeiten. Im Gegenteil, die dargestellten Entwürfe lassen das Problem nur umso deutlicher zutage treten, dass die theoretische Konstruktion hier supplementärer Theoriestrukturen bedarf.

Bevor in den folgenden Abschnitten Perspektiven entwickelt werden, über die aufgezeigt wird, wie solche auf die Relation zum Psychischen zielenden supplementären Theoriestrukturen entwickelt werden können, sei kurz eine ganz andere Dimension supplementärer Theorieentwicklungen im Kontext der systemtheoretischen Beschreibungen des Erziehungssystems erwähnt.

Die bisherigen Überlegungen thematisieren das Problem der Erziehung in Hinblick auf das gesellschaftliche Reproduktionserfordernis der Ausdifferenzierung eines Funktionssystems, das es ermöglicht, eine infrastrukturelle Basis der Autopoiesis sozialer Systeme immer wieder neu zu generieren. Man kann hier aber auch eine supplementäre Theorieperspektive einnehmen, die eine Fokussierung der Frage nach der Funktion von Erziehung auf Personen und psychische Systeme erlaubt. Für die einzelnen Individuen, für die psychischen Umwelten des Sozialen, liegt die Funktion von Erziehung in der Eröffnung der Möglichkeit des personalen Zugangs zu den Funktionssystemen über den Aufbau von Kompetenzen und den Erwerb von Qualifikationen. Wie und in welchen Formen, mit welchen mehr oder weniger großen Restriktionen ergibt sich für die einzelnen Individuen die Möglichkeit einer gesellschaftlichen Partizipation als Person in den für sie relevanten sozialen Systemen? Aus einer solchen Perspektive haben die Art der spezifischen personalen Inklusion in das Erziehungssystem und die besonderen Formen, in denen einerseits psychische Kompetenzen, in den psychischen Umweltsystemen der Erziehung, und anderseits Markierungen solcher unterstellten Kompetenzen an den Personen durch Zensuren und Abschlüsse vorgenommen werden, eine sehr große und steuernde Bedeutung für die Ermöglichung gesellschaftlicher Teilhabe. Damit verschiebt sich das, was bei Luhmann unter Stichwörtern wie Karriere oder Funktion des Erziehungssystems für andere Funktionssysteme als ein soziales Phänomen diskutiert wird, zu einer Form der theoretischen Beobachtung, die die Umwelt sozialer Systeme als primären Referenzpunkt wählt und danach fragt, welche Relevanz solche sozialen Prozesse für die Umweltsysteme des Sozialen, mag man nun von psychischen Systemen oder von Menschen reden, besitzt. Diese Diskussion soll hier nicht vertieft werden, sie knüpft aber unmittelbar an den Dialog an, der zwischen der Theorie der Sozialen Arbeit und der systemtheoretischen Soziologie zu den Fragen geführt wurde, wie sich die Begriffe Inklusion und Exklusion systemtheoretisch relationieren lassen[305] und ob vor diesem Hintergrund soziale Arbeit als ein sekundäres Funktionssystem konzipiert werden könne, dessen Ausdifferenzierung auf die Problematik der Exklusion von Personen vom Zugang zu sozialen Funktionssystemen reagiere (Merten & Scherr 2004, Merten 2000, Kleve 2007: 156ff)[306].

7.3 Das Erziehungssystem unter der Perspektive der strukturellen Kopplung

Ungeachtet des Erfordernisses einer Ausweitung der theoretischen Beschreibung des Erziehungssystems in die derzeit viel diskutierten Felder einer informellen Bildung (Rauschenbach et al. 2004), des lebenslangen Lernens (Kade & Seitter 1996) und auch der sich zunehmend ausdifferenzierenden frühen Bildung, Kern des Funktionssystems Erziehung sind und bleiben die in Schulen und Hochschulen organisierten Bildungsprozesse der nachwachsenden Generationen. Die systemtheoretische Beschreibung und Analyse der Erziehungsprozesse muss sich zentral an der alle Gesellschaftsmitglieder in der Kindheit inkludierenden Institution der Schule orientieren. Mit dem Schulsystem hat das Erziehungssystem eine spezifische organisationale Gestalt ausdifferenziert, die es ermöglicht, eine relativ große Effizienz in der Beeinflussung von Sozialisationsprozessen und zum Aufbau von solchen personalen Kompetenzen zu erreichen, die eine soziale Partizipation ermöglichen. Damit erfüllen diese Subsysteme des Erziehungssystems entscheidende Aufgaben in der Ermöglichung einer gesellschaftlichen Reproduktion durch die Bereitstellung sozialer Arrangements, in denen psychische Systeme Entwicklungsprozesse durchlaufen können, die ihnen die Fähigkeit vermitteln, sich in polysystemischen Kontexten mit dem Sozialen zu koppeln.

Als zentrales Strukturphänomen hat sich dabei in der Ausdifferenzierung des Erziehungssystems die Unterrichtung in organisational gebundenen Interaktionssystemen erwiesen. In der essentiellen Bedeutung von Interaktion für dieses Funktionssystem unterscheidet es sich von anderen Funktionssystemen. Der Grund dafür liegt, wie deutlich geworden sein sollte, in der direkten Bezogen-

---

305 Vergleiche als Überblick zur Entwicklung dieser Begriffe in der Systemtheorie Farzin (2006), sowie als Schlüsseltexte insbesondere aus dem soziologischen Kontext Fuchs und Schneider (1995), Fuchs (1997), Göbel und Schmidt (1998), Nassehi (2000, 2002), Nassehi und Nollmann (1997), Schroer (2001), Stichweh (1997).
306 Vergleiche ergänzend auch die Versuche, an diesem Punkt der theoretischen Konstruktion die Reflexion sonderpädagogischer Strukturen oder Perspektiven im Erziehungssystem (Moser 2003) oder auch in Hinblick auf die Möglichkeit einer betrieblichen und organisationalen Integration von Menschen mit Behinderungen (Wetzel 2004) anzusetzen.

heit der sozialen Funktion auf psychische Systeme[307]. Der wichtigste evolutionäre Vorteil des Interaktionssystems Klassenunterricht, der eine Durchsetzung dieser Form der Strukturbildung im Schulsystem ermöglichte, liegt in der organisatorischen Bündelung von Ressourcen und professionellen Kompetenzen. Ein kommunikatives Arrangement, in dem eine Lehrkraft eine größere Gruppe von Schülern unterrichtet, erlaubt eine möglichst weitgehende Parallelisierung psychischer Aufmerksamkeiten und kognitiver Lernprozesse. Klassische Formen lehrerzentrierten Unterrichts und korrespondierende didaktische Konzeptionen ziehen daraus ihre Berechtigung und konnten sich in vielen Schulsystemen als Standardform durchsetzen[308].

Auch wenn in solchen Modellen eine starke Simplifizierung der Komplexität der psychische und soziale Systemprozesse vernetzenden Lehr-/Lernprozesse liegt[309], so erwies sich diese Unterkomplexität bei der Durchsetzung dieser Formen des Unterrichts und bei der Etablierung des klassenförmig organisierten Unterrichts nicht als hinderlich[310]. Erst Entwicklungen außerhalb des Erziehungssystems, wie die durch das politische System angestoßenen internationalen Vergleichsstudien zur Leistungsfähigkeit der Schulsysteme[311] oder, allgemeiner, die alle Funktionssysteme erfassende gesellschaftliche Transformation zur Informations- und Wissensgesellschaft[312] und die damit zusammenhängenden Steigerungen in den Anforderungen an personale Kompetenzen, scheinen aktuell das Erziehungssystem soweit irritieren zu können, dass es hier auch systemintern zu neuen, die sozialen Arrangements des Lernens verändernden Entwicklungen kommt.

---

307 So auch Vanderstraeten zur Besonderheit des Erziehungssystems: „This exeptional evolution is related to the fact that educational interventions aim to alter or ameliorate the student's inner world, and that the results of this effort can best be recorded in the course of face-to-face interaction. To enable the success of education – and of other forms of 'people processing' (e.g. therapy, conversion) – personal contact is vital." (2002: 247f)
308 In Schulsystemen wie dem deutschen vermutlich unterstützt durch eine wechselseitige Stabilisierung dieser Strukturbildung mit der Strukturierung nach Jahrgangsstufen und Leistungsniveaus, über die eine möglichst homogene Zusammensetzung der Klassen erreicht werden soll. In Deutschland wäre hier auf eine mindestens fünfgliedrige Strukturierung in den Niveaustufen Förderschule Schwerpunkt Geistige Entwicklung, Förderschule Schwerpunkt Lernen, Hauptschule, Realschule und Gymnasium hinzuweisen.
309 Was lange bekannt ist – vergleiche für den vorliegenden Kontext Luhmann und Schorr (1979) und für die konstruktivistische Wende in der Pädagogik exemplarisch Reich (2005, 2006), Werning (2002, 2007), Werning und Lütje-Klose (2006).
310 Und auch aktuell werden in der empirischen Bildungsforschung Positionen vertreten, die gerade in solchen didaktischen Ansätzen hoch effiziente Formen der Unterrichtung sehen, die der frontalen Instruktion durch die Lehrkraft einen großen Stellenwert zumessen, vergleiche Helmke (2003).
311 Vgl. Baumert, Bos und Lehmann (2000), Baumert, Lehmann und Lehrke (1997), Baumert und Schümer (2001), Bos et al. (2003, 2007), PISA-Konsortium Deutschland (2004, 2007).
312 Vgl. Castells (2001, 2002, 2003), Weingart, Carrier und Krohn (2007).

Solche Entwicklungen lenken auch in der systemtheoretischen Reflexion des Erziehungssystems den Blick wieder stärker auf die zentrale gesellschaftliche Funktion der Reproduktion von Ermöglichungsbedingungen sozialer Autopoiesis und in dem damit erforderlichen Bezug auf psychische Umweltsysteme des Sozialen auf Theoriefelder, die der Theorie sozialer Systeme supplementär sind. Auch wenn sich die Funktion des Erziehungssystems in einer Form darstellen lässt, in der die theoretische Beschreibung bei den Konstrukten der Person und der sozialen Systeme verbleibt, so erweist sich eine solche Theoriefigur letztlich als nicht hinreichend komplex und unvollständig. Der für die Reproduktion der gesellschaftlichen Autopoiesis erforderliche Aufbau personaler Kompetenzen kann nur gelingen, wenn er sich nicht ausschließlich in dem kommunikativen Konstrukt der Person vollzieht, sondern wenn durch schulischen Unterricht (oder allgemeiner: Erziehungsprozesse) Effekte in psychischen Systemen bewirkt werden. Die Funktion des Erziehungssystems realisiert sich über die Beeinflussung und Veränderung der infrastrukturellen Basis sozialer Systeme. Dabei handelt es sich nun aber nicht nur um einen sekundären, peripheren, nebensächlichen Aspekt, der in der Reflexion allein als Verweis mitgeführt werden bräuchte – so, wie Luhmann (1997: 102, 114) auch andere Ermöglichungsbedingungen der Autopoiesis des Sozialen als nur peripher erwähnenswert betrachtet. Stattdessen gerät hier ein theoretisches Ergänzungsmoment – dass soziale Systeme Auswirkungen auf psychische Systeme haben – in die theoretische Position eines Supplements. Die Funktion des Funktionssystems Erziehung – und damit ein zentrales Konstituens dieses sozialen Systems –realisiert sich nicht im System selbst. Damit rücken die Theoreme der strukturellen Kopplung und der Interpenetration ins Zentrum der Analyse des Erziehungssystems.

Ein wichtiger Zugang zu einer solchen Ausformulierung der systemtheoretischen Beschreibung der Erziehung liegt hier in der Frage nach der Relation dieser supplementären Dimension zu den Hauptstrukturen des Funktionssystems. Wenn sich das Erziehungssystem historisch über die Codierung besser/schlechter ausdifferenziert hat, in welchen Bereichen ist dann dennoch die Beobachtung und Thematisierung des Problems der strukturellen Kopplung relevant geblieben? Wie reagieren die Systeme der schulischen Organisationen und der Unterrichtsinteraktion auf das Erfordernis, immer nur indirekt adressierend operieren zu können? Welche Didaktiken, Programme, spezifischen professionellen Kompetenzen etc. sind in Reaktion darauf ausdifferenziert worden? Oder aber: wo gibt es im Erziehungssystem Bedarf an solchen auf die strukturellen Kopplungen fokussierenden Strukturbildungen?

Über einen solchen Zugang eröffnet sich die theoretische Perspektive, die Ausdifferenzierung des gesamten Systems daraufhin zu beobachten, wie es in diesem Funktionssystem gelingt, die Bezogenheit auf die psychischen Umweltsysteme intern zu organisieren. Welche kommunikativen Instrumente und Möglichkeiten wurden im Erziehungssystem entwickelt, um die psychischen (Lern-) Prozesse zu beobachten, welche, um auch Kopplungsprozesse zu beobachten?

7.3.1 Strukturelle Kopplung und Interpenetration

Bevor solchen Fragen nachgegangen werden kann, muss man sich allerdings verdeutlichen, dass man sich mit einer solchen Perspektive auf das Erziehungssystem von den Vorlagen Luhmanns entfernt. Seine Analyse des Erziehungssystems setzt eben nicht systematisch bei der Bezogenheit der sozialen Operationen im Erziehungssystem auf die Phänomene der strukturellen Kopplung und der Interpenetration an, sondern setzt diese theoretisch voraus, um sich dann in der theoretischen Beschreibung des Systems von der genaueren Untersuchung der Relationen zwischen sozialen und psychischen Operationen suspendieren zu können. In *Das Erziehungssystem der Gesellschaft* bleibt es in Hinblick auf das Konzept der strukturellen Kopplung psychischer und sozialer Systeme im Wesentlichen bei dem Hinweis darauf, dass „... die getrennt operierenden Systeme (...) eine Innenansicht ihrer wechselseitigen Abhängigkeiten entwickeln müssen, gleichsam eine vereinfachte Version dessen, was in ihrer Umwelt hochkomplex und für sie intransparent abläuft" (Luhmann 2002: 51). Der Begriff der Interpenetration betont dabei insbesondere die Wechselseitigkeit der Abhängigkeiten zwischen sozialen und psychischen Systemen und die zugehörigen Prozesse der Beobachtung.

> „Will man diesen Gesamtkomplex einer auf beiden Seiten erarbeiteten internen Abspieglung intransparenter Komplexität bezeichnen und das wechselseitige Angewiesensein auf funktionierende Lösungen zum Ausdruck bringen, kann man den Parsons-Begriff der Interpenetration beibehalten. Man muß dann allerdings berücksichtigen, daß psychische Prozesse nie soziale Prozesse und soziale Prozesse nie psychische Prozesse sein können, sondern daß nur eine wechselseitige Reduktion der Komplexität der jeweils anderen Seite gemeint sein kann." (Luhmann 2002: 52)

Das sind die ganz allgemeinen Fassungen dieser Begriffe, wie sie sich auch in verschiedenen anderen Texten Luhmanns dargestellt finden[313], ohne eine spezifische theoretische Anpassung oder Ausarbeitung für den Systemzusammenhang der Erziehungsprozesse. Immerhin gibt es den Hinweis darauf, dass sich in den Selbstorganisationsprozessen psychischer Autopoiesis eine spezifische operative Nutzung von Sprache konstatieren lässt, die zu ganz anderen operativen Nutzungen und Strukturbildungen auf der Basis dieses Mediums führen als

---

313 Vgl. Luhmann (1997).

in der Kommunikation. Ähnliches gelte bei „... normativen Regeln, kausalen Schemata oder anderen >>frames<< oder >>scripts<<" (Luhmann 2002: 52, Hervorh. i. O.).

Aber genau aus diesem theoretischen Konstruktionsmoment heraus lässt sich auch innerhalb des theoretischen Konstruktionszusammenhangs der Systemtheorie die supplementäre theoretische Perspektive entfalten, die der Frage nachgeht, wie sich die sozialen Systeme der Erziehung auf solche autopoietischen Prozesse einer psychischen Ausdifferenzierung von Strukturen, Kompetenzen, Lernbeeinträchtigungen etc. beziehen. Welche Möglichkeiten gibt es, Rückkopplungen zu erzeugen zwischen den kommunikativen Prozessen, insbesondere des Interaktionssystems Unterricht, und dem Aufbau von Scripten und Frames des Lernens, der Metakognition und des Wissens und weiterer psychischer Kompetenzen, die sich im Kontext der Prozesse der Erziehung entwickeln?

An zwei Beispielen soll im folgenden der Weg hin zu einer Entfaltung einer solchen supplementären Perspektive eröffnet werden: einerseits anhand eines der für das Erziehungssystem ganz zentralen Momente, der Konzeption didaktischer Prozesse, andererseits anhand eines Krisen- oder Störungsphänomens, den Verhaltensstörungen, respektiver emotionalen und sozialen Förderbedarfen, das es ermöglicht, auf die Grenzen der Erziehung[314] zu reflektieren.

7.3.2 Supplementäre Perspektiven in der systemtheoretischen Konzeption didaktischer Prozesse

Didaktische Konzeptionen, bei denen eine gute Anschlussfähigkeit zur Systemtheorie gegeben ist, liegen insbesondere mit diversen Ansätzen einer konstruktivistischen Didaktik vor. In diesem relativ breiten und in sich heterogenen Theoriespektrum lassen sich einerseits Ansätze ausmachen, die die Selbstorganisationsqualität von Lernprozessen betonen. Solche Konzepte sind sehr gut mit dem systemtheoretischen Konzept der Autopoiesis psychischer Systeme integrierbar und haben zumeist mit dem Rekurs auf das biologische Autopoiesiskonzept (vgl. Maturana 1985, Maturana & Poerksen 2004, Maturana & Varelas 1987) sowie auf die Ansätze von Foerster (1985) und von Glasersfeld (1981, 1996) verwandte Theoriebezüge. Die Stärke dieser Modelle liegt in der Betonung der Bedeutung der Autopoiesis von lernenden Systemen. Sie sind insbesondere im Bereich der Erwachsenenbildung wichtig geworden (Siebert 1996, 2006, 2007), werden aber zunehmend auch im Bereich schulischer Didaktik relevant (Balgo

---

314 Sehr früh und sehr einschlägig: Bernfeld (1976).

& Werning 2003, Reich, 2005, 2006, Voß 1997, 2006, Werning 2002, 2007, Werning, Balgo, Palmowski & Sassenroth 2002, Werning & Lütje-Klose 2006). Auf der anderen Seite finden sich Ansätze einer konstruktivistischen Didaktik, die ihre Wurzeln in unterschiedlichen Varianten eines sozialen Konstruktivismus haben. Hintergrundtheorien sind hier z.B. der soziale Konstruktionismus Gergens (2002), aber auch Ansätze aus dem Bereich der kulturhistorischen Schule (Vygotsky 1988) und des symbolischen Interaktionismus (Mead 1973). Diese Ansätze betonen stärker die Relevanz von kommunikativen Prozessen, auf die bezogen und in deren Kontext sich die Lernprozesse vollziehen. Ein sehr gutes Beispiel für diese Theorie- und Forschungsrichtung sind die Arbeiten von Elbers und Streefland (2000) und Elbers (2003), die anhand von Transkriptionen von Unterrichtsgesprächen nachzeichnen, wie Gruppen von Schülern in einem kooperativen Prozess Lösungen in einem tentativ-diskursiven Prozess über Irrtümer und das Ausprobieren verschiedener Lösungsansätze konstruieren. In einer systemtheoretischen Interpretation erweisen sich dabei die Lernprozesse der einzelnen Schüler daran gebunden, dass sie den kommunikativen Prozess einer gemeinsamen Lösungssuche beobachten und sich in den eigenen psychischen Prozessen zu kommunikationsbezogenen Operationen anregen lassen. Gelernt wird in diesen Prozessen, sich psychisch auf Kommunikation einzustellen, zu einem kommunikativen Gruppenprozess beizutragen und dabei zugleich spezifische Skripte kognitiven Operierens sowie bestimmte Formen des Wissens aufzubauen.

Eine weitere wichtige Strömung ist in dem Konzept des *situated learning* zu finden (Lave 1988, Lave & Wenger 1991, Wenger 1999, Rogoff 1991). Diese Ansätze konzipieren Lernen als Effekt sozialer Partizipation – nicht unähnlich dem luhmannschen Begriff der Sozialisation (Luhmann 1987b). Allerdings betrachten diese Modelle genauer die Relationen zwischen sozialer Teilnahme und Lernen. Sie zielen insbesondere darauf, herauszuarbeiten, dass sich Lernen als ein Prozess einer zunehmenden Inklusion in soziale Interaktionen konzipieren lässt. Solche theoretischen Konzeptionen sind im Kontext schulischer Didaktiken insbesondere bedeutsam, um das Lernen schulisch nicht erfolgreicher Kinder aus bildungsfernen Milieus nicht nur defizitär oder über Konzepte wie Lernbehinderung zu begreifen. Sie verweisen darauf, dass die Relevanz von Lerngegenständen und Lernprozessen sozial kontextualisierbar sein muss – ein Aspekt, der besonders wichtig wird für Kinder aus bildungsfernen Milieus. Ansätze wie beispielsweise der *realistic mathematics education approach* (Streefland 1991) basieren auf solchen Überlegungen[315]; auch Arbeiten zum

---

315 Vergleiche auch verwandte Konzepte wie sie von und in Anlehnung an Bauersfeld vorgelegt wurden (Bauersfeld, Heymann & Lorenz 1982, Krummheuer & Naujock 1999). Vergleiche auch Nunes, Schliemann und Carraher (1993).

Zusammenhang von familiärer und schulischer Lesesozialisation (Hurrelmann, Becker & Nickel-Bacon 2006) lassen sich hier anschließen[316].

Direkte Bezüge auf Luhmann im Bereich der Didaktik und Unterrichtsforschung liegen noch relativ wenig vor; abgesehen von der soziologisch ausgerichteten Beobachtung der Unterrichtsprozesse bei Markowitz (1979, 1986), ist hier einerseits auf die Arbeiten Scheunpflugs (2004, 2006) zu verweisen, die auf einer Kombination der Systemtheorie mit einer biologischen Evolutionstheorie basieren, sowie auf einzelne Ansätze in der Sonderpädagogik[317]. Werning (2007) und Werning und Lütje-Klose (2006) konzipieren Lernbeeinträchtigungen als eine durch komplexe Faktoren bedingte und polysystemisch kontextualisierte Störung im Prozess des Aufbaus von strukturellen Kopplungen zwischen dem psychischen System des Schülers und der unterrichtlichen Kommunikation. Daraus leitet sich eine spezifische, der komplexen Konstitution solcher Problematiken Rechnung tragende, pädagogische Diagnostik und lernbegleitende Beobachtung (Werning 2002, Werning & Lütje-Klose 2006) ab[318] sowie didaktische Orientierungen, die ein besonders großes Gewicht darauf legen, im schulischen Unterricht je spezifische kommunikative Anschlüsse auch für diejenigen Schüler zu konstruieren, deren Lernen einer individualisierten Unterstützung bedarf (Lütje-Klose 2003, Werning & Lütje-Klose 2006). Für den Bereich der Didaktik des Mathematikunterrichts hat hier Werner (2003) korrespondierende Vorschläge gemacht.

Hinzuweisen ist auch auf verschiedene Bezugnahmen auf die luhmannsche Systemtheorie aus dem Kontext der Pädagogik bei emotionalem und sozialem Förderbedarf, die allerdings nicht primär bei didaktischen Problemen ansetzen (Moser 2003, Reiser 2006, Willmann & Reiser 2007).[319]

Die Perspektive, die sich über die Entwicklung supplementärer Theoriestrukturen auf der Basis der luhmannschen Beschreibung des Erziehungssystems in Hinblick auf didaktische Prozesse ergibt, ermöglicht die Beobachtung der Differenz psychischer und sozialer Prozesse im Kontext des schulischen Unterrichts. Dieser theoretische Zugriff legt eine Form der Beobachtung nahe, die durchgängig mit einer doppelten (oder multiplen) Systemreferenz arbeitet und berücksichtigt, dass die Beobachtung der kommunikativen Abläufe im sozialen System des Unterrichts nur ein Oberflächenphänomen beobachten

---

316 Zur Möglichkeit der Nutzung des Internets für den Aufbau solcher Anschlüsse an außerschulische Kommunikationszusammenhänge von Schülern mit Lernbeeinträchtigungen siehe Urban (2006), Urban, Werning und Löser (2006), Werning, Daum und Urban (2006).
317 Als Überblick und Kritik einer Reihe von hier nicht weiter berücksichtigten, theoretisch wenig fundierten Bezugnahmen auf Luhmann in der Sonderpädagogik sowie zu seiner eigenen, sehr spezifischen Luhmann-Rezeption vergleiche Jantzen (2004).
318 Vgl. ergänzend auch Balgo (2003, 2004), Willenbring (2003).
319 Vgl. dazu auch das anschließende Teilkapitel.

kann, während sich die operativ angezielten Effekte als psychische der direkten Beobachtung entziehen. Hier eröffnet sich die Möglichkeit, die oben genannten Ansätze im Rahmen der luhmannschen Systemtheorie entlang einer doppelten Perspektivierung auszuarbeiten.

Eine solche systemtheoretische Didaktik hätte eine Reihe von Problemen zu bearbeiten. Zentral interessiert die Frage nach einer optimalen Balancierung der kommunikativen Prozesse im unterrichtlichen Interaktionssystem zwischen den Polen einer Orientierung an der Maxime einer möglichst effizienten gleichzeitigen Unterrichtung und Anregung der psychischen Lernprozesse einer möglichst großen Gruppe von Schülern und einer Orientierung an der spezifischen Differenz der Anregungs- und Unterstützungsbedürfnisse einzelner Schüler. Dabei ist zu vermuten, dass eine Didaktik, die die Differenzen in den individuellen Lernprozessen bearbeiten möchte, nicht damit auskommt, nur die kommunikativen Arrangements des Unterrichts zu variieren. Ein möglichst breites Spektrum an Methoden, Arbeitsformen und Unterrichtsformaten von der Instruktion über eigenaktive, entdeckende, projektförmige und Gruppenprozesse sowie die Berücksichtigung heterogener außerschulischer Erfahrungszusammenhänge bei der thematischen Aufbereitung der Unterrichtskommunikation sind sicherlich als Standardinstrumente eines didaktischen Designs der Unterrichtsinteraktion zu betrachten. Ihnen sind einerseits kommunikative Settings an die Seite zu stellen, die es den Schülern ermöglichen, psychisch metakognitive Kompetenzen aufzubauen, und andererseits Settings, die eine komplexe Beobachtung des kommunikativen Ausdrucks psychischer Lernerfahrungen in den Fällen ermöglichen, in denen das Lernen zum Problem wird.

Die erstgenannten Settings basieren auf Formen der Kommunikation, die es ermöglichen, über individuelle Lernerfahrungen und deren Reflexion zu sprechen. Auch, wenn es nicht gelingen kann, solche psychischen Erfahrungen in einem kommunikativen Prozess abzubilden, sondern diese grundsätzlich immer nur transformiert in den Kommunikationsprozess eingehen können, so unterstützen solche Arrangements des unterrichtlichen Kommunikationsprozesses doch den Aufbau der Kompetenz zur selbstreflexiven Beobachtung im psychischen System. Im besten Fall regen sie dazu an, Strukturen auszudifferenzieren, die in die Selbstorganisation des Lernens eine Dimension der Beobachtung zweiter Ordnung implementiert. Instrumente, die sich für eine derartige Kopplung der operativen Prozesse im sozialen System des Unterrichts und in den psychischen Systemen sehr gut eignen, sind beispielsweise Lerntagebücher und Portfolios (Winter 2004). Prinzipiell kann aber auch jedes Gespräch in einem Zweier- oder Gruppensetting, in dem individuelle Lernerfahrungen thematisiert werden, eine solche reflexionsmotivierende Funktion für psychische Systeme übernehmen – entscheidend ist, dass entsprechende Settings im Unterricht eingerichtet und genutzt werden.

Die zweite angesprochene Gruppe von Settings, die die externe Beobachtung psychischer Lernprozesse ermöglichen sollen, umfasst die gerade beschriebenen Settings. Instrumente wie Lerntagebücher oder Portfolios bieten zugleich ausgezeichnete Möglichkeiten einer differenzierten Beobachtung der personalen kommunikativen Realisierung psychischer Kompetenzen. Die unterrichtlichen Settings der Beobachtung kommunikativer Performanz psychischer Kompetenzen umfassen ein weitreichendes Spektrum kommunikativer Arrangements. Das reicht von den klassischen, stärker der sekundären Funktion der Selektion zuzuordnenden Instrumenten der schriftlichen und mündlichen Prüfungen, die nur bedingt die Entwicklung individueller Förderansätze erlauben, über die in der empirischen Bildungsforschung entwickelten Instrumente zur Bestimmung von Kompetenzniveaus in verschiedenen Leistungsbereichen, bis hin zu hoch spezialisierten kommunikativen Beobachtungsinstrumenten wie etwa der Hamburger Schreibprobe (May 2002), die relativ präzise Vermutungen über den Stand der Entwicklung spezifischer kognitiver Fähigkeiten und die Auswahl konkret darauf bezogener unterrichtlicher Unterstützungsmöglichkeiten erlaubt.

Dabei ist allerdings immer die doppelte theoretische Perspektivierung zu berücksichtigen. Diese Instrumente thematisieren diese Beobachtung in der Kommunikation und lösen kommunikative Rekursionen aus. Damit verbleiben sie im Erziehungssystem und führen gegebenenfalls zu einer Transformation der kommunikativen Settings in der Unterrichtssituation. Gleichzeitig wird an der kommunikativen Zielsetzung einer Evozierung und Beeinflussung der Effekte in der psychischen Entwicklung festgehalten.

Das hier beschriebene Potenzial einer systemtheoretisch zu konstruierenden Didaktik basiert darauf, dass der Theorie supplementär zu einer Beschreibung, die die Ausrichtung der kommunikativen Prozesse im Erziehungssystem an der historischen Ausdifferenzierung des gesellschaftlichen Funktionssystems fokussiert, eine Dimension implementiert werden kann, die die Beobachtung der Relation von kommunikativen und psychischen Prozessen an der konkreten Gestaltung der Kommunikation in den Interaktionsprozessen des Unterrichts ermöglicht. In Hinblick auf konstruktivistische Didaktiken, die in eine solche Ausarbeitung einfließen können, bedeutet die Integration in einen systemtheoretischen Rahmen den Anschluss an eine komplex ausdifferenzierte Theorie. Dies ermöglicht u.a. eine schlüssigere Reflexion auf die Grenzen, die sich den verschiedenen didaktischen Ansätzen dadurch setzen, dass sie sich unter den operativen Bedingungen verschiedener sozialer Systeme realisieren müssen. Und damit kann man an das Spektrum der einschlägigen Arbeiten Luhmanns und Schorrs anknüpfen, die nicht nur die spezifischen Bedingungen der Kommunikation im Interaktionssystem Unterricht analysiert haben, sondern auch die Restriktionen betonen, die sich für Erziehungsprozesse daraus ergeben, dass sie sich in einem Funktionssystem, unter Bedingungen der Organisation und in struktureller Kopplung mit weiteren gesellschaftlichen Funktionssystemen operativ konstituieren müssen.

7.3.3 Beratungs- und Unterstützungssysteme der schulischen Erziehungshilfe als supplementäre Strukturbildungen im Erziehungssystem

Der Eintritt in die Schule und die Partizipation an den schulisch organisierten Systemen der Erziehung setzt auf Seiten der Schüler eine ganze Reihe von Kompetenzen voraus, die in der Regel in den Kommunikationsprozessen der Schule nicht näher thematisiert, sondern vorausgesetzt werden. Vor allem in den Kontexten der Familien- und der Peersysteme, auch in Einrichtungen der frühkindlichen Bildung müssen die Schüler psychische Entwicklungs- und Sozialisationsprozesse durchlaufen haben, die die Entfaltung eines breiten Spektrums von Fähigkeiten umfassen. Sie tragen dazu bei, dass es dem Schüler psychisch gelingt, sich in Prozessen des Aufbaus von strukturellen Kopplungen mit den schulischen Systemen, insbesondere mit dem Unterricht, aber auch in den Interaktionsbeziehungen mit Lehrkräften und Peers in einer Form auf die Kommunikationsprozesse zu beziehen, die die weitere Entwicklung und Ausdifferenzierung des psychischen Systems anregt und unterstützt. In Kapitel 6.3.3. dieser Studie ist dargelegt worden, dass es sinnvoll sein kann, die operativen Prozesse der Ausdifferenzierung des psychischen Systems in der individuellen Psychogenese über die Unterscheidung von vier Dimensionen zu beschreiben. Neben der Dimension einer Reflexion auf die strukturellen Niederschläge der systemeigenen Autopoiesis des Psychischen war hier auf die Ausdifferenzierung des psychischen Systems in den Dimensionen der Bezogenheit auf die Umweltsysteme Körper, Matrix und Kommunikation hingewiesen worden. Spätestens mit dem Eintritt in die schulische Organisation des Lernens wird die strukturelle Kopplung mit Kommunikationssystemen dominant für die weitere Ausdifferenzierung und Entwicklung des psychischen Systems, ohne dass sich allerdings diese Dimension des Psychischen von den anderen ablösen ließe. Es ist vielmehr davon auszugehen, dass die Prozesse der Beobachtung und Bezogenheit auf die strukturelle Kopplung mit dem Körper oder mit Matrixprozessen ihre Relevanz nicht verlieren, sobald sich das Kind psychisch in eine Kopplung mit dem Interaktionssystem des schulischen Unterrichts begibt.

Die luhmannsche Sicht des Erziehungssystems legt die Annahme nahe, dass diese verschiedenen psychischen Dimensionen als der unmittelbaren Beobachtung entzogene Umweltphänomene im Unterricht und in den anderen schulischen Systemen normalerweise nicht thematisiert werden. Die Effizienz schulischen Unterrichts resultiert u.a. aus einer solchen Nicht-Thematisierung. Gerade weil entsprechende psychische Kompetenzen vorausgesetzt und nicht immer neu beobachtet werden müssen, gelingt die Konzentration auf die kommunikative Initiierung kognitiver Lernprozesse.

Dennoch ist die Störung von unterrichtlichen Routinen ein in der Schule regelmäßig auftauchendes Phänomen. Auch wenn man davon ausgehen kann, dass die kommunikativen Prozesse in den schulischen Sozialsystemen eine relativ große Plastizität aufweisen, die es ermöglicht, mit unterschiedlichsten Formen der Störung dieser Prozesse operativ umzugehen, ohne ihnen den Status eines Problems oder einer Krise zuzuschreiben, so kommt es doch immer wieder zu Ereignissen, die als ein krisenhaftes Phänomen beobachtet und als Störung problematisiert werden.

Eine der Formen der in den schulischen Sozialsystemen entwickelten Beschreibungen eines wichtigen Teiles dieser Problematiken ist ihre Beobachtung als Verhaltensstörung. Dabei handelt es sich um eine Form der Beobachtung dieser Problematiken, die das Krisenphänomen auf die Person des Schülers bezieht und an seinem Verhalten oder seiner psychischen Situation festmacht. Terminologische Varianten, die sicherlich auch auf differente Diskurse in den verschiedenen relevanten Fachwissenschaften verweisen, sind die Beschreibung solcher Krisenphänomene als eines wiederum an die Person des Schülers geknüpften emotionalen und sozialen Förderbedarfes oder auch Teilaspekte betonende Beschreibungen wie z.B. Unterrichtsstörungen oder Störungen im Lern- und Arbeitsverhalten, Disziplinprobleme etc.

Aus einer übergreifenden Perspektive auf das Erziehungssystem sind derartige Formen der Beobachtung, die solche Problematiken ungeachtet ihrer komplexen, differente Systemprozesse vernetzenden Konstitution der Person des Schülers zuschreiben, Instrumente, die es erleichtern, zu den kommunikativen Routinen auf der Ebene des Interaktionssystems Unterricht, des Klassensystems und auch der Schule als Organisation zurückzukehren. Wird ein krisenhaftes Ereignis als Verhaltensstörung oder als Förderbedarf eines Schülers gefasst, entbindet das im Interaktionssystem von den Irritationen, die aus der unbeobachtbaren Komplexität dieser Art von Störungen resultieren. Es ermöglicht zugleich, auf andere Formen von Routinen zurückzugreifen und spezielle organisationale Programme zu aktivieren.

Eine Standardvariante solcher Programme der organisationalen Reaktion auf diesen Typus von Störungen ist die Einleitung eines Überprüfungsverfahrens auf sonderpädagogischen Förderbedarf im Bereich der emotionalen und sozialen Entwicklung, die bei positivem Ergebnis in der Regel zu einer Umschulung des Schülers an eine Schule für Erziehungshilfe oder ein entsprechendes Förderzentrum führt[320]. Unabhängig davon, was das im Einzelfall für die betreffenden Schüler bedeutet, ist damit für die Schulen, in deren Beobachtungsprozessen eine Störung als Problem konstruiert wurde, strukturell die Möglichkeit zur Entlastung von dieser Problematik durch die Exklusion des Schülers gegeben. Die Schule ist damit von der Aufgabe entbunden, selbst eine pädagogische Lösung zu entwickeln, und kann die kommunikativen Prozesse in den Interaktionsprozessen wieder anders fokussieren. Dies ist gleichzusetzen mit einer organisationalen Ermöglichung der Nicht-Beobachtung der konkreten Probleme in der Dimension der strukturellen Kopplung.

Man kann getrost bezweifeln, dass solche Lösungen immer auch Entscheidungen im Sinne des Kindes oder Jugendlichen sind und zu einer besseren Förderung führen. Zu den Differenzen zwischen organisationalen und personalen Beschreibungen solcher Problematiken und Prozesse hat ein Forschungsteam um Freyberg und Wolff (2005, 2006) sehr aussagekräftige Ergebnisse vorgelegt. Die hier angesprochene Studie basierte auf einer sowohl in den Erhebungs- als auch in den Auswertungsprozessen durchgehaltenen doppelten Perspektive, mit der einerseits personale Erfahrungen „nicht beschulbarer Jugendlicher" in einer psychoanalytischen Fallrekonstruktion, andererseits die in verschiedenen institutionellen Kontexten angefertigten organisationalen Beschreibungen dieser Jugendlichen einschließlich der Versuche, sie in pädagogische Interaktionen einzubinden, in einer soziologischen Fallrekonstruktion beobachtet wurden. Dieses interdisziplinäre Projekt verdeutlicht, wie weitgehend sich die kommunikativen Konstruktionen in den pädagogisch relevanten sozialen Systemen von den kommunikativen Konstruktionen unterscheiden können, die über ein psychoanalytisch inspiriertes Setting die Artikulation psychischer Erfahrung aufgreifen[321]. Dabei irritiert insbesondere, dass die kommunikativen Prozesse im Erziehungssystem – auch bei wohlgesonnenen professionellen Orientierungen der beteiligten Lehrkräfte und sonstigen Professionellen – Welten entfernt bleiben können, von dem, was in der psychischen Erfahrung der Jugendlichen die Dimension massiver Traumatisierung hat. Der durch den Forschungsprozess ermöglichten Interpolation der Perspektiven kann man dann entnehmen, dass das Scheitern der Bemühungen im Erziehungssystem mit der Unfähigkeit zusammenhing,

---

320 Diese Aussage bezieht sich auf das deutsche Schulsystem und setzt voraus, dass lokal entsprechende Schulen erreichbar sind. Es gibt bundesweit sehr große Unterschiede in dieser Hinsicht, vergleiche als Überblicke zu diesem Schultypus Willmann (2005, 2007). International sind die Unterschiede in Hinblick auf die organisationalen Strukturen, die sich zur Bearbeitung derartiger Problematiken herausgebildet haben, noch wesentlich größer, vergleiche dazu Urban (2007: 105ff), European Agency for Development in Special Needs Education (1999, 2003) und die umfassende Darstellung von Willmann (2008).
321 Vergleiche exemplarisch die Falldarstellung „Barat" in Freyberg und Wolff (2005a).

Anschlüsse an solche traumatischen Dimensionen der Erfahrung dieser Jugendlichen zu finden bzw. diese Problemlagen überhaupt unter der Perspektive solcher individueller Traumatisierungen zu beobachten.

Das Erziehungssystem ist in der Schule mit dieser Art von Problematiken konfrontiert, unabhängig davon, welche spezifischen Potenziale zu deren Beobachtung gegeben sind. Betrachtet man die Entwicklung im deutschen Schulsystem, so lässt sich die Ausdifferenzierung von Strukturen beobachten, die das operative Potenzial der schulischen Systeme zum Umgang mit dieser Art von Problemlagen erhöht und zugleich diversifiziert (vgl. Reiser, Willmann & Urban 2007, Willmann 2008). Damit nähert sich die hier zu beobachtende strukturelle Vielfalt der Pluralität von Organisationsformen an, die auch international bei solchen strukturellen Ausdifferenzierungen des Erziehungssystems zu sehen ist. Die strukturelle Heterogenität in diesem Bereich lässt sich entlang der Fragen ordnen, wo diese Unterstützungsstrukturen organisatorisch untergebracht und welche fachlichen Disziplinen an der Erbringung der Unterstützungsleistungen beteiligt sind. Das eine Ende des organisatorischen Spektrums findet sich in schulintegrierten Modellen, in denen die Unterstützungsmöglichkeiten in den einzelnen Schulen selbst über spezialisierte Mitglieder des Kollegiums (vgl. Reiser 2007, Willmann 2007a) in Form besonderer Reflexionsinstanzen der gemeinsamen Beratung (vgl. hier exemplarisch das Modell der collaborative consultation und dazu Dettmer, Dyke & Thurston 1999, Idol, Nevin & Paolucci-Whitcomb 1993 und Willmann, Reiser & Urban 2008), als teambasierte Verhaltensmodifikation („Conjoint behavioral modification", Sheridan, Kratochwill & Bergan 1996) oder in ähnlicher Weise bereitgestellt werden. Die European Agency for Development in Special Needs Education (1999) unterscheidet solche Formen der internen Unterstützung von Unterstützungsleistungen, die ausgehend von externen Organisationen angeboten werden. In diesem Bereich des Spektrums organisatorischer Formen finden sich neben sonderpädagogischen Förderzentren Beratungsangebote der Schulbehörden, schulpsychologische Dienste, interdisziplinäre Schulbegleitdienste, Mental-Health-Dienste und regionale Unterstützungsnetzwerke, in denen verschiedene Dienste kooperieren (vgl. Bramlett & Murphy 1998, Gasteiger-Klicpera & Klicpera 1998, Gutkin 1996, Habel & Bernard 1999, Idol 1988, Wagner 2000, die Online-Angebote des Center for Mental Health in Schools an der University of California sowie allgemein European Agency for Development in Special Needs Education 1999, 2003 und Urban 2007). Ähnliche Entwicklungen lassen sich in Deutschland in Modellen finden, die aus einer organisationalen Verschmelzung von Schulen für Erziehungshilfe und Jugendhilfeeinrichtungen, manchmal auch schulpsychologischen Diensten hervorgegangen sind (Loeken 2000, Reiser 2007a, Reiser, Willmann, Urban & Sanders 2003, Willmann 2007b), sowie in mobilen Beratungs- und Unterstützungsangeboten für die allgemeinen Schulen, die an Schulen für Erziehungshilfe oder Förderzentren angegliedert sind (Reiser, Willmann, Urban & Sanders 2003, Urban 2007a, 2007b, 2008, Urban, Reiser & Willmann 2008). Auch die disziplinäre Qualifikation der diese Unterstützungsangebote, sei es intern, sei es über externe Dienste, bereitstellenden Professionellen variiert erheblich: Neben Sonderpädagogen finden sich Pädagogen mit anderen Spezialisierungen, Sozialarbeiter, Mediziner, guidance counselors, Psychologen und Schulpsychologen, die häufig in multidisziplinären Teams kooperieren.

Es existieren sehr große Differenzen in der konkreten Ausgestaltung solcher sekundärer Beratungs- und Unterstützungssysteme, die im Erziehungssystem die Funktion einer Erweiterung der Beobachtungs- und Interventionspotenziale bei Konflikten und Störungen im Zusammenhang mit der emotionalen und sozialen Entwicklung der Schüler sowie in der Relation von Schule und Familie übernommen haben. So konzentrieren sich manche dieser externen mobilen Unterstützungssysteme auf eine spezifische, oft therapieähnliche und langwierige Förderung von einzelnen Schülern, die dann in den allgemeinen Schulen für einzelne Stunden in regelmäßigen Abständen aus dem Unterricht in ein Zwei-Personen-Setting wechseln (Urban 2007a: 204ff). Andere Beratungsdienste arbeiten stattdessen auf der Basis von Modellen und Arbeitsformen der systemischen Familienberatung (Schlippe & Schweitzer 1999) insbesondere mit lösungsorientierten Ansätzen (Bamberger 1999, de Shazer 1989, 1994, 1995). Solche Beratungs- und Unterstützungssysteme setzen eher präventiv und inklusiv an und lassen sich als Ausdifferenzierungen im Schulsystem betrachten, die primär die Ressourcen der Lehrkräfte in den allgemeinen Schulen unterstützen sowie Konflikte zwischen schulischen Systemen und Familiensystemen bearbeitbar machen. Sie stellen Möglichkeiten im Erziehungssystem bereit, an der Grenze des Erziehungssystems in operative Kopplungen mit Familiensystemen zu gehen. Dabei handelt es sich um kommunikative Prozesse, die sich auf die Kommunikation in den Familien perturbierend und/oder transformierend auswirken (Urban 2007b, 2008). Dadurch sind zugleich Potenziale einer indirekten Perturbation psychischer Systeme gegeben.

Wie auch immer solche Beratungs- und Unterstützungssysteme für den Bereich der schulischen Erziehungshilfe und entsprechende Strukturbildungen in den allgemeinen Schulen oder in spezialisierten Förderschulen arbeiten – sie stellen deshalb theoretisch sehr interessante Strukturbildungen im Erziehungssystem dar, weil an ihnen deutlich wird, dass sich das Funktionssystem Erziehung nicht nur über die Orientierung an einer Codierung besser/schlechter ausdifferenzieren kann. Gerade weil sich dominante Strukturbildungen im Erziehungssystem über massive Reduktionen in der Beobachtung der Entwicklungsprozesse in den psychischen Umweltsystemen der Erziehung entwickelt haben, müssen sich auch supplementäre Strukturen ausdifferenzieren, die dann operativ greifen können, wenn die generellen Reduktionen problematisch werden und es zu Störungen in den operativen Abläufen in den Organisations- und Interaktionssystemen der Erziehung kommt.

An der Ausdifferenzierung solcher differenter Strukturen der Bearbeitung von Störungen, die im Erziehungssystem im Zusammenhang mit Problemen im Bereich der Kopplung von psychischen und sozialen Systemen und auch in der Relation der schulischen und der familiären Systeme entstehen, lässt sich ablesen, dass das Erziehungssystem nicht ohne diese zusätzlichen, ergänzenden Strukturbildungen auskommt. Es bedarf spezialisierter Programme und organisationaler Strukturen, die es ermöglichen, systemintern auch auf die strukturelle Kopplung mit Umweltsystemen Bezug zu nehmen, dort auftauchende Problematiken zu beobachten und zu bearbeiten. Eine theoretische Beschreibung des Erziehungssystems muss solche supplementären Dimensionen aufnehmen. Sie resultieren aus dem Charakteristikum, welches das Erziehungssystem mit wenigen anderen sozialen Systemen teilt, als soziales System in der Konkatenation der kommunikativen Operationen trotz operativer Schließung essentiell immer auch auf die Effekte bezogen zu sein, die sich in psychischen Systemen als psychogenetischer Aufbau von Strukturen oder aber als Widerstand gegen solche externen Zumutungen einstellen. Die Schwierigkeiten einer sozialen Beobachtung psychischer Entwicklungen und Kompetenzen erzeugt hier eine besondere Aufgabe für das Verständnis der Ausdifferenzierung der spezifischen Strukturen des Erziehungssystems. Die theoretische Reflexion des Erziehungssystems muss supplementäre Perspektiven mitberücksichtigen. Sie kann sich in der theoretischen Konstruktion dann einerseits an der Frage orientieren, in welcher Art und in welchem Umfang es in den sozialen Systemen der Erziehung gelingt, die Dimension der strukturellen Kopplung mit und der Wirkungsbezogenheit auf psychische Systeme abzuschatten und in der eigenen Ausdifferenzierung eine kommunikative Eigendynamik zu entfalten, die ohne die aufwendigen Arrangements einer indirekten Beobachtung psychischer Systeme auskommt. Sie hat diese Fragestellung dann andererseits auf die komplementäre Problematik zu beziehen, welche operativen Prozesse und ergänzenden Strukturbildungen sich im Erziehungssystem ausdifferenzieren, die genau dann greifen sollen, wenn die Abblendung einer Beobachtung des Psychischen dysfunktional wird und Störungen produziert. Weder das Erziehungssystem noch die theoretische Beschreibung des Erziehungssystems können auf die Beobachtung der psychischen Systeme und der Phänomene der strukturellen Kopplung verzichten.

8 Literaturverzeichnis

Ahnert, Liselotte (Hrsg.) (2004). *Frühe Bindung. Entstehung und Entwicklung.* München (u.a.): Reinhardt.
Altmeyer, Martin & Thomä, Helmut (Hrsg.) (2006). *Die vernetzte Seele. Die intersubjektive Wende in der Psychoanalyse.* Stuttgart: Klett-Cotta.
Aron, Lewis (1996). *A meeting of minds. Mutuality in psychoanalysis.* Hillsdale, NJ: Analytic Press.
Baecker, Dirk (1993). *Die Form des Unternehmens.* Frankfurt am Main: Suhrkamp.
Baecker, Dirk (Hrsg.) (1993a). *Kalkül der Form.* Frankfurt am Main: Suhrkamp.
Baecker, Dirk (Hrsg.) (1993b). *Probleme der Form.* Frankfurt am Main: Suhrkamp.
Baecker, Dirk (1993c). Im Tunnel. In ders. (Hrsg.), *Kalkül der Form* (12-37). Frankfurt am Main: Suhrkamp.
Baecker, Dirk (2002). Vorwort. In Niklas Luhmann, *Einführung in die Systemtheorie.* Heidelberg: Carl-Auer-Systeme-Verl.
Baecker, Dirk (2004). Kleine Soziologie der Erziehung (3): Zur Erziehung kann man immer dann motivieren, wenn es gelingt, ein Nichtwissen nahe zu legen und Angebote zur Kompensation durch Wissen zu machen. *Die tageszeitung* vom 02.03. 2004. Zugriff unter: http://www.taz.de/index.php?id=archivseite&dig=2004/03/02/a0265 [20.01.2008].
Baecker, Dirk (2005). *Form und Formen der Kommunikation.* Frankfurt am Main: Suhrkamp.
Baecker, Dirk (2006). Erziehung im Medium der Intelligenz. In Yvonne Ehrenspeck & Dieter Lenzen (Hrsg.), *Beobachtungen des Erziehungssystems. Systemtheoretische Perspektiven* (26-66). Wiesbaden: VS.
Balgo, Rolf (2003). Ansätze einer systemischen Theorie der Beobachtung sonderpädagogischen Beobachtens von „Lernbehinderung". In Rolf Balgo & Rolf Werning (Hrsg.), *Lernen und Lernprobleme im systemischen Diskurs* (89-114). Dortmund: Borgmann.
Balgo, Rolf (2004). *Systemische Positionen im (sonder-)pädagogischen Kontext. Über die Genese einer systemischen Theorie der Beobachtung sonderpädagogischen Beobachtens von „Lernbehinderung".* Hannover: Universität.
Balgo, Rolf & Werning, Rolf (Hrsg.) (2003). *Lernen und Lernprobleme im systemischen Diskurs.* Dortmund: Borgmann.
Balke, Friedrich (1999). Dichter, Denker und Niklas Luhmann. Über den Sinnzwang in der Systemtheorie. In Albrecht Koschorke & Cornelia Vismann (Hrsg.), *Widerstände der Systemtheorie. Kulturtheoretische Analysen zum Werk von Niklas Luhmann* (135-157). Berlin: Akademie.
Bamberger, Günther (1999). *Lösungsorientierte Beratung.* Weinheim: Beltz.
Barthelmess, Manuel (2001). *Pädagogische Beratung. Eine Einführung für psychosoziale Berufe* 2., überarb. und erw. Aufl.. Weinheim: Beltz.
Barthelmess, Manuel (2002). *Pädagogische Beeinflussung als Fremdorganisation. Ein systemtheoretisches Modell der Intervention.* Weinheim: Beltz.
Barthes, Roland (1964). *Mythen des Alltags.* Frankfurt am Main: Suhrkamp.
Barthes, Roland (1984). *Fragmente einer Sprache der Lust.* 2. Aufl. Frankfurt am Main: Suhrkamp.
Barthes, Roland (1991). *Das Reich der Zeichen.* Frankfurt am Main: Suhrkamp.
Bateson, Mary C. (1971). The interpersonal context of infant vocalization. *Quarterly Progress Report of the Research Laboratory of Electronics 100*, 170-176.

Bauersfeld, Heinrich; Heymann, Hans Werner & Lorenz, Jens-Holger (Hrsg.) (1992). *Forschung in der Mathematikdidaktik*. 2. Aufl. Köln: Aulis-Verl. Deubner.
Baumert, Jürgen; Bos, Wilfried & Lehmann, Rainer (Hrsg.) (2000). *Mathematische und naturwissenschaftliche Grundbildung am Ende der Pflichtschulzeit*. Opladen: Leske & Budrich.
Baumert, Jürgen; Lehmann, Rainer & Lehrke, Manfred (Hrsg.) (1997). *TIMSS – mathematisch-naturwissenschaftlicher Unterricht im internationalen Vergleich. Deskriptive* Befunde. Opladen: Leske & Budrich.
Baumert, Jürgen & Schümer, Gundel (Hrsg.) (2001). *PISA 2000. Basiskompetenzen von Schülerinnen und Schülern im internationalen Vergleich*. Opladen: Leske & Budrich.
Beebe, Beatrice & Lachmann, Frank M. (2004). *Säuglingsforschung und die Psychotherapie Erwachsener. Wie interaktive Prozesse entstehen und zu Veränderungen führen*. Stuttgart: Klett-Cotta.
Beebe, Beatrice & Lachmann, Frank M. (2006). Die relationale Wende in der Psychoanalyse. Ein dyadischer Systemansatz aus Sicht der Säuglingsforschung. In Martin Altmeyer & Helmut Thomä (Hrsg.), *Die vernetzte Seele. Die intersubjektive Wende in der Psychoanalyse* (122-159). Stuttgart: Klett-Cotta.
Belgrad, Jürgen; Görlich, Bernard; König, Hans-Dieter & Schmid Noerr, Gunzelin (1987). Alfred Lorenzer und die Idee einer psychoanalytischen Sozialforschung – Eine Einleitung. In dies. (Hrsg.), *Zur Idee einer psychoanalytischen Sozialforschung. Dimensionen szenischen Verstehens* (9-24). Frankfurt am Main: Fischer.
Bendel, Klaus (1993). *Selbstreferenz, Koordination und gesellschaftliche Steuerung. Zur Theorie der Autopoiesis sozialer Systeme bei Niklas Luhmann*. Pfaffenweiler: Centaurus-Verl.-Ges.
Benjamin, Walter (1977). Über den Begriff der Geschichte. In ders., *Illuminationen. Ausgewählte Schriften 1* (251-261). Frankfurt am Main: Suhrkamp.
Berg, Henk de & Prangel, Matthias (Hrsg.) (1995). *Differenzen. Systemtheorie zwischen Dekonstruktion und Konstruktivismus*. Tübingen & Basel: Francke.
Berg, Henk de & Schmidt, Johannes F. K. (Hrsg.) (2000). *Rezeption und Reflexion. Zur Resonanz der Systemtheorie Niklas Luhmanns außerhalb der Soziologie*. Frankfurt am Main: Suhrkamp.
Bernfeld, Siegfried (1976). *Sisyphos oder die Grenzen der Erziehung*. 2. Aufl. Frankfurt am Main: Suhrkamp.
Bettighofer, Siegfried (2000). *Übertragung und Gegenübertragung im therapeutischen Prozeß*. 2. Aufl. Stuttgart (u.a.): Kohlhammer.
Binczek, Natalie (2000). *Im Medium der Schrift. Zum dekonstruktiven Anteil in der Systemtheorie Niklas Luhmanns*. München: Fink.
Binczek, Natalie (2002). Medium/Form, dekonstruiert. In Jörg Brauns (Hrsg.), *Form und Medium* (113-129). Weimar: VDG.
Bion, Wilfred R. (1955). Language and the schizophrenic. In Melanie Klein (Ed.), *New directions in psycho-analysis. The significance of infant conflict in the pattern of adult behaviour* (220-239). London: Tavistock.
Bion, Wilfred R. (1990). *Lernen durch Erfahrung*. Frankfurt am Main: Suhrkamp.
Bion, Wilfred R. (1990a). Angriffe auf Verbindungen. In Elizabeth Bott Spillius (Hrsg.), *Melanie Klein heute. Entwicklungen in Theorie und Praxis. Band I: Beiträge zur Theorie*. (110-129). München (u.a.): Verl. Internat. Psychoanalyse.
Bion, Wilfred R. (1992). *Elemente der Psychoanalyse*. Frankfurt am Main: Suhrkamp.
Bion, Wilfred R. (2002). Eine Theorie des Denkens. In Elizabeth Bott Spillius (Hrsg.), *Melanie Klein heute. Entwicklungen in Theorie und Praxis. Band I: Beiträge zur Theorie*. 3. Aufl. (225-235). Stuttgart: Klett-Cotta.
Bollas, Christopher (1997). *Der Schatten des Objekts. Das ungedachte Bekannte. Zur Psychoanalyse der frühen Entwicklung*. Stuttgart: Klett-Cotta.

Bos, Wilfried; Lankes, Eva-Maria; Prenzel, Manfred; Schwippert, Knut; Walther, Gerd & Valtin, Renate (Hrsg.) (2003). *Erste Ergebnisse aus IGLU. Schülerleistungen am Ende der vierten Jahrgangsstufe im internationalen Vergleich*. Münster: Waxmann.
Bos, Wilfried; Hornberg, Sabine; Arnold, Karl-Heinz; Faust, Gabriele; Fried, Lilian; Lankes, Eva-Maria; Schwippert, Knut & Valtin, Renate (Hrsg.) (2007). *IGLU 2006. Lesekompetenzen von Grundschulkindern in Deutschland im internationalen Vergleich*. Münster: Waxmann.
Boston Change Process Study Group (2002). Explicating the implicit: The local level and the microprocess of change in the analytic situation. *International Journal of Psychoanalysis 83*(5), 1051-1062.
Boston Change Process Study Group (2005). The "something more" than interpretation revisited: Sloppiness an co-creativity in the psychoanalytic encounter. *Journal of the American Psychoanalytic Association 53*(3), 693-729.
Boston Change Process Study Group (2007). The foundational level of psychodynamic meaning: Implicit process in relation to conflict, defense and the dynamic unconscious. *International Journal of Psychoanalysis 88*(4), 843-860.
Boston Change Process Study Group (2008). Forms of relational meaning: Issues in the relations between the implicit and reflective-verbal domains. *Psychoanalytic Dialogues 18*, 125-148.
Bowlby, John (1975). Bindung. Eine Analyse der Mutter-Kind-Beziehung. München: Kindler.
Bowlby, John (1976). Trennung. Psychische Schäden als Folge der Trennung von Mutter und Kind. München: Kindler.
Bramlett, Ronald K. & Murphy, John J. (1998). School psychology perspectives on consultation. Key contributions to the field. *Journal of Educational and Psychological Consultation 9*(1), 29-55.
Bråten, Stein (1988). Dialogic mind. The infant and the adult in protoconversation. In Marc E. Carvallo (Ed.), *Nature, cognition and system. Current systems-scientific research on natural and cognitive systems* (187-205). Dordrecht (u.a.): Kluwer.
Bråten, Stein (1992). The virtual other in infants' minds and social feelings. In Astri Heen Wold (Ed.), *The dialogical alternative. Towards a theory of language and mind* (77-97). Oslo: Scandinavian University Press.
Bråten, Stein (2003). Beteiligte Spiegelungen. Alterzentrische Lernprozesse in der Kleinkindentwicklung und der Evolution. In Ulrich Wenzel, Bettina Bretzinger & Klaus Holz (Hrsg.), *Subjekte und Gesellschaft. Zur Konstitution von Sozialität* (139-169). Weilerswist: Velbrück Wissenschaft.
Brauns, Jörg (Hrsg.) (2002). *Form und Medium*. Weimar: VDG.
Bredow, Gerda v. (1971). Coincidentia oppositorum. In Joachim Ritter & Karlfried Gründer (Hrsg.), *Historisches Wörterbuch der Philosophie*, Band 1 (Sp. 1022-1023). Basel: Schwabe.
Brüsemeister, Thomas (2006). Das Erziehungssystem zwischen Code und regionaler Differenzierung. Vergleiche mit dem Wirtschaftssystem. In Yvonne Ehrenspeck & Dieter Lenzen (Hrsg.), *Beobachtungen des Erziehungssystems. Systemtheoretische Perspektiven* (192-207). Wiesbaden: VS.
Buchholz, Michael B. & Gödde, Günter (2005). Anschlüsse der Psychoanalyse an die Sozialwissenschaften. Einführung der Herausgeber. In dies. (Hrsg.), *Das Unbewusste in aktuellen Diskursen. Anschlüsse. Bd. II* (108-116). Gießen: Psychosozial.
Büchner, Peter & Brake, Anna (Hrsg.) (2006). *Bildungsort Familie. Transmission von Bildung und Kultur im Alltag von Mehrgenerationenfamilien*. Wiesbaden: VS.
Büchner, Peter & Wahl, Katrin (2005). Die Familie als informeller Bildungsort. Über die Bedeutung familialer Bildungsleistungen im Kontext der Entstehung und Vermeidung von Bildungsarmut. *Zeitschrift für Erziehungswissenschaft 8*(3), 356-373.
Bühl, Walter L. (1987). Grenzen der Autopoiesis. *Kölner Zeitschrift für Soziologie und Sozialpsychologie 39*(2), 225-254.

Bühl, Walter L. (2000). Luhmanns Flucht in die Paradoxie. In Peter-Ulrich Merz-Benz & Gerhard Wagner (Hrsg.), *Die Logik der Systeme. Zur Kritik der systemtheoretischen Soziologie Niklas Luhmanns* (225-256). Konstanz: UVK.
Buggle, Franz (2001). *Die Entwicklungspsychologie Jean Piagets.* 4. Aufl. Stuttgart (u.a.): Kohlhammer.
Canguilhem, Georges (1974). *Das Normale und das Pathologische.* München: Hanser.
Canguilhem, Georges (1988). Tod des Menschen oder Ende des Cogito? In Marcelo Marques (Hrsg.), *Der Tod des Menschen im Denken des Lebens. Georges Canguilhem über Michel Foucault. Michel Foucault über Georges Canguilhem* (15-49). Tübingen: Ed. Diskord.
Canguilhem, Georges (2006). *Wissenschaft, Technik, Leben. Beiträge zur historischen Epistemologie.* Berlin: Merve.
Cassirer, Ernst (2001). *Philosophie der symbolischen Formen. Erster Teil: Die Sprache. Gesammelte Werke. Hamburger Ausgabe, Bd. 11.* Hamburg: Felix Meiner.
Cassirer, Ernst (2002). *Philosophie der symbolischen Formen. Zweiter Teil: Das mythische Denken. Gesammelte Werke. Hamburger Ausgabe, Bd. 12.* Hamburg: Felix Meiner.
Castells, Manuel (2001). *Der Aufstieg der Netzwerkgesellschaft. Teil 1 der Trilogie: Das Informationszeitalter.* Opladen: Leske & Budrich.
Castells, Manuel (2002). *Die Macht der Identität. Teil 2 der Trilogie: Das Informationszeitalter.* Opladen: Leske & Budrich.
Castells, Manuel (2003). *Jahrtausendwende. Teil 3 der Trilogie: Das Informationszeitalter.* Opladen: Leske & Budrich.
Center for Mental Health in Schools, University of California. Zugriff unter: http://smhp.psych.ucla.edu [28.06.2004].
Ciompi, Luc (1982). *Affektlogik. Über die Struktur der Psyche und ihre Entwicklung Ein Beitrag zur Schizophrenieforschung.* Stuttgart: Klett-Cotta.
Ciompi, Luc (1988). Außenwelt – Innenwelt. Die Entstehung von Zeit, Raum und psychischen Strukturen. Göttingen: Vandenhoeck & Ruprecht.
Ciompi, Luc (1997). *Die emotionalen Grundlagen des Denkens. Entwurf einer fraktalen Affektlogik.* Göttingen: Vandenhoeck & Ruprecht.
Ciompi, Luc (2004). Ein blinder Fleck bei Niklas Luhmann? Soziale Wirkungen von Emotionen aus Sicht der fraktalen Affektlogik. *Soziale Systeme 10*(1), 21-49.
Clam, Jean (2000). Unbegegnete Theorie. Zur Luhmann-Rezeption in der Philosophie. In Henk de Berg & Johannes F. K. Schmidt (Hrsg.), *Rezeption und Reflexion. Zur Resonanz der Systemtheorie Niklas Luhmanns außerhalb der Soziologie* (296-321). Frankfurt am Main: Suhrkamp.
Clam, Jean (2001). Probleme der Kopplung von Nur-Operationen. Kopplung, Verwerfung, Verdünnung. *Soziale Systeme 7*(2), 222-240.
Clam, Jean (2002). *Was heißt, sich an Differenz statt an Identität orientieren? Zur De-Ontologisierung in Philosophie und Sozialwissenschaft.* Konstanz: UVK.
Clam, Jean (2003). Was ist noch Theorie? Eine Auseinandersetzung mit Peter Fuchs' >Metapher des Systems<. *Soziale Systeme 9*(1), 160-182.
Clam, Jean (2004). *Kontingenz, Paradox, Nur-Vollzug. Grundprobleme einer Theorie der Gesellschaft.* Konstanz: UVK.
Corsi, Giancarlo (1993). Die dunkle Seite der Karriere. In Dirk Baecker (Hrsg.), *Probleme der Form* (252-265). Frankfurt am Main: Suhrkamp.
Corsi, Giancarlo (2000). Zwischen Irritation und Indifferenz. Systemtheoretische Anregungen für die Pädagogik. In Henk de Berg & Johannes F. K. Schmidt (Hrsg.), *Rezeption und Reflexion. Zur Resonanz der Systemtheorie Niklas Luhmanns außerhalb der Soziologie* (267-295). Frankfurt am Main: Suhrkamp.
Cull, Paul & Frank, William (1979). Flaws of form. *International Journal of General Systems 5*(4), 201-211.

Culler, Jonathan (1988). *Dekonstruktion. Derrida und die poststrukturalistische Literaturtheorie.* Reinbek bei Hamburg: Rowohlt.
Damasio, Antonio R. (1997). *Descartes' Irrtum. Fühlen, Denken und das menschliche Gehirn.* 3. Aufl. München (u.a.): List.
Damasio, Antonio R. (2003). *Der Spinoza-Effekt. Wie Gefühle unser Leben bestimmen.* München (u.a.): List.
De Shazer, Steve (1989). *Wege der erfolgreichen Kurztherapie.* Stuttgart: Klett-Cotta.
De Shazer, Steve (1994). *Das Spiel mit Unterschieden. Wie therapeutische Lösungen lösen.* 2. Aufl. Heidelberg: Carl-Auer-Systeme-Verl.
De Shazer, Steve (1995). *Der Dreh. Überraschende Wendungen und Lösungen in der Kurzzeittherapie.* 4. Aufl. Heidelberg: Carl-Auer-Systeme-Verl.
DeMan, Paul (1983). *Blindness and insight. Essays in the rhetoric of contemporary criticism.* 2. ed., revised. London: Routledge.
Deneke, Friedrich-Wilhelm (2001). *Psychische Struktur und Gehirn. Die Gestaltung der subjektiven Wirklichkeiten.* 2. überarb. und erw. Aufl. Stuttgart (u.a.): Schattauer.
Derrida, Jaques (1992). *Grammatologie.* 4. Aufl. Frankfurt am Main: Suhrkamp.
Derrida, Jaques (2004). *Die différance. Ausgewählte Texte.* Mit einer Einleitung herausgegeben von Peter Engelmann. Stuttgart: Reclam.
Dettmer, Peggy; Dyck, Norma & Thurston, Linda P. (1999). *Consultation, collaboration, and teamwork for students with special needs.* 3. ed. Boston: Allyn & Bacon.
Deutsch, Helene (1926). Okkulte Vorgänge während der Psychoanalyse. *Imago 12*, 418-433.
Dohmen, Günther (2001). *Das informelle Lernen. Die internationale Erschließung einer bisher vernachlässigten Grundform menschlichen Lernens für das lebenslange Lernen aller.* Bonn: BMBF. Zugriff unter: http://www.bmbf.de/pub/das_informelle_lernen.pdf [06.06.2007].
Dornes, Martin (1993). *Der kompetente Säugling. Die präverbale Entwicklung des Menschen.* Frankfurt am Main: Fischer.
Dornes, Martin (2002). Der virtuelle Andere. Aspekte vorsprachlicher Intersubjektivität. *Forum der Psychoanalyse 18*(4), 303-331.
Dornes, Martin (2006). *Die Seele des Kindes. Entstehung und Entwicklung.* Frankfurt am Main: Fischer.
Dupuy, Jean-Pierre (1990). Deconstructing deconstruction: supplement and hierarchy. *Stanford Literature Review 7*(1-2), 101-121.
Egidy, Holm v. (2004). *Beobachtung der Wirklichkeit. Differenztheorie und die zwei Wahrheiten in der buddhistischen Madhyamika-Philosophie.* Heidelberg: Carl-Auer-Systeme-Verl.
Elbers, Ed (2003). Classroom interaction as reflection. Learning and teaching mathematics in a community of inquiry. *Educational Studies in Mathematics 54*(1), 77-99.
Elbers, Ed & Streefland, Leen (2000). Collaborative learning and the construction of common knowledge. *European Journal of Psychology of Education 15*(4), 479-490.
Elder-Vass, Dave (2007). Luhmann and emergentism. Competing paradigms for social systems theory? *Philosophy of the Social Sciences 37*(4), 408-432.
Ellrich, Lutz (1992). Die Konstitution des Sozialen. Phänomenologische Motive in N. Luhmanns Systemtheorie. *Zeitschrift für philosophische Forschung 46*(1), 24-43.
Esposito, Elena (1993). Ein zweiwertiger nicht-selbständiger Kalkül. In Dirk Baecker (Hrsg.), *Kalkül der Form* (96-111). Frankfurt am Main: Suhrkamp.
Esposito, Elena (1993a). Zwei-Seiten-Formen in der Sprache. In Dirk Baecker (Hrsg.), *Probleme der Form* (88-119). Frankfurt am Main: Suhrkamp.
Esposito, Elena (2002). *Soziales Vergessen. Formen und Medien des Gedächtnisses der Gesellschaft.* Frankfurt am Main: Suhrkamp.
Esposito, Elena (2004). *Die Verbindlichkeit des Vorübergehenden. Paradoxien der Mode.* Frankfurt am Main: Suhrkamp.

European Agency for Development in Special Needs Education (1999). *Teacher support. Organisation of support for teachers working with special needs in mainstream education. Trends in 17 European countries.* (Ed. V. Soriano). Middelfart, Denmark.

European Agency for Development in Special Needs Education (2003). *Special education across Europe in 2000. Trends in provision in 18 European countries.* (Ed. C. Meijer). Zugriff unter: http://www.european-agency.org/publications/agency_publications/ereports/erep11.html [24.06.2004].

Farzin, Sina (2006). *Inklusion/Exklusion. Entwicklungen und Probleme einer systemtheoretischen Unterscheidung.* Bielefeld: transcript.

Feyerabend, Paul (1986). *Wider den Methodenzwang.* Frankfurt am Main: Suhrkamp.

Feldman, Michael (1999). Projektive Identifizierung: Die Einbeziehung des Analytikers. *Psyche 53*(9/10), 991-1014.

Fleck, Ludwig (1980). *Entstehung und Entwicklung einer wissenschaftlichen Tatsache. Einführung in die Lehre vom Denkstil und Denkkollektiv.* Frankfurt am Main: Suhrkamp.

Foerster, Heinz v. (1985). *Sicht und Einsicht. Versuche zu einer operativen Erkenntnistheorie.* Braunschweig (u.a.): Vieweg.

Foerster, Heinz v. (1993). Die Gesetze der Form (Rezension). In Dirk Baecker (Hrsg.), *Kalkül der Form* (9-11). Frankfurt am Main: Suhrkamp.

Foucault, Michel (1974). *Die Ordnung der Dinge. Eine Archäologie der Humanwissenschaften.* Frankfurt am Main: Suhrkamp.

Foucault, Michel (1977). *Überwachen und Strafen. Die Geburt des Gefängnisses.* Frankfurt am Main: Suhrkamp.

Foucault, Michel (1981). *Archäologie des Wissens.* Frankfurt am Main: Suhrkamp.

Foucault, Michel (1988). Das Leben: die Erfahrung und die Wissenschaft. In Marcelo Marques (Hrsg.), *Der Tod des Menschen im Denken des Lebens. Georges Canguilhem über Michel Foucault. Michel Foucault über Georges Canguilhem* (51-72). Tübingen: Ed. Diskord.

Foulkes, Siegmund H. (1992). *Gruppenanalytische Psychotherapie.* München: Pfeiffer.

Freud, Sigmund (1989). Zur Einführung des Narzißmus (1924). In ders., *Studienausgabe. Band III. Psychologie des Unbewußten* (37-68). Frankfurt am Main: Fischer.

Freud, Sigmund (1989a). Triebe und Triebschicksale (1915). In ders., *Studienausgabe. Band III. Psychologie des Unbewußten* (75-102). Frankfurt am Main: Fischer.

Freud, Sigmund (1989b). Das Ich und das Es (1923). In ders., *Studienausgabe. Band III. Psychologie des Unbewußten* (273-330). Frankfurt am Main: Fischer.

Freud, Sigmund (1989c). Der Untergang des Ödipuskomplexes (1924). In ders., *Studienausgabe. Band V. Sexualleben* (243-251). Frankfurt am Main: Fischer.

Freud, Sigmund (1989d). Einige psychische Folgen des anatomischen Geschlechtsunterschiedes (1925). In ders., *Studienausgabe. Band V. Sexualleben* (253-266). Frankfurt am Main: Fischer.

Freud, Sigmund (1989e). Psychoanalytische Bemerkungen über einen autobiographisch beschriebenen Fall von Paranoia (1911). In ders., *Studienausgabe. Band VII. Zwang, Paranoia und Perversion* (133-203). Frankfurt am Main: Fischer.

Freud, Sigmund (1989f). Massenpsychologie und Ich-Analyse (1921). In ders., *Studienausgabe. Band IX. Fragen der Gesellschaft und Ursprünge der Religion* (61-134). Frankfurt am Main: Fischer.

Freud, Sigmund (1989g). Das Unbewußte (1915). In ders., *Studienausgabe. Band III. Psychologie des Unbewußten* (119-173). Frankfurt am Main: Fischer.

Freud, Sigmund (1989h). Jenseits des Lustprinzips (1920). In ders.: *Studienausgabe. Band III. Psychologie des Unbewußten* (213-272). Frankfurt am Main: Fischer.

Freud, Sigmund (1989i). Ratschläge für den Arzt bei der psychoanalytischen Behandlung (1912). In ders., *Studienausgabe. Ergänzungsband. Schriften zur Behandlungstechnik* (169-180). Frankfurt am Main: Fischer.

Freud, Sigmund (1989j). Erinnern, Wiederholen und Durcharbeiten (Weitere Ratschläge zur Technik der Psychoanalyse II) (1914). In ders., *Studienausgabe. Ergänzungsband. Schriften zur Behandlungstechnik* (205-215). Frankfurt am Main: Fischer.
Freud, Sigmund (1989k). *Die Traumdeutung. Studienausgabe. Band II*. Frankfurt am Main: Fischer.
Freud, Sigmund (1989l). Über infantile Sexualtheorien (1908). In ders., *Studienausgabe. Band V. Sexualleben* (169-184). Frankfurt am Main: Fischer.
Freyberg, Thomas v. & Wolff, Angelika (2005). *Störer und Gestörte. Band 1: Konfliktgeschichten nicht beschulbarer Jugendlicher*. Frankfurt am Main: Brandes & Apsel.
Freyberg, Thomas v. & Wolff, Angelika (2005a). Alles egal! Der Fall Barat. In Thomas von Freyberg & Angelika Wolff (Hrsg.), *Störer und Gestörte. Band 1: Konfliktgeschichten nicht beschulbarer Jugendlicher* (159-221). Frankfurt am Main: Brandes & Apsel.
Freyberg, Thomas v. & Wolff, Angelika (2006). *Störer und Gestörte. Band 2: Konfliktgeschichten als Lernprozesse*. Frankfurt am Main: Brandes & Apsel.
Fuchs, Peter (1992). *Die Erreichbarkeit der Gesellschaft. Zur Konstruktion und Imagination gesellschaftlicher Einheit*. Frankfurt am Main: Suhrkamp.
Fuchs, Peter (1993). *Moderne Kommunikation. Zur Theorie des operativen Displacements*. Frankfurt am Main: Suhrkamp.
Fuchs, Peter (1995). *Die Umschrift. Zwei kommunikationstheoretische Studien: 'japanische Kommunikation' und 'Autismus'*. Frankfurt am Main: Suhrkamp.
Fuchs, Peter (1997). Adressabilität als Grundbegriff der soziologischen Systemtheorie. *Soziale Systeme* 3(1), 57-79.
Fuchs, Peter (1998). *Das Unbewußte in Psychoanalyse und Systemtheorie. Die Herrschaft der Verlautbarung und die Erreichbarkeit des Bewußtseins*. Frankfurt am Main: Suhrkamp.
Fuchs, Peter (1999). *Intervention und Erfahrung*. Frankfurt am Main: Suhrkamp.
Fuchs, Peter (2000). Vom Unbeobachtbaren. In Oliver Jahraus & Nina Ort, unter Mitarb. von Benjamin Marius Schmidt (Hrsg.), *Beobachtungen des Unbeobachtbaren. Konzepte radikaler Theoriebildung in den Geisteswissenschaften* (39-71). Weilerswist: Velbrück Wissenschaft.
Fuchs, Peter (2001). *Die Metapher des Systems. Studien zur allgemein leitenden Frage, wie sich der Tänzer vom Tanz unterscheiden lasse*. Weilerswist: Velbrück Wissenschaft.
Fuchs, Peter (2001a). Theorie als Lehrgedicht. In K. Ludwig Pfeiffer, Ralph Kray & Klaus Städtke, unter Mitarb. von Ingo Berensmeyer (Hrsg.), *Theorie als kulturelles Ereignis* (62-74). Berlin & New York: Walter de Gruyter.
Fuchs, Peter (2001b). Autopoiesis, Mikrodiversität, Interaktion. In Oliver Jahraus & Nina Ort (Hrsg.), *Bewußtsein – Kommunikation – Zeichen. Wechselwirkungen zwischen Luhmannscher Systemtheorie und Peircescher Zeichentheorie* (49-69). Tübingen: Niemeyer.
Fuchs, Peter (2002). Die Beobachtung der Medium/Form-Unterscheidung. In Jörg Brauns (Hrsg.), *Form und Medium* (71-83). Weimar: VDG.
Fuchs, Peter (2003). *Der Eigen-Sinn des Bewußtseins. Die Person, die Psyche, die Signatur*. Bielefeld: transcript.
Fuchs, Peter (2003a). Das psychische System und die Funktion des Bewusstseins. In Oliver Jahraus & Nina Ort (Hrsg.), *Theorie – Prozess – Selbstreferenz. Systemtheorie und transdisziplinäre Theoriebildung* (25-47). Konstanz: UVK
Fuchs, Peter (2004). *Der Sinn der Beobachtung. Begriffliche Untersuchungen*, 2. Aufl.. Weilerswist: Velbrück Wissenschaft.
Fuchs, Peter (2005). *Die Psyche. Studien zur Innenwelt der Außenwelt der Innenwelt*. Weilerswist: Velbrück Wissenschaft.
Fuchs, Peter (2005a). Die Form des Körpers. In Markus Schroer (Hrsg.), *Soziologie des Körpers* (48-72). Frankfurt am Main: Suhrkamp.
Fuchs, Peter (2005b). ~~Das Unbewusste~~ in der Systemtheorie. In Michael B. Buchholz & Günter Gödde (Hrsg.), *Das Unbewusste in aktuellen Diskursen. Anschlüsse. Bd. II* (335-360). Gießen: Psychosozial.

Fuchs, Peter (2007). *Das Maß aller Dinge. Eine Abhandlung zur Metaphysik des Menschen.* Weilerswist: Velbrück Wissenschaft.

Fuchs, Peter & Schneider, Dietrich (1995). Das Hauptmann-von Köpenick-Syndrom. Überlegungen zur Zukunft funktionaler Differenzierung. *Soziale Systeme 1*(2), 203-224.

Gabbard, Glen O. (1999). Gegenübertragung: Die Herausbildung einer gemeinsamen Grundlage. *Psyche 53*(9/10), 972-990.

Gasteiger-Klicpera, Barbara & Klicpera, Christian (1998). *Ambulante schulische Hilfen für verhaltensauffällige Kinder und Jugendliche. Eine Analyse der Erfahrungen in den österreichischen Bundesländern; Abschlußbericht einer Studie im Auftrag des Bundesministeriums für Unterricht und Kulturelle Angelegenheiten.* Innsbruck (u.a.): Studien-Verl.

Gergen, Kenneth J. (2002). *Konstruierte Wirklichkeiten. Eine Hinführung zum sozialen Konstruktionismus.* Stuttgart: Kohlhammer.

Gergen, Kenneth J. (2003). Soziale Konstruktion und pädagogische Praxis. In Rolf Balgo & Rolf Werning (Hrsg.), *Lernen und Lernprobleme im systemischen Diskurs* (55-88). Dortmund: Borgmann.

Giegel, Hans-Joachim (1987). Interpenetration und reflexive Bestimmung des Verhältnisses von psychischem und sozialem System. In Hans Haferkamp & Michael Schmid (Hrsg.), *Sinn, Kommunikation und soziale Differenzierung. Beiträge zu Luhmanns Theorie sozialer Systeme* (212-244). Frankfurt am Main: Suhrkamp.

Giesecke, Michael (1987). Die >>Grundfragen der Allgemeinen Sprachwissenschaft<< und die alternativen Antworten einer systemtheoretischen Kommunikationstheorie. In Dirk Baecker, Jürgen Markowitz, Rudolf Stichweh, Hartmann Tyrell & Helmut Willke (Hrsg.), *Theorie als Passion* (269–297). Frankfurt am Main: Suhrkamp.

Gilgenmann, Klaus (1986). Sozialisation als Evolution psychischer Systeme. Ein Beitrag zur systemtheoretischen Rekonstruktion von Sozialisationstheorie. In Hans-Jürgen Unverferth (Hrsg.), *System und Selbstproduktion. Zur Erschließung eines neuen Paradigmas in den Sozialwissenschaften.* Frankfurt am Main (u.a.): Lang.

Glasersfeld, Ernst v. (1981). Einführung in den radikalen Konstruktivismus. In Paul Watzlawick (Hrsg.), *Die erfundene Wirklichkeit. Wie wissen wir, was wir zu wissen glauben?* (16-38). Frankfurt am Main: Suhrkamp.

Glasersfeld, Ernst v. (1996). *Radikaler Konstruktivismus. Ideen, Ergebnisse, Probleme.* Frankfurt am Main: Suhrkamp.

Göbel, Andreas (2000). *Theoriegenese als Problemgenese. Eine problemgeschichtliche Rekonstruktion der soziologischen Systemtheorie Niklas Luhmanns.* Konstanz: UVK.

Göbel, Markus & Schmidt, Johannes F. K. (1998). Inklusion/Exklusion: Karriere, Probleme und Differenzierungen eines systemtheoretischen Begriffspaars. *Soziale Systeme 4*(1), 87-118.

Görlich, Bernard (1987). >>So muß denn doch die Hexe dran<<. Über die Erkenntnisfunktion der Freudschen Metapsychologie. In Jürgen Belgrad, Bernard Görlich; Hans-Dieter König & Gunzelin Schmidt Noerr (Hrsg.), *Zur Idee einer psychoanalytischen Sozialforschung. Dimensionen szenischen Verstehens* (27-50). Frankfurt am Main: Fischer.

Görlich, Bernard & Walter, Robert (2005). Das Unbewusste in der Perspektive Kritischer Theorie: Adorno, Horkheimer, Lorenzer. In Michael B. Buchholz & Günter Gödde (Hrsg.), *Das Unbewusste in aktuellen Diskursen. Anschlüsse. Bd. II* (117-136). Gießen: Psychosozial.

Green, André (1993). Die tote Mutter. *Psyche 47*(3), 205-240.

Green, André (2004). *Die tote Mutter. Psychoanalytische Studien zu Lebensnarzissmus und Todesnarzissmus.* Gießen: Psychosozial.

Gripp-Hagelstange, Helga (1995). *Niklas Luhmann. Eine Einführung.* München: Fink.

Gutkin, Terry B. (1996). Core elements of consultation service delivery for special service personal. Rationale, practice, and some directions for the future. *Remedial and Special Education 17*(6), 333-340.

Günther, Gotthard (1979). *Beiträge zur Grundlegung einer operationsfähigen Dialektik, Bd. 2. Wirklichkeit als Poly-Kontexturalität. Reflexion, Logische Paradoxie, Mehrwertige Logik, Denken, Wollen, Proemielle Relation, Kenogrammatik, Dialektik der natürlichen Zahl, Dialektischer Materialismus.* Hamburg: Meiner.
Habel, John C. & Bernard, John A. (1999). School and educational psychologists. Creating new service models. *Intervention in School and Clinic 34*(3), 156-162.
Habermas, Jürgen (1988). *Der philosophische Diskurs der Moderne. Zwölf Vorlesungen.* Frankfurt am Main: Suhrkamp.
Habermas, Jürgen (1991). *Erkenntnis und Interesse. Mit einem neuen Nachwort*, 10. Aufl. Frankfurt am Main: Suhrkamp.
Hahn, Marcus (1996). Vom Kopfstand des Phonozentrismus auf den Brettern der Systemtheorie oder: Luhmann und/oder Derrida – einfach eine Entscheidung? Anmerkungen zu *Die Form der Schrift* von Niklas Luhmann. *Soziale Systeme 2*(2), 283-306.
Hartke, Bodo (1998). *Schulische Erziehungshilfe durch regionale sonderpädagogische Förderzentren in Schleswig-Holstein. Fachliche und geschichtliche Grundlagen – aktuelle Daten – Perspektiven.* Hamburg: Kovač.
Heider, Fritz (1926). Ding und Medium. *Symposion. Philosophische Zeitschrift für Forschung und Aussprache 1*(2), 109-157.
Heim, Robert (1993). *Die Rationalität der Psychoanalyse. Eine handlungstheoretische Grundlegung psychoanalytischer Hermeneutik.* Basel (u.a.): Stroemfeld/Nexus.
Heimann, Paula (1950). On countertransference. *International Journal of Psychoanalysis 31*, 81-84.
Heimann, Paula (1996). Über die Gegenübertragung. *Forum der Psychoanalyse 12*(2), 179-184.
Hellmann, Kai-Uwe (2006). Erziehung in der Umwelt des Erziehungssystems. Funktionale Äquivalenzen zwischen Erziehung und Werbung. In Yvonne Ehrenspeck & Dieter Lenzen (Hrsg.), *Beobachtungen des Erziehungssystems. Systemtheoretische Perspektiven* (132-151). Wiesbaden: VS.
Helmke, Andreas (2003). *Unterrichtsqualität erfassen, bewerten, verbessern.* Seelze: Kallmeyer.
Hennig, Boris (2000). Luhmann und die Formale Mathematik. In Peter-Ulrich Merz-Benz & Gerhard Wagner (Hrsg.), *Die Logik der Systeme. Zur Kritik der systemtheoretischen Soziologie Niklas Luhmanns* (157-198). Konstanz: UVK.
Heyting, Frieda (1996). Die kindliche Entwicklung in der Umwelt der Erziehung. Observationen im Licht der Theorie dynamischer Systeme. In Niklas Luhmann & Karl Eberhard Schorr (Hrsg.), *Zwischen System und Umwelt. Fragen an die Pädagogik* (205-235). Frankfurt am Main: Suhrkamp.
Hölscher, Thomas (2004). Niklas Luhmanns Systemtheorie. In Tatjana Schönwälder, Katrin Wille & Thomas Hölscher, *George Spencer Brown. Eine Einführung in die "Laws of Form"* (245-256). Wiesbaden: VS.
Hölscher, Thomas & Wille, Katrin (2004). Mathematik, Logik, Naturwissenschaft. In Tatjana Schönwälder, Katrin Wille & Thomas Hölscher, *George Spencer Brown. Eine Einführung in die "Laws of Form"* (219-230). Wiesbaden: VS.
Hohm, Hans-Jürgen (2006). *Soziale Systeme, Kommunikation, Mensch. Eine Einführung in soziologische Systemtheorie.* 2., überarb. Aufl. Weinheim (u.a.): Juventa.
Hopf, Christel (2005). *Frühe Bindung und Sozialisation. Eine Einführung.* Weinheim (u.a.): Juventa.
Horster, Detlef (1997). *Niklas Luhmann.* München: Beck.
Horster, Detlef (2005). Wer hat Angst vor Niklas Luhmann? Er hat doch nur die Wahrheit über die Schule gesagt. – Luhmanns soziologische Erziehungstheorie. In Detlef Horster & Jürgen Oelkers (Hrsg.), *Pädagogik und Ethik* (133-146). Wiesbaden: VS.
Huckenbeck, Kirsten (2001). Living in a (perfect?) box oder: Das Universum der Balkenträger aus der Perspektive des Bretterverschlags. In Alex Demirovic (Hrsg.), *Komplexität und Emanzipation. Kritische Gesellschaftstheorie und die Herausforderung der Systemtheorie Niklas Luhmanns* (315-346). Münster: Westfälisches Dampfboot.

Hurlburt, Russel T. (1990). *Sampling normal and schizophrenic inner experience.* New York (u.a.): Plenum Press.
Hurlburt, Russel T. (1993). *Sampling inner experience in disturbed affect.* New York (u.a.): Plenum Press.
Hurrelmann, Bettina; Becker, Susanne & Nickel-Bacon, Irmgard (2006). *Lesekindheiten. Familie und Lesesozialisation im historischen Wandel.* Weinheim und München: Juventa.
Idol, Lorna (1988). A rationale and guidelines for establishing special education consultation programs. *Remedial and Special Education* 9(6), 48-58.
Idol, Lorna; Nevin, Ann & Paolucci-Whitcomb, Phyllis (1993). *Collaborative Consultation.* 2. ed. Austin, Texas: Pro-Ed.
Jahraus, Oliver (2001). *Theorieschleife. Systemtheorie, Dekonstruktion und Medientheorie.* Wien: Passagen.
Jantzen, Wolfgang (2004). Soziologie der Behinderung und soziologische Systemtheorie – Kritische Anmerkungen zur Systemtheorie von Niklas Luhmann und ihrer Rezeption in der Behindertenpädagogik. In Rudolf Forster (Hrsg.), *Soziologie im Kontext von Behinderung. Theoriebildung, Theorieansätze und singuläre Phänomene* (49-77). Bad Heilbrunn: Klinkhardt.
Junker, Helmut (2005). *Beziehungsweisen. Die psychoanalytische Praxis zwischen Technik und Begegnung.* Tübingen: Ed. Diskord.
Kade, Jochen (1997). Vermittelbar/nicht-vermittelbar: Vermitteln: Aneignen. Im Prozeß der Systembildung des Pädagogischen. In Dieter Lenzen und Niklas Luhmann (Hrsg.), *Bildung und Weiterbildung im Erziehungssystem. Lebenslauf und Humanontogenese als Medium und Form* (30-70). Frankfurt am Main: Suhrkamp.
Kade, Jochen (2004). Erziehung als pädagogische Kommunikation. In Dieter Lenzen (Hrsg.), *Irritationen des Erziehungssystems. Pädagogische Resonanzen auf Niklas Luhmann* (199-232). Frankfurt am Main: Suhrkamp.
Kade, Jochen (2006). Lebenslauf – Netzwerk – Selbstpädagogisierung. Medienentwicklung und Strukturbildung im Erziehungssystem. In Yvonne Ehrenspeck & Dieter Lenzen (Hrsg.), *Beobachtungen des Erziehungssystems. Systemtheoretische Perspektiven* (13-25). Wiesbaden: VS.
Kade, Jochen & Seitter, Wolfgang (1996). *Lebenslanges Lernen – mögliche Bildungswelten. Erwachsenenbildung, Biographie und Alltag.* Opladen: Leske & Budrich.
Kaehr, Rudolf (1993). Disseminatorik: Zur Logik der ‚Second Order Cybernetics'. Von den ‚Laws of Form' zur Logik der Reflexionsform. In Dirk Baecker (Hrsg.), *Probleme der Form* (152-196). Frankfurt am Main: Suhrkamp.
Kauffman, Louis H. (1998). Virtual Logic – The calculus of indication. *Cybernetics and Human Knowing* 5(1), 63-68.
Kauffman, Louis H. (1998a). Virtual Logic – Self-reference and the calculus of indication. *Cybernetics and Human Knowing* 5(2), 75-82.
Kauffman, Louis H. (1998b). Virtual Logic – Symbolic logic and the calculus of indication. *Cybernetics and Human Knowing* 5(3), 63-70.
Khurana, Thomas (2002). *Die Dispersion des Unbewussten. Drei Studien zu einem nichtsubstantialistischen Konzept des Unbewussten: Freud – Lacan – Luhmann.* Gießen: Psychosozial.
Kieserling, André (1999). *Kommunikation unter Anwesenden. Studien über Interaktionssysteme.* Frankfurt am Main: Suhrkamp.
Klein, Melanie (2000). Bemerkungen über einige schizoide Mechanismen. In dies., *Gesammelte Schriften. Band III: Schriften 1946-1963,* herausgegeben von Ruth Cycon. Stuttgart- Bad Cannstatt: Frommann-Holzboog.
Kleve, Heiko (2007). *Postmoderne Sozialarbeit. Ein systemtheoretisch-konstruktivistischer Beitrag zur Sozialarbeitswissenschaft.* 2. Aufl. Wiesbaden: VS.

Kneer, Georg (1996). *Rationalisierung, Disziplinierung und Differenzierung. Zum Zusammenhang von Sozialtheorie und Zeitdiagnose bei Jürgen Habermas, Michel Foucault und Niklas Luhmann.* Opladen: Westdeutscher Verl.
Knorr-Cetina, Karin (1991). *Die Fabrikation von Erkenntnis. Zur Anthropologie der Naturwissenschaft.* Revidierte und erw. Fassung, 1. Aufl. Frankfurt am Main: Suhrkamp.
Knorr-Cetina, Karin (2002). *Wissenskulturen. Ein Vergleich naturwissenschaftlicher Wissensformen.* Frankfurt am Main: Suhrkamp.
Kohut, Heiz (1992). *Narzißmus. Eine Theorie der psychoanalytischen Behandlung narzißtischer Persönlichkeitsstörungen.* Frankfurt am Main: Suhrkamp.
Konopka, Melitta (1996). *Das psychische System in der Systemtheorie Niklas Luhmanns.* Frankfurt am Main: Peter Lang.
Konopka, Melitta (1999). *Akteure und Systeme. Ein Vergleich der Beiträge handlungs- und systemtheoretischer Ansätze zur Analyse zentraler sozialtheoretischer Fragestellungen unter besonderer Berücksichtigung der Luhmannschen und der post-Luhmannschen Systemtheorie.* Frankfurt am Main: Peter Lang.
Koschorke, Albrecht (1999). Die Grenzen des Systems und die Rhetorik der Systemtheorie. In Albrecht Koschorke & Cornelia Vismann (Hrsg.), *Widerstände der Systemtheorie. Kulturtheoretische Analysen zum Werk von Niklas Luhmann* (49-60). Berlin: Akademie.
Kraft, Volker (2006). Unwissenheit schmerzt nicht oder: Gesundheits- und Erziehungssystem in vergleichender Perspektive. In Yvonne Ehrenspeck & Dieter Lenzen (Hrsg.), *Beobachtungen des Erziehungssystems. Systemtheoretische Perspektiven* (208-229). Wiesbaden: VS.
Kraus, Björn (2002). *Konstruktivismus – Kommunikation – Soziale Arbeit. Radikalkonstruktivistische Betrachtungen zu den Bedingungen des sozialpädagogischen Interaktionsverhältnisses.* Heidelberg: Carl-Auer-Systeme-Verl.
Krejci, Erika (1990). Vorwort. In Wilfred R. Bion, *Lernen durch Erfahrung* (9-35). Frankfurt am Main: Suhrkamp.
Kristeva, Julia (1974). *La révolution de la langage poétique. L'avant-garde a la fin du XIXe siècle: Lautréamont et Mallarmé.* Paris: Seuil.
Kristeva, Julia (1977). *Polylogue.* Paris: Seuil.
Kristeva, Julia (1978). *Die Revolution der poetischen Sprache.* Frankfurt am Main: Suhrkamp.
Kristeva, Julia (1980). *Pouvoirs de l'horreur. Essai sur l'abjection.* Paris: Ed. du Seuil.
Kristeva, Julia (1980a). Das Subjekt im Prozeß: Die poetische Sprache. In Jean-Marie Benoist (Hrsg.), *Identität. Ein interdisziplinäres Seminar unter Leitung von Claude Lévi-Strauss (*187-221). Stuttgart: Klett-Cotta.
Kristeva, Julia (1989). *Geschichten von der Liebe.* Frankfurt am Main: Suhrkamp.
Kristeva, Julia (1989a). *Black sun. Depression and melancholia.* New York: Columbia UP.
Kristeva, Julia (1994). Die Seele und das Bild. In dies., *Die neuen Leiden der Seele* (9-35). Hamburg: Junius.
Kristeva, Julia (2000). *La Génie féminin. Tome II. La folie. Melanie Klein ou le matricide comme douleur et comme créativité.* Paris: Fayard.
Kristeva, Julia (2007). *Schwarze Sonne. Depression und Melancholie.* Frankfurt am Main: Brandes & Apsel.
Krummheuer, Götz & Naujok, Natascha (1999). *Grundlagen und Beispiele interpretativer Unterrichtsforschung.* Opladen: Leske & Budrich.
Kues, Nikolaus von (1982). De docta ignorantia. Liber primus. Die wissende Unwissenheit. Erstes Buch. In ders., *Philosophisch-theologische Schriften.* Herausgegeben und eingeführt von Leo Gabriel. Studien- und Jubiläumsausgabe Lateinisch-Deutsch, Bd. 1. (191-297). Wien: Herder.
Kues, Nikolaus von (1982a). De visione Dei. Die Gottes-Schau. In ders., *Philosophisch-theologische Schriften.* Herausgegeben und eingeführt von Leo Gabriel. Studien- und Jubiläumsausgabe Lateinisch-Deutsch, Bd. 3. (93-219). Wien: Herder.

Künzli, Benjamin (1995). *Soziologische Aufklärung der Erziehungswissenschaften?* Würzburg: Ergon.
Kuhn, Thomas S. (1973). *Die Struktur wissenschaftlicher Revolutionen.* Frankfurt am Main: Suhrkamp.
Kurtz, Thomas (2006). Erziehung, Kommunikation, Person. Zur Stellung des Erziehungssystems in einem besonderen Quartett gesellschaftlicher Funktionen. In Yvonne Ehrenspeck & Dieter Lenzen (Hrsg.), *Beobachtungen des Erziehungssystems. Systemtheoretische Perspektiven* (113-131). Wiesbaden: VS.
Lacan, Jacques (1975). Funktion und Feld des Sprechens und der Sprache in der Psychoanalyse. In ders., *Schriften I* (71-169). Frankfurt am Main: Suhrkamp.
Lacan, Jacques (1975a). Die Ausrichtung der Kur und die Prinzipien ihrer Macht. In ders., *Schriften I* (171-239). Frankfurt am Main: Suhrkamp.
Lacan, Jacques (1975b). Das Spiegelstadium als Bildner der Ichfunktion. In ders., *Schriften I* (61-70). Frankfurt am Main: Suhrkamp.
Lacan, Jacques (1991). Das Drängen des Buchstabens im Unbewussten oder die Vernunft seit Freud. In ders., *Schriften II*. 3. korr. Aufl. (15-55). Weinheim & Berlin: Quadriga.
Lacan, Jacques (1991a). Subversion des Subjekts und Dialektik des Begehrens im Freudschen Unbewussten. In ders., *Schriften II*. 3. korr. Aufl. (165-204). Weinheim & Berlin: Quadriga.
Langer, Susanne K. (1965). *Philosophie auf neuem Wege. Das Symbol im Denken, im Ritus und in der Kunst.* Frankfurt am Main: Fischer.
Laplanche, Jean & Pontalis, Jean-Bertrand (1991). *Das Vokabular der Psychoanalyse.* 10. Aufl. Frankfurt am Main: Suhrkamp.
Lave, Jean (1988). *Cognition in practice. Mind, mathematics and culture in everyday life.* Cambridge (u.a.): Cambridge UP.
Lave, Jean & Wenger, Etienne (1991). *Situated learning. Legitimate peripheral participation.* Cambridge (u.a.): Cambridge UP.
Lau, Felix (2005). *Die Form der Paradoxie. Eine Einführung in die Mathematik und Philosophie der „Laws of Form" von George Spencer Brown.* Heidelberg: Carl-Auer-Systeme-Verl.
Le Bon, Gustave (1950). *Psychologie der Massen.* Stuttgart: Kröner.
Lehmann, Maren (2002). Das Medium der Form. Versuch über die Möglichkeiten, George Spencer-Browns Kalkül der >>Gesetze der Form<< als Medientheorie zu lesen. In Jörg Brauns (Hrsg.), *Form und Medium* (39-56). Weimar: VDG.
Lehmann, Maren (2003). Die Person als Form und als Medium. In Heinz-Elmar Tenorth (Hrsg.), *Form der Bildung – Bildung der Form* (43-67). Weinheim: Beltz.
Lenzen, Dieter (1997). Lebenslauf oder Humanontogenese? Vom Erziehungssystem zum kurativen System – eine der Erziehungswissenschaft zur Humanvitologie. In Dieter Lenzen & Niklas Luhmann (Hrsg.), *Bildung und Weiterbildung im Erziehungssystem. Lebenslauf und Humanontogenese als Medium und Form* (228-247). Frankfurt am Main: Suhrkamp.
Lenzen, Dieter (2002). Editorische Notiz. In Niklas Luhmann, *Das Erziehungssystem der Gesellschaft*, herausgegeben von Dieter Lenzen (7-9). Frankfurt am Main: Suhrkamp.
Lenzen, Dieter & Luhmann, Niklas (Hrsg.) (1997). *Bildung und Weiterbildung im Erziehungssystem. Lebenslauf und Humanontogenese als Medium und Form.* Frankfurt am Main: Suhrkamp.
Lévi-Strauss, Claude (1967). *Strukturale Anthropologie.* Frankfurt am Main: Suhrkamp.
Lévi-Strauss, Claude (1993). *Die elementaren Strukturen der Verwandtschaft.* Frankfurt am Main: Suhrkamp.
Lichtenberg, Joseph D. (1989). *Psychoanalysis and motivation.* Hillsdale, NJ (u.a.): Analytic Press.
Lichtenberg, Joseph D. (1991). *Psychoanalyse und Säuglingsforschung.* Berlin (u.a.): Springer.
Lichtenberg, Joseph D.; Lachmann, Frank M. & Fosshage, James L. (2000). *Das Selbst und die motivationalen Systeme. Zu einer Theorie psychoanalytischer Technik.* Frankfurt am Main: Brandes & Apsel.

Loeken, Hiltrud (2000). *Erziehungshilfe in Kooperation. Professionelle und organisatorische Entwicklung in einer kooperativen Einrichtung von Schule und Jugendhilfe.* Heidelberg: Winter.

Lorenzer, Alfred (1970). *Kritik des psychoanalytischen Symbolbegriffs.* Frankfurt am Main: Suhrkamp.

Lorenzer, Alfred (1972). *Zur Begründung einer materialistischen Sozialisationstheorie.* Frankfurt am Main: Suhrkamp.

Lorenzer, Alfred (1973). *Sprachzerstörung und Rekonstruktion.* Frankfurt am Main: Suhrkamp.

Lorenzer, Alfred (1976). *Die Wahrheit der psychoanalytischen Erkenntnis. Ein historisch-materialistischer Entwurf.* Frankfurt am Main: Suhrkamp.

Lorenzer, Alfred (1977). *Sprachspiel und Interaktionsform. Vorträge und Aufsätze zu Psychoanalyse, Sprache und Praxis.* Frankfurt am Main: Suhrkamp.

Lorenzer, Alfred (1977a). Sprache, Praxis, Wirklichkeit – in der Perspektive einer Analyse subjektiver Struktur. In ders., *Sprachspiel und Interaktionsform. Vorträge und Aufsätze zu Psychoanalyse, Sprache und Praxis* (38-57). Frankfurt am Main: Suhrkamp.

Lorenzer, Alfred (1977b). Sprachspielmodell und die Matrix individueller Praxis. In ders., *Sprachspiel und Interaktionsform. Vorträge und Aufsätze zu Psychoanalyse, Sprache und Praxis* (75-101). Frankfurt am Main: Suhrkamp.

Lorenzer, Alfred (1981). *Das Konzil der Buchhalter. Die Zerstörung der Sinnlichkeit, eine Religionskritik.* Frankfurt am Main: Europäische Verlagsanstalt.

Lorenzer, Alfred (1986). Tiefenhermeneutische Kulturanalyse. In ders. (Hrsg.), *Kultur-Analysen* (11-98). Frankfurt am Main: Fischer.

Lorenzer, Alfred (1986a). »gab mir ein Gott zusagen, was ich leide« – Emanzipation und Methode. *Psyche 40*, 1051-1062.

Lorenzer, Alfred (1991). Der Symbolbegriff und seine Problematik in der Psychoanalyse. In Jürgen Oelkers & Klaus Wegenast (Hrsg.), *Das Symbol – Brücke des Verstehens* (21-30). Stuttgart (u.a.): Kohlhammer.

Lütje-Klose, Birgit (2003). Didaktische Überlegungen für Schülerinnen und Schüler mit Lernbeeinträchtigungen aus systemisch-konstruktivistischer Sicht. In Rolf Balgo & Rolf Werning (Hrsg.), *Lernen und Lernprobleme im systemischen Diskurs (173-203).* Dortmund: Borgmann.

Luhmann, Niklas (1969). Gesellschaftliche Organisation. In Thomas Ellwein, Hans-Hermann Groothoff, Hans Rauschenberger & Heinrich Roth (Hrsg.), *Erziehungswissenschaftliches Handbuch, Bd. 1, Das Erziehen als gesellschaftliches Phänomen* (387-407). Berlin: Rembrandt.

Luhmann, Niklas (1971). Sinn als Grundbegriff der Soziologie. In Jürgen Habermas & Niklas Luhmann (Hrsg.), *Theorie der Gesellschaft oder Sozialtechnologe – Was leistet die Systemforschung?* (25-100). Frankfurt am Main: Suhrkamp.

Luhmann, Niklas (1981). Interpenetration – Zum Verhältnis personaler und sozialer Systeme. In Niklas Luhmann, *Soziologische Aufklärung 3. Soziales System, Gesellschaft, Organisation* (151-169). Opladen: Westdeutscher Verl.

Luhmann, Niklas (1986). Systeme verstehen Systeme. In Niklas Luhmann & Karl Eberhard Schorr (Hrsg.), *Zwischen Intransparenz und Verstehen. Fragen an die Pädagogik* (72-117). Frankfurt am Main: Suhrkamp.

Luhmann, Niklas (1987). *Soziale Systeme. Grundriß einer allgemeinen Theorie.* Frankfurt am Main: Suhrkamp.

Luhmann, Niklas (1987a). Autopoiesis als soziologischer Begriff. In Hans Haferkamp & Michael Schmid (Hrsg.), *Sinn, Kommunikation und soziale Differenzierung. Beiträge zu Luhmanns Theorie sozialer Systeme* (307-324). Frankfurt am Main: Suhrkamp.

Luhmann, Niklas (1987b). Sozialisation und Erziehung. In Niklas Luhmann, *Soziologische Aufklärung 4. Beiträge zur funktionalen Differenzierung der Gesellschaft* (173-181). Opladen: Westdeutscher Verl.

Luhmann, Niklas (1987c). Codierung und Programmierung. In Niklas Luhmann, *Soziologische Aufklärung 4. Beiträge zur funktionalen Differenzierung der Gesellschaft* (182-201). Opladen: Westdeutscher Verl.

Luhmann, Niklas (1987d). Die Unterscheidung Gottes. In Niklas Luhmann, *Soziologische Aufklärung 4. Beiträge zur funktionalen Differenzierung der Gesellschaft* (236-253). Opladen: Westdeutscher Verl.

Luhmann, Niklas (1988). *Die Wirtschaft der Gesellschaft*. Frankfurt am Main: Suhrkamp.

Luhmann, Niklas (1988a). *Erkenntnis als Konstruktion*. Bern: Benteli.

Luhmann, Niklas (1990). *Soziologische Aufklärung. 5. Konstruktivistische Perspektiven*. Opladen: Westdeutscher Verl.

Luhmann, Niklas (1990a). Weltkunst. In Niklas Luhmann, Frederik D. Bunsen & Dirk Baecker, *Unbeobachtbare Welt. Über Kunst und Architektur* (7-45). Bielefeld: Haux.

Luhmann, Niklas (1990b). Anfang und Ende. Probleme einer Unterscheidung. In Niklas Luhmann & Karl Eberhard Schorr (Hrsg.), *Zwischen Anfang und Ende. Fragen an die Pädagogik* (11-23). Frankfurt am Main: Suhrkamp.

Luhmann, Niklas (1992). *Die Wissenschaft der Gesellschaft*. Frankfurt am Main: Suhrkamp.

Luhmann, Niklas (1992a). Stellungnahme. In Werner Krawietz & Michael Welker (Hrsg.), *Kritik der Theorie sozialer Systeme. Auseinandersetzungen mit Luhmanns Hauptwerk* (371-386). Frankfurt am Main: Suhrkamp.

Luhmann, Niklas (1992b). Stenographie. In Niklas Luhmann, Humberto Maturana, Mikio Namiki, Volker Redder & Francisco Varela, *Beobachter. Konvergenz der Erkenntnistheorie?* 2. Aufl. (119-137). München: Fink.

Luhmann, Niklas (1992c). System und Absicht der Erziehung. In Niklas Luhmann & Karl Eberhard Schorr (Hrsg.), *Zwischen Absicht und Person. Fragen an die Pädagogik* (102-124). Frankfurt am Main: Suhrkamp.

Luhmann, Niklas (1992d). Wer kennt Wil Martens? Eine Anmerkung zum Problem der Emergenz sozialer Systeme. *Kölner Zeitschrift für Soziologie und Sozialpsychologie 44*(1), 139-142.

Luhmann, Niklas (1993). Die Paradoxie der Form. In Dirk Baecker (Hrsg.), *Kalkül der Form* (197-212). Frankfurt am Main: Suhrkamp.

Luhmann, Niklas (1993a). Zeichen als Form. In Dirk Baecker (Hrsg.), *Probleme der Form* (45-69). Frankfurt am Main: Suhrkamp.

Luhmann, Niklas (1993b). Deconstruction as second-order observing. *New Literary History 24*(4), 763-782.

Luhmann, Niklas (1993c). Die Form der Schrift. In Hans-Ulrich Gumbrecht & K. Ludwig Pfeiffer (Hrsg.), *Schrift* (349-366). München: Fink.

Luhmann, Niklas (1994). *Liebe als Passion. Zur Codierung von Intimität*, 3. Aufl. Frankfurt am Main: Suhrkamp.

Luhmann, Niklas (1995). *Das Recht der Gesellschaft*. Frankfurt am Main: Suhrkamp.

Luhmann, Niklas (1995a). *Soziologische Aufklärung 6. Die Soziologie und der Mensch*. Opladen: Westdeutscher Verl.

Luhmann, Niklas (1995b). Die Autopoiesis des Bewusstseins. In Niklas Luhmann, *Soziologische Aufklärung 6. Die Soziologie und der Mensch* (95-112). Opladen: Westdeutscher Verl.

Luhmann, Niklas (1995c). Das Kind als Medium der Erziehung. In Niklas Luhmann, *Soziologische Aufklärung 6. Die Soziologie und der Mensch* (204-228). Opladen: Westdeutscher Verl.

Luhmann, Niklas (1995d). The paradoxy of observing systems. *Cultural Critique* (31), 37-55.

Luhmann, Niklas (1996). Takt und Zensur im Erziehungssystem. In Niklas Luhmann & Karl Eberhard Schorr (Hrsg.), *Zwischen System und Umwelt. Fragen an die Pädagogik* (279-294). Frankfurt am Main: Suhrkamp.

Luhmann, Niklas (1997). *Die Gesellschaft der Gesellschaft*. Frankfurt am Main: Suhrkamp.

Luhmann, Niklas (1997a). *Die Kunst der Gesellschaft*. Frankfurt am Main: Suhrkamp.

Luhmann, Niklas (1997b). Erziehung als Formung des Lebenslaufs. In Dieter Lenzen und Niklas Luhmann (Hrsg.), *Bildung und Weiterbildung im Erziehungssystem. Lebenslauf und Humanontogenese als Medium und Form* (11-29). Frankfurt am Main: Suhrkamp.
Luhmann, Niklas (2000). *Organisation und Entscheidung*. Opladen: Westdeutscher Verl.
Luhmann, Niklas (2000a). *Die Politik der Gesellschaft*. Frankfurt am Main: Suhrkamp.
Luhmann, Niklas (2000b). *Die Religion der Gesellschaft*. Frankfurt am Main: Suhrkamp.
Luhmann, Niklas (2002). *Das Erziehungssystem der Gesellschaft*. Frankfurt am Main: Suhrkamp.
Luhmann, Niklas (2002a). *Einführung in die Systemtheorie*. Heidelberg: Carl-Auer-Systeme-Verl.
Luhmann, Niklas (2003). Frauen, Männer und George Spencer Brown. In Ursula Pasero & Christine Weinbach (Hrsg.), *Frauen, Männer, Gender Trouble. Systemtheoretische Essays* (15-62). Frankfurt am Main: Suhrkamp.
Luhmann, Niklas (2004). *Schriften zur Pädagogik*. Hrsg. und mit einem Vorw. von Dieter Lenzen. Frankfurt am Main: Suhrkamp.
Luhmann, Niklas & Fuchs, Peter (1989). *Reden und Schweigen*. Frankfurt am Main: Suhrkamp.
Luhmann, Niklas & Fuchs, Peter (1989a). Blindheit und Sicht: Vorüberlegungen zu einer Schemarevision. In dies., *Reden und Schweigen* (178-208). Frankfurt am Main: Suhrkamp.
Luhmann, Niklas & Schorr, Karl Eberhard (1979). *Reflexionsprobleme im Erziehungssystem*. Stuttgart: Klett-Cotta.
Luhmann, Niklas & Schorr, Karl Eberhard (Hrsg.) (1982). *Zwischen Technologie und Selbstreferenz. Fragen an die Pädagogik*. Frankfurt am Main: Suhrkamp.
Luhmann, Niklas & Schorr, Karl Eberhard (1982a). Das Technologiedefizit der Erziehung und die Pädagogik. In Niklas Luhmann & Karl Eberhard Schorr (Hrsg.), *Zwischen Technologie und Selbstreferenz. Fragen an die Pädagogik* (11-40). Frankfurt am Main: Suhrkamp.
Luhmann, Niklas & Schorr, Karl Eberhard (Hrsg.) (1986). *Zwischen Intransparenz und Verstehen. Fragen an die Pädagogik*. Frankfurt am Main: Suhrkamp.
Luhmann, Niklas & Schorr, Karl Eberhard (Hrsg.) (1990). *Zwischen Anfang und Ende. Fragen an die Pädagogik*. Frankfurt am Main: Suhrkamp.
Luhmann, Niklas & Schorr, Karl Eberhard (Hrsg.) (1992). *Zwischen Absicht und Person. Fragen an die Pädagogik*. Frankfurt am Main: Suhrkamp.
Luhmann, Niklas & Schorr, Karl Eberhard (Hrsg.) (1996). *Zwischen System und Umwelt. Fragen an die Pädagogik*. Frankfurt am Main: Suhrkamp.
Lyons-Ruth, Karlen; Bruschweiler-Stern, Nadia; Harrison, Alexandra M.; Morgan, Alexander C.; Nahum, Jeremy P.; Sander, Louis; Stern, Daniel N. & Tronick, Edward Z. (1998). Implicit relational knowing: Its role in development and psychoanalytic treatment. *Infant Mental Health Journal 19*(3), 282-289.
Markowitz, Jürgen (1979). *Die soziale Situation. Entwurf eines Models zur Analyse des Verhältnisses zwischen personalen Systemen und ihrer Umwelt*. Frankfurt am Main: Suhrkamp.
Markowitz, Jürgen (1986). *Verhalten im Systemkontext. Zum Begriff des sozialen Epigramms, diskutiert am Beispiel des Schulunterrichts*. Frankfurt am Main: Suhrkamp.
Markowitz, Jürgen (2003). Bildung und Ordnung. In Heinz-Elmar Tenorth (Hrsg.), *Form der Bildung – Bildung der Form* (171-199). Weinheim: Beltz.
Martens, Wil (1991). Die Autopoiesis sozialer Systeme. *Kölner Zeitschrift für Soziologie und Sozialpsychologie 43*(4), 625-646.
Maturana, Humberto R. (1985). *Erkennen: Die Organisation und Verkörperung von Wirklichkeit. Ausgewählte Arbeiten zur biologischen Epistemologie*. Braunschweig (u.a.): Vieweg.
Maturana, Humberto R. & Poerksen, Bernhard (2004). *From being to doing. The origins of the biology of cognition*. Heidelberg: Carl-Auer-Systeme-Verl.
Maturana, Humberto R. & Varela, Francisco J. (1987). *Der Baum der Erkenntnis. Die biologischen Wurzeln des menschlichen Erkennens*. 2. Aufl. Bern (u.a.): Scherz.
May, Peter (2002). *Hamburger Schreib-Probe. HSP, zur Erfassung der grundlegenden Rechtschreibstrategien*. Hamburg: VPM.

Mead, George Herbert (1973). *Geist, Identität und Gesellschaft. Aus der Sicht des Sozialbehaviorismus*. Frankfurt am Main: Suhrkamp.
Meltzoff, Andrew N. (1981). Imitation, intermodal coordination and representation in early infancy. In George Butterworth (Ed.), *Infancy and epistemology. An evaluation of Piaget's theory* (85-114). Brighton: Harvester Wheats.
Meltzoff, Andrew N. & Moore, Keith M. (1999). Persons and representation: why infant imitation is important for theories of human development. In Jacqueline Nadel & George Butterworth (Eds.), *Imitation in infancy* (9-35). Cambridge: UP.
Merkens, Hans (2006). Erziehungssystem im Wandel. Zu den Problemen der Veränderung seiner Grenzen und des Verhältnisses von Fremd- und Selbstreferenz. In Yvonne Ehrenspeck & Dieter Lenzen (Hrsg.), *Beobachtungen des Erziehungssystems. Systemtheoretische Perspektiven* (76-94). Wiesbaden: VS.
Merten, Roland (Hrsg.) (2000). *Systemtheorie Sozialer Arbeit*. Opladen: Leske & Budrich.
Merten, Roland & Scherr, Albert (Hrsg.) (2004). *Inklusion und Exklusion in der Sozialen Arbeit*. Wiesbaden: VS.
Mingers, John (1995). *Self-producing systems. Implications and applications of autopoiesis*. New York & London: Plenum Press.
Mingers, John (2002). Can social systems be autopoietic? Assessing Luhmann's social theory. *Sociological Review 50*(2), 278-299.
Mitchell, Stephen A. (2003). *Relationality. From attachment to intersubjectivity*. Hillsdale, NJ (u.a.): Analytic Press.
Moser, Vera (2003). *Konstruktion und Kritik. Sonderpädagogik als Disziplin*. Opladen: Leske & Budrich.
Müller, Klaus (1996). *Allgemeine Systemtheorie. Geschichte, Methodologie und sozialwissenschaftliche Heuristik eines Wissenschaftsprogramms*. Opladen: Westdeutscher Verl.
Mussil, Stephan (1993). Literaturwissenschaft, Systemtheorie und der Begriff der Beobachtung. In Henk de Berg & Matthias Prangel (Hrsg.), *Kommunikation und Differenz. Systemtheoretische Ansätze in der Literatur- und Kunstwissenschaft* (183-202). Opladen: Westdeut. Verl.
Mutzeck, Wolfgang (2004). Prävention, integrative und rehabilitative Förderung. In Wolfgang Mutzeck, Waldemar Pallasch & Kerstin Popp (Hrsg.), *Erziehungshilfe konkret. Prävention, Integration und Rehabilitation bei Schülern mit besonderem Förderbedarf im emotionalen und sozialen Erleben und Handeln*. 5. überarb. u. erw. Aufl. (23-45). Weinheim: Beltz.
Nahum, Jeremy P. (2000). An overview of Louis Sander's contribution to the field of mental health. *Infant Mental Health Journal 21*(1-2). 29-41.
Nassehi, Armin (1992). Wie wirklich sind Systeme? Zum ontologischen und epistemologischen Status von Luhmanns Theorie selbstreferentieller Systeme. In Werner Krawietz & Michael Welker (Hrsg.), *Kritik der Theorie sozialer Systeme. Auseinandersetzungen mit Luhmanns Hauptwerk* (43-70). Frankfurt am Main: Suhrkamp.
Nassehi, Armin (1993). *Die Zeit der Gesellschaft. Auf dem Weg zu einer soziologischen Theorie der Zeit*. Frankfurt am Main: Suhrkamp.
Nassehi, Armin (1995). Différend, Différance und Distinction. Zur Differenz der Differenzen bei Lyotard, Derrida und in der Formenlogik. In Henk de Berg & Matthias Prangel (Hrsg.), *Differenzen. Systemtheorie zwischen Dekonstruktion und Konstruktivismus* (37-60). Tübingen & Basel: Francke.
Nassehi, Armin (2000). >>Exklusion<< als soziologischer oder soziapolitischer Begriff. *Mittelweg 36 9*(5), 18-25.
Nassehi, Armin (2002). Exclusion individuality or individualization by inclusion? *Soziale Systeme 8*(1), 124-135.
Nassehi, Armin (2003). *Geschlossenheit und Offenheit. Studien zur Theorie der modernen Gesellschaft*. Frankfurt am Main: Suhrkamp.

Nassehi, Armin & Nollmann, Gerd (1997). Inklusionen. Organisationssoziologische Ergänzungen der Inklusions-/Exklusionstheorie. *Soziale Systeme* 3(2), 393-411.
Nunes, Terezinha; Schliemann, Analucia D. & Carraher, David W. (1993). *Street mathematics and school mathematics*. Cambridge (u.a.): Cambridge UP.
Oelkers, Jürgen & Tenorth, Hans-Elmar (1987). Pädagogik, Erziehungswissenschaft und Systemtheorie: eine nützliche Provokation. In Jürgen Oelkers & Hans-Elmar Tenorth (Hrsg.), *Pädagogik, Erziehungswissenschaft und Systemtheorie* (13-56). Weinheim: Beltz.
Ogden, Thomas H. (1986). *The matrix of the mind*. Northvale, NJ (u.a.): Jason Aronson.
Orange, Donna M. (2003). Warum die Intersubjektivitätstheorie meine Psychoanalyse ist. *Selbstpsychologie* 4(3-4), 328-346.
Orange, Donna M. (2004). *Emotionales Verständnis und Intersubjektivität. Beiträge zu einer psychoanalytischen Epistemologie*. Frankfurt am Main: Brandes & Apsel.
Orange, Donna M.; Atwood, George E. & Stolorow, Robert D. (2001). *Intersubjektivität in der Psychoanalyse. Kontextualismus in der psychoanalytischen Praxis*. Frankfurt am Main: Brandes & Apsel.
Orange, Donna M.; Stolorow, Robert D. & Atwood, George E. (2006). Zugehörigkeit, Verbundenheit, Betroffenheit. Ein intersubjektiver Zugang zur traumatischen Erfahrung. In Martin Altmeyer & Helmut Thomä (Hrsg.), *Die vernetzte Seele. Die intersubjektive Wende in der Psychoanalyse* (160-177). Stuttgart: Klett-Cotta.
Ort, Nina (1998). *Objektkonstitution als Zeichenprozeß. Jacques Lacans Psychosemiologie und Systemtheorie*. Wiesbaden: DUV.
Ort, Nina (1998a). Sinn als Medium und Form. Ein Beitrag zur Begriffsklärung in Luhmanns Theoriedesign. *Soziale Systeme* 4(1), 207-218.
Ort, Nina (1999). Versuch über das Medium: das >was sich zeigt<. In Oliver Jahraus & Bernd Scheffer, unter Mitarb. von Nina Ort (Hrsg.), *Interpretation, Beobachtung, Kommunikation. Avancierte Literatur und Kunst im Rahmen von Konstruktivismus, Dekonstruktivismus und Systemtheorie* (147-170). Tübingen: Max Niemeyer.
Otto, Hans-Uwe (Hrsg.) (2004). *Die andere Seite der Bildung. Zum Verhältnis von formellen und informellen Bildungsprozessen*. Wiesbaden: VS.
Pfeiffer, Riccarda (1998). *Philosophie und Systemtheorie. Die Architektonik der Luhmannschen Theorie*. Wiesbaden: DUV.
PISA-Konsortium Deutschland (Hrsg.) (2004). *PISA 2003: Der Bildungsstand der Jugendlichen in Deutschland – Ergebnisse des zweiten internationalen Vergleichs*. Münster: Waxmann.
PISA-Konsortium Deutschland (Hrsg.) (2007). *PISA 2006: Die Ergebnisse der dritten internationalen Vergleichsstudie*. Münster: Waxmann.
Plenker, Franz Peter (2005). Zum Konzept der Gegenübertragung – Ursprünge und Grundzüge kleinianischer Weiterentwicklungen. *Psyche* 59(8), 685-717.
Plumpe, Gerhard & Werber, Niels (1995). Différance, Differenz, Literatur. Systemtheoretische und dekonstruktivistische Lektüren. In Henk de Berg & Matthias Prangel (Hrsg.), *Differenzen. Systemtheorie zwischen Dekonstruktion und Konstruktivismus* (91-112). Tübingen: Francke.
Qvortrup, Lars (2005). Society's educational system. An introduction to Luhmann's pedagogical theory. *Seminar.net. International journal of media, technology and lifelong learning* 1(1), 1-21. Zugriff unter: http://www.seminar.net/issue-1-vol.-1-2005/lars-qvortrup-society-s-educational-system [02.01.2008].
Racker, Heinrich (1993). *Übertragung und Gegenübertragung. Studien zur psychoanalytischen Technik*. München (u.a.): Reinhardt.
Racker, Heinrich (1993a). Die Gegenübertragungsneurose. In ders. (1993), *Übertragung und Gegenübertragung. Studien zur psychoanalytischen Technik* (124-149). München (u.a.): Reinhardt.
Rauschenbach, Thomas; Düx, Wiebken & Sass, Erich (Hrsg.) (2006). *Informelles Lernen im Jugendalter. Vernachlässigte Dimensionen der Bildungsdebatte*. Weinheim (u.a.): Juventa.

Rauschenbach, Thomas; Leu, Hans Rudolf; Lingenauber, Sabine; Mack, Wolfgang; Schilling, Matthias; Schneider, Kornelia & Züchner, Ivo (2004). *Non-formale und informelle Bildung im Kindes- und Jugendalter. Konzeptionelle Grundlagen für einen Nationalen Bildungsbericht.* Berlin: BMBF.

Reich, Kersten (2005). *Systemisch-konstruktivistische Pädagogik: Einführung in Grundlagen einer interaktionistisch-konstruktivistischen Pädagogik.* 5., völlig überarb. Aufl. Weinheim (u.a.): Beltz.

Reich, Kersten (2006). *Konstruktivistische Didaktik : Lehr- und Studienbuch mit Methodenpool.* 3., völlig überarb. Aufl., Weinheim (u.a.): Beltz.

Reiser, Helmut (2006). *Psychoanalytisch-systemische Pädagogik. Erziehung auf der Grundlage der themenzentrierten Interaktion.* Stuttgart: Kohlhammer.

Reiser, Helmut (2007). Integrierte schulische Erziehungshilfe. In Helmut Reiser, Marc Willmann & Michael Urban, *Sonderpädagogische Unterstützungssysteme bei Verhaltensproblemen in der Schule. Innovationen im Förderschwerpunkt Emotionale und Soziale Entwicklung* (71-89). Bad Heilbrunn: Klinkhardt.

Reiser, Helmut (2007a). Sonderpädagogische Förder-/Beratungszentren: Das Zentrum für Erziehungshilfe (Berthold-Simonsohn-Schule) der Stadt Frankfurt am Main. In Helmut Reiser, Marc Willmann & Michael Urban, *Sonderpädagogische Unterstützungssysteme bei Verhaltensproblemen in der Schule. Innovationen im Förderschwerpunkt Emotionale und Soziale Entwicklung* (175-198). Bad Heilbrunn: Klinkhardt.

Reiser, Helmut; Willmann, Marc & Urban, Michael. *Sonderpädagogische Unterstützungssysteme bei Verhaltensproblemen in der Schule. Innovationen im Förderschwerpunkt Emotionale und Soziale Entwicklung.* Bad Heilbrunn: Klinkhardt.

Reiser, Helmut, Willmann, Marc, Urban, Michael & Sanders, Nicole (2003). Different models of social and emotional needs consultation and support in German schools. *European Journal of Special Needs Education 18*(1), 37-51.

Renik, Owen (1993). Analytic interaction. Conceptualizing technique in light of the analyst's irreducible subjectivity. *Psychoanalytic Quarterly 62*(4), 553-571.

Renik, Owen (1999). Das Ideal das anonymen Analytikers und das Problem der Selbstenthüllung. *Psyche 53*(9/10), 929-957.

Revermann, Klaus-Dieter (1994). Selbstorganisation, Selbstreferenz, Autopoiesis. Oder: Durfte der Soziologe Luhmann die systemtheoretischen Grundbegriffe des Biologen Maturana übernehmen? In Rolf Huschke-Rhein (Hrsg.), *Systemisch-ökologische Pädagogik, Bd. 4. Zur Praxisrelevanz der Systemtheorien.* 2. veränd. und verb. Aufl. (168-181). Köln: Rhein.

Richter, Dirk (2003). *Psychisches System und soziale Umwelt. Soziologie psychischer Störungen in der Ära der Biowissenschaften.* Bonn: Psychiatrie-Verl.

Rogoff, Barbara (1991). *Apprenticeship in thinking. Cognitive development in social context.* New York (u.a.): Oxford UP.

Saldern, Matthias v. (2005). Erziehungssystem. In Gunter Runkel & Günter Burkart (Hrsg.), *Funktionssysteme der Gesellschaft. Beiträge zur Systemtheorie von Niklas Luhmann* (155-194). Wiesbaden: VS.

Sander, Louis W. (1969). Regulation and organization in the early infant-caretaker system. In Roger J. Robinson (Ed.), *Brain and early behaviour. Development in the fetus and infant.* London (u.a.): Academic Press.

Sander, Louis (1977). The regulation of exchange in the infant-caretaker system and some aspects of the context-content relationship. In Michael Lewis & Leonard A. Rosenblum (Eds.), *Interaction, conversation, and the development of language* (133-156). New York: Wiley.

Sander, Louis; Bruschweiler-Stern, Nadia; Harrison, Alexandra M.; Lyons-Ruth, Karlen; Morgan, Alexander C.; Nahum, Jeremy P.; Stern, Daniel N. & Tronick, Edward Z. (1998). Interventions that effect change in psychotherapy: A model based on infant research. *Infant Mental Health Journal 19*(3), 280-281.

Saussure, Ferdinand de (1967). *Grundfragen der allgemeinen Sprachwissenschaft*. Berlin: de Gruyter.
Scheunpflug, Annette (2004). Das Technologiedefizit. Nachdenken über Unterricht aus systemtheoretischer Perspektive. In Dieter Lenzen (Hrsg.), *Irritationen des Erziehungssystems. Pädagogische Resonanzen auf Niklas Luhmann* (65-87). Frankfurt am Main: Suhrkamp.
Scheunpflug, Annette (2006). Biologische und soziale Evolution. Erziehung und die Entwicklung biologischer, psychischer und sozialer Systeme. In Yvonne Ehrenspeck & Dieter Lenzen (Hrsg.), *Beobachtungen des Erziehungssystems. Systemtheoretische Perspektiven* (230-249). Wiesbaden: VS.
Schiltz, Michael (2007). Space is the place: The Laws of Form and social systems. *Thesis Eleven 88*(1), 8-30.
Schimank, Uwe (1996). *Theorien gesellschaftlicher Differenzierung*. Opladen: Leske & Budrich.
Schimank, Uwe (2005). *Differenzierung und Integration der modernen Gesellschaft. Beiträge zur akteurzentrierten Differenzierungstheorie 1*. Wiesbaden: VS.
Schlippe, Arist v. & Schweitzer, Jochen (1999). *Lehrbuch der systemischen Therapie und Beratung*. 6. durchges. Aufl. Göttingen: Vandenhoeck & Ruprecht.
Schmidt, Johannes F. K. (2000). Die Differenz der Beobachtung. Einführende Bemerkungen zur Luhmann-Rezeption. In Henk de Berg & Johannes F. K. Schmidt (Hrsg.), *Rezeption und Reflexion. Zur Resonanz der Systemtheorie Niklas Luhmanns außerhalb der Soziologie* (8-37). Frankfurt am Main: Suhrkamp.
Schmitz, Bettina (1998). *Arbeit an den Grenzen der Sprache: Julia Kristeva*. Königstein/Ts.: Ulrike Helmer.
Schönwälder, Tatjana (2004). Philosophie. In Tatjana Schönwälder, Katrin Wille & Thomas Hölscher, *George Spencer Brown. Eine Einführung in die "Laws of Form"* (231-244). Wiesbaden: VS.
Schönwälder, Tatjana, Wille, Katrin & Hölscher, Thomas (2004). *George Spencer Brown. Eine Einführung in die "Laws of Form"*. Wiesbaden: VS.
Schroer, Markus (2001). Die im Dunkeln sieht man nicht. Inklusion, Exklusion und die Entdeckung der Überflüssigen. *Mittelweg 36 10*(5), 33-46.
Schützeichel, Rainer (2003). *Sinn als Grundbegriff bei Niklas Luhmann*. Frankfurt am Main (u.a.): Campus.
Schulte, Günter (1993). *Der blinde Fleck in Luhmanns Systemtheorie*. Frankfurt am Main (u.a.): Campus.
Schwinn, Thomas (2001). *Differenzierung ohne Gesellschaft. Umstellung eines soziologischen Konzepts*. Weilerswist: Velbrück Wissenschaft.
Sheridan, Susan M.; Kratochwill, Thomas R. & Bergan, John R. (1996). *Conjoint behavioral consultation. A procedural manual*. New York (u.a.): Plenum Press.
Siebert, Horst (1996). *Didaktisches Handeln in der Erwachsenenbildung. Didaktik aus konstruktivistischer Sicht*. Neuwied (u.a.): Luchterhand.
Siebert, Horst (2006). *Selbstgesteuertes Lernen und Lernberatung. Konstruktivistische Perspektiven*. 2. überarb. Aufl. Augsburg: ZIEL.
Siebert, Horst (2007). *Vernetztes Lernen. Systemisch-konstruktivistische Methoden der Bildungsarbeit*. 2. überarb. Aufl. Augsburg: ZIEL.
Spencer Brown, George (1997). *Laws of Form. Gesetze der Form*. Lübeck: Bohmeier.
Spitz, René Arpad (1974). *Vom Säugling zum Kleinkind. Naturgeschichte der Mutter-Kind-Beziehungen im ersten Lebensjahr*. 4. Aufl. Stuttgart: Klett.
Stäheli, Urs (2000). *Sinnzusammenbrüche. Eine dekonstruktivistische Lektüre von Niklas Luhmanns Systemtheorie*. Weilerswist: Velbrück Wissenschaft.
Starobinski, Jean (1990). *Psychoanalyse und Literatur*. Frankfurt am Main: Suhrkamp.
Stern, Daniel N. (1979). *Mutter und Kind. Die erste Beziehung*. Stuttgart: Klett-Cotta.

Stern, Daniel N. (1991). *Tagebuch eines Babys. Was ein Kind sieht, spürt, fühlt und denkt.* München (u.a.): Piper.
Stern, Daniel N. (2005). *Der Gegenwartsmoment. Veränderungsprozesse in Psychoanalyse, Psychotherapie und Alltag.* Frankfurt am Main: Brandes & Apsel.
Stern, Daniel N. (2007). *Die Lebenserfahrung des Säuglings.* 9. erw. Aufl. Stuttgart: Klett-Cotta.
Stern, Daniel N.; Bruschweiler-Stern, Nadia; Harrison, Alexandra M.; Lyons-Ruth, Karlen; Morgan, Alexander C.; Nahum, Jeremy P.; Sander, Louis, & Tronick, Edward Z. (1998). The process of therapeutic change involving implicit knowledge: Some implications of developmental observations for adult psychotherapy. *Infant Mental Health Journal 19*(3), 300-308.
Stern, Daniel N.; Hofer, Lynne; Haft, Wendy & Dore, John (1985). Affect attunement. The sharing of feeling states between mother and infant by means of intermodal fluency. In Tiffany M. Field & Nathan A. Fox (Eds.), *Social perception in infants* (249-268). Norwood, NJ: Ablex.
Stichweh, Rudolf (1997). Inklusion/Exklusion, funktionale Differenzierung und die Theorie der Weltgesellschaft. *Soziale Systeme 3*(1), 123-136.
Stichweh, Rudolf (2000). *Die Weltgesellschaft. Soziologische Analysen.* Frankfurt am Main: Suhrkamp.
Stolorow, Robert D.; Brandchaft, Bernard & Atwood, George E. (1996). *Psychoanalytische Behandlung. Ein intersubjektiver Ansatz.* Frankfurt am Main: Fischer.
Streefland, Leendert (1991). *Fractions in realistic mathematics education. A paradigm of developmental research.* Dordrecht (u.a.): Kluwer.
Suchsland, Inge (1992). *Julia Kristeva zur Einführung.* Hamburg: Junius.
Sutter, Tilmann (1999). *Systeme und Subjektstrukturen. Zur Konstitutionstheorie des interaktiven Konstruktivismus.* Opladen: Westdeutscher Verl.
Sutter, Tilmann (2004). Systemtheorie und Subjektbildung. Eine Diskussion neuer Perspektiven am Beispiel des Verhältnisses von Selbstsozialisation und Ko-Konstruktion. In Matthias Grundmann & Raphael Beer (Hrsg.), *Subjekttheorien interdisziplinär. Diskussionsbeiträge aus Sozialwissenschaften, Philosophie und Neurowissenschaften* (155-183). Münster: LIT.
Sutter, Tilmann (2004a). Sozialisation als Konstruktion subjektiver und sozialer Strukturen. Aktualität und künftige Perspektiven strukturgenetischer Sozialisationsforschungen. In Dieter Geulen & Hermann Veith (Hrsg.), *Sozialisationstheorie interdisziplinär. Aktuelle Perspektiven* (93-115). Stuttgart: Lucius & Lucius.
Teubner, Gunther (1987). Hyperzyklus in Recht und Organisation. Zum Verhältnis von Selbstbeobachtung, Selbstkonstitution und Autopoiesis. In Hans Haferkamp & Michael Schmid (Hrsg.), *Sinn, Kommunikation und soziale Differenzierung. Beiträge zu Luhmanns Theorie sozialer Systeme* (89-128). Frankfurt am Main: Suhrkamp.
Teubner, Gunther (1996). Des Königs viele Leiber. Die Selbstdekonstruktion des Rechts. *Soziale Systeme 2*(2), 229-256.
Teubner, Gunther (1999). Ökonomie der Gabe – Positivität der Gerechtigkeit: Gegenseitige Heimsuchungen von System und *différance*. In Albrecht Koschorke & Cornelia Vismann (Hrsg.), *Widerstände der Systemtheorie. Kulturtheoretische Analysen zum Werk von Niklas Luhmann* (199-212). Berlin: Akademie.
Thomä, Helmut (1999). Zur Theorie und Praxis von Übertragung und Gegenübertragung im psychoanalytischen Pluralismus. *Psyche 53*(9/10), 820-872.
Trevarthen, Colwyn (1974). Conversations with a two-month-old. *New Scientist 2*, 230-235.
Trevarthen, Colwyn (1979). Communication and cooperation in early infancy: a description of primary intersubjectivity. In Margaret Bullowa (Ed.), *Before speech. The beginning of interpersonal communication* (321-347). London: Cambridge UP.
Trevarthen, Colwyn (1980). The foundations of intersubjectivity: Development of interpersonal and cooperative understanding in infants. In David R. Olson (Ed.), *The social foundation of language and thought. Essays in honor of Jerome S. Bruner* (316-342). New York (u.a.): Norton.

Trevarthen, Colwyn & Aitken, Kenneth J. (2001). Infant intersubjectivity: Research, theory, and clinical applications. *Journal of Child Psychology and Psychiatry 42*(1), 3-48.

Tronick, Edward Z.; Bruschweiler-Stern, Nadia; Harrison, Alexandra M.; Lyons-Ruth, Karlen; Morgan, Alexander C.; Nahum, Jeremy P.; Sander, Louis, & Stern, Daniel N. (1998). Dyadically expanded states of consciousness and the process of therapeutic change. *Infant Mental Health Journal 19*(3), 290-299.

Tschacher, Wolfgang (1997). *Prozessgestalten. Die Anwendung der Selbstorganisationstheorie und der Theorie dynamischer Systeme auf Probleme der Psychologie.* Göttingen (u.a.): Hogrefe.

Tully, Claus J. (Hrsg.) (2006). *Lernen in flexibilisierten Welten. Wie sich das Lernen der Jugend verändert.* (59-109, 165-254). Weinheim und München: Juventa.

Urban, Michael (2006). Unterricht im Internet. Möglichkeiten der Vernetzung schulischen Unterrichts mit außerschulischen Kommunikationssystemen. In Rolf Werning & Michael Urban (Hrsg.), *Das Internet im Unterricht für Schüler mit Lernbeeinträchtigungen. Grundlagen – Praxis – Forschung.* Stuttgart: Kohlhammer.

Urban, Michael (2007). Externe Unterstützungssysteme der schulischen Erziehungshilfe – ein Überblick. In Helmut Reiser, Marc Willmann & Michael Urban, *Sonderpädagogische Unterstützungssysteme bei Verhaltensproblemen in der Schule. Innovationen im Förderschwerpunkt Emotionale und Soziale Entwicklung* (91-111). Bad Heilbrunn: Klinkhardt.

Urban, Michael (2007a). Ambulante schulische Erziehungshilfe in den Mobilen Sonderpädagogischen Diensten (MSD) in Bayern. In Helmut Reiser, Marc Willmann & Michael Urban, *Sonderpädagogische Unterstützungssysteme bei Verhaltensproblemen in der Schule. Innovationen im Förderschwerpunkt Emotionale und Soziale Entwicklung* (199-245). Bad Heilbrunn: Klinkhardt.

Urban, Michael (2007b). Beratungs- und Unterstützungssysteme für den Förderschwerpunkt Emotionale und Soziale Entwicklung – Ergebnisse eines Schulversuchs in Niedersachsen. In Helmut Reiser, Marc Willmann & Michael Urban, *Sonderpädagogische Unterstützungssysteme bei Verhaltensproblemen in der Schule. Innovationen im Förderschwerpunkt Emotionale und Soziale Entwicklung* (287-339). Bad Heilbrunn: Klinkhardt.

Urban, Michael (2008). Schulische Erziehungshilfe und Sozialisationskrisen. Funktionen und Arbeitsformen mobiler Unterstützungssysteme am Beispiel eines systemisch arbeitenden Beratungsdienstes. In Helmut Reiser, Andrea Dlugosch & Marc Willmann (Hrsg.), *Professionelle Kooperation bei Gefühls- und Verhaltensstörungen. Pädagogische Hilfen an den Grenzen der Erziehung*(215-235). Hamburg: Kovač.

Urban, Michael; Reiser, Helmut & Willmann, Marc (2008). Ambulante/Mobile Hilfen. In Barbara Gasteiger-Klicpera, Henri Julius & Christian Klicpera (Hrsg.), *Sonderpädagogik der sozialen und emotionalen Entwicklung. Handbuch Sonderpädagogik,* Band 3 (668-685). Göttingen: Hogrefe.

Urban, Michael; Werning, Rolf & Löser, Jessica (2006). Alltag und Internet. Beobachtungen in einer mehrperspektivischen qualitativen Studie zum Aufbau von Medienkompetenz bei Schülerinnen und Schülern mit Lernbeeinträchtigungen. In Rolf Werning & Michael Urban (Hrsg.), *Das Internet im Unterricht für Schüler mit Lernbeeinträchtigungen. Grundlagen – Praxis – Forschung* (156-187). Stuttgart: Kohlhammer.

Vanderstraeten, Raf (2000). Luhmann on socialization and education. *Educational Theory 50*(1), 1-23.

Vanderstraeten, Raf (2001). The autonomy of communication and the structure of education. *Educational Studies 27*(4), 381-391.

Vanderstraeten, Raf (2001a). The school class as an interaction order. *British Journal of Sociology of Education 22*(2), 267-277.

Vanderstraeten, Raf (2002). The autopoiesis of educational organizations. The impact of the organizational setting on educational interaction. *Systems Research and Behavioral Science 19*(3), 243-253.

Vanderstraeten, Raf (2003). Education and the *condicio socialis*: Double contingency in interaction. *Educational Theory 53*(1), 19-35.
Vanderstraeten, Raf (2004). Erziehung als Kommunikation. Doppelte Kontingenz als systemtheoretischer Grundbegriff. In Dieter Lenzen (Hrsg.), *Irritationen des Erziehungssystems. Pädagogische Resonanzen auf Niklas Luhmann* (37-64). Frankfurt am Main: Suhrkamp.
Vanderstraeten, Raf (2004a). The social differentiation of the educational system. *Sociology 38*(2), 255-272.
Vanderstraeten, Raf (2005). System and environment. Notes on the autopoiesis of modern society. *Systems Research and Behavioral Science 22*(6), 471-481.
Vanderstraeten, Raf (2006). Die Unwahrscheinlichkeit der pädagogischen Kommunikation. In Yvonne Ehrenspeck & Dieter Lenzen (Hrsg.), *Beobachtungen des Erziehungssystems. Systemtheoretische Perspektiven* (95-112). Wiesbaden: VS.
Varela, Francisco (1979). *Principles of biological autonomy*. New York: Elsevier North Holland.
Varga von Kibéd, Matthias (1989). Wittgenstein und Spencer Brown. In Paul Weingartner & Gerhard Scurz (Hrsg.), *Philosophie der Naturwissenschaften. Akten des 13. Internationalen Wittgenstein Symposiums* (28-34). Wien: Hölder – Pichler – Tempsky.
Varga von Kibéd, Matthias (1990). Zur formalen Rekonstruktion der allgemeinen Wahrheitsfunktion in Wittgensteins *Tractatus*. In Rudolf Haller & Johannes Brandl (Hrsg.), *Wittgenstein – eine Neubewertung. Akten des 14. Internationalen Wittgenstein Symposiums* (28-34). Wien: Hölder – Pichler – Tempsky.
Varga von Kibéd, Matthias & Matzka, Rudolf (1993). Motive und Grundgedanken der ‚Gesetze der Form'. In Dirk Baecker (Hrsg.), *Kalkül der Form* (58-85). Frankfurt am Main: Suhrkamp
Viskovatoff, Alex (1999). Foundations of Niklas Luhmann's theory of social systems. *Philosophy of the Social Sciences 29*(4), 481-516.
Volkmann-Schluck, Karl-Heinz (1984). *Nicolaus Cusanus. Die Philosophie im Übergang vom Mittelalter zur Neuzeit*. Frankfurt am Main: Vittorio Klostermann.
Voß, Reinhard (Hrsg.) (1997). *Die Schule neu erfinden. Systemisch-konstruktivistische Annäherungen an Schule und Pädagogik*. 2., leicht veränd. Aufl. Neuwied (u.a.): Luchterhand.
Voß, Reinhard (Hrsg.) (2006). *Wir erfinden Schule neu. Lernzentrierte Pädagogik in Schule und Lehrerbildung*. Weinheim (u.a.): Beltz.
Vygotsky, Lev S. (1988). *Denken und Sprechen*. Frankfurt am Main: Fischer.
Wagner, Patsy (2000). Consultation. Developing a comprehensive approach to service delivery. *Educational Psychology in Practice 16*(1), 9-18.
Wahler, Peter; Tully, Claus J. & Preiß, Christine (Hrsg.) (2004). *Jugendliche in neuen Lernwelten. Selbstorganisierte Bildung jenseits institutioneller Qualifizierung*. Wiesbaden: VS.
Wasser, Harald (1995). *Sinn – Erfahrung – Subjektivität. Eine Untersuchung zur Evolution von Semantiken in der Systemtheorie, der Psychoanalyse und dem Szientismus*. Würzburg: Königshausen & Neumann.
Wasser, Harald (1995a). Psychoanalyse als Theorie autopoietischer Systeme. *Soziale Systeme 1*(2), 329-345.
Wasser, Harald (2004). Luhmanns Theorie psychischer Systeme und das Freudsche Unbewusste. Zur Beobachtung strukturfunktionaler Latenz. *Soziale Systeme 10*(2), 355-390.
Weinbach, Christine (2004). *Systemtheorie und Gender. Das Geschlecht im Netz der Systeme*. Wiesbaden: VS.
Weingart, Peter (2005). *Die Wissenschaft der Öffentlichkeit. Essays zum Verhältnis von Wissenschaft, Medien und Öffentlichkeit*. Weilerswist: Velbrück Wiss.
Weingart, Peter; Carrier, Martin & Krohn, Wolfgang (Hrsg.) (2007). *Nachrichten aus der Wissensgesellschaft. Analysen zur Veränderung der Wissenschaft*. Weilerswist: Velbrück.
Weiss, Heinz (2001). Zur Beziehung zwischen einigen theoretischen Konzepten bei Melanie Klein und Wilfried Bion. *Psyche 55*(2), 159-180.

Wenger, Etienne (1999). *Communities of practice. Learning, meaning and identity*. Cambridge (u.a.): Cambridge UP.
Werner, Birgit (2003). „Mit der Hundertertafel stimmt etwas nicht" – Mathematikunterricht beobachten und verstehen. In Rolf Balgo & Rolf Werning (Hrsg.), *Lernen und Lernprobleme im systemischen Diskurs* (233-254). Dortmund: Borgmann.
Werner, Heinz (1997). Direkter vs. indirekter semiotischer Ansatz in der Sprachanalyse. In Andreas Gather & Heinz Werner (Hrsg.), *Semiotische Prozesse und natürliche Sprache* (558-581). Stuttgart: Steiner.
Werner, Heinz (2003). *Explizite Sprachtheorie. Holistische Oberflächengrammatik des Italienischen*. Frankfurt am Main: Klostermann.
Werning, Rolf (2002). Sonderpädagogische Diagnostik. In Rolf Werning, Rolf Balgo, Winfried Palmowski & Martin Sassenroth, *Sonderpädagogik. Lernen, Verhalten, Sprache, Bewegung und Wahrnehmung* (319-340). München (u.a.): Oldenbourg.
Werning, Rolf (2007). Das systemisch-konstruktivistische Paradigma. In: Jürgen Walter & Franz B. Wember (Hrsg.), *Sonderpädagogik des Lernens. Handbuch Sonderpädagogik Bd.2* (128-142). Göttingen u.a: Hogrefe.
Werning, Rolf, Balgo, Rolf, Palmowski, Winfried & Sassenroth, Martin (2002). *Sonderpädagogik. Lernen, Verhalten, Sprache, Bewegung und Wahrnehmung*. München (u.a.): Oldenbourg.
Werning, Rolf; Daum, Olaf & Urban, Michael (2006). Nutzung des Internets in der Schule für Lernhilfe. Strategien für den Umgang mit Komplexität. In Rolf Werning & Michael Urban (Hrsg.), *Das Internet im Unterricht für Schüler mit Lernbeeinträchtigungen. Grundlagen – Praxis – Forschung* (14-26). Stuttgart: Kohlhammer.
Werning, Rolf & Lütje-Klose, Birgit (2006). *Einführung in die Pädagogik bei Lernbeeinträchtigungen*. 2., überarb. Aufl. München (u.a.): Reinhardt.
Wetzel, Ralf (2004). *Eine Widerspenstige und keine Zähmung. Systemtheoretische Beiträge zu einer Theorie der Behinderung*. Heidelberg: Carl-Auer-Systeme-Verl.
Wilk, Nicole M. (2004). *Verstehen und Gefühle. Entwurf einer leiborientierten Kommunikationstheorie*. Frankfurt am Main (u.a.): Campus.
Wille, Katrin (2004). Praxis der Unterscheidung. In Tatjana Schönwälder, Katrin Wille & Thomas Hölscher, *George Spencer Brown. Eine Einführung in die "Laws of Form"*(257-269). Wiesbaden: VS.
Wille, Katrin & Hölscher, Thomas (2004). Kontexte der Laws of Form. In Tatjana Schönwälder, Katrin Wille & Thomas Hölscher, *George Spencer Brown. Eine Einführung in die "Laws of Form"*(21-41). Wiesbaden: VS.
Willenbring, Monika (2003). Systemdiagnostische Begleitung von Lern- und Lehrprozessen und schulischen Problemsituationen. In Rolf Balgo & Rolf Werning (Hrsg.), *Lernen und Lernprobleme im systemischen Diskurs (153-171)*. Dortmund: Borgmann.
Willke, Helmut (1999). *Systemtheorie. 2. Interventionstheorie. Grundzüge einer Theorie der Intervention in komplexe Systeme*. 3. Aufl. Stuttgart: Lucius & Lucius.
Willke, Helmut (2005). *Symbolische Systeme. Grundriss einer soziologischen Theorie*. Weilerswist: Velbrück Wissenschaft.
Willmann, Marc (2005). Die Schule für Erziehungshilfe 2005 – Ergebnisse einer bundesweiten Erhebung zu den Organisationsformen der Förderschule im Bereich emotionale und soziale Entwicklung. *Heilpädagogische Forschung 31*(3), 110-128.
Willmann, Marc (2007). Die Schule für Erziehungshilfe / Schule mit dem Förderschwerpunkt Emotionale und Soziale Entwicklung: Organisationsformen, Prinzipien, Konzeptionen. In Helmut Reiser, Marc Willmann & Michael Urban, *Sonderpädagogische Unterstützungssysteme bei Verhaltensproblemen in der Schule. Innovationen im Förderschwerpunkt Emotionale und Soziale Entwicklung* (13-69). Bad Heilbrunn: Klinkhardt.
Willmann, Marc (2007a). Sonderschullehrer in Grundschulen als Präventionslehrer in der Stadt Frankfurt am Main – ein Beispiel der integrierten schulischen Erziehungshilfe. In Helmut

Reiser, Marc Willmann & Michael Urban, *Sonderpädagogische Unterstützungssysteme bei Verhaltensproblemen in der Schule. Innovationen im Förderschwerpunkt Emotionale und Soziale Entwicklung* (139-173). Bad Heilbrunn: Klinkhardt.

Willmann, Marc (2007b). Regionale Beratungs- und Unterstützungsstellen (REBUS) in der Hansestadt Hamburg. In Helmut Reiser, Marc Willmann & Michael Urban, *Sonderpädagogische Unterstützungssysteme bei Verhaltensproblemen in der Schule. Innovationen im Förderschwerpunkt Emotionale und Soziale Entwicklung* (247-285). Bad Heilbrunn: Klinkhardt.

Willmann, Marc (2008). *Sonderpädagogische Beratung und Kooperation als Konsultation. Theoretische Modelle und professionelle Konzepte der indirekten Unterstützung zur schulischen Integration von Schülern mit Verhaltensproblemen in Deutschland und den USA.* Hamburg: Kovač.

Willmann, Marc & Reiser, Helmut (2007). Schule als vernetztes System – Eine systemtheoretische Betrachtung möglicher Schnittstellen der schulischen Erziehungshilfe mit ihren Umgebungssystemen. In Helmut Reiser, Marc Willmann & Michael Urban, *Sonderpädagogische Unterstützungssysteme bei Verhaltensproblemen in der Schule. Innovationen im Förderschwerpunkt Emotionale und Soziale Entwicklung* (113-136). Bad Heilbrunn: Klinkhardt.

Willmann, Marc; Reiser, Helmut & Urban, Michael (2008). Kooperation und Beratung zwischen Lehrkräften an Regelschulen zu Fragen der schulischen Erziehungshilfe. In Barbara Gasteiger-Klicpera, Henri Julius & Christian Klicpera (Hrsg.), *Sonderpädagogik der sozialen und emotionalen Entwicklung. Handbuch Sonderpädagogik, Band 3* (950-970). Göttingen: Hogrefe.

Wimmer, Michael (2006). *Dekonstruktion und Erziehung. Studien zum Paradoxieproblem in der Pädagogik.* Bielefeld: transcript.

Winnicott, Donald W. (1979). *Vom Spiel zur Realität.* Stuttgart: Klett-Cotta.

Winnicott, Donald W. (1984). *Reifungsprozesse und fördernde Umwelt. Studien zur Theorie der emotionalen Entwicklung.* Frankfurt am Main: Suhrkamp.

Winter, Felix (2004). *Leistungsbewertung. Eine neue Lernkultur braucht einen anderen Umgang mit Schülerleistungen.* Baltmannsweiler: Schneider.

Zepf, Siegfried (1986). Die psychosomatische Erkrankung in der „Theorie der Interaktionsformen" (Lorenzer): Metatheorie statt Metasemantik. In ders. (Hrsg.), *Tatort Körper – Spurensicherung. Eine Kritik der psychoanalytischen Psychosomatik* (129-151). Berlin (u.a.): Springer.

Zepf, Siegfried (2005). Trieb, unbewusste Triebwünsche und Ersatzbildungen. In Michael B. Buchholz & Günter Gödde (Hrsg.), *Macht und Dynamik des Unbewussten. Auseinandersetzungen in Philosophie, Medizin und Psychoanalyse. Bd. I* (469-500). Gießen: Psychosozial.

Zepf, Siegfried (2005a). Das Unbewusste und die Sprache. In Michael B. Buchholz & Günter Gödde (Hrsg.), *Das Unbewusste in aktuellen Diskursen. Anschlüsse. Bd. II* (137-163). Gießen: Psychosozial.

Zepf, Siegfried & Hartmann, Sebastian (2003). Übertragung und Übertragungsneurose. Status und Funktion im psychoanalytischen Prozess. *Forum der Psychoanalyse 19*(2-3), 82-98.

Zeul, Mechthild (1999). Zwei Sprachen einer Körperphantasie. Zur Dynamik der Gegenübertragung. *Psyche 53*(9/10), 1015-1041.

Zinnecker, Jürgen (1997). Sorgende Beziehungen zwischen Generationen im Lebensverlauf. Vorschläge zur Novellierung des pädagogischen Codes. In Dieter Lenzen & Niklas Luhmann (Hrsg.), *Bildung und Weiterbildung im Erziehungssystem. Lebenslauf und Humanontogenese als Medium und Form* (199-227). Frankfurt am Main: Suhrkamp.

Das Grundlagenwerk für alle Soziologie-Interessierten

> in überarbeiteter Neuauflage

Das *Lexikon zur Soziologie* ist das umfassendste Nachschlagewerk für die sozialwissenschaftliche Fachsprache. Für die 4. Auflage wurde das Werk völlig neu bearbeitet und durch Aufnahme zahlreicher neuer Stichwortartikel erheblich erweitert.

Das *Lexikon zur Soziologie* bietet aktuelle, zuverlässige Erklärungen von Begriffen aus der Soziologie sowie aus Sozialphilosophie, Politikwissenschaft und Politischer Ökonomie, Sozialpsychologie, Psychoanalyse und allgemeiner Psychologie, Anthropologie und Verhaltensforschung, Wissenschaftstheorie und Statistik.

Werner Fuchs-Heinritz /
Rüdiger Lautmann /
Otthein Rammstedt /
Hanns Wienold (Hrsg.)
Lexikon zur Soziologie
4., grundl. überarb. Aufl.
2007. 748 S. Geb. EUR 39,90
ISBN 978-3-531-15573-9

Erhältlich im Buchhandel
oder beim Verlag.
Änderungen vorbehalten.
Stand: Januar 2009.

www.vs-verlag.de

Abraham-Lincoln-Straße 46
65189 Wiesbaden
Tel. 0611.7878-722
Fax 0611.7878-400

VS Forschung | VS Research
Neu im Programm Soziologie

Sünne Andresen / Mechthild Koreuber / Dorothea Lüdke (Hrsg.)
Gender und Diversity: Albtraum oder Traumpaar?
Interdisziplinärer Dialog zur „Modernisierung" von Geschlechter- und Gleichstellungspolitik
2009. 260 S. Br. EUR 34,90
ISBN 978-3-531-15135-9

Kai Brauer / Gabriele Korge (Hrsg.)
Perspektive 50plus?
Theorie und Evaluation der Arbeitsmarktintegration Älterer
2009. 355 S. (Alter(n) und Gesellschaft Bd. 18) Br. EUR 49,90
ISBN 978-3-531-16355-0

Achim Bühl (Hrsg.)
Auf dem Weg zur biomächtigen Gesellschaft?
Chancen und Risiken der Gentechnik
2009. 533 S. Br. EUR 59,90
ISBN 978-3-531-16191-4

Rudolf Fisch / Andrea Müller / Dieter Beck (Hrsg.)
Veränderungen in Organisationen
Stand und Perspektiven
2008. 444 S. Br. EUR 49,90
ISBN 978-3-531-15973-7

Insa Cassens / Marc Luy / Rembrandt Scholz (Hrsg.)
Die Bevölkerung in Ost- und Westdeutschland
Demografische, gesellschaftliche und wirtschaftliche Entwicklungen seit der Wende
2009. 367 S. (Demografischer Wandel – Hintergründe und Herausforderungen)
Br. EUR 39,90
ISBN 978-3-8350-7022-6

Rainer Greca / Stefan Schäfferling / Sandra Siebenhüter
Gefährdung Jugendlicher durch Alkohol und Drogen?
Eine Fallstudie zur Wirksamkeit von Präventionsmaßnahmen
2009. 209 S. Br. EUR 29,90
ISBN 978-3-531-16063-4

Stephan Quensel
Wer raucht, der stiehlt...
Zur Interpretation quantitativer Daten in der Jugendsoziologie.
Eine jugendkriminologische Studie
2009. 315 S. Br. EUR 39,90
ISBN 978-3-531-15971-3

Melanie Weber
Alltagsbilder des Klimawandels
Zum Klimabewusstsein in Deutschland
2008. 271 S. Br. EUR 34,90
ISBN 978-3-8350-7005-9

Erhältlich im Buchhandel oder beim Verlag.
Änderungen vorbehalten. Stand: Januar 2009.

www.vs-verlag.de

VS VERLAG FÜR SOZIALWISSENSCHAFTEN

Abraham-Lincoln-Straße 46
65189 Wiesbaden
Tel. 0611.7878 - 722
Fax 0611.7878 - 400

MIX
Papier aus verantwortungsvollen Quellen
Paper from responsible sources
FSC® C105338

If you have any concerns about our products,
you can contact us on
ProductSafety@springernature.com

In case Publisher is established outside the EU,
the EU authorized representative is:
**Springer Nature Customer Service Center GmbH
Europaplatz 3, 69115 Heidelberg, Germany**

Printed by Libri Plureos GmbH
in Hamburg, Germany